Dietmar Herrmann

Arbeitsbuch Astrophysik

Arbeitsbuch Astrophysik

Dietmar Herrmann

Arbeitsbuch Astrophysik

230 Aufgaben aus Astronomie
und Kosmologie mit
vollständigen Lösungen

Die Deutsche Bibliothek verzeichnet diese Publikation in der Deutschen Nationalbibliographie; detaillierte bibliographische Daten sind im Internet über http://dnb.dbb.de abrufbar.

© 2011 Dietmar Herrmann
Alle Rechte liegen beim Autor

Dieses Werk ist einschließlich aller seiner Teile urheberrechtlich geschützt. Jede Verwertung außerhalb der Grenzen des Urheberrechtsgesetzes ist ohne Zustimmung des Autors unzulässig und strafbar. Das gilt insbesondere für Vervielfältigungen, Übersetzungen, Mikroverfilmungen und die Einspeicherung und Verarbeitung in elektronischen Systemen.

Satz und Layout: Dietmar Herrmann
Herstellung und Verlag: Books on Demand GmbH, Norderstedt
Printed in Germany

ISBN-13: 978-3-8423-8288-6

Vorwort

Denn wozu dient all' der Aufwand von Sonnen und Planeten und Monden,
von Sternen und Milchstraßen, von Kometen und Nebelflecken,
von gewordenen und werdenden Welten, wenn sich nicht zuletzt
ein glücklicher Mensch unbewußt seines Daseins erfreut?
(Goethe, Winkelmann und sein Jahrhundert 1805)

Dieses Buch ist entstanden aus den Aufgabenblättern, die der Autor als langjähriger Leiter eines Astronomie-Grundkurses an einem Gymnasium erstellt hat. Diese Aufgaben behandelten zunächst den Abiturstoff in Physik und wurden nun so erweitert, dass sie für Studenten und Kursleiter der Astronomie bzw. Astrophysik nützlich sind.

Da seit der bekannten Aufgabensammlung von Otto Zimmermann [20], erschienen 1966 im Bibliographischen Institut, keine neuere Sammlung von ähnlichem Rang mehr erschienen ist, wird hiermit versucht, die Lücke mit neuerem Aufgabenmaterial zu füllen. An mathematischen Kenntnissen wird nur die Differenzialrechnung vorausgesetzt, keine sphärische Trigonometrie. Alle benötigten Integrale werden angegeben.

Es gibt wohl kaum eine Naturwissenschaft, die eine solche Vielfalt von physikalischen Arbeitsgebieten verwendet wie die Astrophysik! Der Themenbereich geht von Mechanik, Raumfahrt, Optik, Wärmelehre, Atom- und Elementarteilchen-Physik, Relativitätstheorie und so fort. Es ist natürlich unmöglich, für alle diese Gebiete Grundlagen bereit zustellen; dies schafft nur eine mehrsemestrige Vorlesung. Die benötigten Formeln werden besprochen, oft hergeleitet und können über das ausführlich gehaltene Inhaltsverzeichnis aufgefunden werden. Die Aufgaben sind bewusst in ganz verschiedenen Schwierigkeitsbereichen gehalten; diese beginnen mit der Einübung von grundlegenden Begriffen bis zu schwierigeren Problemen, wie die Herleitung der mittleren Photonenenergie, oder der Berechnung des Alters des Universums bzw. der Schwarzen Löcher. Es wurde angestrebt, eine Vielzahl von aktuellen astronomischen Fragestellungen einzubeziehen, wie Lichtechos, Microlensing, Einstein-Ringe, Exoplaneten und andere.

Viele der hier verwendeten Aufgaben gehören zur astronomischen "Folklore"; sie sind Teil des Standard-Repertoires, das seit Jahren an deutschen Universitäten bei Einführungsvorlesungen in Gebrauch ist. Vielfach stammen die Aufgaben aus der anglo-amerikanischen Literatur, wie dem Werk von Carroll-Ostlie [02]. Viele Aufgaben sind auch neu aus aktuellen Fragestellungen erwachsen. Anregend waren teilweise auch die astronomische Übungsblätter, die sich im Internet finden wie die Sammlung des Astrophysikalischen Institut Jena, die Astronomie-Übungen der Universität Nürnberg-Erlangen und die der Universität Frankfurt a. M.

Der Autor wünscht allen Lesern viel Freude an der Beschäftigung mit Astronomie!

Inhaltsverzeichnis

Vorwort **5**

Inhaltsverzeichnis **7**

Kapitel 1: Einführende Beispiele **17**

Aufgabe 1: Parallaxensekunde 17

Aufgabe 2: Helligkeitsdifferenz 17

Aufgabe 3: Abstand von Zivilisationen 18

Aufgabe 4: Glühlampe 1 18

Aufgabe 5: Verhältnis von Leuchtkräften 19

Aufgabe 6: Gleiche Helligkeit 19

Aufgabe 7: Luftunruhe 19

Aufgabe 8: Wärmeleistung 20

Aufgabe 9: Bildgröße Mond 20

Aufgabe 10: Leuchtfleck am Mond 21

Aufgabe 11: Glühlampe 2 21

Aufgabe 12: Temperaturänderung 22

Aufgabe 13: Hubarbeit 22

Aufgabe 14: Referenzellipsoid 23

Aufgabe 15: Rayleigh 25

Aufgabe 16: Raumstation 26

Aufgabe 17: Oortsche Wolke 26

Aufgabe 18: Parallaxe des Mondes 27

Aufgabe 19: Jahreszeiten-Effekte 28

Kapitel 2: Erde-Mond **30**

Aufgabe 20: Doppelte Masse 30

Aufgabe 21: Gezeiten 1 31

Aufgabe 22: Änderung der Tageslänge 31

Aufgabe 23: Satellit 2 32

Aufgabe 24: Satellit 3 34

Aufgabe 25: Gezeiten 2 34

Aufgabe 26: Mondfähre 37

Aufgabe 27: Trägheitsmoment der Erde 38

Aufgabe 28: Periode Ebbe-Flut 40

Aufgabe 29: Gezeitenkraft 40

Aufgabe 30: Sichtbarkeit 42

Aufgabe 31: Mondmeteorit 44

Aufgabe 32: Asteroid 45

Aufgabe 33: Neutraler Punkt 46

Aufgabe 34: Meteor 2 48

Aufgabe 35: Meteoritenkrater 49

Aufgabe 36: Schwerpunkt Erde-Mond 50

Aufgabe 37: Gnomon 52

Aufgabe 38: Mondfinsternis 52

Aufgabe 39: Mondentfernung 54

Aufgabe 40: Präzession 55

Aufgabe 41: Aufgabe von Rawlins 57

Aufgabe 42: Geostationärer Satellit 58

Aufgabe 43: Kleinmeteorit 60

Aufgabe 44: Refraktion 61

Aufgabe 45: Aberration 63

Kapitel 3: Planetensystem 65

Aufgabe 46: Radarsignal zur Venus 65

Aufgabe 47: Gleiche Umlaufzeit 66

Aufgabe 48: Komet Lulin 66

Aufgabe 49: Galileische Monde 67

Aufgabe 50: Kirkwood-Lücken 68

Aufgabe 51: Roche-Grenze 68

Aufgabe 52: Vis-Viva-Satz 70

Aufgabe 53: Trojaner 71

Aufgabe 54: Venus-Helligkeit 73

Aufgabe 55: Retrograde Bewegung 76

Aufgabe 56: Hill-Sphäre 77

Aufgabe 57: Planetoiden–Helligkeit 79

Aufgabe 58: Strahlungsdruck der Sonne 80

Aufgabe 59: Marsflug 80

Aufgabe 60: Isotherme Atmosphäre 82

Aufgabe 61: Swing-By 84

Aufgabe 62: Temperatur eines Planeten 87

Aufgabe 63: Zwergplanet Eris 89

Aufgabe 64: Exoplanet 1 90

a)Nach dem 3.Kepler-Gesetz gilt 91

Aufgabe 65:Helligkeitsdifferenz 93

Aufgabe 66: Venus-Transit 93

Aufgabe 67: Asteriodengürtel 95

Aufgabe 68: Helligkeit von Planeten 96

Aufgabe 69: Sichtbarkeit des Merkur 98

Aufgabe 70: Komet Halley 99

Aufgabe 71: Rotation der Venus 102

Aufgabe 72: Exoplanet 2 103

Aufgabe 73: Exoplanet 3 104

Kapitel 4 Sonne 107

Aufgabe 74: Sturz in die Sonne 107

Aufgabe 75: Leuchtkraft der Sonne 108

Aufgabe 76: Lebensdauer der Sonne 109

Aufgabe 77: Molekulargewicht der Sonne 109

Aufgabe 78: Energiequellen ohne Fusion 111

Aufgabe 79: Entartetes Gas 114

Aufgabe 80: Massenakkretion 114

Aufgabe 81: Sonnenwind 2 115

Aufgabe 82: Differenzielle Rotation 116

Aufgabe 83: Photonendurchgang 117

Aufgabe 84: Sonnenflares 118

Aufgabe 85: Magnetfeld eines Sonnenflecken 120

Aufgabe 86: Sonnenwind 3 120

Aufgabe 87: pp-Ketten 121

Aufgabe88: Freie Neutrino-Weglänge 122

Aufgabe 89: Neutrino-Rate 124

Aufgabe 90: GALLEX-Experiment 125

Kapitel 5 Optik und Strahlungsgesetze 127

Aufgabe 91: Auflösungsvermögen 127

Aufgabe 92: Bolometrische Korrektur 128

Aufgabe 93: COBE-Satellit 129

Aufgabe 94: HII-Region 130

Aufgabe 95: Cassiopeia A 131

Aufgabe 96: Kerze 132

Aufgabe 97: Beleuchtung am Äquator 133

Aufgabe 98: Sehschwelle des Auges 134

Aufgabe 99: Druckverbreiterung 135

Aufgabe 100: Extinktion 2 136

Aufgabe 101: Näherungen des Planck-Gesetzes 137

Aufgabe 102: Photonenfluss 138

Aufgabe 103: Farbindex 139

Aufgabe 104: Absorption 3 141

Aufgabe 105: Komet in Sonnennähe 141

Aufgabe 106: Kräftegleichgewicht 143

Kapitel 6 Sterne und Sternentwicklung 145

Aufgabe 107: Dichte eines Sterns 145

Aufgabe 108: Doppelstern 145

Aufgabe 109: Zentraltemperatur 146

Aufgabe 110: Gravitationsdruck 148

Aufgabe 111: 2-Schichten-Sternmodell 149

Aufgabe 112: Jeans-Kriterium 150

Aufgabe 113: Regulus 152

Aufgabe 114: Akkretionsrate 153

Aufgabe 115: AGB-Stern 154

Aufgabe 116: Massenobergrenze 156

Aufgabe 117: Temperaturobergrenze 156

Aufgabe 118: Massenbilanz 157

Aufgabe 119: Radiusänderung 158

Aufgabe 120: HR-Diagramm 159

Aufgabe 121: Inklination 160

Aufgabe 122: Frei-Fall-Zeit 161

Aufgabe 123: Barnards Stern 163

Aufgabe 124: Sternstromparallaxe 165

Aufgabe 125: Stellarstatistik 166

Kapitel 7 Veränderliche Sterne 168

Aufgabe 126: Delta-Cepheide 168

Aufgabe 127: Polaris 169

Aufgabe 128: Perioden-Helligkeits-Relation 170

Aufgabe 129: Sternparameter 171

Aufgabe 130: Nova 1 172

Aufgabe 131: Nova 2 172

Aufgabe 132: SN 1987A 173

Aufgabe 133: Sirius B 174

Aufgabe 134: Neutrinomasse 176

Aufgabe 135: Spektroskopisches Doppelsystem 177

Aufgabe 136: Periodizität eines Cepheiden 180

Aufgabe 137: Supernova 183

Aufgabe 138: SN 1054 184

Aufgabe 139: Doppelsternsystem 1 186

Aufgabe 140: Bedeckungsveränderliche 186

Aufgabe 141: Doppelsternsystem 2 187

Aufgabe 142: Mira 190

Aufgabe 143: Lichtecho 190

Kapitel 8 Milchstraße und Galaxien 193

Aufgabe 144: Milchstraße 193

Aufgabe 145: Virialsatz 194

Aufgabe 146: Sternhaufen 195

Aufgabe 147: Entfernung M31 196

Aufgabe 148: Kugelsternhaufen 197

Aufgabe 149: Großer Attraktor 198

Aufgabe 150: Eddington 198

Aufgabe 151: NGC 4151 201

Aufgabe 152: Virgo-Haufen 202

Aufgabe 153: Dunkle Materie 203

Aufgabe 154: Tully-Fisher-Relation 204

Aufgabe 155: AGN-Galaxie 206

Aufgabe 156: Stabilität 207

Aufgabe 157: Scheinbare Überlichtgeschwindigkeit 208

Aufgabe 158: Heliumanteil der Galaxis 210

Kapitel 9: Kompakte Sterne 211

Aufgabe 159: Kerndichte 211

Aufgabe 160: Abkühlzeit eines Weißen Zwergs 212

Aufgabe 161: Hawking-Strahlung 213

Aufgabe 162: Pulsar 215

Aufgabe 163: Gamma-Burst 217

Aufgabe 164: Sagittarius A* 218

Aufgabe 165: Schwarzes Loch 220

Aufgabe 166: Laplace 221

Aufgabe 167: Binärpulsar 222

Aufgabe 168: Gravitationskollaps 224

Kapitel 10 Atomphysik 228

Aufgabe 169: Wasserstoff (H)-Spektrum 228

Aufgabe 170: Angeregte Atome 229

Aufgabe 171: H-Spektrum 2 230

Fortsetzung: He-Spektrum 232

Aufgabe 172: Li-Spektrum 232

Aufgabe 173: He-Brennen 233

Aufgabe 174: Na-Linie 234

Aufgabe 175: Alter Sonnensystem 235

Aufgabe 176: Nuklidbatterie 236

Aufgabe 177: Spin-Umklappen 237

Aufgabe 178: Plasmafrequenz 238

Aufgabe 179: Inverser Betazerfall 241

Aufgabe 180: Planck-Skala 241

Kapitel 11 Relativität 245

Aufgabe 181: Gravitationsrotverschiebung ... 245
Aufgabe 182: Myonen ... 246
Aufgabe 183: Proton ... 247
Aufgabe 184: Lichtablenkung ... 249
Aufgabe 185: Gravitationslinse ... 250
Aufgabe 186: Periheldrehung ... 251
Aufgabe 187: Laufzeitänderung ... 252
Aufgabe 188: Tscherenkow-Strahlung ... 254
Aufgabe 189: Tscherenkow-Effekt ... 254
Aufgabe 190: Lebensdauer Neutron ... 256
Aufgabe 191: Mikrolinseneffekt ... 256
Aufgabe 192: Compton-Effekt ... 259
Aufgabe 193: Annihilation ... 261
Aufgabe 194: Synchrotronstrahlung ... 262
Aufgabe 195: Doppler-Effekt ... 264
Aufgabe 196: Global Positioning System ... 266
Aufgabe 197: Gravitationswellen 1 ... 268
Aufgabe 198: Gravitationswellen 2 ... 269
Aufgabe 199: Doppelter Einstein-Ring ... 270
Aufgabe 200: Relativistische Rakete ... 271
Aufgabe 201: Zwillingsparadoxon ... 273
Aufgabe 202: Relativistischer freier Fall ... 275
Kapitel 12 Kosmologie ... 277
Aufgabe 203: Hubble-Gesetz ... 277
Aufgabe 204: Friedmann-Gleichung ... 278
Aufgabe 205: Raumexpansion ... 279
Aufgabe 206: Kritische Dichte ... 280
Aufgabe 207: Friedmann-Gleichung ... 281

Aufgabe 208: Friedmann 2 283

Aufgabe 209: Friedmann-Lemaître 284

Aufgabe 210: Bremsparameter 285

Aufgabe 211: Rotverschiebung 287

Aufgabe 212: Fortsetzung 288

Aufgabe 213: Horizontentfernung 289

Aufgabe 214: Leuchtkraftentfernung 290

Aufgabe 215: Winkelentfernung 291

Aufgabe 216: Kosmologische Konstante 292

Aufgabe 217: Hubble-Alter 294

Aufgabe 218: Hubble-Relation 296

Aufgabe 219: Alter des Universums 297

Aufgabe 220: Hintergrundstrahlung 333

Aufgabe 221: Hohlraumstrahlung 335

Aufgabe 222: Deuteriumbildung 336

Aufgabe 223: Friedmann-Lemaître 2 337

Aufgabe 224: Ende der Annihilation 338

Aufgabe 225: Entkopplung von Strahlung/Materie 339

Aufgabe 226: Rekombination 305

Aufgabe 227: Abkopplung der Neutrinos 306

Aufgabe 228: Krümmung 307

Aufgabe 229: Rekord-Rotverschiebung 308

Aufgabe 230: Quark-Confinement 345

Stichwortverzeichnis **347**

Literaturverzeichnis **359**

Anhang A: Distanzbestimmung und Alter des Universums **361**

Anhang B: Entwicklungsgeschichte des Kosmos **363**

Anhang C: Sternparameter **364**

Anhang D: Kosmologische Parameter 330

Kapitel 1: Einführende Beispiele

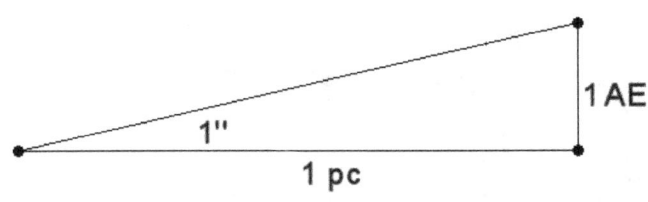

Abbildung 1: Definition einer Parallaxensekunde

Aufgabe 1: Parallaxensekunde

Aufgrund der Definition ist eine Parallaxensekunde (abgekürzt pc) die Entfernung, aus der man die Strecke 1 AE (=große Erdbahnhalbachse) unter einem Winkel von einer Bogensekunde (1″) sieht.

a) Rechnen Sie 1 pc in Meter um!

b) Der Ringnebel M57 im Sternbild *Lyra* hat den Durchmesser $6{,}95 \cdot 10^4$ AE und den Abstand $0{,}50\ kpc$. Ermitteln Sie den Winkeldurchmesser von M75.

Lösung 1:

a) Es gilt im rechtwinkligen Dreieck

$$\tan 1'' = \frac{1\ AE}{1\ pc} \Rightarrow 1\ pc = \frac{1{,}496 \cdot 10^{11} m}{\tan\left(\frac{1}{3600}\right)^\circ} = 3{,}086 \cdot 10^{16} m$$

Für kleine Winkel lässt sich diese Gleichung skalieren

$$\frac{\alpha}{1''} = \frac{a}{1\ AE} \cdot \frac{1}{\frac{r}{1\ pc}}$$

b) Nach der letzten Gleichung gilt

$$\frac{\alpha}{1''} = \frac{6{,}95 \cdot 10^4 AE}{1\ AE} \cdot \frac{1\ pc}{500\ pc} \Rightarrow \alpha = 139'' = 2{,}3\,'$$

Der Winkeldurchmesser von M75 beträgt 2,3 Bogenminuten.

Aufgabe 2: Helligkeitsdifferenz

Welche Differenz in der absoluten Helligkeit haben zwei Sterne vom gleichen Radius, wenn sich ihre Strahlungstemperaturen um 10% unterscheiden?

Lösung 2:

Denkt man sich die Sterne in der Standardentfernung 10 pc, so kann direkt mit den Leuchtkräften gerechnet werden

$$M_1 - M_2 = -2{,}5 \log \frac{L_1}{L_2}$$

Einsetzen des Gesetzes von Stefan-Boltzmann ergibt wegen $L \sim T^4 \Rightarrow \log L \sim 4 \log T$

$$\Delta M = -2{,}5 \log \frac{L_1}{L_2} = -10 \log \frac{T_1}{T_2} = -10 \log 1{,}1 = -0{,}41$$

Die Differenz der absoluten Helligkeiten beträgt 0,41.

Aufgabe 3: Abstand von Zivilisationen

Angenommen N Zivilisationen verteilen sich gleichmässig auf der Milchstraßenscheibe (Radius R=15 kpc). Wie groß ist dann der mittlere Abstand zwischen zwei Zivilisationen?

Lösung 3:

Beim mittleren Abstand d und bei kreisförmigen Verteilung kann jeder Zivilisation die Fläche $\frac{1}{4}\pi d^2$ zugeordnet werden. N Zivilisationen umfassen dann die Gesamtfläche $\frac{1}{4} N \pi d^2$. Somit gilt

$$\pi R^2 = \frac{1}{4} N \pi d^2 \Rightarrow d^2 = \frac{4R^2}{N} \Rightarrow d = \frac{2R}{\sqrt{N}} = \frac{30\ kpc}{\sqrt{N}}$$

Für $N = 1000$ folgt beispielsweise $d = \frac{30\ kpc}{\sqrt{1000}} \approx 1\ kpc$.

Aufgabe 4: Glühlampe 1

In welcher Entfernung ist die Strahlungsleistung einer 100 W-Glühbirne gleich der Solarkonstanten?

Lösung 4:

Die Definition der Strahlungsleistung liefert den Ansatz

$$S_\odot = \frac{L}{4\pi r^2} \Rightarrow r = \sqrt{\frac{L}{4\pi S_\odot}}$$

Einsetzen der Werte liefert den Abstand

$$r = \sqrt{\frac{100\ W}{4\pi \cdot 1370 \frac{W}{m^2}}} = 7{,}6 \cdot 10^{-2}\ m$$

Die Entfernung (der punktförmig gedachten) Glühbirne muss 7,6 cm sein.

Aufgabe 5: Verhältnis von Leuchtkräften

Die Leuchtkräfte dreier Sterne verhalten sich wie 1:10:100. Bestimmen Sie die absoluten Helligkeiten der Sterne, wenn der lichtschwächste die Helligkeit $M = 3$ hat.

Lösung 5:

Es gilt $\frac{L_1}{L_2} = \frac{L_2}{L_3} = \frac{1}{10}$. Somit folgt $M_1 - M_2 = M_2 - M_3 = -2{,}5 \log \frac{1}{10} = 2{,}5$. Aus $M_1 = 3$ folgt $M_2 = M_1 - 2{,}5 = 0{,}5$. Analog ergibt sich $M_3 = M_2 - 2{,}5 = -2$. Die drei Sterne haben die absoluten Helligkeiten {3; 0,5; -2}.

Aufgabe 6: Gleiche Helligkeit

Von zwei Sternen gleicher absoluter Helligkeit hat einer der Sterne die 1000-fache Entfernung des anderen. Was lässt sich über die Differenz der scheinbaren Helligkeiten aussagen?

Lösung 6:

Da die absoluten Helligkeiten übereinstimmen, folgen die Entfernungsmodule

$$m_1 - M = 5 \log \frac{r_1}{10\, pc} \therefore m_2 - M = 5 \log \frac{r_2}{10\, pc}$$

Subtraktion beider Gleichungen liefert nach logarithmischer Rechnung

$$m_1 - m_2 = 5 \log \frac{r_1}{r_2} = 5 \log 1000 = 15$$

Die Differenz der scheinbaren Helligkeiten beträgt 15.

Aufgabe 7: Luftunruhe

Durch die Luftunruhe wird das Auflösungsvermögen eines irdischen Teleskops auf 1″ beschränkt. Kann man den Überrest der Mondfähre von Apollo 11 bzw. einen Marskrater vom Durchmesser 250 km im Fernrohr sehen?

Lösung 7:

Es gilt $\tan \alpha = \frac{x}{r} \Rightarrow x = r \tan \alpha$. Einsetzen der (mittleren) Mondentfernung liefert die Mindestgröße

$$x = r \tan \alpha = 3{,}844 \cdot 10^5 km \cdot \tan 1'' = 1{,}86\, km$$

Analog folgt mit der Mars-Entfernung $r_♂ = 0{,}52\, AE$

$$x = r \tan \alpha = 0{,}52 \cdot 1{,}496 \cdot 10^8 km \cdot \tan 1'' = 377\, km$$

Weder die Mondfähre noch der Marskrater können aufgelöst werden.

Aufgabe 8: Wärmeleistung

Welche Wärmeleistung gibt der menschliche Körper (als schwarzer Körper betrachtet) in Ruhe bei 36°C Körpertemperatur mehr ab, als er bei Zimmertemperatur 20°C aufnimmt. Die Hautoberfläche soll $A = 1,4\ m^2$ betragen.

Lösung 8:

Die Strahlungsleistung ergibt sich wieder aus dem Gesetz von Stefan-Boltzmann. Die bei Körpertemperatur abgegebene Leistung beträgt

$$L_1 = A\sigma T^4 = 5,6705 \cdot 10^{-8} \frac{W}{m^2 K^4} \cdot 1,4\ m^2 (309\ K)^4 = 724\ W$$

Die bei Zimmertemperatur aufgenommene Leistung ist

$$L_2 = A\sigma T^4 = 5,6705 \cdot 10^{-8} \frac{W}{m^2 K^4} \cdot 1,4\ m^2 (293\ K)^4 = 585\ W$$

Der Körper gibt in Ruhe (ohne Kleidung) die Wärmestrahlung $L_1 - L_2 = 139\ W$ ab.

Aufgabe 9: Bildgröße Mond

Welche Bildgröße hat der Mond in einem Fernrohr der Brennweite $f = 10\ m$?

Lösung 9:

Die Gegenstandsweite g ist hier die (mittlere) Mondentfernung $g = 3,84 \cdot 10^8 m$. Die Gegenstandsgröße ist hier der Monddurchmesser $G = 2R_{\mathrm{C}} = 3,48 \cdot 10^6 m$. Die Linsenformel zeigt

$$\frac{1}{b} = \frac{1}{f} - \frac{1}{g} = \frac{g-f}{fg} \Rightarrow b = \frac{fg}{g-f}$$

Einsetzen der Werte liefert

$$b = \frac{10\ m \cdot 3,84 \cdot 10^8 m}{3,84 \cdot 10^8 m - 10\ m} = 10\ m$$

Die Bildgröße B ergibt sich aus der Proportion $\frac{B}{b} = \frac{G}{g}$. Damit folgt

$$B = \frac{Gb}{g} = \frac{3,48 \cdot 10^6 m \cdot 10\ m}{3,84 \cdot 10^8 m} = 9,1 \cdot 10^{-2} m = 9,1\ cm$$

Die Bildgröße des Monds ist 9,1 cm (hier ohne Okularvergrößerung).

Aufgabe 10: Leuchtfleck am Mond

Ein streng paralleler Laserstrahl (Durchmesser $d = 5,0\ cm$) der Wellenlänge $\lambda = 650\ nm$ wird auf den Mond gerichtet. Wie groß ist der Durchmesser D des Leuchtflecks an der Mondoberfläche? Rechnen Sie mit einem Abstand der Mond-Erdoberflächen von $r = 376.000\ km$.

Lösung 10:

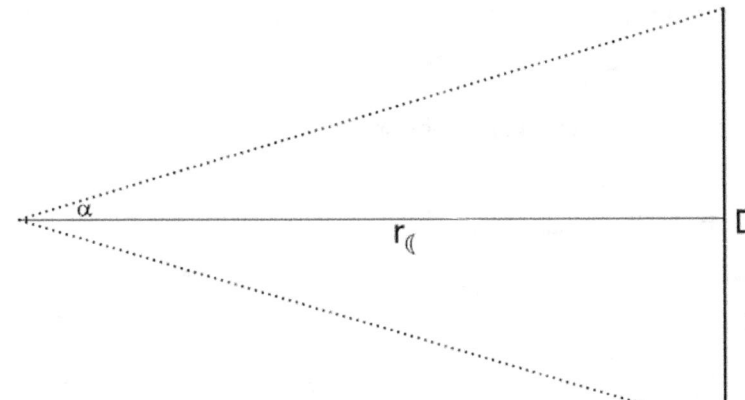

Für die Beugung nach Rayleigh gilt

$$\sin \alpha = 1{,}22 \frac{\lambda}{d}$$

Die Geometrie des Strahls (vgl. Bild) liefert die Bedingung

$$\sin \alpha = \frac{D}{2r}$$

Abbildung 2: Aufweitung eines Laserstrahls

Gleichsetzen ergibt

$$1{,}22 \frac{\lambda}{d} = \frac{D}{2r} \Rightarrow D = 2{,}44 \frac{\lambda}{d} r = 2{,}44 \cdot \frac{650 \cdot 10^{-9}\ m}{0{,}05\ m} \cdot 3{,}76 \cdot 10^{8}\ m = 12\ km$$

Aufgabe 11: Glühlampe 2

Bestimmen Sie die Entfernung, in der eine 100 W-Glühbirne so hell strahlt, wie ein Stern erster Größenklasse ($m = 1$).

Lösung 11:

Die absoluten Helligkeit M der Glühbirne lässt sich aus der Leuchtkraft ermitteln

$$M - M_\odot = -2{,}5 \log \frac{L}{L_\odot} \Rightarrow M = M_\odot - 2{,}5 \log \frac{L}{L_\odot} = 4{,}74 - 2{,}5 \log \frac{100\ W}{3{,}84 \cdot 10^{26}\ W}$$

$$\Rightarrow M = 4{,}74 - 2{,}5 \cdot (-24{,}58) = 66{,}2$$

Da die scheinbare Helligkeit gegeben ist, kann das Entfernungsmodul und damit die Entfernung berechnet werden

$$m - M = 5 \log \frac{r}{10\ pc} \Rightarrow r = 10pc \cdot 10^{0{,}2(m-M)} = 10pc \cdot 10^{0{,}2(1-66{,}2)} = 9{,}12 \cdot 10^{-13} pc$$

Umrechnen zeigt

$$\Rightarrow r = 9{,}12 \cdot 10^{-13} \cdot 3{,}086 \cdot 10^{13} km = 28{,}1 \; km$$

Die Glühbirne muss die Entfernung $28{,}1 \; km$ haben!

Aufgabe 12: Temperaturänderung
Ein Stern kühlt sich nach Ende des Nuklearbrennens ab. Welche relative Temperaturänderung ergibt sich, wenn die sich die Wellenlänge des Strahlungsmaximums um 50% vergrößert?

Lösung 12:
Nach dem Wienschen Verschiebungsgesetz ergeben sich die Beziehungen

$$\lambda_{max} = \frac{b}{T_1} \therefore \frac{3}{2}\lambda_{max} = \frac{b}{T_2}$$

Division der beiden Gleichungen liefert

$$\frac{\lambda_{max}}{\frac{3}{2}\lambda_{max}} = \frac{\frac{b}{T_1}}{\frac{b}{T_2}} \Rightarrow \frac{2}{3} = \frac{T_2}{T_1} \Rightarrow T_2 = \frac{2}{3}T_1$$

Der Stern kühlt sich um 33,3% ab.

Aufgabe 13: Hubarbeit
a) Ein Körper der Masse m soll von der Erdoberfläche auf die Höhe $h \ll R$ gehoben. Zeigen Sie, dass die Formel $W_{pot} = -GmM\left(\frac{1}{R+h} - \frac{1}{R}\right)$ gleichwertig ist zu $W_{pot} = mgh$.
b) Eine Astronautin landet aus einem Planetoiden vom Radius $R = 50 \; km$ und der Dichte $\rho = 2{,}5 \; \frac{g}{cm^3}$. Welche Sprunghöhe h_2 erreicht sie dort, wenn sie mit der selben Geschwindigkeit v_0 hochspringt, mit der sie auf der Erde $h_1 = 0{,}25 \; m$ erreichen würde?
c) Welchen Radius R muss ein Planetoid (Dichte $\rho = 2{,}5 \; \frac{g}{cm^3}$) mindestens haben, damit nicht eine Astronautin aus Versehen abhebt und ins All springt? Der Weltrekord für Hochsprung auf der Erde beträgt $h_2 = 2{,}45 \; m$.

Lösung 13:
a) Umformen liefert

$$W_{pot} = GmM\left(\frac{1}{R} - \frac{1}{R+h}\right) = GmM\frac{R+h-R}{R(R+h)} \approx GmM\frac{h}{R^2}$$

Mit $mg = G\frac{mM}{R^2} \Rightarrow g = \frac{GM}{R^2}$ folgt schließlich die Behauptung

$$\Rightarrow W_{pot} = mgh$$

b) Wegen der gleichen Geschwindigkeit, ist mit der kinetischen Energie auch die verrichtet Hubarbeit gleich. Wegen $W = mgh = const \Rightarrow h \sim \frac{1}{g}$ ist die Sprunghöhe indirekt proportional zur Gravitationsbeschleunigung. Diese beträgt auf dem Planetoiden

$$g_P = \frac{GM}{R^2} = \frac{4\pi\rho}{3}GR = \frac{4\pi}{3} 2500 \frac{kg}{m^3} \cdot 6{,}674 \cdot 10^{-11} \frac{m^3}{kg \cdot s^2} \cdot 5 \cdot 10^4 m = 0{,}0349 \frac{m}{s^2}$$

Somit gilt

$$\frac{h_2}{h_1} = \frac{g_\oplus}{g_P} \Rightarrow h_2 = 0{,}25\ m \frac{9{,}81 \frac{m}{s^2}}{0{,}0349 \frac{m}{s^2}} = 70{,}3\ m$$

Die Astronautin würde 70 m hoch springen.

c) Die Absprunggeschwindigkeit beim Weltrekord ergibt sich aus dem Energiesatz

$$\frac{1}{2}mv^2 = mg_\oplus h_2 \Rightarrow v = \sqrt{2g_\oplus h_2}$$

Die Fluchtgeschwindigkeit v_F ergibt sich bei Einbeziehen der Dichte ρ

$$v_F = \sqrt{\frac{2GM}{R}} = \sqrt{\frac{8}{3}\pi G\rho R^2}$$

Gleichsetzen der Geschwindigkeiten ergibt nach Vereinfachen

$$\frac{8}{3}\pi G\rho R^2 = 2g_\oplus h_2 \Rightarrow R = \sqrt{\frac{3g_\oplus h}{4\pi G\rho}} = \sqrt{\frac{3 \cdot 9{,}81 \frac{m}{s^2} \cdot 2{,}45 m}{4\pi \cdot 6{,}674 \cdot 10^{-11} \frac{m^3}{kg s^2} \cdot 2500 \frac{kg}{m^3}}}$$

$$\Rightarrow R = 5860\ m$$

Der Radius des Planetoiden muss mindestens 5,9 km betragen.

Aufgabe 14: Referenzellipsoid

In dem internationalen *World Geodetic System* 1984 (WGS84) wurde für die Erde ein Referenzellipsoid festgelegt. Es basiert auf dem Wert für den Äquatorradius und dem Kehrwert der Abplattung

$$R_{Äq} = 6378137\ m \quad \therefore \quad \frac{1}{f} = 298{,}25722$$

Der Äquator- und Polarradius der Erde können als große a und kleine Halbachse b einer Ellipse betrachtet werden, die den Rand des Referenzellipsoids bestimmen.

a) Ermitteln Sie die Abplattung der Erde $f = \frac{a-b}{a}$ und daraus die kleine Halbachse b

b) Berechnen Sie die Exzentrizität der Referenzellipse!

Lösung 14:

a) Die Abplattung ergibt sich aus dem Kehrwert

$$f = \frac{1}{298{,}25722} = 3{,}3528107 \cdot 10^{-3}$$

Aus der Definition folgt

$$f = \frac{a-b}{a} = 1 - \frac{b}{a} \Rightarrow \frac{b}{a} = 1 - f \Rightarrow b = a(1-f)$$

Damit gilt für die kleine Halbachse bzw. den Erdradius durch einen Pol

$$b = 6378137\ m(1 - 3{,}3528107 \cdot 10^{-3}) = 6356752{,}314\ m$$

b) Die numerische Exzentrizität ist definiert durch

$$\varepsilon = \sqrt{1 - \left(\frac{b}{a}\right)^2} = \sqrt{1 - (1-f)^2} = \sqrt{1 - (0{,}99664719)^2} = 0{,}081819$$

Bemerkung: Im selben Dokument WGS84 wird auch noch der Mittelwert der 3 Radien des Referenzellipsoid bestimmt zu $R = 6371008{,}77\ m$; dieser Wert entspricht dem gängigen Wert des Erdradius 6371 km. Da das Produkt genauer als die Faktoren bestimmt werden kann, wurde folgendes Produkt festgelegt

$$GM_{\delta} = 3986004{,}418 \cdot 10^8\ \frac{m^3}{s^2}$$

Ebenso wird die Winkelgeschwindigkeit der Erde als Konstante vereinbart

$$\omega = 7{,}292115 \cdot 10^8\ rad\ s^{-1}$$

Beide Werte sind wichtig für die Satellitentechnologie.

Aufgabe 15: Rayleigh

Nach Rayleigh gilt das Auflösungsvermögen

$$\alpha = 1{,}22 \frac{\lambda}{D}$$

Dabei ist λ die Wellenlänge und D der Durchmesser der Blende bzw. des Teleskops.
a) Wie groß muss der Hauptspiegel sein, damit ein Objekt vom Durchmesser 1000 AE in der Entfernung 160 pc im Infraroten ($\lambda = 2{,}0\ \mu m$) aufgelöst werden kann?
b) Welche Größe muss der Spiegel haben, damit ein Exoplanet im Abstand 1 AE von seinem Zentralstern erkannt, wenn die Entfernung des Systems 50 pc beträgt (sichtbares Licht $\lambda = 550\ nm$).
c) Welche Größe müsste ein Instrument haben, um bei einem Quasar im mittleren Infrarot ($\lambda = 10\ \mu m$) den Staubtorus (Durchmesser 1,0 pc) vom aktiven Galaxienkern (Abstand 14 Mpc) zu trennen?
(Hinweis: Hier soll von allen sonstigen Effekte wie Seeing, Luftunruhe usw. abgesehen werden).

Lösung 15:

a) Der Winkeldurchmesser beträgt $\delta = \left(\frac{1000}{160}\right)'' = 6{,}25'' = 3{,}03 \cdot 10^{-5} rad$. Für den Durchmesser des Instruments muss gelten

$$D = 1{,}22\ \frac{\lambda}{\delta} = \frac{1{,}22 \cdot 2 \cdot 10^{-6}\ m}{3{,}03 \cdot 10^{-5}} = 0{,}081\ m = 8{,}1\ cm$$

b) Der Winkeldurchmesser beträgt $\delta = \left(\frac{1}{50}\right)'' = 0{,}02'' = 9{,}70 \cdot 10^{-8}\ rad$. Der Durchmesser des Instruments ist damit

$$D = 1{,}22\ \frac{\lambda}{\delta} = \frac{1{,}22 \cdot 550 \cdot 10^{-9}\ m}{9{,}70 \cdot 10^{-8}} = 6{,}92\ m$$

c) Es gilt $1{,}0\ pc = 2{,}062 \cdot 10^5\ AE$. Der Winkeldurchmesser beträgt damit $\delta = \left(\frac{2{,}062 \cdot 10^5}{14 \cdot 10^7}\right)'' = 0{,}00147'' = 7{,}14 \cdot 10^{-9} rad$. Für den Durchmesser des Instruments folgt

$$D = 1{,}22\ \frac{\lambda}{\delta} = \frac{1{,}22 \cdot 10^{-5}\ m}{7{,}14 \cdot 10^{-9}} = 1700\ m$$

Dies ist nicht mehr mit einem Gerät zu schaffen. Man setzt daher hier das Verfahren der Interferometrie ein, bei dem zwei oder mehrere Teleskope auch über größere Entfernung (*Basislinie* BL genannt) zusammengeschaltet werden. Hier gilt die Beziehung

$$\alpha = \frac{\lambda}{3 \cdot BL}$$

Damit folgt für die gesuchte Basislinie

$$BL = \frac{\lambda}{3 \cdot \alpha} = \frac{10^{-5} \, m}{3 \cdot 7{,}14 \cdot 10^{-9}} = 467 \, m$$

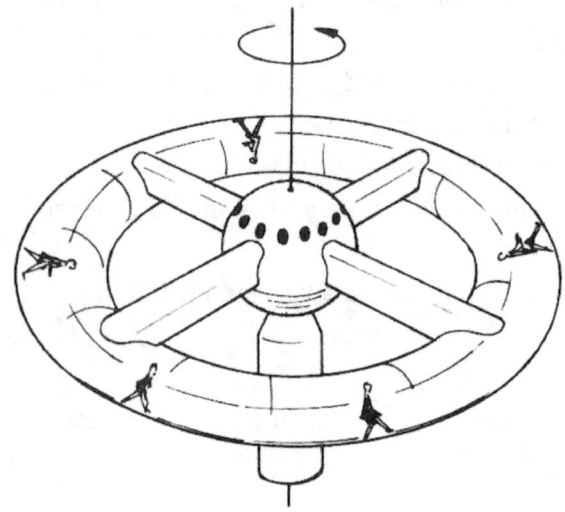

Abbildung 3: Rotierende Raumstation nach einer Idee von Wernher von Braun

Aufgabe 16: Raumstation

Eine torusförmige Raumstation vom Radius $R = 75 \, m$ soll so rotieren, dass die Zentrifugalbeschleunigung betragsgleich der Erdbeschleunigung ist.

a) Bestimmen Sie Winkelgeschwindigkeit und Rotationsdauer!
b) Was passiert, wenn eine Person mit der Geschwindigkeit $v = 5{,}0 \, \frac{m}{s}$ durch den Ringkorridor läuft?

Lösung 16:

a) Gleichsetzen von Gewichts- und Radialkraft liefert die Winkelgeschwindigkeit

$$mg = m\omega^2 R \Rightarrow \omega = \sqrt{\frac{R}{g}} = \sqrt{\frac{75 \, m}{9{,}81 \, \frac{m}{s^2}}} = 2{,}765 \, \frac{1}{s}$$

Die Rotationsdauer ist dann

$$T = \frac{2\pi}{\omega} = \frac{2\pi}{2{,}765 \, \frac{1}{s}} = 2{,}27 \, s$$

b) Neben der Zentrifugalkraft wirkt noch die Coriolis-Kraft. Ihre Beschleunigung ist

$$a_{Cor} = 2\omega v = 2 \cdot 2{,}765 \, \frac{1}{s} \cdot 5 \, \frac{m}{s} = 27{,}7 \, \frac{m}{s^2} = 2{,}82 g$$

Die Coriolis-Kraft hat den 2,8-fachen Betrag der Gewichtskraft auf der Erde und versucht die Person senkrecht aus der Bahn zu ziehen.

Aufgabe 17: Oortsche Wolke

Ein typisches Objekt der Oortschen Wolke habe den Radius $R = 100 \, km$ und die Dichte $\rho = 2{,}5 \, \frac{g}{cm^3}$. Ermitteln Sie daraus die Anzahl N der Objekte in der Oortschen Wolke, wenn deren Gesamtmasse zu $M_{\text{oort}} = 100 \, M$ geschätzt wird.

Lösung 17:

Für ein kugelförmiges Objekt mit den gegebenen Maßen folgt

$$M_{obj} = \frac{4}{3}\pi\rho R^3 = \frac{4}{3}\pi \cdot 2{,}5 \cdot 10^3 \frac{kg}{m^3} (1 \cdot 10^5 m)^3 = 3{,}3 \cdot 10^{18}\, kg = 5{,}6 \cdot 10^{-7} M$$

Die Anzahl der Objekte ist damit

$$N = \frac{M_{oort}}{M_{obj}} = \frac{100\, M}{5{,}6 \cdot 10^{-7} M} = 1{,}8 \cdot 10^8$$

Nach dieser Schätzung befinden sich ca. 180 Mio. Objekte in der Oortschen Wolke.

Aufgabe 18: Parallaxe des Mondes

a) Ermitteln Sie die Horizontalparallaxe p_0 des Mondes zum mittleren Mondabstand $r = 3{,}844 \cdot 10^5$ km.
b) Bestimmen Sie die Parallaxe p_1 des Monds zur Höhe $h = 65°$.
c) Zeigen Sie: Für eine Höhe $h > 0$ ist die Parallaxe p_1 die Differenz des topozentrischen Zenitabstands ζ und den geozentrischen Zenitabstand z.

Lösung 18:

a) Im rechtwinkligen Dreieck EM_2B gilt:

$$\sin p_0 = \frac{R_\oplus}{r}$$

Einsetzen liefert

$$\sin p_0 = \frac{6371\, km}{3{,}844 \cdot 10^5\, km} \Rightarrow p_0 = 0{,}950° = 57'$$

b) Der Sinussatz im Dreieck EM_1B ergibt

$$\frac{\sin p_1}{R_\oplus} = \frac{\sin(90° + h)}{r_\mathbb{C}} \Rightarrow \sin p_1 = R_\oplus \frac{\sin(90° + 65°)}{r_\mathbb{C}} = 6371\, km \frac{\sin 155°}{3{,}844 \cdot 10^5\, km}$$

$$\Rightarrow p_1 = 0{,}401° = 24'$$

Der Parallaxenwinkel beträgt 47 bzw. 24 Bogenminuten.

c) Im Dreieck EBM_2 gilt wegen der Winkelsumme

$$z + 90° + \underbrace{h}_{90°-\zeta} + p_1 = 180° \Rightarrow p_1 = \zeta - z.$$

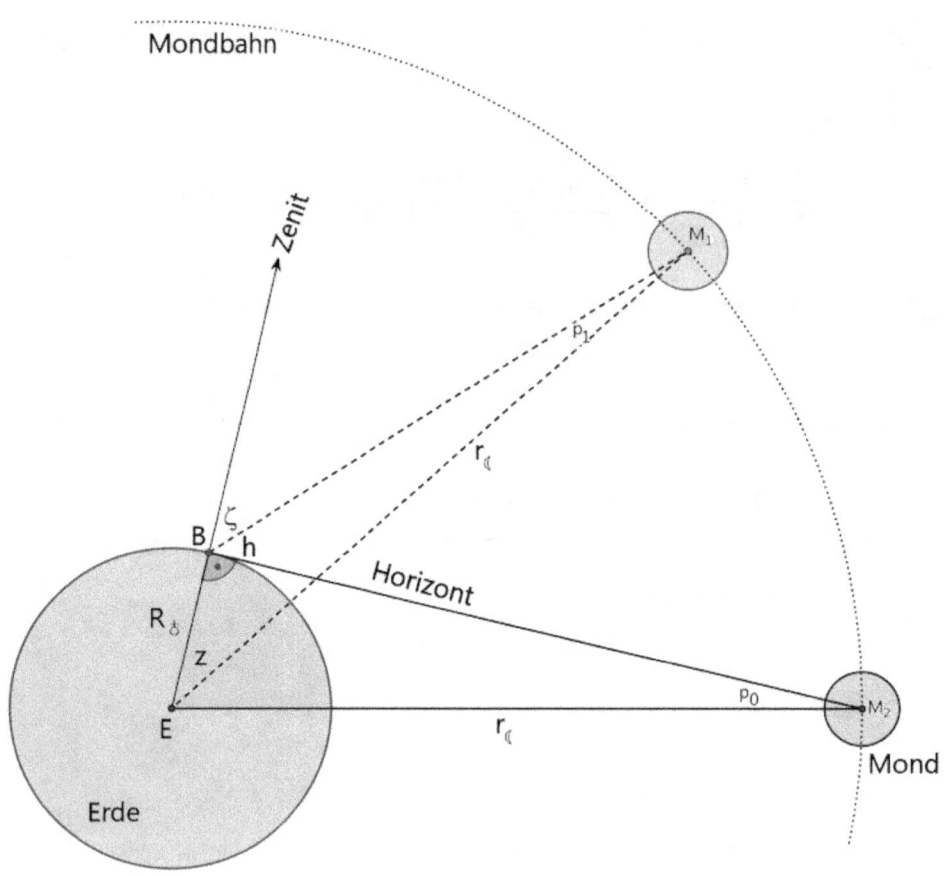

Abbildung 4: Horizontalparallaxe des Monds und Parallaxe zur Höhe h

Aufgabe 19: Jahreszeiten-Effekte

Für das Entstehen der Jahreszeiten sind (hauptsächlich) zwei Effekte verantwortlich: Die Elliptizität der Erdbahn und die Schiefe der Erd-Rotationsachse. Ermitteln Sie, welcher Effekt die größere Variation der Intensität der Sonnenstrahlung bewirkt
a) bei der der elliptischen Erdbahn! ($\varepsilon = 0{,}017$)
b) bei der Schiefe der Erdachse ($i = 23{,}44°$)
Wählen Sie für Deutschland den mittleren Breitengrad $\varphi = 50°$.

Lösung 19:

a) Die Intensität einer Strahlung ist indirekt proportional ist zum Quadrat des Abstands der Strahlenquelle. Somit folgt

$$\frac{I_{sommer}}{I_{winter}} = \left(\frac{r_{max}}{r_{min}}\right)^2 = \left[\frac{a(1+\varepsilon)}{a(1-\varepsilon)}\right]^2 = \left(\frac{1+0{,}017}{1-0{,}017}\right)^2 = 1{,}070$$

Die Elliptizität der Erdbahn; d. h. die Abstandsänderung in Perihel (Winter) bzw. Aphel (Sommer) bewirkt eine Variation um 7,0 %.

b) Die Intensität ist proportional zum Cosinus des Einfallswinkels $(90° - h)$, wobei h die Höhe der Sonne im Horizontsystem ist. Für die Kulminationshöhe der Sonne gilt auf der nördlichen Halbkugel

$$h = \delta_\odot + (90° - \varphi) \Rightarrow 90° - h = \varphi - \delta_\odot$$

Die Extremwerte erhält man für die Sonnenwenden ($\delta_\odot = \pm 23{,}44°$). Damit folgt

$$\frac{I_{sommer}}{I_{winter}} = \frac{\cos(50° - 23{,}44°)}{\cos(50° + 23{,}44°)} = 3{,}14$$

Die Schiefe der Erdachse bewirkt eine Variation der Sonnenintensität um 314 % und ist damit erheblich größer als bei a).

Kapitel 2: Erde-Mond

> *Aber alle Bewunderung übertrifft das letzte Gestirn, ... das die Natur zur Vertreibung der Finsternis geschaffen hat, den Mond.*
> *Gaius Plinius Secundus, Naturgeschichte Buch 2, 42*

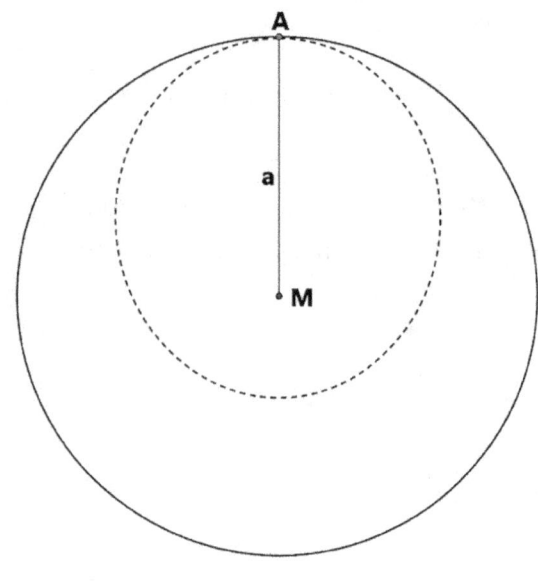

Abbildung 5: Bahnänderung bei Massenänderung

Aufgabe 20: Doppelte Masse

a) Angenommen, die Sonne verdoppelt plötzlich durch irgendein kosmisches Ereignis ihre Masse (und nur diese). Wie ändert sich die Bahnhalbachse und Umlaufzeit der Erde?

b) Der Bereich $[0{,}9\ AE;\ 1{,}2\ AE]$ des Sonnensystems heißt die *habitable* Zone. Welche numerische Exzentrizität hat ein Planet, der sich in diesem Bereich bewegt?

Lösung 20:

a) Für die ursprüngliche Kreisbahn gilt mit Radius a

$$v^2 = GM\frac{1}{a}$$

Ist A der Übergangspunkt zu neuen Bahn, dann wird A das Aphel der neuen Bahnellipse. Nach dem Vis-Viva-Satz gilt für die neue Halbachse a_1

$$v^2 = G \cdot 2M\left(\frac{2}{a} - \frac{1}{a_1}\right)$$

Gleichsetzen liefert $\frac{4}{a} - \frac{2}{a_1} = \frac{1}{a}$ oder $a_1 = \frac{2}{3}a$. Die neue T_1 und alte Umlaufzeit T berechnen wir aus dem dritten Keplerschen Gesetz. Somit gilt

$$T^2 = a^3\frac{4\pi^2}{GM} \sim T_1^2 = a_1^3\frac{4\pi^2}{2GM}$$

Division der beiden Gleichungen ergibt

$$\frac{T_1}{T} = \sqrt{\frac{1}{2}\left(\frac{a_1}{a}\right)^3} = \frac{2}{9}\sqrt{3} = 0{,}385$$

Die neue Bahnhalbachse a_1 ist somit $\frac{2}{3}AE$; die neue Umlaufzeit $T_1 = 0{,}385\ a = 140\ d$.

Kapitel 2: Erde-Mond

b) Einsetzen in die Apsidenabstände liefert

$$\left.\begin{array}{l}r_p = 0{,}9\ AE = a(1-\varepsilon)\\ r_a = 1{,}2\ AE = a(1+\varepsilon)\end{array}\right\} \Rightarrow \frac{1-\varepsilon}{1+\varepsilon} = \frac{3}{4} \Rightarrow 3(1+\varepsilon) = 4(1-\varepsilon) \Rightarrow \varepsilon = \frac{1}{7}$$

Die Apsidenabstände sind damit $r_p = \frac{6}{7}AE$ bzw. $r_p = \frac{8}{7}AE$.

Aufgabe 21: Gezeiten 1
Aufgrund der Gezeitenwirkung entfernt sich der Mond im Jahr um 3,7 cm von der Erde.
a) Welche Arbeit wird verrichtet, wenn man den Mond als ruhend annimmt?
b) Welche Leistung erbringen die Gezeiten?

Lösung 21:
a) Die Strecke $\Delta r = 3{,}7 \cdot 10^{-2}\ m$ ist so klein, dass die Kraft als konstant betrachtet werden kann.

$$W = F\ \Delta r = GM_{\oplus}M_{☾}\frac{\Delta r}{r^2}$$

Einsetzen der Werte liefert

$$W = 6{,}673 \cdot 10^{-11}\frac{m^3}{kg \cdot s^2} \cdot 5{,}98 \cdot 10^{24} kg \cdot 7{,}35 \cdot 10^{22} kg \cdot \frac{3{,}7 \cdot 10^{-2}\ m}{(3{,}84 \cdot 10^8 m)^2}$$

$$\Rightarrow W = 7{,}36 \cdot 10^{18}\ J$$

b) Die Leistung der Gezeiten beträgt

$$P = \frac{W}{t} = \frac{7{,}36 \cdot 10^{18}\ J}{365{,}24 \cdot 24 \cdot 3600\ s} = 2{,}3 \cdot 10^{11}\ W$$

Aufgabe 22: Änderung der Tageslänge
Infolge der Gezeitenkräfte vergrößert sich mit der Zeit der Mondabstand. Aufgrund des Drehimpuls-Erhaltungssatzes wächst somit der Bahndrehimpuls des Mondes und verringert damit den Eigendrehimpuls der Erde. Der siderische Tag wird dann $T_{sid} = 47{,}7\ d$ betragen.
a) Ermitteln Sie dazu die Länge des synodischen Tags, also die Länge des Tag&Nacht-Zyklus
b) Welche mittlere Entfernung wird der Mond dann haben?
c) Unter der Annahme, dass die Tageslänge pro Jahrhundert um 1,1 ms zunimmt, berechne man den Gesamteffekt seit den babylonischen Sonnenfinsternis-Beobachtungen vor 3000 Jahren!

Lösung 22:
a) Mit der Formel folgt

$$\frac{1}{T_{rot,syn}} = \frac{1}{T_{rot,sid}} - \frac{1}{T_{sid}} \Rightarrow T_{rot,syn} = \frac{T_{sid} \cdot T_{rot,sid}}{T_{sid} - T_{rot,sid}}$$

Einsetzen der Werte liefert

$$T_{rot,syn} = \frac{365{,}25d \cdot 47{,}7\,d}{365{,}25d - 47{,}7\,d} = 54{,}9\,d$$

Der Tag&Nacht-Zyklus wird 54,9 Tage dauern und somit nur 6,6 mal im Jahr stattfinden.

b) Nach dem 3.Keplerschen Gesetz gilt die Proportion

$$\left(\frac{T}{T_1}\right)^2 = \left(\frac{a}{a_1}\right)^3 \Rightarrow a_1 = a\left(\frac{T_1}{T}\right)^{\frac{2}{3}}$$

Die neue Mondumlaufzeit T_1 ist – wie bei der gebundenen Rotation erforderlich – gleich den gegebenen $47{,}7\,d$. Einsetzen der Werte liefert

$$a_1 = a\left(\frac{T_1}{T}\right)^{\frac{2}{3}} = 3{,}84 \cdot 10^8\,m \left(\frac{47{,}7\,d}{27{,}3\,d}\right)^{\frac{2}{3}} = 5{,}57 \cdot 10^8\,m$$

Die neue Mondentfernung beträgt das 1,45-fache des bisherigen Wertes.

c) Im letzten der 3000 Jahre beträgt der Tageslängenzuwachs $a_n = 1{,}1\,\frac{ms}{100\,a} \cdot 3000\,a = 33\,ms$. Die Summe aller Zuwächse ist nach der Formel für die arithmetische Reihe $s = \frac{n}{2}(a_1 + a_n)$

$$\Delta t = \frac{1}{2} \cdot 3000 \cdot 365{,}25(0 + 33\,ms) = 18100\,s = 5{,}02\,h$$

Die gesamte Änderung der Tageslänge seit 3000 Jahren beträgt 5,0 h.

Aufgabe 23: Satellit 2

Ein Satellit hat im Perigäum die Geschwindigkeit $v_p = 7{,}0\,\frac{km}{s}$, im Apogäum die Geschwindigkeit $v_a = 5{,}0\,\frac{km}{s}$.
a) Bestimmen Sie die größte und kleinste Erdentfernung des Satelliten!
b) Ermitteln Sie die Umlaufzeit T.

Lösung 23:

a) Wir bestimmen zunächst die numerische Exzentrizität ε der Bahn. Nach dem Flächensatz $v_p r_p = v_a r_a$ gilt

$$\frac{v_p}{v_a} = \frac{r_a}{r_p} = \frac{a(1+\varepsilon)}{a(1-\varepsilon)} \Rightarrow \frac{7}{5} = \frac{1+\varepsilon}{1-\varepsilon} \Rightarrow \varepsilon = \frac{1}{6}$$

Die große Bahnhalbachse folgt aus dem Vis-Viva-Satz.

$$v_p^2 = \frac{GM_\oplus}{a}\left(\frac{1+\varepsilon}{1-\varepsilon}\right) \therefore v_a^2 = \frac{GM_\oplus}{a}\left(\frac{1-\varepsilon}{1+\varepsilon}\right)$$

Subtrahiert man die Gleichungen, so ergibt sich

$$v_p^2 - v_a^2 = \frac{GM_\oplus}{a}\left[\frac{1+\varepsilon}{1-\varepsilon} - \frac{1-\varepsilon}{1+\varepsilon}\right] = \frac{GM_\oplus}{a}\frac{4\varepsilon}{1-\varepsilon^2}$$

Auflösen nach der Halbachse a liefert

$$a = \frac{GM_\oplus}{v_p^2 - v_a^2}\frac{4\varepsilon}{1-\varepsilon^2}$$

Einsetzen der Werte zeigt

$$a = \frac{6{,}672 \cdot 10^{-11}\frac{m^3}{kgs^2} \cdot 5{,}98 \cdot 10^{24}kg}{\left(7{,}0 \cdot 10^3\frac{m}{s}\right)^2 - \left(5{,}0 \cdot 10^3\frac{m}{s}\right)^2} \cdot \frac{4 \cdot \frac{1}{6}}{1-\left(\frac{1}{6}\right)^2} = 1{,}14 \cdot 10^7 m$$

Die Apsiden ergeben sich damit zu

$$r_p = a(1-\varepsilon) = 1{,}14 \cdot 10^7 m \cdot \frac{5}{6} = 9{,}5 \cdot 10^6 m = 9500\ km$$

$$r_a = a(1+\varepsilon) = 1{,}14 \cdot 10^7 m \cdot \frac{7}{6} = 1{,}33 \cdot 10^7 m = 13.300\ km$$

b) Nach dem dritten Keplerschen Gesetz gilt

$$\frac{T^2}{a^3} = \frac{4\pi^2}{GM_\oplus} \Rightarrow T = 2\pi\sqrt{\frac{a^3}{GM_\oplus}} = 2\pi\sqrt{\frac{(1{,}14 \cdot 10^7 m)^3}{6{,}67 \cdot 10^{-11}\frac{m^3}{kgs^2} \cdot 5{,}98 \cdot 10^{24}kg}} = 1{,}21 \cdot 10^4 s$$

Die Umlaufzeit des Satelliten beträgt $3\ h\ 21 min$.

Aufgabe 24: Satellit 3

Ein Erdsatellit der Masse $m = 1{,}0\,t$ soll von einer Kreisbahn vom Abstand $r_1 = 10^7 m$ vom Erdmittelpunkt auf eine Kreisbahn zum Abstand $r_2 = 5{,}5 \cdot 10^7\,m$ gehoben werden. Welche Arbeit ist dazu notwendig?

Lösung 24:

Die Energie in Höhe r_1 beträgt

$$W_1 = \frac{1}{2}mv_1^2 - \frac{GmM_\oplus}{r_1}$$

Für eine Kreisbahn gilt: $v = \sqrt{\frac{GM_\oplus}{r}}$. Damit folgt (wie auch aus dem Virialsatz)

$$W_1 = \frac{1}{2}\frac{GmM_\oplus}{r_1} - \frac{GmM_\oplus}{r_1} = -\frac{1}{2}GmM_\oplus\frac{1}{r_1}$$

Analog ergibt sich für die Energie in Höhe r_2

$$W_2 = -\frac{1}{2}mGM_\oplus\frac{1}{r_2}$$

Die aufzubringende Arbeit ΔW ist daher

$$\Delta W = W_2 - W_1 = -\frac{1}{2}mGM_\oplus\left(\frac{1}{r_2} - \frac{1}{r_1}\right)$$

Einsetzen der gegebenen Werte liefert

$$\Rightarrow W = -\frac{1}{2} \cdot 10^3 kg \cdot 6{,}67 \cdot 10^{-11}\frac{m^3}{kg\,s^2} \cdot 5{,}98 \cdot 10^{24} kg \left(\frac{1}{5{,}5 \cdot 10^7\,m} - \frac{1}{10^7\,m}\right)$$

$$\Rightarrow W = 1{,}63 \cdot 10^{10}\,J$$

Die Arbeit beträgt $16\,GJ$.

Aufgabe 25: Gezeiten 2

Infolge der Gezeitenreibung verlangsamt sich die Erdrotation und die Entfernung des Mondes von der Erde nimmt zu. Bestimmen Sie aus dem Drehimpulssatz, welche Tageslänge T_∞ und finale Mondentfernung r_∞ sich endgültig ergibt! Es soll angenommen werde, dass das Trägheitsmoment der Erde 80% desjenigen einer homogen Kugel vom gleichen Radius entspricht.

Kapitel 2: Erde-Mond

Lösung 25:

Das Trägheitsmoment einer homogenen Kugel beträgt $\Theta = \frac{2}{5}MR^2$. Für die Erde ergibt sich damit nach Angabe

$$\Theta = 0{,}8 \cdot \frac{2}{5} M_\oplus R_\oplus^2 = \frac{8}{25} M_\oplus R_\oplus^2$$

Die Winkelgeschwindigkeiten der Erde und des Mondes ergeben sich aus der siderischen Rotationsdauer $T_\oplus = 23{,}93\ h$ bzw. aus dem siderischen Monat $T_☾ = 27{,}32\ d$

$$\omega_\oplus = \frac{2\pi}{T_\oplus} = \frac{2\pi}{23{,}93 \cdot 3600 s} = 7{,}29 \cdot 10^{-5}\ \frac{1}{s}$$

$$\omega_☾ = \frac{2\pi}{T_☾} = \frac{2\pi}{27{,}32 \cdot 24 \cdot 3600 s} = 2{,}66 \cdot 10^{-6}\ \frac{1}{s}$$

Der Eigendrehimpuls der Erde folgt damit zu

$$L_\oplus = \Theta \omega_\oplus = \frac{8}{25} M_\oplus R_\oplus^2 \omega_\oplus = \frac{8}{25}\ 5{,}98 \cdot 10^{24} kg (6{,}37 \cdot 10^6\ m)^2 \cdot 7{,}29 \cdot 10^{-5}\ \frac{1}{s}$$

$$\Rightarrow L_\oplus = 5{,}66 \cdot 10^{33}\ Js$$

Der Bahndrehimpuls des Mondes ist

$$L_☾ = M_☾ r_☾ v_☾ = M_☾ r_☾^2 \omega_☾$$

Einsetzen der Werte liefert

$$L_☾ = 7{,}35 \cdot 10^{22} kg\ (3{,}84 \cdot 10^8\ m)^2\ 2{,}66 \cdot 10^{-6}\ \frac{1}{s} = 2{,}89 \cdot 10^{34}\ Js$$

Der Gesamtdrehimpuls des System Erde-Mond ist damit

$$L_{ges} = L_\oplus + L_☾ = 5{,}66 \cdot 10^{33}\ Js + 2{,}89 \cdot 10^{34}\ Js = 3{,}46 \cdot 10^{34}\ Js$$

Im Fall der gebundenen Rotation stimmt die Winkelgeschwindigkeit der Erdrotation in Zukunft mit der des Mondumlaufs überein. Infolge der Verlangsamung der Erdrotation kann der Eigendrehimpuls der Erde vernachlässigt werden und der Mond übernimmt den gesamten Drehimpuls

$$M_☾ r_\infty^2 \omega_\infty = L_{ges} \quad (1)$$

Arbeitsbuch Astrophysik

Da Gleichung (1) zwei Unbekannte umfasst, benötigen wir noch eine weitere Gleichung. Diese liefert das dritte Keplersche Gesetz.

$$\frac{r^3}{T^2} = C \Rightarrow r^3 \omega^2 = 4\pi^2 C$$

Es gilt somit auch

$$r_{\mathrm{C}}^3 \omega_{\mathrm{C}}^2 = r_\infty^3 \omega_\infty^2 \quad (2)$$

Auflösen von (2) nach der finalen Winkelgeschwindigkeit ω_∞ zeigt

$$\omega_\infty = \omega_{\mathrm{C}} \sqrt{\left(\frac{r_{\mathrm{C}}}{r_\infty}\right)^3}$$

Eingesetzt in Gleichung (1) folgt

$$M_{\mathrm{C}} r_\infty^2 \omega_{\mathrm{C}} \sqrt{\left(\frac{r_{\mathrm{C}}}{r_\infty}\right)^3} = L_{ges}$$

Auflösen nach r_∞ liefert

$$r_\infty = \frac{L_{ges}^2}{M_{\mathrm{C}}^2 r_{\mathrm{C}}^3 \omega_{\mathrm{C}}^2} = \frac{(3{,}46 \cdot 10^{34}\, Js)^2}{(7{,}35 \cdot 10^{22}\, kg)^2 (3{,}84 \cdot 10^8\, m)^3 \left(2{,}66 \cdot 10^{-6}\, \frac{1}{s}\right)^2}$$

$$\Rightarrow r_\infty = 5{,}55 \cdot 10^8\, m$$

Dieser Abstand ist wegen

$$\frac{r_\infty}{r_{\mathrm{C}}} = \frac{5{,}55 \cdot 10^8\, m}{3{,}84 \cdot 10^8\, m} = 1{,}44$$

das 1,44-fache des jetzigen Mondabstandes. Die finale Winkelgeschwindigkeit ergibt sich aus (1) zu

$$\omega_\infty = \frac{L_{ges}}{M_{\mathrm{C}} r_\infty^2} = \frac{3{,}46 \cdot 10^{34}\, Js}{7{,}35 \cdot 10^{22}\, kg\,(5{,}55 \cdot 10^8\, m)^2} = 1{,}53 \cdot 10^{-6}\, \frac{1}{s}$$

Dies entspricht der finalen Tageslänge bzw. Mondumlaufzeit

$$T_\infty = \frac{2\pi}{\omega_\infty} = \frac{2\pi}{1{,}53 \cdot 10^{-6}\,\frac{1}{s}} = 4{,}11 \cdot 10^6\,s = 47{,}5\,d$$

Aufgabe 26: Mondfähre

Eine Mondfähre der Startmasse $m_0 = 13{,}6\,t$ soll nach dem Start vom Mond in eine Mondumlaufbahn gebracht werden. Das Triebwerk hat die Schubkraft $F = 260\,kN$ und liefert die Raketengeschwindigkeit $v = 1{,}73\,\frac{km}{s}$. Die Geschwindigkeit der Treibstoffgase ist $u = 2{,}90\,\frac{km}{s}$. Die Mondgravitation soll vernachlässigt werden.
a) Wie groß ist der Massendurchsatz?
b) Welche Leistung erbringen die Triebwerke?
c) Wie groß ist die Leermasse m_1 der Rakete?
d) Wie lange dauert die Brennphase?
e) Bestimmen Sie die größte und kleinste Beschleunigung der Rakete!

Lösung 26:
a) Die Kraft ist zeitliche Änderung des Impulses

$$F = \frac{dp}{dt} = \frac{d(mu)}{dt} = u\frac{dm}{dt} = u\dot{m}$$

Der Massendurchsatz ergibt sich daher aus

$$\dot{m} = \frac{F}{u} = \frac{2{,}60 \cdot 10^5\,N}{2{,}90 \cdot 10^3\,\frac{m}{s}} = 89{,}7\,\frac{kg}{s}$$

b) Die Leistung ist die zeitliche Änderung der Energie

$$P = \frac{dW}{dt} = \frac{d(\frac{1}{2}mu^2)}{dt} = \frac{1}{2}u^2\frac{dm}{dt} = \frac{1}{2}u^2\dot{m} = \frac{1}{2}u^2\frac{F}{u} = \frac{1}{2}Fu$$

$$\Rightarrow P = \frac{1}{2}\,2{,}60 \cdot 10^5\,N \cdot 2{,}90 \cdot 10^3\,\frac{m}{s} = 3{,}77 \cdot 10^8\,W$$

Die Triebwerksleistung beträgt 377 MW.

c) Der Impulssatz liefert

$$-u \cdot dm = m \cdot dv$$

Die Integration ergibt mit Anfangs-

Abbildung 6: Impulssatz angewandt auf Rakete

geschwindigkeit Null

$$v = -\int_{m_0}^{m_1} \frac{u}{m}\, dm = -u[\log m]_{m_0}^{m_1} = -u \log \frac{m_1}{m_0}$$

Dies ist die berühmte Raketenformel von K. Ziolkowsky (1903). Auflösen nach dem Logarithmus ergibt $-\frac{v}{u} = \log \frac{m_1}{m_0}$

$$\Rightarrow e^{-\frac{v}{u}} = \frac{m_1}{m_0} \Rightarrow m_1 = m_0 e^{-\frac{v}{u}} = 13{,}6\, t \cdot \exp\left(-\frac{1{,}73\, \frac{km}{s}}{2{,}90\, \frac{km}{s}}\right) = 7{,}49\, t$$

Die Leermasse der Rakete beträgt 7,49 t.

d) Die Brenndauer t lässt sich direkt aus der Massendifferenz ermitteln

$$t = \frac{m_0 - m_1}{\dot m} = \frac{1{,}36 \cdot 10^4 kg - 7{,}49 \cdot 10^3 kg}{89{,}7\, \frac{kg}{s}} = 68{,}1\, s$$

e) Die Beschleunigungen ergeben sich aus den verschiedenen Massen

$$a_{max} = \frac{F}{m_1} = \frac{2{,}60 \cdot 10^5\, N}{7{,}49 \cdot 10^3 kg} = 34{,}7\, \frac{m}{s^2}$$

Analog folgt

$$a_{min} = \frac{F}{m_0} = \frac{2{,}60 \cdot 10^5\, N}{1{,}36 \cdot 10^4 kg} = 19{,}17\, \frac{m}{s^2}$$

Die extremen Beschleunigungen sind $19{,}17\, \frac{m}{s^2}$ bzw. $34{,}7\, \frac{m}{s^2}$.

Aufgabe 27: Trägheitsmoment der Erde

Es soll das Trägheitsmoment Θ der Erdkugel berechnet werden, wenn die Erde in einen Kern der Dichte $\rho_K = 10{,}9\, \frac{g}{cm^3}$ und in einem Mantel (in Form einer Kugelschale) der Dichte $\rho_M = 4{,}5\, \frac{g}{cm^3}$ zerlegt wird.

a) Berechnen Sie den relativen Kernradius, wenn die Erddichte $\rho_\oplus = 5{,}5\, \frac{g}{cm^3}$ gegeben ist!

b) Bestimmen Sie Verhältnis $\frac{\Theta}{M_\oplus R_\oplus^2}$ für dieses Schichtenmodell und vergleichen Sie dies mit dem entsprechenden Wert einer homogenen Kugel $\frac{\Theta}{M_\oplus R_\oplus^2} = \frac{2}{5}$.

Lösung 27:

a) Da sich die Massen von Kern und Mantel addieren, gilt

$$M_K + M_M = M_\oplus \Rightarrow \frac{4}{3}\pi\rho_K r_K^3 + \frac{4}{3}\pi\rho_M(R_\oplus^3 - r_K^3) = \frac{4}{3}\pi\rho_\oplus R_\oplus^3$$

Kürzen ergibt

$$\rho_K r_K^3 + \rho_M(R_\oplus^3 - r_K^3) = \rho_\oplus R_\oplus^3$$

Auflösen nach dem Radius des Erdkerns zeigt

$$r_K^3(\rho_K - \rho_M) = R_\oplus^3(\rho_\oplus - \rho_M)$$

$$\Rightarrow r_K = R_\oplus \sqrt[3]{\frac{\rho_\oplus - \rho_M}{\rho_K - \rho_M}}$$

Einsetzen der Zahlenwerte ergibt

$$r_K = 0{,}539\, R_\oplus$$

b) Für das Trägheitsmoment des kugelförmigen Kerns gilt

$$\Theta_1 = \frac{2}{5}M_K r_K^2 = \frac{8}{15}\pi\rho_K r_K^5$$

Entsprechend ist das Trägheitsmoment des Erdmantels

$$\Theta_2 = \frac{8}{15}\pi\rho_M(R_\oplus^5 - r_K^5)$$

Da beide Trägheitsmomente die selbe Drehachse haben, dürfen sie addiert werden

$$\Theta = \frac{8}{15}\pi[\rho_K r_K^5 + \rho_M(R_\oplus^5 - r_K^5)] = \frac{8\pi}{15}[\rho_M R_\oplus^5 + (\rho_K - \rho_M)r_K^5]$$

Für das gesuchte Verhältnis folgt

$$\frac{\Theta}{M_\oplus R_\oplus^2} = \frac{\Theta}{\rho_\oplus \cdot \frac{4}{3\pi}R_\oplus^5} = \frac{\frac{8\pi}{15}[\rho_M R_\oplus^5 + (\rho_K - \rho_M)r_K^5]}{\frac{4\pi}{3}\rho_\oplus R_\oplus^5}$$

$$\Rightarrow \frac{\Theta}{M_{\oplus} R_{\oplus}^2} = \frac{2}{5} \frac{\rho_M R_{\oplus}^5 + (\rho_K - \rho_M) r_K^5}{\rho_{\oplus} R_{\oplus}^5} = \frac{2}{5} \frac{\rho_M + (\rho_K - \rho_M)\left(\frac{r_K}{R_{\oplus}}\right)^5}{\rho_{\oplus}}$$

Einsetzen der gegebenen Werte liefert

$$\frac{\Theta}{M_{\oplus} R_{\oplus}^2} = \frac{2}{5} \frac{4{,}5 \, gcm^{-3} + (10{,}9 gcm^{-3} - 4{,}5 \, gcm^{-3})(0{,}539)^5}{5{,}5 \, gcm^{-3}}$$

$$\Rightarrow \frac{\Theta}{M_{\oplus} R_{\oplus}^2} = 0{,}348$$

Gegenüber dem Verhältnis bei einer homogenen Kugel $\frac{\Theta}{M_{\oplus} R_{\oplus}^2} = \frac{2}{5}$ ergibt sich

$$\frac{0{,}348}{0{,}4} = 0{,}871$$

Das Zwei-Schichten-Modell der Erde von Teilaufgabe a) liefert 87% des Trägheitsmoments einer homogen gedachten Erde.

Aufgabe 28: Periode Ebbe-Flut

Ermitteln Sie die synodische Umlaufzeit der Flutberge aus den siderischen Zeiten von Erde und Mond! Da es zwei Flutberge gibt, ist die erhaltene Zeit noch zu halbieren!

Lösung 28:

Es gilt mit den siderischen Rotationszeiten

$$\frac{1}{T_{syn}} = \frac{1}{T_{\mathrm{C},sid}} - \frac{1}{T_{\oplus,sid}} \Rightarrow T_{syn} = \frac{T_{\mathrm{C},sid} \cdot T_{\oplus,sid}}{T_{\mathrm{C},sid} - T_{\oplus,sid}}$$

$$\Rightarrow T_{syn} = \frac{27{,}32 \cdot 24 \, h \cdot 23{,}934 \, h}{27{,}32 \cdot 24 \, h - 23{,}934 \, h} = 24{,}84 \, h = 24h \, 50min$$

Für eine Flut/Ebbe-Periode gilt damit

$$\Rightarrow \frac{1}{2} T_{syn} = \frac{1}{2} \cdot 24h 50 \min = 12h \, 25min$$

Bemerkung: Der tatsächliche Flut-Ebbe-Rhythmus an einem bestimmten Ort hängt auch noch den örtlichen Gegebenheiten, wie Strömungen, Wassertiefe usw., ab.

Aufgabe 29: Gezeitenkraft

Kapitel 2: Erde-Mond

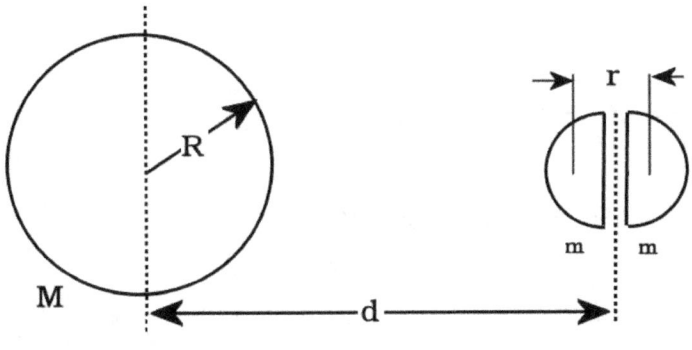

Abbildung 7: Gezeitenkräfte

Ein Stern bzw. Planet (Masse M, Radius R) wirkt gravitativ auf einen Mond, der in zwei gedachte Hälften (Masse je m, Abstand der Schwerpunkte r) geteilt ist.
a) Bestimmen Sie die Gezeitenkräfte als Differenz der Gravitationswirkung auf beide Mondhälften! Verwenden Sie die Näherung $(1 \pm x)^{-2} \approx 1 \mp 2x$ für kleine x.
b) Bestimmen Sie für die Gezeiten des Monds den mittleren Hub der Erdkruste!
c) Ermitteln Sie das Verhältnis der Gezeitenkräfte von Mond und Sonne!

Lösung 29:
a) Die Differenz der Gravitationskräfte auf die beiden Mondhälften ist

$$F_{gezeiten} = G\frac{Mm}{\left(d-\frac{r}{2}\right)^2} - G\frac{Mm}{\left(d+\frac{r}{2}\right)^2} = GMm\left[\frac{1}{\left(d-\frac{r}{2}\right)^2} - \frac{1}{\left(d+\frac{r}{2}\right)^2}\right]$$

Mit der angegebenen Näherung lässt sich vereinfachen

$$\Rightarrow F_{gezeiten} = \frac{GMm}{d^2}\left[\frac{1}{\left(1-\frac{r}{2d}\right)^2} - \frac{1}{\left(1+\frac{r}{2d}\right)^2}\right] = \frac{GMm}{d^2}\left[\left(1+\frac{r}{d}\right) - \left(1-\frac{r}{d}\right)\right]$$

$$\Rightarrow F_{gezeiten} = \frac{2GMm}{d^3}r$$

Die Gezeitenkräfte sind indirekt proportional zur 3.Potenz des Abstands.

b) Für das Erde-Mond-System folgt damit auf der Erdoberfläche

$$F_{gezeiten} = 2G\frac{M_☾ M_⊕ R_⊕}{r_☾^3}$$

Wegen $dW = F\,dr$ ergibt sich die Arbeit als Integral über die Kraft. Integriert man die Kraft auf einen Flutberg der Masse m über den Erdradius, so folgt

$$W = 2G\frac{mM_☾}{r_☾^3}\int_0^{R_⊕} r\,dr = G\frac{mM_☾}{r_☾^3}R_⊕^2$$

Gleichsetzen mit der Hubarbeit $W = mgh$ ergibt

$$G\frac{mM_{\mathbb{C}}}{r_{\mathbb{C}}^3}R_{\oplus}^2 = mgh \Rightarrow h = \frac{GM_{\mathbb{C}}}{r_{\mathbb{C}}^3 g}R_{\oplus}^2$$

Wegen $mg = G\frac{M_{\oplus}m}{R_{\oplus}^2} \Rightarrow g = \frac{GM_{\oplus}}{R_{\oplus}^2}$ lässt sich die Formel vereinfachen zu

$$\Rightarrow h = \frac{M_{\mathbb{C}}}{M_{\oplus}r_{\mathbb{C}}^3}R_{\oplus}^4$$

Einsetzen der Zahlenwerte liefert

$$h = \frac{M_{\mathbb{C}}}{M_{\oplus}r_{\mathbb{C}}^3}R_{\oplus}^4 = \frac{7{,}35 \cdot 10^{22} kg}{5{,}98 \cdot 10^{24} kg \cdot (3{,}84 \cdot 10^8 m)^3}(6{,}37 \cdot 10^6 m)^4 = 0{,}36\, m$$

Der mittlere Hub der Erdkruste beträgt 36 cm.

c) Es gilt nach a)

$$\frac{F_{gezeiten,\mathbb{C}}}{F_{gezeiten,\odot}} = \frac{2G\frac{M_{\mathbb{C}}M_{\oplus}}{r_{\mathbb{C}}^3}R_{\oplus}}{2G\frac{M_{\odot}M_{\oplus}}{r_{\odot}^3}R_{\oplus}} = \frac{M_{\mathbb{C}}}{M_{\odot}}\left(\frac{r_{\odot}}{r_{\mathbb{C}}}\right)^3 = \frac{7{,}35 \cdot 10^{22} kg}{1{,}99 \cdot 10^{30} kg}\left(\frac{1{,}498 \cdot 10^{11} m}{3{,}84 \cdot 10^8 m}\right)^3 = 2{,}2$$

Obwohl die Sonnenmasse um den Faktor 10^8 größer ist als die Mondmasse, überwiegt dennoch der Mondeinfluss.

Aufgabe 30: Sichtbarkeit
Ein Satellit umläuft die Erde in einer Ellipsenbahn; das Perigäum befindet sich in 300 km Höhe. Ermitteln Sie die Sichtbarkeitsdauer des Satelliten für einen Beobachter senkrecht unter dem Perigäum (von der Erdrotation soll abgesehen werden). Der Perigäumsabschnitt kann näherungsweise als Parabelausschnitt aufgefasst werden.

Lösung 30:
Das Perigäum wird in der Parabelnäherung zum Scheitel S; der Erdmittelpunkt F ist der Brennpunkt der Parabel. Es gilt daher $\overline{SF} = r_p$

Kapitel 2: Erde-Mond

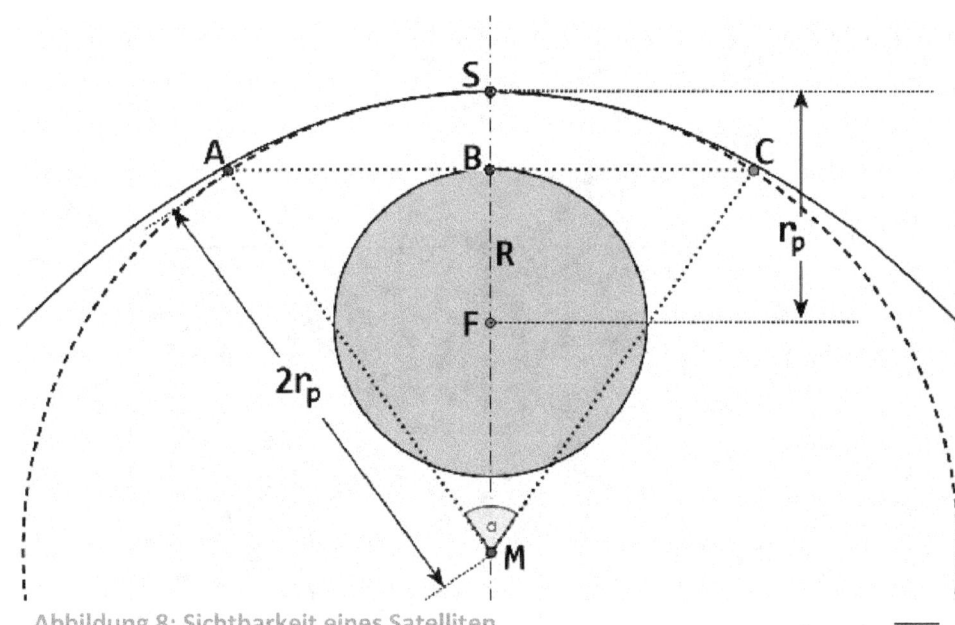

Abbildung 8: Sichtbarkeit eines Satelliten

Der Abstand $\overline{SF}$ ist halb so groß wie der Krümmungsradius $\overline{SM}$:

$$2\overline{SF} = \overline{SM} = \overline{AM}$$

Für den Beobachter B stellt AC den Horizont dar; die Sichtbarkeit ist gegeben, wenn der Satellit den Krümmungskreis zum Mittelpunktswinkel α durchläuft. Für die Strecke $\overline{BM}$ gilt:

$$\overline{BM} = \overline{BF} + \overline{FM} = \overline{BF} + \overline{SF} = R_\oplus + r_p.$$

Im (rechtwinkligen) Dreieck AMB gilt

$$\cos\frac{\alpha}{2} = \frac{\overline{BM}}{\overline{AM}} = \frac{R_\oplus + r_p}{2r_p} = \frac{6370\,km + 6670\,km}{2 \cdot 6670\,km} = 0{,}978 \Rightarrow \alpha = 24{,}1°$$

Die Geschwindigkeit des Satelliten im Scheitelpunkt ist die Parabel- und damit die Fluchtgeschwindigkeit

$$v = \sqrt{\frac{2GM_\oplus}{r_p}} = \sqrt{\frac{2 \cdot 6{,}67 \cdot 10^{-11}\frac{m^3}{kgs^2} \cdot 5{,}98 \cdot 10^{24}kg}{6{,}67 \cdot 10^6 m}} = 10{,}9\,\frac{km}{s}$$

Die Umlaufzeit beträgt damit $T = \frac{2\pi r_p}{v} = \frac{2\pi \cdot 6670\,km}{10{,}9\frac{km}{s}} = 3840\,s$. Die Sichtbarkeitsdauer t ist gegeben durch

$$\frac{\alpha}{360°} = \frac{t}{T} \Rightarrow t = 3840\,s\,\frac{24{,}1°}{360°} = 4{,}3\,min$$

Die Sichtbarkeitsdauer des Satelliten beträgt 4,3 min.

Bemerkung: Oben stehende Rechnung die volle Sichtbarkeit des Satelliten voraus. Taucht der

Satellit nämlich in den Erdschatten ein, so ist er (vom Beobachtungspunkt B) nicht mehr sichtbar (vgl. Bild).

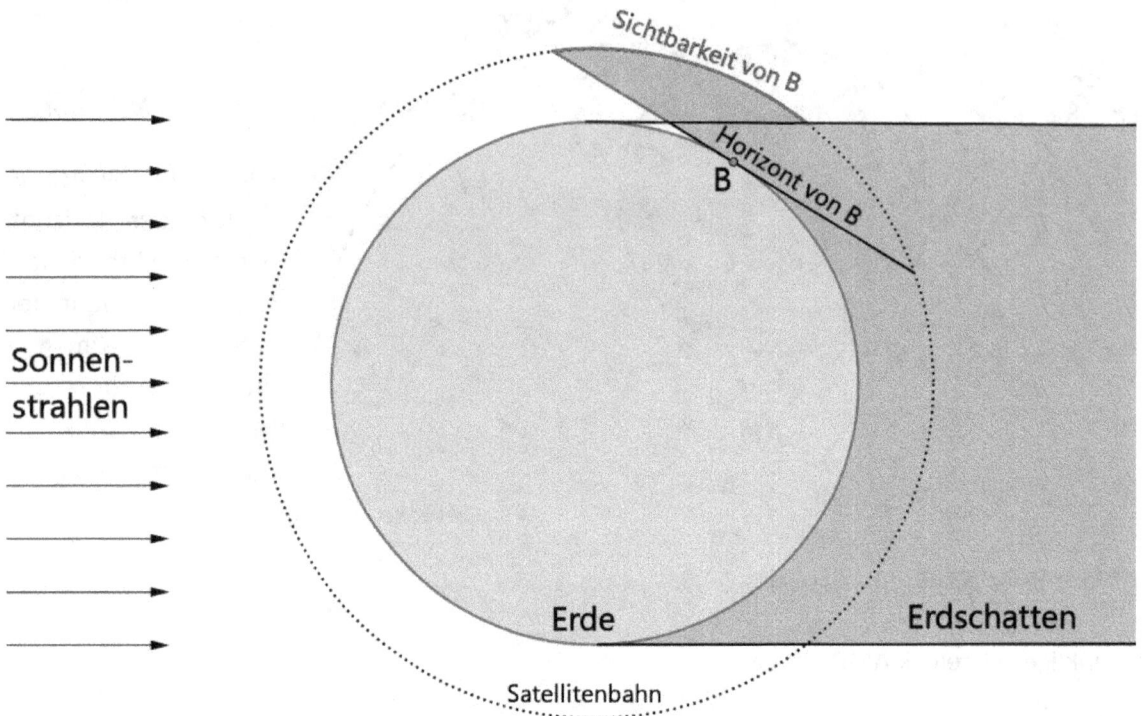

Bild 9: Eintauchen eines Satelliten in den Erdschatten

Aufgabe 31: Mondmeteorit

Ein Meteorit trifft mit der Geschwindigkeit $v_0 = 3{,}0\,\frac{km}{s}$ auf die Mondoberfläche unter dem Winkel $\varphi = 30°$ (gegen die Horizontale). Bestimmen Sie das Perizentrum der fortgesetzt gedachten Bahn!

Lösung 31:

Der Energie- und Drehimpulssatz liefern für das Perizentrum die Gleichungen

$$\tfrac{1}{2}mv_0^2 - G\frac{mM_\mathbb{C}}{R_\mathbb{C}} = \tfrac{1}{2}mv_p^2 - G\frac{mM_\mathbb{C}}{r_p} \quad (1)$$

$$m\,r_p v_p = mR_\mathbb{C}\,v_0 \cos\varphi \;\Rightarrow\; v_p = \frac{1}{r_p} R_\mathbb{C}\, v_0 \cos\varphi \quad (2)$$

Vereinfachen von (1) ergibt

$$v_0^2 - \frac{2GM_\mathbb{C}}{R_\mathbb{C}} = v_p^2 - \frac{2GM_\mathbb{C}}{r_p} \;\Rightarrow\; v_p^2 = v_0^2 - \frac{2GM_\mathbb{C}}{R_\mathbb{C}} + \frac{2GM_\mathbb{C}}{r_p}$$

Einsetzen von (2) in die letzte Gleichung zeigt

$$\left(\frac{1}{r_p} R_{\text{C}}\, v_0 \cos\varphi\right)^2 = v_0^2 - \frac{2GM_{\text{C}}}{R_{\text{C}}} + \frac{2GM_{\text{C}}}{r_p}$$

$$\left(\frac{1}{r_p}\right)^2 R_{\text{C}}^2\, v_0^2 (\cos\varphi)^2 - \frac{1}{r_p} 2GM_{\text{C}} - \left(v_0^2 - \frac{2GM_{\text{C}}}{R_{\text{C}}}\right) = 0$$

Diese quadratische Gleichung wird gelöst durch die bekannte Auflösungsformel

$$\frac{1}{r_p} = \frac{2GM_{\text{C}} \pm \sqrt{4G^2 M_{\text{C}}^2 + 4[R_{\text{C}}^2\, v_0^2 (\cos\varphi)^2]\left(v_0^2 - \frac{2GM_{\text{C}}}{R_{\text{C}}}\right)}}{2(R_{\text{C}}^2\, v_0^2 (\cos\varphi)^2)}$$

$$\Rightarrow \frac{1}{r_p} = \frac{GM_{\text{C}} \pm \sqrt{G^2 M_{\text{C}}^2 + [R_{\text{C}}^2\, v_0^2 (\cos\varphi)^2]\left(v_0^2 - \frac{2GM_{\text{C}}}{R_{\text{C}}}\right)}}{R_{\text{C}}^2\, v_0^2 (\cos\varphi)^2}$$

Einsetzen der gegebenen Werte ergibt die Lösung $\frac{1}{r_p} = 7{,}11 \cdot 10^{-7}\,\frac{1}{m} \Rightarrow r_p = 1{,}4 \cdot 10^6\, m$.

Aufgabe 32: Asteroid

Ein Asteroid nähert sich dem Erdmittelpunkt auf $r_p = 7000\, km$ mit der Geschwindigkeit $v_p = 20\,\frac{km}{s}$.

a) Welche Bahn beschreibt der Asteroid?
b) Welche Geschwindigkeit v hat er in großer Entfernung von der Erde?

Lösung 32:

a) Auskunft ergibt die Gesamtenergie $W_{kin} + W_{pot}$. Es folgt

$$W = \frac{1}{2} m v_p^2 - \frac{GmM_{\oplus}}{r_p} = \frac{m}{2}\left[v_p^2 - \frac{2GM_{\oplus}}{r_p}\right]$$

$$W = \frac{m}{2}\left[\left(2{,}0\cdot 10^4\,\frac{m}{s}\right)^2 - \frac{2\cdot 6{,}67\cdot 10^{-11}\frac{m^3}{kgs^2}\cdot 5{,}98\cdot 10^{24} kg}{7{,}0\cdot 10^6 m}\right] = \frac{m}{2}\left(1{,}69\cdot 10^4\,\frac{m}{s}\right)^2 > 0$$

Da die Gesamtenergie positiv ist, ist das System Erde-Asteroid nicht gebunden; die Bahn ist somit eine Hyperbel-Bahn.

b) Der Energiesatz liefert

$$W_{kin}(r_p) + W_{pot}(r_p) = W_{kin}(\infty)$$

$$\Rightarrow \frac{1}{2}mv_p^2 - \frac{GmM_\oplus}{r_p} = \frac{1}{2}mv^2$$

Nach v aufgelöst ergibt sich

$$\Rightarrow v = \sqrt{v_p^2 - \frac{2GM_\oplus}{r_p}} = \sqrt{\left(2{,}0 \cdot 10^4 \frac{m}{s}\right)^2 - \frac{2 \cdot 6{,}67 \cdot 10^{-11} \frac{m^3}{kgs^2} \cdot 5{,}98 \cdot 10^{24} kg}{7{,}0 \cdot 10^6 m}}$$

$$\Rightarrow v = 1{,}69 \cdot 10^4 \frac{m}{s} = 16{,}9 \frac{km}{s}$$

Der Asteroid hat in großer Entfernung die Geschwindigkeit $16{,}9 \frac{km}{s}$.

Aufgabe 33: Neutraler Punkt

a) Bestimmen Sie den neutralen Punkt P zwischen Erde und Mond, bei dem sich die Gravitationskräfte sich gegenseitig aufheben.

b) Berechnen Sie die (Mindest-)Geschwindigkeit, die notwendig ist um von der Erde nach P zu gelangen!

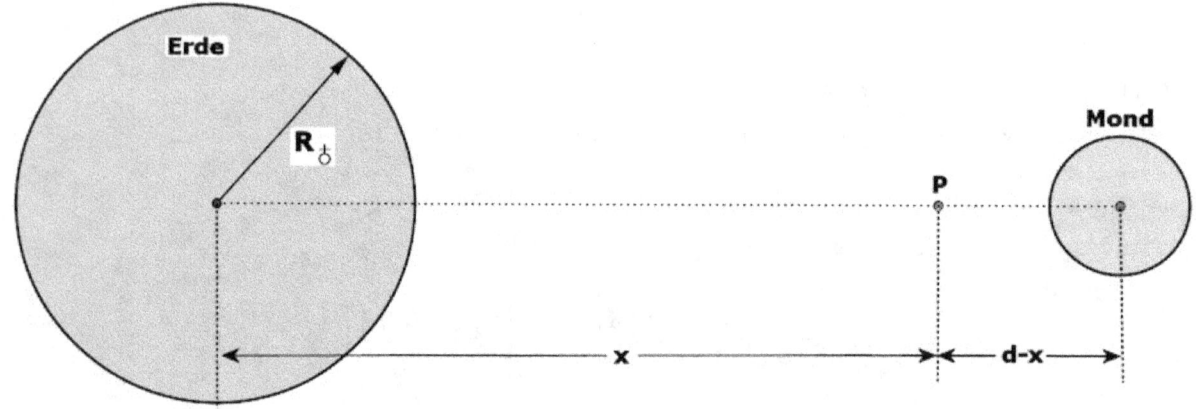

Abbildung 10: Neutraler Punkt im Gravitationsfeld Erde-Mond

Lösung 33:

a) Wir verwenden hier die Werte: $d = 60{,}34 \, R_\oplus$ und $\frac{M_\oplus}{M_\mathrm{C}} = 81{,}30$. Im Kräftegleichgewicht muss gelten

$$G\frac{mM_\oplus}{x^2} = G\frac{mM_☾}{(d-x)^2} \Rightarrow \left(\frac{d-x}{x}\right)^2 = \frac{M_☾}{M_\oplus} \Rightarrow \left|\frac{d}{x}-1\right| = \sqrt{\frac{M_☾}{M_\oplus}}$$

Umformen ergibt

$$\frac{d}{x} = 1 \pm \sqrt{\frac{M_☾}{M_\oplus}} \Rightarrow x = \frac{d}{1 \pm \sqrt{\frac{M_☾}{M_\oplus}}} = \frac{60{,}34\,R_\oplus}{1 \pm \sqrt{\frac{1}{81{,}3}}} = \begin{cases} 54{,}32\,R_\oplus \\ \\ 67{,}87\,R_\oplus \end{cases}$$

Die zweite Lösung wird hier verworfen, da sie außerhalb der Mondentfernung liegt. Der gesuchte Neutralpunkt zwischen Erde und Mond ist $3{,}46 \cdot 10^5 m = 54{,}3$ Erdradien entfernt.

b) Die Energie beim Start ist

$$W_1 = \frac{1}{2}mv^2 - G\frac{mM_\oplus}{R_\oplus} + G\frac{mM_☾}{d-R_\oplus}$$

Die Energie im Neutralpunkt beträgt

$$W_2 = -G\frac{mM_\oplus}{x} + G\frac{mM_☾}{d-x}$$

Die Energieerhaltung fordert

$$\frac{1}{2}mv^2 - G\frac{mM_\oplus}{R_\oplus} + G\frac{mM_☾}{d-R_\oplus} = -G\frac{mM_\oplus}{x} + G\frac{mM_☾}{d-x}$$

Vereinfachen liefert sukzessive

$$v^2 = 2GM_\oplus\left[\frac{1}{R_\oplus} - \frac{M_☾}{M_\oplus}\frac{1}{d-R_\oplus} - \frac{1}{x} + \frac{M_☾}{M_\oplus}\frac{1}{d-x}\right]$$

$$\Rightarrow v^2 = 2GM_\oplus\left[\frac{1}{R_\oplus} - \frac{M_☾}{M_\oplus}\frac{1}{59{,}34\,R_\oplus} - \frac{1}{54{,}32\,R_\oplus} + \frac{M_☾}{M_\oplus}\frac{1}{6{,}02\,R_\oplus}\right]$$

$$\Rightarrow v^2 = \frac{2GM_\oplus}{R_\oplus}\left[1 - \frac{M_☾}{M_\oplus}\frac{1}{59{,}34} - \frac{1}{54{,}32} + \frac{M_☾}{M_\oplus}\frac{1}{6{,}02}\right]$$

$$\Rightarrow v^2 = v_F^2\left[0{,}9816 + \frac{M_☾}{M_\oplus}(-0{,}01685 + 0{,}1661)\right]$$

Somit ergibt sich

$$v^2 = v_F^2 \cdot 0{,}9834 \Rightarrow v = v_F\sqrt{0{,}9834} = 0{,}9917\, v_F = 11{,}1\,\frac{km}{s}$$

Die notwendige Mindest-Geschwindigkeit beträgt $11{,}1\,\frac{km}{s}$. Kommt eine Erdsonde über den neutralen Punkt hinaus, so wird er unweigerlich vom Mond eingefangen (ohne Eigenantrieb).

Aufgabe 34: Meteor 2

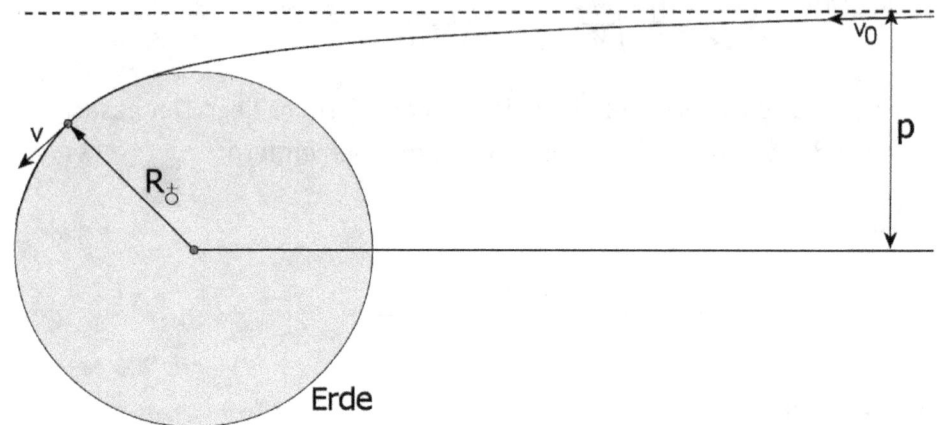

Abbildung 11: Stoßparameter eines Meteors

Ein Meteor hat in großer Entfernung von der Erde die Geschwindigkeit v_0.

a) Bestimmen Sie den Stoß- oder Impaktparameter p so, dass der Meteor die Erde gerade streifend trifft

b) Was folgt für $v_0 = 10\,\frac{km}{s}$?

c) Ermitteln Sie die maximale Geschwindigkeit, mit der ein Meteor mit $v_0 = 0$ auf die Erde treffen kann!

Lösung 34:

a) Die Drehimpulssatz liefert

$$m v_0 d = m v R_\oplus \Rightarrow v = \frac{v_0 d}{R_\oplus}$$

Der Energiesatz im Bezugssystem fordert

$$\frac{1}{2} m v_0^2 = \frac{1}{2} m v^2 - G\frac{m M_\oplus}{R_\oplus} \Rightarrow v_0^2 = v^2 - \frac{2 G M_\oplus}{R_\oplus}$$

Einsetzen der ersten Gleichung ergibt

$$v_0^2 = \left(\frac{v_0 d}{R_\oplus}\right)^2 - \frac{2 G M_\oplus}{R_\oplus} \Rightarrow \left(\frac{v_0 d}{R_\oplus}\right)^2 = v_0^2 + \frac{2 G M_\oplus}{R_\oplus} \Rightarrow d = \sqrt{R_\oplus^2 + \frac{2 G M_\oplus R_\oplus}{v_0^2}} = R_\oplus\sqrt{1 + \frac{2 G M_\oplus}{v_0^2 R_\oplus}}$$

b) Für die gegebene Meteorgeschwindigkeit folgt

$$d = 6{,}37 \cdot 10^6 \, m \sqrt{1 + \frac{2 \cdot 6{,}67 \cdot 10^{-11} \frac{m^3}{kg s^2} \cdot 5{,}98 \cdot 10^{24} kg}{\left(10^4 \frac{m}{s}\right)^2 6{,}37 \cdot 10^6 \, m}}$$

$$\Rightarrow d = 9{,}56 \cdot 10^6 \, m = 1{,}50 \, R_{\oplus}$$

Für eine Kollision mit der Erde beträgt der Impaktparameter höchstens 1,5 Erdradien.

c) Der Energiesatz liefert im Bezugssystem der Sonne in Erdentfernung $1 AE$

$$0 = \frac{1}{2} m v^2 - \frac{GM_\odot}{r_{\oplus}} \Rightarrow v_1 = \sqrt{\frac{2GM_\odot}{r_{\oplus}}} = \sqrt{\frac{2 \cdot 6{,}67 \cdot 10^{-11} \frac{m^3}{kg s^2} \cdot 1{,}99 \cdot 10^{30} kg}{1{,}496 \cdot 10^{11} \, m}} = 42{,}1 \, km$$

Die Bahngeschwindigkeit der Erde um die Sonne ist

$$v_2 = \sqrt{\frac{GM_\odot}{r_{\oplus}}} = 29{,}8 \, km$$

Die größte Geschwindigkeit erhält der Meteor bezüglich der Sonne, wenn er der Erde diametral entgegenkommt, nämlich mit der Geschwindigkeit $v_1 + v_2 = 71{,}9 \, km$.

Bemerkung: Der Himmelskörper, der in Zukunft der Erde am nächsten kommen wird, ist der Asteroid 2004-MN4, nunmehr Apophis genannt, der sich im April 2029 dem Erdmittelpunkt auf 30.000 km nähern wird. Sein Durchmesser beträgt 300 m, seine Geschwindigkeit in Erdnähe $7{,}4 \, \frac{km}{s}$.

Aufgabe 35: Meteoritenkrater

Ein Meteorit vom Radius $R = 10 \, km$ und der Dichte $\rho = 3{,}0 \, \frac{g}{cm^3}$ trifft auf die Erde mit der Relativgeschwindigkeit $v = 50 \, \frac{km}{s}$.

a) Bestimmen Sie die kinetische Energie W_{kin} des Meteoriten.

b) Welcher Aushub an Erdmaterial (Dichte $\rho = 5{,}5 \, \frac{g}{cm^3}$) kann damit bewerkstellig werden, wenn der Krater zylinderförmig (mit Höhe = $\frac{1}{3}$ Radius) angenommen sein soll?

c) Vergleichen Sie das Ergebnis mit der Formel von Eugene Shoemaker, die den Kraterradius wie folgt abschätzt

$$r = 7{,}5 \, km \left(\frac{W_{kin}}{10^{20} \, J}\right)^{0{,}294}$$

Lösung 35:

a) Die Meteoritenmasse wird über die Dichte berechnet

$$m = \rho V = \frac{4}{3}\rho\pi R^3 = \frac{4\pi}{3} \cdot 3{,}0 \cdot 10^3 \,\frac{kg}{m^3} \cdot (10^4\, m)^3 = 1{,}26 \cdot 10^{16}\, kg$$

damit ergibt sich seine kinetische Energie zu

$$W_{kin} = \frac{1}{2} 1{,}26 \cdot 10^{16}\, kg \left(5 \cdot 10^4\, \frac{m}{s}\right)^2 = 1{,}57 \cdot 10^{25}\, J$$

b) Nach Angabe gilt $h = \frac{r}{3}$. Die Masse des ausgehobenen Zylinders ist damit

$$m = \rho V = \rho\pi r^2 h = \frac{1}{3}\rho\pi r^3$$

Die zu verrichtende Hubarbeit folgt mit der mittleren Höhe $\frac{h}{2} = \frac{r}{6}$ zu

$$W = mg\frac{h}{2} = \frac{1}{18}\rho g\pi r^4$$

Setzt man die Hubarbeit gleich der kinetischen Energie, so folgt nach dem Radius aufgelöst

$$r = \sqrt[4]{\frac{18W}{\rho g\pi}} = \sqrt[4]{\frac{18 \cdot 1{,}57 \cdot 10^{25}\, J}{5{,}5 \cdot 10^3\, \frac{kg}{m^3} \cdot 9{,}81\, \frac{N}{kg} \cdot \pi}} = 2{,}02 \cdot 10^5\, m = 200\, km$$

c) Nach Shoemaker ergibt sich der Kraterradius zu

$$r = 7{,}5\, km \left(\frac{W_{kin}}{10^{20}\, J}\right)^{0{,}294} = 7{,}5\, km \left(\frac{1{,}57 \cdot 10^{25}\, J}{10^{20}\, J}\right)^{0{,}294} = 250\, km$$

Die Shoemaker-Näherung liefert hier für den Kraterradius eine Abweichung um 25%.

Aufgabe 36: Schwerpunkt Erde-Mond

Bestimmen Sie den Schwerpunkt des System Erde-Mond.

Hinweis: Es gilt $\frac{M_\oplus}{M_\mathrm{C}} = 81{,}3$ und $r = 60{,}3\, R_\oplus$.

Kapitel 2: Erde-Mond

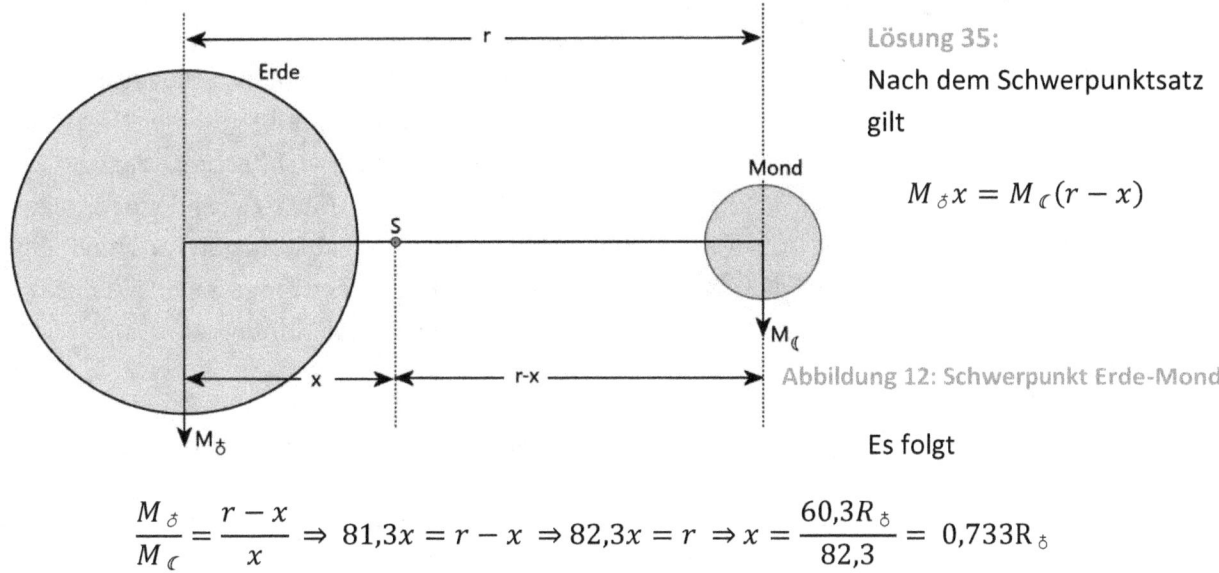

Lösung 35:

Nach dem Schwerpunktsatz gilt

$$M_\oplus x = M_☾ (r-x)$$

Abbildung 12: Schwerpunkt Erde-Mond

Es folgt

$$\frac{M_\oplus}{M_☾} = \frac{r-x}{x} \Rightarrow 81{,}3x = r - x \Rightarrow 82{,}3x = r \Rightarrow x = \frac{60{,}3 R_\oplus}{82{,}3} = 0{,}733 R_\oplus$$

Der Schwerpunkt Erde-Mond befindet sich innerhalb der Erde bei 73,3% des Erdradius.

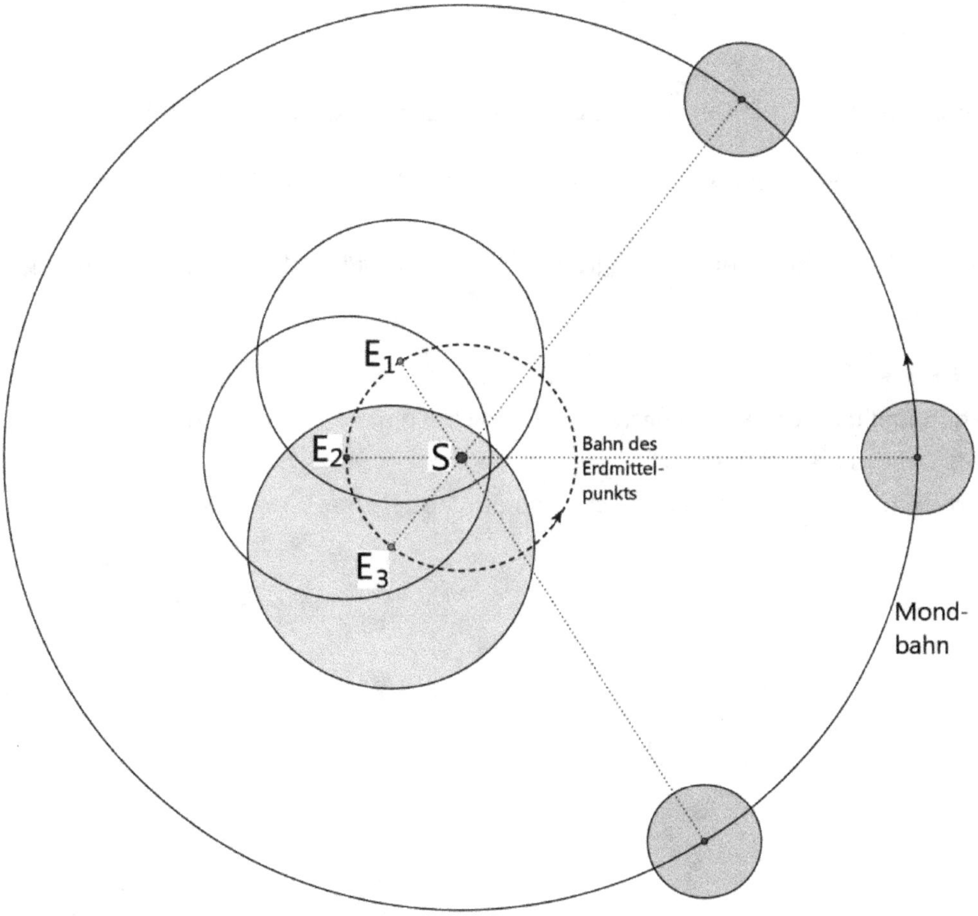

Abbildung 13: Drehung des Erde-Mond-System um den gemeinsamen Schwerpunkt

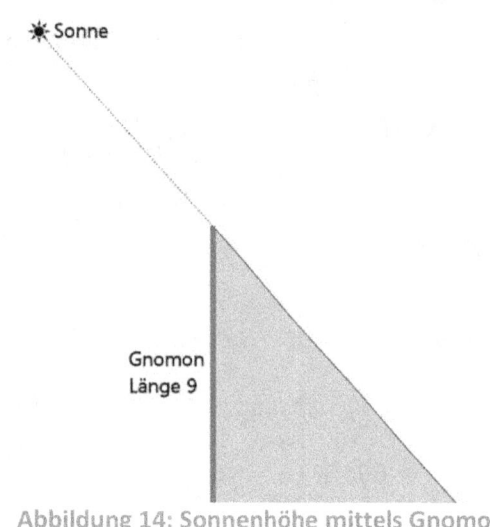

Abbildung 14: Sonnenhöhe mittels Gnomon

Aufgabe 37: Gnomon

Marcus Vitruvius Pollio, Ingenieur bei Caesar bzw. Architekt bei Augustus, schreibt in seiner 10-bändigen Architekturgeschichte *De Architectura*, dass zur Zeit der Äquinoktien (Tag- u. Nachtgleiche) ein mittags senkrecht aufgestellter Schattenstab (*Gnomon*) der Länge 9 einen Schatten der Länge 8 werfe (Buch IX, 7, 1). Überprüfen Sie die Behauptung Vitruvs!

Lösung 37:

Für die Höhe der Sonne gilt im Horizontsystem

$$\tan(h) = \frac{9}{8} \Rightarrow h = \arctan\frac{9}{8} = 48,4°$$

Umgerechnet ins Äquatorsystem gilt beim Breitengrad φ

$$h = \delta_\odot + (90° - \varphi)$$

Da bei der Tag- und Nachtgleiche die Deklination der Sonne $\delta_\odot = 0$ verschwindet, folgt

$$h = 90° - \varphi \Rightarrow \varphi = 90° - h = 90° - 48,4° = 41,6°$$

Nachschlagen in einem Atlas liefert den Breitengrad von Rom $\varphi = 41,9°$. Die Übereinstimmung ist sehr gut.

Aufgabe 38: Mondfinsternis

a) Bestimmen Sie den Radius R des Kernschattens der Erde bei einer Mondfinsternis (mittlerer Anstand des Monds $r_\mathrm{C} = 3,844 \cdot 10^5 km$).
b) Wie lange dauert es, bis der Mond den Kernschatten durchquert hat?

Kapitel 2: Erde-Mond

Lösung 38:

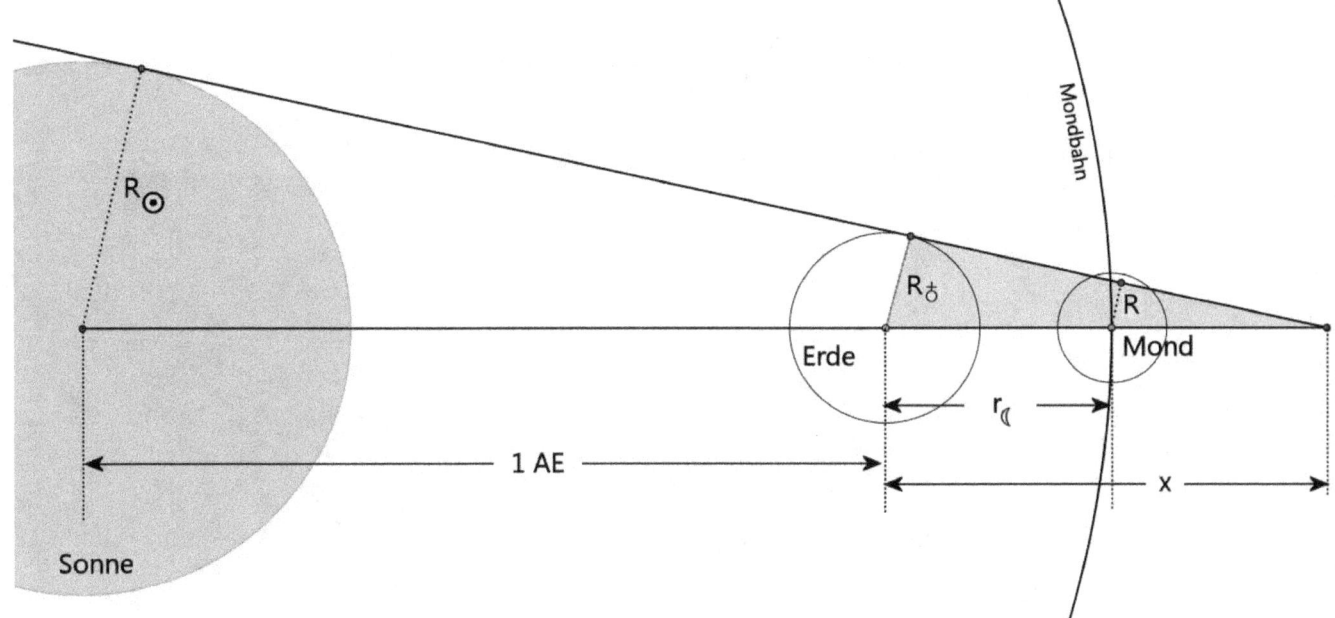

Abbildung 15: Mond im Kernschatten der Erde

Setzt man die Schattenlänge gleich x und misst in Einheiten von AE, so gilt nach dem Ähnlichkeitssatz für Dreiecke

$$\frac{R_\odot}{R_\oplus} = \frac{1+x}{x} \Rightarrow \frac{x}{1AE} = \frac{R_\oplus}{R_\odot - R_\oplus} = \frac{6{,}371 \cdot 10^3 km}{6{,}961 \cdot 10^5 km - 6{,}371 \cdot 10^3 km} \Rightarrow x = 9{,}237 \cdot 10^{-3} AE$$

Analog gilt

$$\frac{R_\oplus}{R} = \frac{x}{x - r_\mathbb{C}} \Rightarrow R = R_\oplus \frac{x - r_\mathbb{C}}{x} = R_\oplus \left(1 - \frac{r_\mathbb{C}}{x}\right)$$

$$\Rightarrow R = 6{,}371 \cdot 10^3 km \left(1 - \frac{3{,}844 \cdot 10^5 km}{9{,}237 \cdot 10^{-3} \cdot 1{,}496 \cdot 10^8 \ km}\right) = 4599 \ km$$

Der Radius des Kernerdschattens beträgt bei der mittleren Mondentfernung 4600 km.

b) Da der Kernschatten klein ist gegen den Radius der Mondumlaufbahn, kann man mit einer linearen Bewegung rechnen. Damit der Mond im Schatten bleibt, kann der Mondmittelpunkt höchstens die Strecke $2(R - R_\mathbb{C})$ zurücklegen. Es gilt mit der synodischen Umlaufzeit

$$\frac{t}{T_{syn}} = \frac{2(R - R_\mathbb{C})}{2\pi r_\mathbb{C}} \Rightarrow t = T_{syn} \frac{R - R_\mathbb{C}}{\pi r_\mathbb{C}}$$

Einsetzen der Werte liefert mit dem Mondradius $R_{\mathrm{C}} = 1738 km$

$$t = 29{,}53\, d\, \frac{4599 km - 1738 km}{\pi \cdot 3{,}844 \cdot 10^5 km} = 6{,}996 \cdot 10^{-2} d = 1{,}68\, h$$

Die Durchquerung des Kernschattens dauert 1 h 41 min.

Aufgabe 39: Mondentfernung

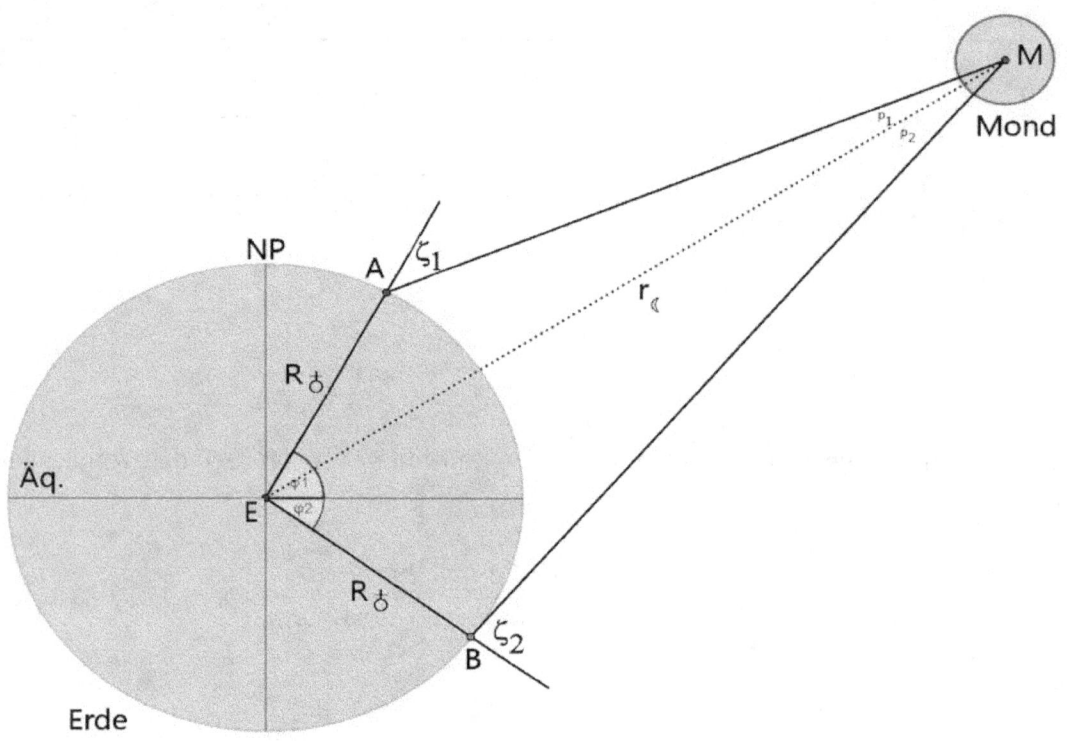

Abbildung 16: Messung der Mondentfernung

Die französischen Astronomen Jerôme Lalande und Nicolas de Lacaille konnten 1752 durch gleichzeitiges Messen der Zenitdistanzen bei der Kulmination eines bestimmten Mondkraters die Entfernung des Mondes bestimmen. Lalande erhielt in Berlin (Breitengrad $\varphi_1 = 52{,}52°$) die Zenitdistanz $\zeta_1 = 32{,}08°$. De Lacaille fand am Kap der guten Hoffnung (Breitengrad $\varphi_2 = -33{,}93°$) die Zenitdistanz $\zeta_2 = 55{,}72°$. Ermitteln Sie daraus die Mondentfernung zum damaligen Zeitpunkt unter der Annahme, dass die beiden Orte auf dem selben Meridian liegen!

Lösung 39:
Die Summe der beiden Parallaxenwinkel erhält man aus der Winkelsumme des Vierecks AEBM. Es gilt

$$p_1 + p_2 + \varphi_1 + |\varphi_2| + 180° - \zeta_1 + 180° - \zeta_2 = 360°$$

Vereinfachen ergibt die Summe

$$p_1 + p_2 = \zeta_1 + \zeta_2 - \varphi_1 - |\varphi_2| = 32{,}08° + 55{,}72° - 52{,}52° - 33{,}93° = 1{,}35° \quad (1)$$

In den Dreiecken EMA bzw. EBM liefert der Sinussatz

$$\frac{\sin(180° - \zeta_1)}{r_{\mathbb{C}}} = \frac{\sin(\zeta_1)}{r_{\mathbb{C}}} = \frac{\sin(p_1)}{R_{\oplus}} \therefore \frac{\sin(\zeta_2)}{r_{\mathbb{C}}} = \frac{\sin(p_2)}{R_{\oplus}}$$

Division der beiden Gleichungen zeigt

$$\frac{\sin \zeta_1}{\sin \zeta_2} = \frac{\sin p_1}{\sin p_2} \Rightarrow \frac{\sin p_1}{\sin p_2} = \frac{\sin 32{,}08°}{\sin 55{,}72°} = 0{,}64275$$

Da beide Parallaxenwinkel sehr klein sind, gilt näherungsweise $\sin x \approx x$. Damit folgt

$$\frac{p_1}{p_2} = 0{,}64275 \quad (2)$$

Aus (1) und (2) folgen die beiden Parallaxenwinkel zu

$$p_1 = 0{,}5282° = 31{,}69' \therefore p_2 = 0{,}8218° = 49{,}31'$$

Der Sinussatz im Dreieck EMA erlaubt damit die Berechnung des gesuchten Mondabstands

$$\frac{\sin \zeta_1}{r_{\mathbb{C}}} = \frac{\sin p_1}{R_{\oplus}} \Rightarrow r_{\mathbb{C}} = R_{\oplus} \frac{\sin \zeta_1}{\sin p_1} = 57{,}61 R_{\oplus} = 57{,}61 \cdot 6371\,km = 3{,}670 \cdot 10^5\,km$$

Das Perigäum der Mondbahn bzw. die minimale Mondentfernung beträgt 363.400 km.

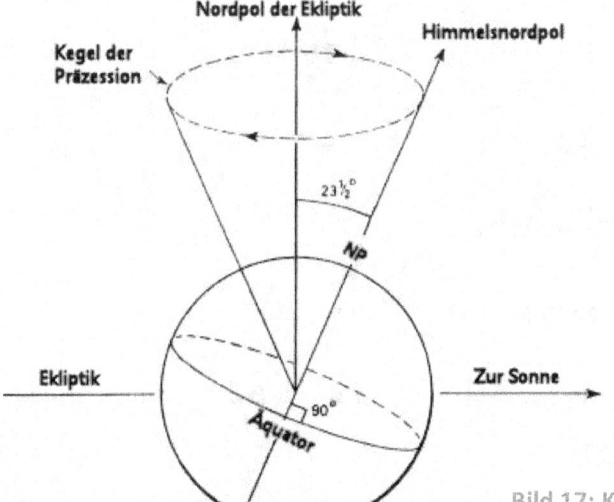

Bild 17: Kreiselbewegung der Erde

Aufgabe 40: Präzession

Bestimmen Sie den Betrag des Drehmoment D, das von der Sonne bzw. dem Mond auf die Erde ausgeübt wird und die Präzession der Erdachse verursacht.

a) Bestimmen Sie zunächst das Trägheitsmoment Θ der Erde als Kugel und den Eigendrehimpuls L.

b) Ermitteln Sie die Winkelgeschwindigkeit ω_P der Präzession. Die Dauer des sog. Platonschen Jahres ist 25.700 Jahre.

c) Welcher Betrag des Drehmoment D ergibt sich daraus?

d) Welche Verschiebung des Frühlingspunktes ♈ ergibt sich damit pro Jahr?

Lösung 40:

a) Die Winkelgeschwindigkeit der Erdrotation ist

$$\omega_\oplus = \frac{2\pi}{T_\oplus} = \frac{2\pi}{23{,}93 \cdot 3600 s} = 7{,}29 \cdot 10^{-5} \frac{1}{s}$$

Das Trägheitsmoment einer Kugel beträgt

$$\Theta = \frac{2}{5} M_\oplus R_\oplus^2 = 0{,}4 \cdot 5{,}98 \cdot 10^{24} kg (6{,}37 \cdot 10^6 m)^2 = 9{,}71 \cdot 10^{37} kg m^2$$

Der Eigendrehimpuls der Erde ergibt sich daraus zu

$$L = \Theta \omega_\oplus = 7{,}29 \cdot 10^{-5} \frac{1}{s} 9{,}71 \cdot 10^{37} kg m^2 = 7{,}07 \cdot 10^{33} Js$$

b) Die Winkelgeschwindigkeit ω_P der Präzession ergibt sich aus

$$\omega_P = \frac{2\pi}{T} = \frac{2\pi}{25700 \cdot 365{,}25 \cdot 24 \cdot 3600 s} = 7{,}75 \cdot 10^{-12} \frac{1}{s}$$

c) Das gesuchte Drehmoment ergibt sich aus

$$\omega_P = \frac{D}{L \sin \varepsilon} \Rightarrow D = \omega_P L \sin \varepsilon$$

Dabei stimmt der halbe Öffnungskegel des Präzessionskegels mit dem Neigungswinkel ε zwischen Ekliptik und Äquator überein. Einsetzen der Werte ergibt

$$D = 7{,}75 \cdot 10^{-12} \frac{1}{s} \cdot 7{,}07 \cdot 10^{33} Js \cdot \sin 23{,}5° = 2{,}2 \cdot 10^{22} Nm$$

d) Der Schnittpunkt von Ekliptik und Äquatorebene verschiebt sich damit um

$$\Delta\varphi = \frac{360°}{25700\, a} = 0{,}0140° \frac{1}{a} = 0{,}840' \frac{1}{a} = 50{,}4'' \frac{1}{a}$$

Durch das Drehmoment von Sonne und Mond verschiebt sich der Frühlingspunkt jährlich um 50,4 Bogensekunden.

Bemerkung: In den 3000 Jahren seit Festlegung der Tierkreis-Sternbilder hat sich der Frühlingspunkt um mehr als 42°, also mehr als ein Sternbild verschoben.

Kapitel 2: Erde-Mond

Aufgabe 41: Aufgabe von Rawlins

Wie kann man mit Hilfe einer Stoppuhr und eines Maßbands den Erdradius abschätzen?

Lösung 41:

Die Idee von Dennis Rawlins (1979) ist: Man legt sich kurz vor Sonnenuntergang in freiem Gelände flach auf den Boden und startet die Uhr zu dem Zeitpunkt, bei dem der obere Sonnenrand genau hinter dem Horizont verschwindet. Dann steht man auf und stoppt die Uhr (Zeit t), wenn aus stehender Position erneut der obere Sonnenrand genau hinter dem Horizont verschwindet. Mit Hilfe des Maßbands ermittelt man seine Augenhöhe h.

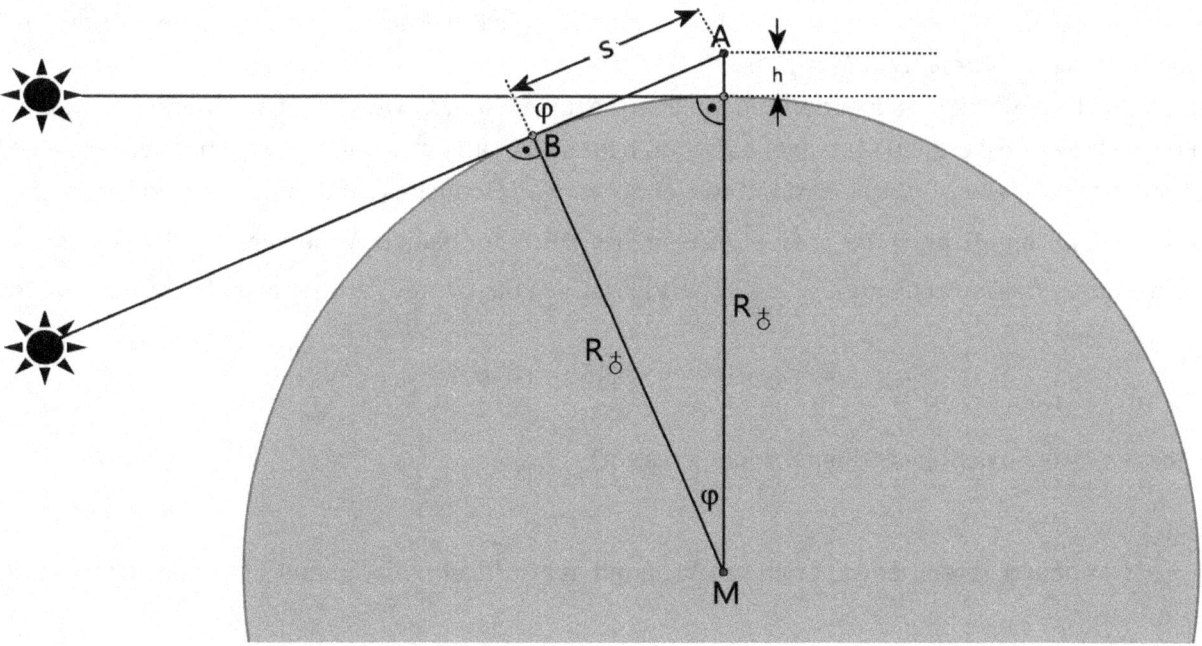

Bild 18: Zur Aufgabe von Rawlings

Im rechtwinkligen Dreieck MAB gilt nach Pythagoras: $(R_\oplus + h)^2 = R_\oplus^2 + s^2$. Für $h \ll R_\oplus$ kann der Term h^2 vernachlässigt werden und es folgt

$$R_\oplus^2 + 2hR_\oplus = R_\oplus^2 + s^2 \Rightarrow s^2 = 2hR_\oplus$$

Da die Sonne (scheinbar) in $24\,h$ die Erde umkreist, legt sie in der Zeit t zurück den Winkel φ zurück

$$\frac{\varphi}{360°} = \frac{t}{24\,h} \Rightarrow \varphi = 360° \frac{t}{24\,h}$$

Im rechtwinkligen Dreieck MAB gilt ferner $s = R_\oplus \tan \varphi$. Einsetzen in die obige Formel liefert

Arbeitsbuch Astrophysik

$$(R_⚇ \tan \varphi)^2 = 2hR_⚇ \Rightarrow R_⚇ = \frac{2h}{(\tan \varphi)^2}$$

Einsetzen der Messwerte $t = 10\ s$ bzw. $h = 1{,}70\ m$ liefert zunächst $\varphi = 0{,}0417°$ und damit

$$R_⚇ = \frac{2 \cdot 1{,}70\ m}{(\tan 0{,}0417°)^2} = 6{,}4 \cdot 10^6 m$$

Es ergibt sich hier die Abschätzung $R_⚇ = 6400\ km$. In Anbetracht der möglichen Fehlerquellen (persönliche Zeit, Refraktion usw.) ist das Ergebnis gut.

Bemerkung: Eine ähnlich originelle Aufgabe stammt von Mick O' Hare: *Wie man mit einem Schokoladenriegel die Lichtgeschwindigkeit misst!*
Die Lösung ist einfach: Man legt den Schokoladenriegel in einen Mikrowellenherd (ohne Drehteller). Da die Mikrowellenherd ein Metallgehäuse hat, baut sich beim Betrieb ein elektromagnetisches Feld von stehenden Wellen auf. Der Abstand zweier Schwingungsbäuche (auf dem Riegel durch den Abstand zweier Schmelzzonen messbar, etwa 6 cm) ist gleich der halben Wellenlänge $\frac{\lambda}{2}$. Bei bekannter Eigenfrequenz (in Deutschland $f = 2{,}455\ GHz$) lässt sich die Lichtgeschwindigkeit leicht berechnen

$$c = \lambda f = 12 \cdot 10^{-2}\ m \cdot 2{,}455 \cdot 10^9 Hz = 2{,}9 \cdot 10^8 \frac{m}{s}$$

Auch hier wird die richtige Größenordnung erreicht!

Aufgabe 42: Geostationärer Satellit

Ein geostationärer Satellit bewegt sich synchron mit der Erde; er bleibt immer über demselben Punkt des Äquators.
a) Bestimmen Sie die Entfernung des Satelliten und die Höhe über dem Erdboden!
b) Das Sendegebiet des Satelliten ist ein Kugelabschnitt, dessen Haube alle Orte angibt, die den Satelliten empfangen können. Ermitteln Sie die Mantelfläche M des Kugelabschnitts!
c) Berechnen Sie den relativen Anteil der Mantelfläche an der Erdoberfläche
d) Begründen Sie, dass ein Fernsehsatellit, der durch eine einmalige Ausrichtung der Antenne empfangen werden soll, seinen Umlauf in der Äquatorebene der Erde hat!

Lösung 42:

a) Aus dem dritten Keplerschen Gesetz folgt

$$\frac{r^3}{T^2} = \frac{GM_⚇}{4\pi^2} \Rightarrow r = \sqrt[3]{\frac{GM_⚇}{4\pi^2} T^2} = \sqrt[3]{\frac{6{,}67 \cdot 10^{-11} \frac{m^3}{kgs^2} \cdot 5{,}98 \cdot 10^{24} kg}{4\pi^2} (23{,}93 \cdot 3600\ s)^2}$$

$$\Rightarrow r = 4{,}22 \cdot 10^7 \, m = 6{,}62 \, R_\oplus$$

Als Umlaufperiode muss hier der siderische Tag mit 23 h 56 min gewählt werden. Die Entfernung r des Satelliten beträgt 6,62 Erdradien; die Höhe über dem Erdboden ist entsprechend 5,52 Erdradien.

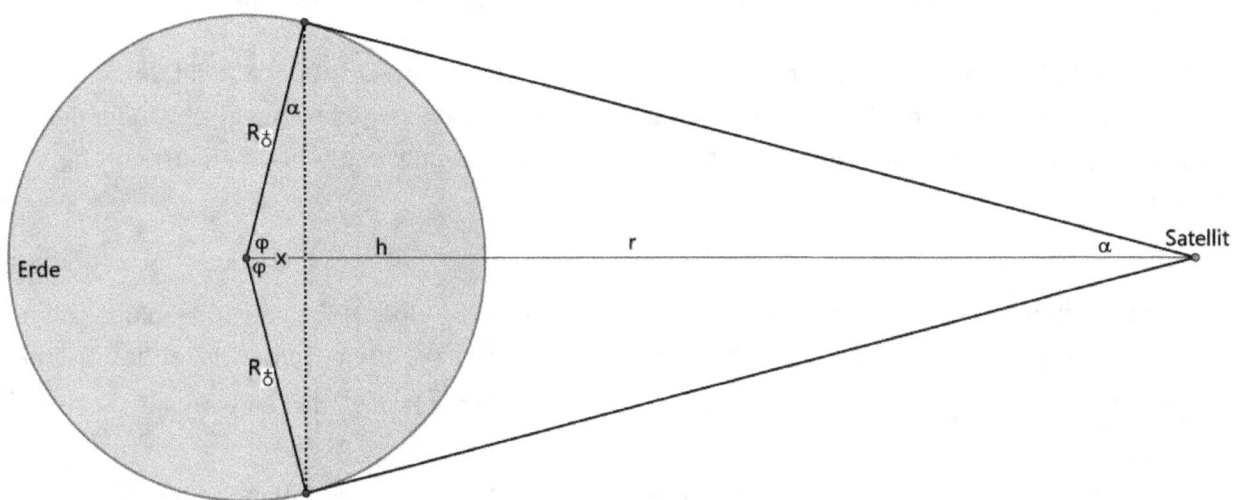

Bild 19: Sendegebiet eines Satelliten über dem Äquator

b) Es gilt wegen des rechtwinkligen Dreiecks

$$\cos \varphi = \sin \alpha = \frac{R_\oplus}{r} \Rightarrow \varphi = \arccos \frac{R_\oplus}{r} = \arccos \frac{R_\oplus}{6{,}62 \, R_\oplus} = \arccos \frac{1}{6{,}62} = \pm 81{,}31°$$

Der Kugelabschnitt geht bis zu den Breitengraden $\pm 81{,}31°$. Zur Berechnung der Kugelabschnitts benötigen wir dessen Höhe h. Für die Differenz aus Kugelradius und Abschnittshöhe $x = R_\oplus - h$ gilt im rechtwinkligen Dreieck

$$\cos \varphi = \frac{x}{R_\oplus} \Rightarrow h = R_\oplus - x = R_\oplus - R_\oplus \cos \varphi = R_\oplus (1 - \cos \varphi)$$

Die Mantelfläche M des Kugelabschnitts beträgt

$$M = 2\pi R h = 2\pi R_\oplus^2 (1 - \cos \varphi)$$

c) Der relative Anteil der Mantelfläche an der Erdoberfläche ist damit

$$\frac{M}{4\pi R_\oplus^2} = \frac{2\pi R_\oplus^2 (1 - \cos \varphi)}{4\pi R_\oplus^2} = \frac{1}{2}(1 - \cos \varphi)$$

Einsetzen des Breitengrads liefert

$$\frac{M}{4\pi R_\oplus^2} = \frac{1}{2}(1 - \cos 81{,}31°) = 0{,}424$$

Das Sendegebiet eines geostationären Satelliten beträgt 42,4% der Erdoberfläche.

d) Da die Satellitenbahn durch die Gravitation der Erde bestimmt ist, kreist der Satellit um den Erdmittelpunkt. Schließt die Bahnebene mit der Erd-Äquatorebene einen nicht verschwindenden Winkel ein, so ändert sich ständig seine Höhe. Damit wird aber eine feste Antennenausrichtung unmöglich.

Aufgabe 43: Kleinmeteorit

Eine Meteoritenkamera registriert einen Kleinmeteoriten, der in einer Höhe von 100 km über dem Erdboden $t = 0{,}6\ s$ lang aufleuchtet. Mithilfe der Aufzeichnung wird sein Höhenwinkel zu 50° und seine scheinbare Helligkeit zu $m = 4{,}0$ bestimmt. Seine Anfangsgeschwindigkeit wird auf $v = 40\ \frac{km}{s}$ geschätzt.

a) Bestimmen Sie den Strahlungsfluss des Meteoriten! Zum Vergleich: Der Vollmond hat die scheinbare Helligkeit $m_{\mathbb{C}} = -12{,}74$ und den Strahlungsfluss $E_{\mathbb{C}} = 3{,}26 \cdot 10^{-3}\ \frac{W}{m^2}$.
b) Ermitteln Sie die Leuchtkraft des Meteoriten!
c) Berechnen Sie die Energie des Meteoriten unter der Annahme, dass die abgegebene Strahlungsenergie 1 % seiner (kinetischen) Energie ausmacht!
d) Welche Masse hatte der Meteorit?

Lösung 43:

a) Der Strahlungsfluss wird bestimmt aus der scheinbaren Helligkeit

$$m - m_{\mathbb{C}} = -2{,}5\ \log\frac{E}{E_{\mathbb{C}}} \Rightarrow E = E_{\mathbb{C}} \cdot 10^{0{,}4(m_{\mathbb{C}}-m)} = 6{,}56 \cdot 10^{-3}\ \frac{W}{m^2}$$

b) Der Abstand zu Beobachter bzw. zur Kamera ist

$$r = \frac{h}{\sin 50°} = \frac{100\ km}{\sin 50°} = 130{,}5\ km$$

Denkt man sich die Strahlung in allen Richtung gleich verteilt, so folgt für die Strahlungsleistung

$$L = 4\pi r^2 \cdot E = 4\pi (1{,}305 \cdot 10^5 m)^2 \cdot 6{,}56 \cdot 10^{-3}\ \frac{W}{m^2} = 1{,}40 \cdot 10^3\ W$$

c) Die abgegebene Strahlungsenergie ergibt sich aus der Strahlungsleistung zu

$$W = Lt = 1{,}40 \cdot 10^3\ W \cdot 0{,}6\ s = 843\ J$$

Da die Strahlung 1% der Energie ausmacht, folgt für die anfängliche (kinetische) Energie des Meteoriten

$$W_k = 8{,}43 \cdot 10^4\ J$$

d) Die Formel $W_k = \frac{1}{2}mv^2 \Rightarrow m = \frac{2W_k}{v^2}$ liefert

$$m = \frac{2 \cdot 8{,}43 \cdot 10^4\ J}{(4{,}0 \cdot 10^4\ m)^2} = 1{,}0 \cdot 10^{-4}\ kg = 0{,}1\ g$$

Die Masse des Kleinmeteoriten beträgt 0,1 g.

Aufgabe 44: Refraktion

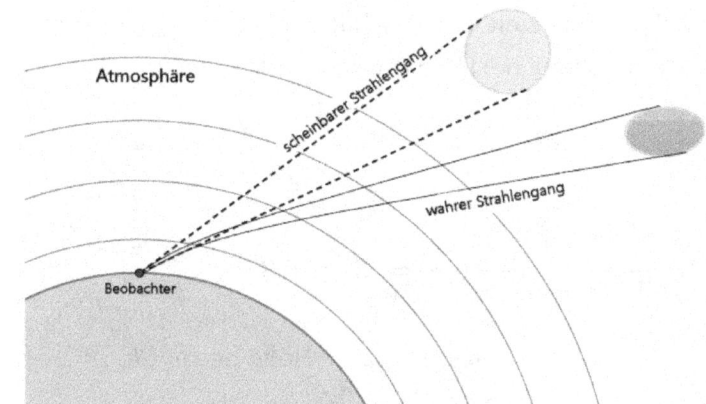

Bild 20: Brechung in der Atmosphäre

Bei allen Berechnungen mit Höhen und Zenitdistanzen ist zu berücksichtigen, dass infolge der Lichtbrechung in der Erdatmosphäre ein Himmelsobjekt eine scheinbar eine andere Höhe gegen über der berechneten einnimmt. Die Refraktion (Brechungseffekt der Atmosphäre) ist umso größer, je näher das Objekt am Horizont liegt. Am deutlichsten sieht man dies am Sonnenuntergang. Wenn die Sonnenscheibe scheinbar am Horizont verschwindet, ist die Sonne in Wirklichkeit schon längst vollständig hinter dem Horizont verschwunden.

Da der Brechungsindex eines Gases von der Temperatur und Druck bzw. Dichte abhängt, ist seine exakte Bestimmung nicht möglich, da der genaue Zustand der Atmosphäre nicht bekannt ist. Man wählt daher meist die Bedingungen (Druck $p = 1013\ hPa$, Temperatur $T = 10°C$). Ist h_R die scheinbare Höhe im Gradmaß, so gilt für den Refraktionswinkel R nach G. Bennett (1982)

$$\frac{R}{1''} = \cot\left(h_R + \frac{7{,}31°}{h_R + 4{,}40°}\right)$$

Bei bekannter wahrer Höhe h gilt analog

Arbeitsbuch Astrophysik

$$\frac{R}{1''} = 1{,}02 \cot\left(h + \frac{10{,}3°}{h + 5{,}11°}\right)$$

a) Bestimmen Sie scheinbare Höhe eines Sterns, wenn seine wahre Höhe $h = 8°20'12''$ beträgt?
b) Der Sonnenmittelpunkt erscheint genau am Horizont. Welche Lage hat der wahre Sonnenmittelpunkt? Der Winkeldurchmesser der Sonne ist $D = 0{,}53'$.
Die (theoretische) Sichtweite s aus der Höhe h (über NN) beträgt ohne Brechung

$$s = \sqrt{2hR_\oplus} = 3{,}57 \; km \sqrt{\frac{h}{1m}}$$

Mit Berücksichtigung der Refraktion gilt $s_R = 3{,}87 \; km \sqrt{\frac{h}{1m}}$.

c) Ein Beispiel für die Entfernungsmessung am Horizont bietet die folgende Aufgabe:
Ein Schiffsausguck sieht in $h_1 = 30 \; m$ Höhe genau am Horizont die Spitze eines Inselberges, der nach der Schiffskarte genau $h_2 = 1000 \; m$ hoch ist. Wie weit ist das Schiff vom Inselberg entfernt?
d) Leiten Sie die Formel für die Sichtweite ohne Brechung her! Verwenden Sie $h \ll R_\oplus$.

Lösung 44:
a) Einsetzen der wahren Höhe liefert

$$\frac{R}{1''} = 1{,}02 \cot\left(8{,}33667° + \frac{10{,}3°}{8{,}33667° + 5{,}11°}\right) \Rightarrow R_1 = 6{,}37''$$

Die scheinbare Höhe beträgt $h_R = h - R = 8°\,20'\,5{,}4''$.

b) Einsetzen der scheinbaren Höhe Null ergibt für die Horizontalrefraktion

$$\frac{R}{1''} = \cot\left(\frac{7{,}31°}{4{,}40°}\right) \Rightarrow R = 34{,}48''$$
$$= 0{,}57'$$

Da der Mittelpunkt 0,57' unter dem Horizont liegt, ist die wahre Sonne bereits vollständig untergegangen.

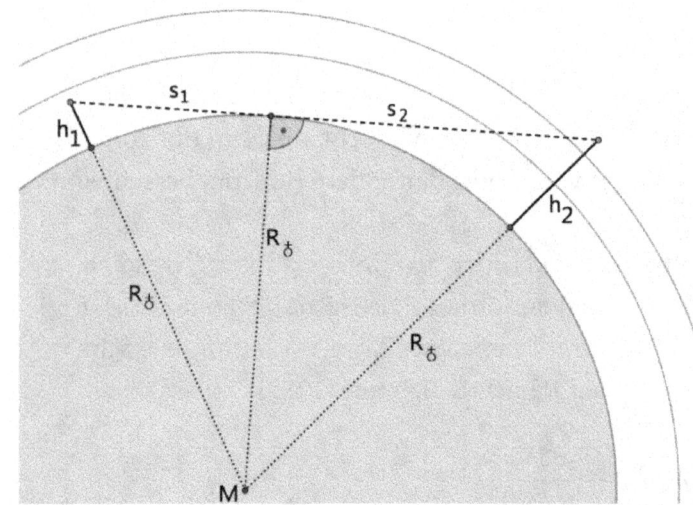

Bild 21: Horizontale Brechung

c) Die Sichtweite mit Brechung aus Höhe h_1 beträgt

$$s_{R1} = 3{,}87\ km\ \sqrt{\frac{30m}{1m}} = 21{,}2\ km$$

Analog folgt für Höhe h_2

$$s_{R2} = 3{,}87\ km\ \sqrt{\frac{1000m}{1m}} = 122\ km$$

Die Schiffsentfernung vom Inselberg beträgt damit $s_{R1} + s_{R2} = 143\ km$. Ohne Berücksichtigung der Refraktion ergibt sich der Abstand 132 km. Dies zeigt, wie groß der Effekt der Horizontalrefraktion ist!

d) Es gilt im rechtwinkligen Dreieck

$$(h + R_\oplus)^2 = s^2 + R_\oplus^2 \Rightarrow h^2 + 2hR_\oplus + R_\oplus^2 = s^2 + R_\oplus^2$$

Wegen $h \ll R_\oplus$ folgt

$$2hR_\oplus = s^2 \Rightarrow s = \sqrt{2hR_\oplus}$$

Skalieren ergibt die gesuchte Sichtweite

$$s = \sqrt{2 \cdot 6{,}378 \cdot 10^6 m \cdot h} = 3571{,}5\ m \cdot \sqrt{\frac{h}{1m}} = 3{,}57\ km\ \sqrt{\frac{h}{1m}}$$

Bemerkung: Neben der Refraktion ist in der Atmosphäre noch die Extinktion (Streuverlust von Licht) und die Dispersion (ungleiche Brechung des Rot-/Blauanteils des Lichts) zu berücksichtigen.

Aufgabe 45: Aberration

Der englische Astronom James Bradley entdeckte 1728 am Stern γ Dra (Gamma Draconis) eine minimale jährliche Bewegung, die er auf die Endlichkeit der Lichtgeschwindigkeit und auf die Erdbewegung zurückführte.
Ähnlich wie man beim Gehen im Regen den Schirm vorhalten muss, muss das Fernrohr geneigt werden, um die Erdbewegung zu kompensieren.
Der Aberrationswinkel $\Delta\alpha \ll \alpha$ definiert das Dreieck ABC,

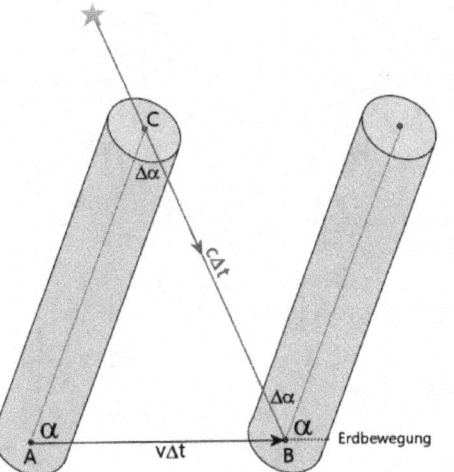

Bild 22: Aberration (Winkel stark übertrieben)

wobei AC die Fernrohrlänge, BC der Lichtweg $c\Delta t$ und AB die Wegstrecke ist, die infolge der Erdbewegung $v\Delta t$ entsteht. Der Sinussatz im Dreieck ABC liefert

$$\frac{\sin \alpha}{c\Delta t} = \frac{\sin \Delta\alpha}{v\Delta t}$$

Da $\Delta\alpha$ ein sehr kleiner Winkel ist, gilt $\sin \Delta\alpha \approx \Delta\alpha$ und es folgt

$$\Delta\alpha = \frac{v}{c}\sin\alpha = \kappa \sin\alpha$$

a) Bestimmen den Wert der (jährlichen) Aberrationskonstanten κ.
b) Welche scheinbare Bewegung macht ein Stern infolge der (jährlichen) Aberration?
c) Auch die Erdrotation bewirkt eine (tägliche) Aberration. Bestimmen Sie die tägliche Aberrationskonstante κ_0 für einen Ort am Erdäquator.

Lösung 45:

a) Die mittlere Bahngeschwindigkeit der Erde beträgt $v_{\oplus} = 29{,}8 \frac{km}{s}$. Die jährliche Aberrationskonstante ist damit

$$\kappa = \frac{v_{\oplus}}{c} = \frac{29{,}8\ km/s}{3 \cdot 10^5\ km/s} = 9{,}93 \cdot 10^{-5} rad = 20{,}49''$$

b) Da infolge des Sonnenumlaufs der Vektor der Erdbahngeschwindigkeit (gegenüber den Sternen) eine periodische Drehung macht, ändert sich auch der Aberrationswinkel $\Delta\alpha$ periodisch und somit auch die Koordinaten eines Sterns. Sterne, die nicht in der Ekliptik liegen, durchlaufen scheinbar im Jahr eine Ellipse mit der großen Bahnhalbachse κ.

c) Die Rotationsgeschwindigkeit am Äquator ist

$$v_{\text{Ä}} = \frac{2\pi R_{\text{Ä}}}{T} = \frac{2\pi \cdot 6378\ km}{23{,}93 \cdot 3600 s} = 0{,}465 \frac{km}{s}$$

Die tägliche Aberrationskonstante ist damit

$$\kappa_0 = \frac{v_{\text{Ä}}}{c} = \frac{0{,}465 km/s}{3 \cdot 10^5\ km/s} = 1{,}55 \cdot 10^{-6} rad = 0{,}32''$$

Bemerkung: Man beachte, dass es sich hier *nicht* um den Laufzeiteffekt des Licht im Fernrohr handelt; die Aberrationskonstante würde sich ändern, wenn das Fernrohr mit Wasser gefüllt wäre.

Kapitel 3: Planetensystem

> *Zufolge solcher Betrachtung [ ] auf die Zeit entstanden, damit dieselbe hervor gebracht werde, Sonne, Mond und die fünf anderen Sterne, welche den Namen Planeten tragen, zur Unterscheidung und Bewahrung der Zeit.*
> Plato, Timaios, 38

Aufgabe 46: Radarsignal zur Venus

a) Bestimmen Sie die Laufzeit eines Radarsignals von der Erde zur Venus in unterer Konjunktionsstellung. Erd- und Venusbahn soll dabei als Kreisbahn dargestellt werden.

b) Wie ändert sich die Laufzeit des Signals 30 Tage später?

Lösung 46:

a) Die Entfernung $\overline{V_1 E_1}$ Erde-Venus in unterer Konjunktionsstellung ist

$$r = r_\oplus - r_\venus = 1{,}0 \, AE - 0{,}723 \, AE$$

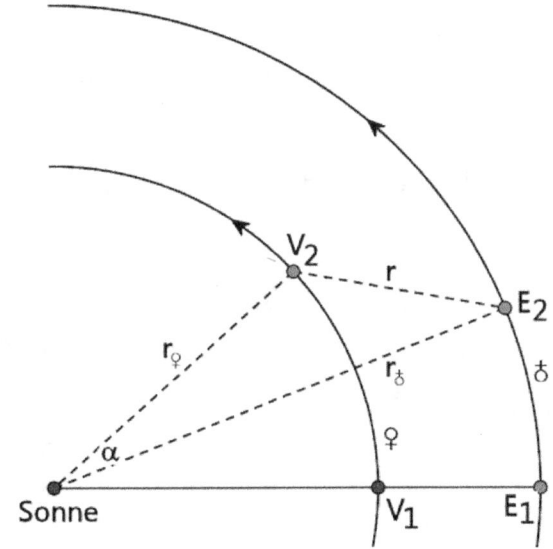

Abbildung 23: Laufzeit eines Radarsignals

$$\Rightarrow r = 0{,}277 \, AE = 4{,}14 \cdot 10^{10} \, m$$

Die Laufzeit des Signals beträgt damit

$$t_1 = \frac{r}{c} = \frac{4{,}14 \cdot 10^{10} \, m}{2{,}998 \cdot 10^8 \, \frac{m}{s}} = 138 \, s$$

b) Nach 30 Tagen haben sich die Planeten in die Positionen V_2 bzw. E_2 bewegt. Die synodische Umlaufzeit der Venus ergibt sich aus der siderischen

$$T_{syn} = \frac{T_\oplus \cdot T_{sid}}{T_\oplus - T_{sid}} = \frac{365{,}25 \, d \cdot 224{,}6 \, d}{365{,}25 \, d - 224{,}6 \, d} = 583{,}4 \, d$$

Der Winkel α im Dreieck $S \, V_2 E_2$ berechnet sich daraus zu

$$\frac{\alpha}{360°} = \frac{30 \, d}{583{,}4 \, d} \Rightarrow \alpha = 18{,}5°$$

Die Entfernung $\overline{V_2 E_2}$ ergibt sich aus dem Cosinussatz

$$r^2 = r_♀^2 + r_☊^2 - 2r_☊ r_♀ \cos\alpha \Rightarrow r = \sqrt{r_♀^2 + r_☊^2 - 2r_☊ r_♀ \cos\alpha}$$

$$\Rightarrow r = \sqrt{(0{,}723\ AE)^2 + (1{,}0\ AE)^2 - 2\cdot 1{,}0\ AE \cdot 0{,}723\ AE \cdot \cos 18{,}5°} = 0{,}389\ AE$$

Die Laufzeit für das Signal nach 30 Tagen beträgt somit

$$t_2 = \frac{r}{c} = \frac{5{,}82\cdot 10^{10} m}{2{,}998\cdot 10^8\ \frac{m}{s}} = 194\ s$$

Aufgabe 47: Gleiche Umlaufzeit

Bestimmen die Umlaufzeit und die große Bahnhalbachse eines Planeten, bei dem siderische und synodische Umlaufzeit übereinstimmt!

Lösung 47:

Aus der Beziehung

$$\frac{1}{T_{sid}} = \frac{1}{T_☊} - \frac{1}{T_{syn}}$$

folgt für $T_{syn} = T_{sid}$

$$\frac{2}{T_{sid}} = \frac{1}{T_☊} \Rightarrow T_{sid} = 2\ a$$

Die Umlaufzeit T dieses Planeten beträgt genau 2 Jahre. Startet der Planet, z.B. in Oppositionsstellung, so ist er nach einem Jahr in Konjunktion und nach einem weiteren Erdumlauf wieder in Opposition. Für die große Bahnhalbachse folgt nach dem dritten Keplerschen Gesetz

$$\left(\frac{T}{T_☊}\right)^2 = \left(\frac{r}{r_☊}\right)^3 \Rightarrow r = r_☊ \sqrt[3]{\left(\frac{T}{T_☊}\right)^2} = 1\ AE \cdot \sqrt[3]{4} = 1{,}59\ AE$$

Die Umlaufbahn wäre etwas jenseits der Marsbahn ($r_♂ = 1{,}52\ AE$)

Aufgabe 48: Komet Lulin

Der Komet C/2007 N3, nunmehr Lulin genannt, läuft auf einer Parabelbahn und erreichte am 10.Januar 2008 sein Perizentrum im Abstand $1{,}20\ AE$ von der Sonne. Ermitteln Sie seine Perizentrumsgeschwindigkeit!

Lösung 48:

Da eine Parabelbahn gerade der Grenzfall zwischen gebundener bzw. nicht gebundener Bewegung ist, verschwindet seine Gesamtenergie.

$$\frac{1}{2}mv^2 = \underbrace{E}_{=0} + G\frac{mM_\odot}{r}$$

Der Energiesatz liefert dann die Fluchtgeschwindigkeit

$$v_F = \sqrt{\frac{2GM_\odot}{r}} = \sqrt{\frac{2 \cdot 6{,}67 \cdot 10^{-11}\frac{m^3}{kgs^2} \cdot 1{,}99 \cdot 10^{30} kg}{1{,}2 \cdot 1{,}496 \cdot 10^{11}\, m}} = 3{,}84 \cdot 10^4 \frac{m}{s} = 38{,}4\,\frac{km}{s}$$

Der Geschwindigkeit in Sonnennähe beträgt $38{,}4\, kms^{-1}$.

Aufgabe 49: Galileische Monde

Der kleinste der vier Galileischen Monde ist *Europa* mit einem Durchmesser von 3122 km und einem Bahnradius von 670.900 km. Kann Europa auf dem Jupiter eine totale Sonnenfinsternis hervorrufen?

Lösung 49:

Der Winkel, unter dem vom Jupiter die Sonne gesehen wird, ist

$$\alpha = \frac{R_\odot}{5{,}20\, AE} = \frac{6{,}956 \cdot 10^8\, m}{5{,}2 \cdot 1{,}496 \cdot 10^{11}\, m} = 8{,}94 \cdot 10^{-4}\, rad$$

Der zugehörige Raumwinkel ergibt sich aus

$$\Omega_\odot = \pi\alpha^2 = \pi(8{,}94 \cdot 10^{-4})^2 = 2{,}51 \cdot 10^{-6}\, sr$$

Der Winkel, unter dem Europa vom Jupiter gesehen wird, ist

$$\alpha = \frac{R_{Eu}}{a_{Eu}} = \frac{1{,}561 \cdot 10^3\, km}{6{,}709 \cdot 10^5\, km} = 2{,}33 \cdot 10^{-3}\, rad$$

Der zugehörige Raumwinkel ergibt sich aus

$$\Omega_{Eu} = \pi\alpha^2 = \pi(2{,}33 \cdot 10^{-3})^2 = 1{,}70 \cdot 10^{-5}\, sr$$

Wegen $\Omega_{Eu} > \Omega_\odot$ kann Europa die Sonne, vom Jupiter aus gesehen, vollständig verdecken.

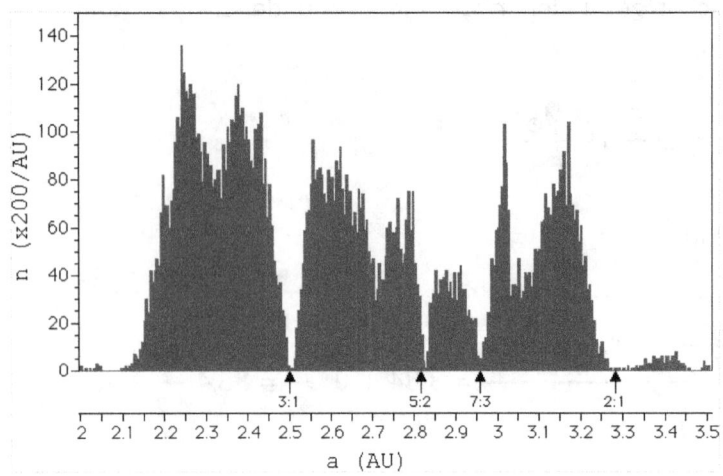

Abbildung 24: Kirkwood-Lücken im Asteroidengürtel

Aufgabe 50: Kirkwood-Lücken

Innerhalb des Asteroidengürtels gibt es mehrere sog. *Kirkwood*-Lücken, die als Resonanzen der Jupiterbahn gedeutet werden können. Berechnen Sie die Bahnradien der 3:1 bzw. der 5:2 Resonanz.

Lösung 50:

Die Jupiter-Umlaufzeit ist $T_{2\!\!\;\!l} = 11{,}8622\ a$. Die Resonanzen sind damit

$$T_1 = \frac{1}{3}\,T_{2\!\!\;\!l} = 3{,}9541\ a$$

$$T_2 = \frac{2}{5}\,T_{2\!\!\;\!l} = 4{,}7449\ a$$

Die zugehörigen Bahnradien liefert das dritte Keplersche Gesetz

$$\left(\frac{T}{1a}\right)^2 = \left(\frac{r}{1\,AE}\right)^3 \Rightarrow r = 1\,AE\left(\frac{T}{1a}\right)^{2/3}$$

Einsetzen ergibt

$$r_1 = 1\,AE\left(\frac{T_1}{1a}\right)^{2/3} = 2{,}501\,AE \;\therefore\; r_2 = 1\,AE\left(\frac{T_2}{1a}\right)^{2/3} = 2{,}824\,AE$$

Aufgabe 51: Roche-Grenze

Im Gravitationsfeld eines Zentralkörpers (Masse M) befinden sich im Abstand d zwei Monde (Masse m, Radius r).
a) Leiten Sie eine Formel für die Roche-Grenze her, bei dem sich die Gravitation zwischen den beiden Monden im Gleichgewicht befindet mit den Gezeitenkräften des Zentralkörpers.
b) Welche Dichte hat ein Mond innerhalb der Roche-Grenze?
c) Prüfen Sie, ob ein Komet, dessen Kern aus Eis der Dichte $\rho = 1{,}0\,\frac{g}{cm^3}$ besteht, die Gezeitenkräfte der Sonne innerhalb der Merkurbahn stabil bestehen kann?
d) Ersetzen Sie in der Roche-Formel für kugelförmige Himmelskörper die Masse durch die Dichte!

Lösung 51:

a) Die Gravitationskraft zwischen den beiden Monden beträgt

Abbildung 25: Zur Herleitung Roche-Grenze

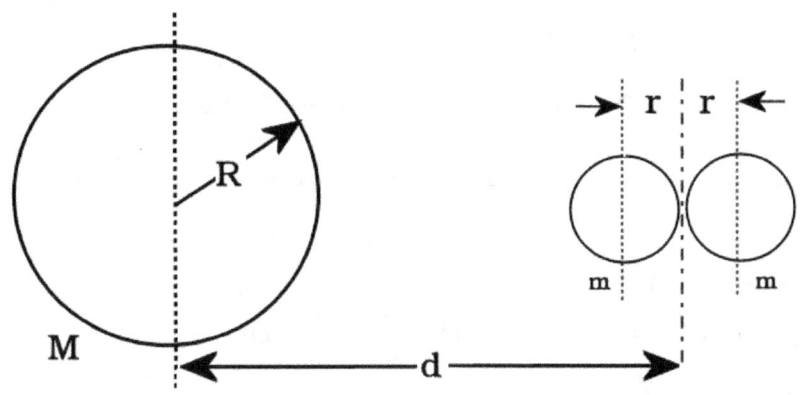

$$|F_1| = G\frac{m^2}{(2r)^2} = G\frac{m^2}{4r^2}$$

Die Differenz der Gezeitenkräfte ist

$$|F_2| = G\frac{Mm}{(d-r)^2} - G\frac{Mm}{(d+r)^2} = GMm\left[\frac{1}{(d-r)^2} - \frac{1}{(d+r)^2}\right] = \frac{GMm}{d^2}\left[\frac{1}{\left(1-\frac{r}{d}\right)^2} - \frac{1}{\left(1+\frac{r}{d}\right)^2}\right]$$

$$\Rightarrow |F_2| = \frac{GMm}{d^2}\left[\left(1-\frac{r}{d}\right)^{-2} - \left(1+\frac{r}{d}\right)^{-2}\right] = \frac{GMm}{d^2}\left[\left(1+\frac{2r}{d}\right) - \left(1-\frac{2r}{d}\right)\right] = \frac{4GMm}{d^3}r$$

Hier wurde von der Näherung $(1+x)^a \approx 1 + ax$ für $x \ll 1$ Gebrauch gemacht. Im Kräftegleichgewicht folgt

$$F_1 = F_2 \Rightarrow G\frac{m^2}{4r^2} = \frac{4GMm}{d^3}r \Rightarrow d^3 = r^3\frac{16M}{m} \quad (1)$$

Vereinfachen liefert die gesuchten *Roche*-Grenze für $d = R_{roche}$

$$R_{roche} = 2{,}52\, r\, \sqrt[3]{\frac{M}{m}}$$

Eine genauere Rechnung (mit halbkugelförmigen Monden) liefert den Faktor 2,44

$$R_{roche} = 2{,}44\, r\, \sqrt[3]{\frac{M}{m}}$$

b) Die Roche-Formel (1) lässt sich schreiben als

$$\frac{m}{r^3} = \frac{16M}{d^3}$$

Drückt man die Masse m eines kugelförmigen Monds durch die Dichte ρ aus, so folgt

$$\frac{\frac{4}{3}\pi r^3 \rho}{r^3} = \frac{16M}{d^3} \Rightarrow \rho = \frac{12}{\pi}\frac{M}{d^3}$$

Diese Formel liefert die notwendige Dichte eines Monds innerhalb der Roche-Grenze.

c) Der Merkurabstand von der Sonne ist $r_{\mercury} = 0{,}387\ AE = 5{,}79 \cdot 10^{10} m$. Einsetzen in die Dichte-Formel von b) liefert

$$\rho = \frac{12}{\pi}\frac{M}{d^3} = \frac{12}{\pi}\frac{1{,}99 \cdot 10^{30} kg}{(5{,}79 \cdot 10^{10} m)^3} = 0{,}039\ \frac{kg}{m^3} = 3{,}9 \cdot 10^{-5}\ \frac{g}{cm^3}$$

Die notwendige Dichte wird hier erreicht.

d) Mit dem Planetenradius R_P bzw. Mondradius r folgt bei Einsetzen der Dichten

$$R_{roche} = 2{,}44 r \sqrt[3]{\frac{\frac{4}{3}\pi R_P^3 \cdot \rho_P}{\frac{4}{3}\pi r^3 \cdot \rho_M}} = 2{,}44 R_P \sqrt[3]{\frac{\rho_P}{\rho_M}}$$

Stimmt die Planetendichte ρ_P mit der Monddichte ρ_M überein, so wird die Roche-Grenze $R_{roche} = 2{,}44 R_P$. Da der mittlere Mondabstand etwa 60 Erdradien beträgt, ist der Mond stabil gegen Gezeitenkräfte.

Aufgabe 52: Vis-Viva-Satz

a) Leiten Sie aus dem Energie- und Virialsatz den Vis-Viva-Satz her!

$$v^2 = GM\left(\frac{2}{r} - \frac{1}{a}\right)$$

b) Welche Geschwindigkeit ergibt sich in den Apsiden im Falle einer elliptischen Bahn?

Lösung 52:

a) Der Energiesatz lautet:

$$E_{ges} = E_{kin} + E_{pot} = \frac{1}{2}mv^2 - G\frac{mM}{r} \quad (1)$$

Der Virialsatz besagt

$$E_{kin} = -\frac{1}{2}E_{pot} \Rightarrow E_{ges} = E_{kin} + E_{pot} = \frac{1}{2}E_{pot}$$

Da die Gesamtenergie konstant ist, kann die Konstante mit einem bestimmten Punkt, z. B. $r = a$ (große Bahnhalbachse) festgelegt werden. Damit folgt

$$E_{ges} = \frac{1}{2} E_{pot} = -G \frac{mM}{2a} \quad (2)$$

Das negative Vorzeichen besagt, dass das Zweikörper-System gebunden ist. Einsetzen von (2) in (1) ergibt

$$E_{ges} = \frac{1}{2}mv^2 - G\frac{mM}{r} = -G\frac{mM}{2a} \Rightarrow \frac{1}{2}mv^2 = G\frac{mM}{r} - G\frac{mM}{2a}$$

Vereinfachen ergibt

$$\Rightarrow v^2 = G\frac{2M}{r} - G\frac{M}{a} = GM\left(\frac{2}{r} - \frac{1}{a}\right)$$

b) Einsetzen des Perihels bzw. des Perigäums $r_p = a(1-\varepsilon)$ liefert

$$v_r^2 = GM\left(\frac{2}{a(1-\varepsilon)} - \frac{1}{a}\right) = \frac{GM}{a}\left[\frac{2}{1-\varepsilon} - 1\right] = \frac{GM}{a}\frac{2-(1-\varepsilon)}{1-\varepsilon} = \frac{GM}{a}\frac{1+\varepsilon}{1-\varepsilon}$$

Wurzelziehen zeigt

$$v_p = \sqrt{\frac{GM}{a}\left(\frac{1+\varepsilon}{1-\varepsilon}\right)}$$

Analog folgt für Aphel bzw. Apogäum $r_a = a(1+\varepsilon)$

$$v_a = \sqrt{\frac{GM}{a}\left(\frac{1-\varepsilon}{1+\varepsilon}\right)}$$

Aufgabe 53: Trojaner

Eine Gruppe von Asteroiden, genannt die Trojaner, bewegen sich synchron mit dem Jupiter so, dass sie stets mit der Sonne und Jupiter ein gleichseitiges Dreieck bilden.

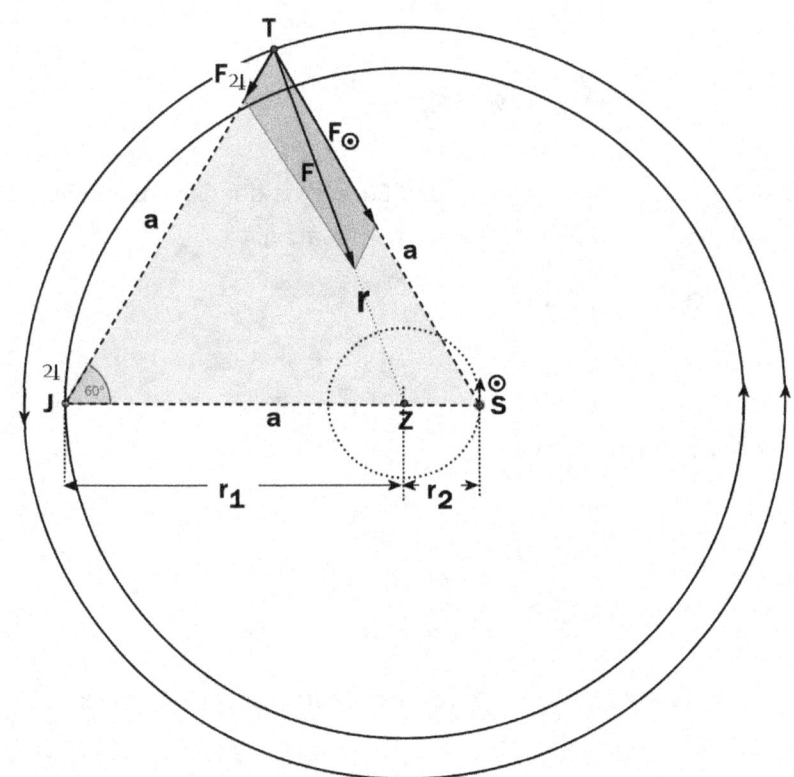

Abbildung 26: Trojaner bilden stets mit Jupiter und Sonne ein gleich- seitiges Dreieck

a) Bestimmen Sie allgemein die resultierende Gravitationskraft von Sonne und Jupiter!
b) Ermitteln Sie den Radius der Trojaner-Bahn.
c) Zeigen Sie, dass die Winkelgeschwindigkeit, mit der sich die Trojaner um den Schwerpunkt des Systems drehen, gleich ist der Winkelgeschwindigkeit des Systems Sonne-Jupiter.

Lösung 53:

a) Ist m die Masse der Trojaner, so ist Gravitationskraft von Sonne bzw. Jupiter

$$|F_{\jupiter}| = G\frac{M_{\jupiter} m}{a^2}$$

$$|F_{\odot}| = G\frac{M_{\odot} m}{a^2}$$

Die resultierende Kraft ergibt sich aus dem Kräfteparallelogramm. Da der Winkel des gleichseitigen Dreiecks bei T 60° ist, beträgt der Winkel $(F_{\jupiter}, F_{\odot})$ im Kräfteparallelogramm 120°. Der Kosinussatz liefert damit

$$F = \sqrt{F_{\jupiter}^2 + F_{\odot}^2 - 2F_{\jupiter} F_{\odot} \cos 120°}$$

Einsetzen der obigen Formel ergibt

$$F = \frac{Gm}{a^2}\sqrt{M_{\jupiter}^2 + M_{\odot}^2 + M_{\jupiter} M_{\odot}}$$

b) Da die Masse des Trojanerhaufens klein ist gegenüber Jupiter und Sonne, ist der Gesamtschwerpunkt der Schwerpunkt Z von Sonne und Jupiter. Nach dem Schwerpunktsatz gilt

$$M_{\jupiter} r_1 = M_{\odot} r_2$$

mit $r_1 + r_2 = a$. Einsetzen von $r_1 = a - r_2$ liefert

$$M_{\jupiter}(a - r_2) = M_{\odot} r_2$$

oder nach Umformen

$$r_2 = a\frac{M_{\jupiter}}{M_{\jupiter} + M_{\odot}} \quad bzw. \, r_1 = a\frac{M_{\odot}}{M_{\jupiter} + M_{\odot}}$$

Da der Winkel des gleichseitigen Dreiecks bei S gleich 60° ist, liefert der Cosinussatz im Dreieck TZS

Kapitel 3: Planetensystem

$$r = \sqrt{a^2 + r_2^2 - 2ar_2 \cos 60°}$$

Einsetzen von r_2 ergibt

$$r = \sqrt{a^2 + \left(a\frac{M_{\mathjupiter}}{M_{\mathjupiter} + M_\odot}\right)^2 - a^2 \frac{M_{\mathjupiter}}{M_{\mathjupiter} + M_\odot}} = a\sqrt{1 + \left(\frac{M_{\mathjupiter}}{M_{\mathjupiter} + M_\odot}\right)^2 - \frac{M_{\mathjupiter}}{M_{\mathjupiter} + M_\odot}}$$

$$\Rightarrow r = \frac{a}{M_{\mathjupiter} + M_\odot} \sqrt{M_{\mathjupiter}^2 + M_\odot^2 + M_{\mathjupiter} M_\odot}$$

c) Da die resultierende Gravitationskraft F gleichzeitig Zentripetalkraft ist, gilt

$$F = m\omega^2 r \Rightarrow \omega^2 = \frac{F}{mr} = \frac{\frac{Gm}{a^2}\sqrt{M_{\mathjupiter}^2 + M_\odot^2 + M_{\mathjupiter} M_\odot}}{\frac{am}{M_{\mathjupiter} + M_\odot}\sqrt{M_{\mathjupiter}^2 + M_\odot^2 + M_{\mathjupiter} M_\odot}} = \frac{G(M_{\mathjupiter} + M_\odot)}{a^3}$$

Dies ergibt sich auch aus dem dritten Keplerschen Gesetz

$$\frac{T^2}{a^3} = \frac{4\pi^2}{G(M_{\mathjupiter} + M_\odot)} \Rightarrow \frac{4\pi^2}{T^2} = \omega^2 = \frac{G(M_{\mathjupiter} + M_\odot)}{a^3}$$

Aufgabe 54: Venus-Helligkeit

Der von der Erde aus sichtbare, beleuchtete Anteil der Venus ist gegeben durch $p = \frac{1}{2}\left(1 + \frac{x}{R}\right)$.

a) Berechnen Sie p mithilfe der Bahnradien von Erde und Venus

b) Bestimmen Sie den minimalen Abstand, bei dem Helligkeit der Venus auf der Erde am größten ist!

c) Ermitteln Sie den zeitlichen Abstand zwischen den unteren Konjunktionen und den Zeitpunkten größter Helligkeit.

Lösung 54:

a) Wie man aus der Zeichnung entnimmt, gilt $\frac{x}{R} = \cos \beta$

Im Dreieck SEV liefert der Kosinussatz

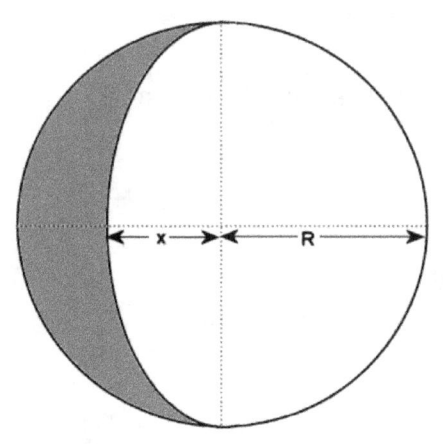

Abbildung 27: Beleuchteter Anteil

$$a_\mars^2 = a_\venus^2 + r^2 - 2a_\venus r \cos \beta = a_\venus^2 + r^2 - 2a_\venus r \frac{x}{R}$$

Der Winkel β heißt hier der Phasenwinkel. Einsetzen von p ergibt

$$\Rightarrow a_{\male}^2 = a_{\female}^2 + r^2 - 2a_{\female}r(2p-1)$$

Nach dem Beleuchtungsanteil p aufgelöst, folgt

$$p = \frac{(a_{\female} + r)^2 - a_{\male}^2}{4a_{\female}r}$$

b) Die auf der Erde resultierende Beleuchtungsstärke B ist proportional zu

$$B \sim \frac{p}{r^2} = \frac{1}{4a_{\female}} \frac{(a_{\female}+r)^2 - a_{\male}^2}{r^3}$$

Damit die Beleuchtungsstärke maximal wird, ist mit Hilfe der Ableitung der Extremwert des zweiten Faktors zu finden.

$$T(r) = \frac{(a_{\female} + r)^2 - a_{\male}^2}{r^3}$$

$$\Rightarrow \frac{dT}{dr} = \frac{2(a_{\female}+r)r^3 - \left[(a_{\female}+r)^2 - a_{\male}^2\right]3r^2}{r^6}$$

$$\Rightarrow \frac{dT}{dr} = \frac{2(a_{\female}+r)r - 3\left[(a_{\female}+r)^2 - a_{\male}^2\right]}{r^4}$$

$$\Rightarrow \frac{dT}{dr} = -\frac{r^2 + 4a_{\female}r + 3(a_{\female}^2 - a_{\male}^2)}{r^4}$$

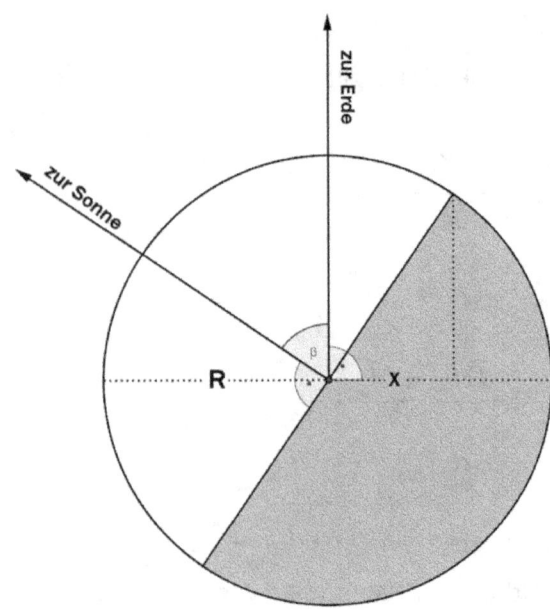

Abbildung 28: Beleuchtung eines Planeten

Nullsetzen des Zählers ergibt die quadratische Gleichung

$$r^2 + 4a_{\female}r + 3(a_{\female}^2 - a_{\male}^2) = 0$$

Die Auflösungsformel liefert die positive Lösung

$$r = \sqrt{a_{\female}^2 + 3a_{\male}^2} - 2a_{\female}$$
$$= \left(\sqrt{1^2 + 3 \cdot 0{,}723^2} - 2 \cdot 0{,}723\right) AE$$
$$= 0{,}431 \, AE$$

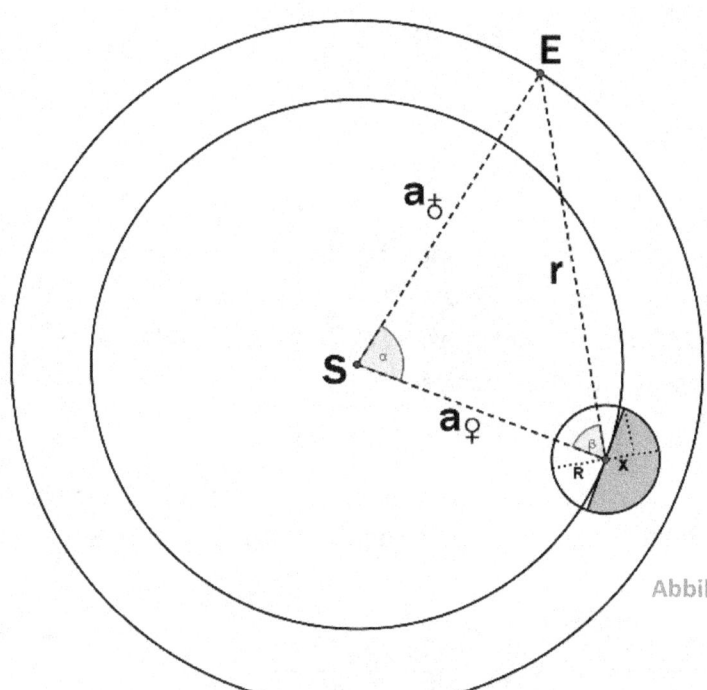

Die größte Beleuchtungsstärke findet man bei der minimalen Entfernung $r_{min} = 0{,}431 \, AE$.

c) Ein Maß für den zeitliche Abstand von der unteren Konjunktion ist der Winkel α, da bei der unteren Konjunktion genau $\alpha = 0$ gilt. Der Cosinussatz im Dreieck SVE zeigt

Abbildung 29: Dreieck Sonne-Erde-Innenplanet

$$\cos \alpha = \frac{a_{\delta}^2 + a_{\varphi}^2 - r^2}{2 a_{\varphi} a_{\delta}} = \frac{(1^2 + 0{,}723^2 - 0{,}431^2) AE^2}{(2 \cdot 1 \cdot 0{,}723) AE^2} = 0{,}9246 \Rightarrow \alpha = 22{,}39°$$

Den Zeitpunkt t maximaler Helligkeit erhält man also für $\alpha = 22{,}39°$. Die synodische Umlaufzeit der Venus beträgt $T_{syn\varphi} = 583{,}9 \, d$. Der gesuchte Zeitpunkt ist daher

$$t = T_{syn\varphi} \cdot \frac{\alpha}{360°} = 583{,}9 \, d \cdot \frac{22{,}39°}{360°} = 36{,}32 \, d$$

Venus hat ihre größte scheinbare Helligkeit etwa $36 \, d$ nach der unteren Konjunktion.

Ergänzung: Will man den beleuchteten Anteil p bestimmen, so benötigt man den Phasenwinkel β. Der Sinussatz im Dreieck SVE zeigt

$$\frac{\sin \beta}{a_{\varphi}} = \frac{\sin \alpha}{r} \Rightarrow \sin \beta = \frac{a_{\varphi}}{r} \sin \alpha = \frac{1 \, AE}{0{,}431 \, AE} \sin 22{,}39° = 0{,}8838 \Rightarrow \beta = 62{,}10°$$

Damit ergibt sich

$$\frac{x}{R} = \cos \beta = 0{,}4679 \Rightarrow p = \frac{1}{2}\left(1 + \frac{x}{R}\right) = 0{,}734$$

In der Literatur wird der Beleuchtungsanteil p oft als Phase bezeichnet. Eine andere Definition verwendet dafür den Quotienten des Phasenwinkels mit 180°:

$$\frac{\beta}{180°} = \frac{62{,}10°}{180°} = 0{,}345$$

Aufgabe 55: Retrograde Bewegung

Die Planeten Venus und Uranus rotieren im Gegensatz zu den anderen Planeten retrograd; d. h. entgegen der Bahnrichtung. Die siderische Umlaufzeit der Venus beträgt $T_{Bahn,sid} = 224{,}70\,d$; die siderische Rotationsdauer ist $T_{Rot,sid} = 243{,}02\,d$. Wie man sieht, ist ein Venustag größer als ein Venusjahr! Bestimmen Sie die Dauer des Tag-Nacht-Zyklus der Venus!

Lösung 55:

Verwendet man die gewöhnliche Formel für die synodische Rotationsdauer, so erhält man ein sinnloses Ergebnis. Für retrograd rotierende Planeten, muss das Vorzeichen von $T_{Bahn,sid}$ geändert werden. Damit gilt

$$\frac{1}{T_{Rot,syn}} = \frac{1}{T_{Rot,sid}} + \frac{1}{T_{Bahn,sid}} \Rightarrow T_{Rot,syn} = \frac{T_{Rot,sid} \cdot T_{Bahn,sid}}{T_{Rot,sid} + T_{Bahn,sid}}$$

Einsetzen der Werte ergibt

$$T_{Rot,syn} = \frac{243{,}02\,d \cdot 224{,}70\,d}{243{,}02\,d + 224{,}70\,d} = \frac{54606{,}59\,d^2}{467{,}72\,d} = 116{,}75\,d$$

Der gesuchte Tag-Nacht-Zyklus ist $116{,}75\,d$. In einem Venus-Jahr geht also durchschnittlich 1,92 mal die Sonne auf; allerdings ungewohnt: Sonnenaufgang im Westen, Untergang im Osten.

Bemerkung: Die synodische Umlaufzeit der Venus ergibt sich aus

$$\frac{1}{T_{Bahn,syn}} = \frac{1}{T_{Bahn,sid}} - \frac{1}{T_{sid,☿}} \Rightarrow T_{Bahn,syn} = \frac{T_{sid,☿} \cdot T_{Bahn,sid}}{T_{sid,☿} - T_{Bahn,sid}} = 583{,}96\,d$$

Das 5-fache der synodischen Umlaufzeit liefert ungefähr 8 Jahre.

$$5\,T_{Bahn,syn} = 5 \cdot 583{,}96\,d = 2920\,d \approx 2922\,d = 8\,T_{sid,☿}$$

Das bedeutet, dass nach jeweils 584 Tagen (oder 8 Jahren) uns die Venus die selbe Ansicht bietet. Die synodische Rotationszeit ist hier ein Fünftel der synodischen Umlaufzeit:

$$\frac{1}{5} T_{Bahn,syn} = \frac{1}{5} \cdot 583{,}96\,d = 116{,}8\,d = T_{Rot,syn}$$

Kapitel 3: Planetensystem

Aufgabe 56: Hill-Sphäre

Die Hill-Sphäre löst ein 3-Körper-Problem: Wo ist der Mond(M) eines Planeten(P) zu positionieren, wenn der Mond sich um den Planeten in gebundener Rotation dreht und die Zentripetalkraft im Gleichgewicht mit der Gravitation von Planet und Zentralkörper oder Sonne (S) stehen soll. Es gibt 5 Punkte, die diese Bedingung erfüllen; sie werden Lagrange-Punkte genannt (Siehe Bild 24). Der Radius der Hill-Sphäre gibt den Abstand der Lagrange-Punkte L_1 bzw. L_2 vom Planeten an.

a) Leiten Sie eine Beziehung für den Radius der Hill-Sphäre her!

b) Bestimmen Sie den Radius der Hill-Sphäre des Sonne-Erde-Systems als Vielfaches der mittleren Mondentfernung!

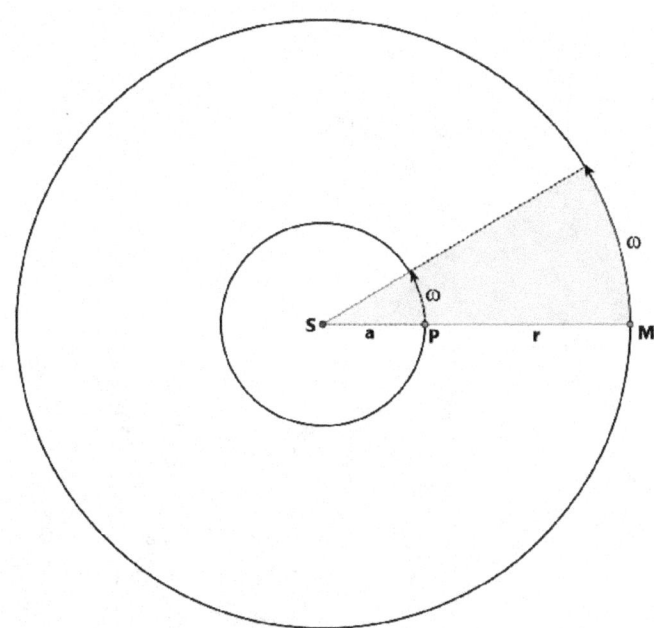

Abbildung 30: Zur Herleitung der Hill-Sphäre

Lösung 56:

a) Die Winkelgeschwindigkeit des Planeten ergibt aus dem dritten Keplerschen Gesetz

$$\frac{T^2}{a^3} = \frac{4\pi^2}{GM_\odot} \Rightarrow \left(\frac{2\pi}{T}\right)^2 = \frac{GM_\odot}{a^3}$$

$$\Rightarrow \omega = \sqrt{\frac{GM_\odot}{a^3}} \quad (1)$$

Die auf den Mond wirkende Zentripetalbeschleunigung ist dann $a_1 = \omega^2(a+r)$. Entgegen gesetzt gleich wirkt die Summe aus Gravitationsbeschleunigungen durch Sonne und Erde

$$a_2 = \frac{GM_\odot}{(a+r)^2} + \frac{GM_P}{r^2}$$

M_P ist hier die Planetenmasse. Gleichsetzen der Beschleunigungen und Einsetzen von (1) liefert

$$\frac{GM_\odot}{(a+r)^2} + \frac{GM_P}{r^2} = \omega^2(a+r) = \frac{GM_\odot}{a^3}(a+r)$$

Umformen ergibt

$$\frac{M_\odot r^2 a^3}{(a+r)^2} + M_P a^3 = M_\odot r^2 (a+r)$$

Sortieren nach den Massen zeigt

$$M_P a^3 = M_\odot r^2 \left[(a+r) - \frac{a^3}{(a+r)^2}\right] = M_\odot r^2 \left[\frac{(a+r)^3 - a^3}{(a+r)^2}\right]$$

$$\Rightarrow M_P a^3 = M_\odot r^2 \left[\frac{a^3 + 3a^2 r + 3ar^2 + r^3 - a^3}{(a+r)^2}\right] = M_\odot r^3 \left[\frac{3a^2 + 3ar + r^2}{(a+r)^2}\right]$$

Für $r \ll a$ lässt sich vereinfachen

$$M_P a^3 = M_\odot r^3 \left[\frac{3 + 3\frac{r}{a} + \left(\frac{r}{a}\right)^2}{\left(1 + \frac{r}{a}\right)^2}\right] \xrightarrow[\frac{r}{a} \to 0]{} M_P a^3 = 3 M_\odot r^3$$

Auflösen nach dem Mondabstand r ergibt

$$r^3 = a^3 \frac{M_P}{3 M_\odot}$$

$$\Rightarrow r_{Hill} = a \sqrt[3]{\frac{M_P}{3 M_\odot}}$$

Zu beachten ist, dass die Stabilitätszone der Hill-Sphäre innerhalb liegt (im Gegensatz etwa der Roche-Grenze).

b) Einsetzen der Werte ergibt

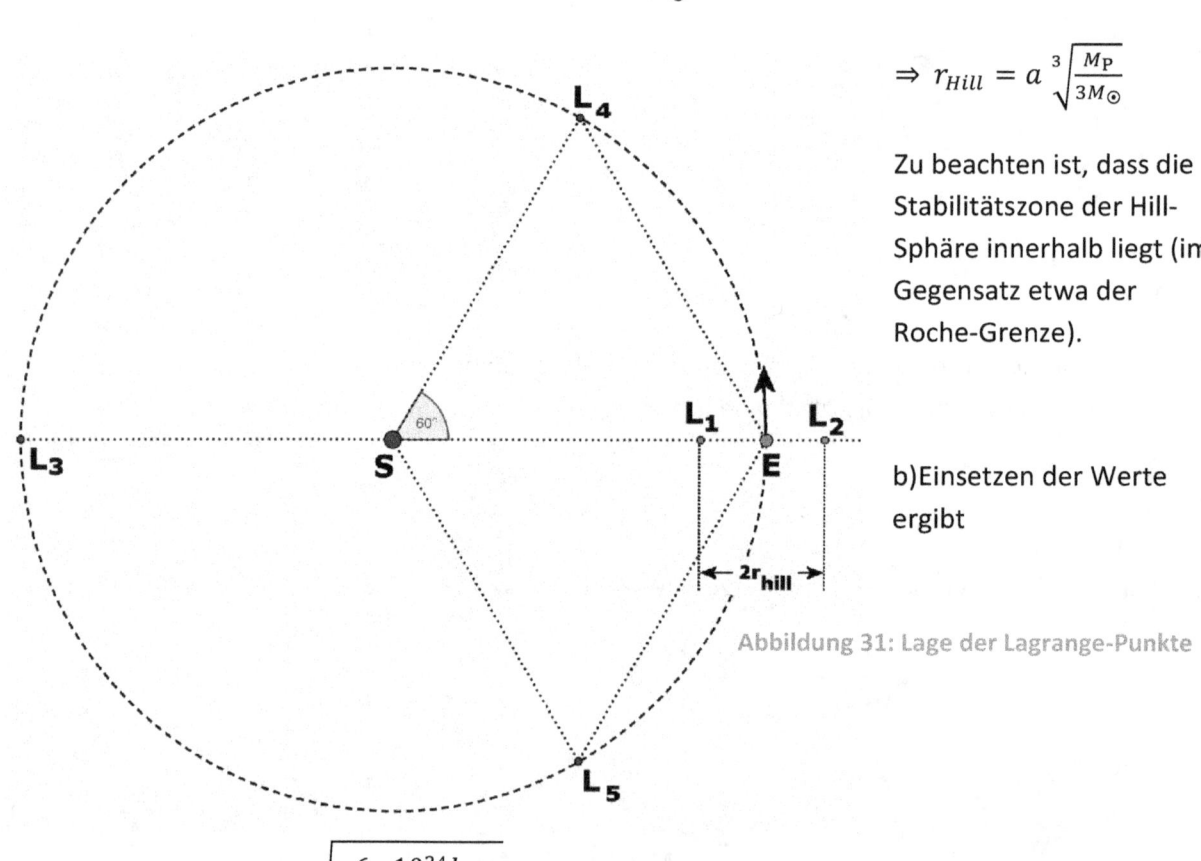

Abbildung 31: Lage der Lagrange-Punkte

$$r_{Hill} = 1\,AE \sqrt[3]{\frac{6 \cdot 10^{24} kg}{3 \cdot 2 \cdot 10^{30} kg}} = 1\,AE \sqrt[3]{10^{-6}} = 0{,}01\,AE = 1{,}5 \cdot 10^6 km = 3{,}9\,r_{☾}$$

Die Hill-Sphäre der Erde umfasst etwa 4 Mondentfernungen; daher befindet sich der Mond in einer stabiler Lage.

Bemerkung: Da sich alle Lagrange-Punkte synchron mit der Erde um den gemeinsamen Schwerpunkt drehen, sind die Punkte $L_{1,2}$ gut geeignet als Parkpositionen für Satelliten. Die Satelliten *Herschel*, *Planck* und *WMAP* sind daher auf L_2 positioniert, um sie vor der Sonnenstrahlung zu schützen. Der Sonnensatellit SOHO hat die Position L_1. Die Lagrange-Punkte L_1 bis L_3 sind - im Gegensatz zu L_4 bis L_5 - instabile Lagen. Daher müssen die Satellitenpositionen in $L_{1,2}$ stets korrigiert werden. Himmelskörper in $L_{4,5}$ können sich in einer bestimmten Umgebung der Punkte bewegen und sogar chaotische Bahnen durchlaufen. Ein Satellit in L_3 wäre stets von der Sonne verdeckt und erlaubt daher keinen Funkverkehr.

Aufgabe 57: Planetoiden–Helligkeit

In Oktober 2008 bot sich eine seltene Gelegenheit für astronomische Beobachtungen: Ein 20 Stunden zuvor entdeckter kleiner Asteroid (später 2008 TC_3 genannt) war auf Kollisionskurs mit der Erde und sollte am nächsten Tag in der Wüste des Sudan aufschlagen.
Die absolute Helligkeit H eines Planetoiden ist gegeben durch die Beziehung

$$H = V_{opp} - 5 \log \frac{r\Delta}{1AE^2}$$

Dabei ist V_{opp} die scheinbare Helligkeit in Opposition und r bzw. Δ der heliozentrische bzw. geozentrische Abstand. Hat der Planetoid die Albedo A, so lässt sich sein Durchmesser D abschätzen als

$$D = \frac{1329 \, km}{\sqrt{A}} 10^{-H/5}$$

Der Zahlenfaktor resultiert aus dem Strahlungsfluss der Sonne in Erdnähe $1329 \frac{W}{m^2}$.
a) Bestimmen Sie den Durchmesser von 2008 TC_3, wenn seine absolute Helligkeit zu $H = 30{,}7$ bestimmt wurde und seine Albedo $A = 0{,}1$ beträgt!
b) Ermitteln Sie die Masse des Asteroiden, wenn er die Dichte $\rho = 1{,}4 \frac{g}{cm^3}$ besitzt.
c) Welche Energie besitzt er, wenn seine Relativgeschwindigkeit zur Erde $v = 12{,}8 \frac{km}{s}$ beträgt?

Lösung 57:

a) Einsetzen der Werte liefert den Durchmesser

$$D = \frac{1329 \, km}{\sqrt{0{,}1}} 10^{-30{,}7/5} = 3{,}0 \, m$$

b) Mit dem Radius $R = 1{,}5 \, m$ ergibt sich die Masse

$$m = \frac{4}{3}\pi\rho R^3 = \frac{4}{3}\pi \cdot 1400 \frac{kg}{m^3}(1{,}5\,m)^3 = 19{,}8\,t$$

c) Es folgt

$$E = \frac{1}{2}mv^2 = \frac{1}{2} \cdot 1{,}98 \cdot 10^4 kg \left(1{,}28 \cdot 10^4 \frac{m}{s}\right)^2 = 1{,}6 \cdot 10^{12} J$$

2008 TC$_3$ hatte die Energie $2 \cdot 10^{12} J$.

Aufgabe 58: Strahlungsdruck der Sonne

Ein Komet nähert sich der Sonne auf Erdentfernung ($r = 1\,AE$).
a) Wie groß ist der Strahlungsdruck auf den Kometenkern, wenn man ihn als schwarzen Körper voraussetzt.
b) Welche Masse m hat ein Staubteilchen (Fläche $A = 5 \cdot 10^{-11}\,m^2$) des Kometenschweifs, wenn die Kraft, die der Strahlungsdruck ausübt, gerade die Gravitationskraft der Sonne kompensiert.

Lösung 58:

a) Der Strahlungsdruck kann geschrieben werden mithilfe der Solarkonstante

$$p_{rad} = \frac{S_\odot}{c} = \frac{1360\,W}{2{,}998 \cdot 10^8 \frac{m}{s}} = 4{,}54 \cdot 10^{-6}\,Pa$$

b) Das Gleichgewicht von Gravitation und Strahlungskraft ergibt

$$G\frac{mM_\odot}{r^2} = p_{rad}A \Rightarrow m = \frac{p_{rad}A}{GM_\odot}r^2$$

Einsetzen der Werte liefert

$$m = \frac{4{,}54 \cdot 10^{-6}\,Pa \cdot 5 \cdot 10^{-11}\,m^2}{6{,}673 \cdot 10^{-11} \frac{m^3}{kg s^2} \cdot 1{,}989 \cdot 10^{30} kg}(1{,}496 \cdot 10^{11}\,m)^2$$

$$\Rightarrow m = 3{,}83 \cdot 10^{-16}\,kg$$

Die Masse entspricht 230 Mrd. Wasserstoffkernen.

Aufgabe 59: Marsflug

a) Bestimmen sie die synodische Umlaufzeit T_{syn} des Mars! ($T_{sid} = 686{,}98\,d$)
b) Ermitteln Sie die große Bahnhalbachse der Hohmann-Bahn zum Mars ($a_{\mars} = 1{,}5236\,AE$)

c) Ermitteln Sie die Flugdauer zum Mars!

d) Begründen sie, warum es ein Startfenster für Marsflüge gibt!

Lösung 59:

a) Die synodische Umlaufzeit beträgt

$$T_{syn} = \frac{T_{sid} \cdot T_{\oplus}}{T_{sid} - T_{\oplus}} = \frac{686{,}98\,d \cdot 365{,}24\,d}{686{,}98\,d - 365{,}24\,d} = 779{,}86\,d$$

Die synodische Umlaufzeit beträgt 780 Tage.

b) Die große Bahnhalbachse der Hohmann-Bahn ist das Mittel aus Erdbahn- und Marsbahn-Halbachse

$$a_H = \frac{1}{2}(a_{\mars} + a_{\oplus}) = \frac{(1{,}5236 + 1)AE}{2} = 1{,}2618\,AE$$

Die große Hohmann-Halbachse beträgt 1,26 AE

c) Die Umlaufzeit der Hohmann-Bahn wird nach Kepler berechnet

$$\left(\frac{T_H}{1a}\right)^2 = \left(\frac{a_H}{1AE}\right)^3 \Rightarrow \frac{T_H}{1a} = \sqrt{\left(\frac{a_H}{1AE}\right)^3} = \sqrt{1{,}2618^3} = 1{,}4174$$

$$\Rightarrow T_H = 1{,}4174\,a = 517{,}68\,d$$

Die Flugdauer T_F zum Mars ist die halbe Umlaufzeit auf der Hohmann-Bahn

$$\Rightarrow T_F = \frac{1}{2}T_H = 258{,}84\,d$$

Die Flugdauer beträgt 8,5 Monate.

d) Beim Start des Raumschiffs befindet sich die Erde im Perihel der Hohmann-Ellipse, der Mars im Aphel. Daher steht beim Start der Mars in Konjunktion zur Erde. Bis zur Landung legt der Mars bezüglich der Sonne den Winkel φ zurück

$$\frac{\varphi}{360°} = \frac{T_F}{T_{sid}} \Rightarrow \varphi = \frac{258{,}84\,d}{686{,}98\,d} 360° = 135{,}64°$$

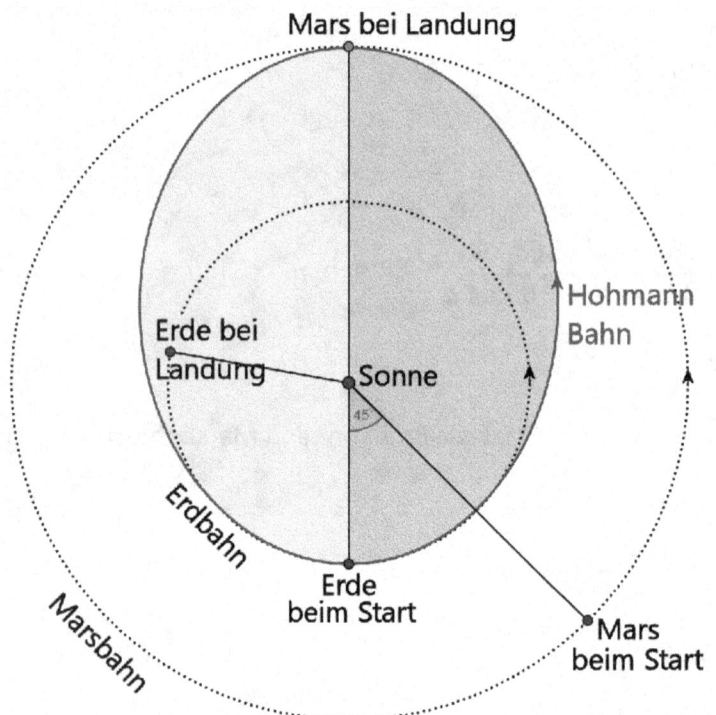

Abbildung 32: Hohmann-Bahn zum Mars

Daher beträgt der Winkel, den Erde und Mars mit der Sonne bilden, beim Start 44,36°. Diese Position wiederholt sich bezüglich der Erde mit der Synode, das bedeutet, das Startfenster öffnet sich alle 780 Tage.

Aufgabe 60: Isotherme Atmosphäre

Für Planeten mit einer isothermen Atmosphäre gilt für den Druck die Barometerformel

$$p(h) = p_0 e^{-h/H}$$

a) Leiten Sie unter Verwendung des idealen Gasgesetzes die Barometerformel her!
b) Welchen Wert hat der Skalenfaktor H der Venus mit Kohlenstoffdioxid(CO_2)-Atmosphäre und $T = 740\ K$
c) Bestimmen Sie den Druck der Venus-Atmosphäre in der Höhe $h = 70\ km$ der Schwefeldioxid (SO_2)-Wolken, wenn der Bodendruck $p_0 = 90\ bar$ beträgt
d) Die Annahme einer konstanten Temperatur gilt nur näherungsweise. Leiten Sie daher eine Formel für den adiabatischen Temperaturgradienten $\frac{dT}{dh}$ her!
e) Welchen Wert hat der adiabatische Temperaturgradient der Erde?

Lösung 60:

a) Nach dem Gesetz des hydrostatischen Drucks $p = \rho g h$ gilt

$$dp = -\rho g\, dh \Rightarrow \frac{dp}{dh} = -\rho g$$

Aus dem idealen Gasgesetz folgt

$$p = nkT = \frac{\rho}{m} kT \Rightarrow \rho = \frac{pm}{kT}$$

Einsetzen in oben stehenden Differenzialgleichung zeigt

$$\frac{dp}{dh} = -\rho g = -\frac{pm}{kT} g \Rightarrow \frac{dp}{p} = -\frac{mg}{kT}\, dh$$

Integration liefert

$$\int_{p_0}^{p} \frac{dp}{p} = \int_{0}^{h} -\frac{mg}{kT} dh \Rightarrow [\ln p - \ln p_0] = -\frac{mgh}{kT} \Rightarrow \ln \frac{p}{p_0} = -\frac{mgh}{kT}$$

Potenzieren zur Basis e liefert

$$\Rightarrow p(h) = p_0 \exp\left(-\frac{mgh}{kT}\right)$$

Der Skalenfaktor ist somit $H = \frac{kT}{mg}$. Wie man sieht, ist die Barometerformel ein Spezialfall der Boltzmann-Verteilung mit dem Faktor $\exp\left(-\frac{E_{pot}}{kT}\right)$.

b) Einsetzen der Venuswerte liefert mit der relativen Molekülmasse $\mu = 44\,u$

$$H = \frac{kT}{\mu m_H g} = \frac{1{,}38 \cdot 10^{-23} \frac{J}{K} \cdot 740\,K}{44 \cdot 1{,}673 \cdot 10^{-27} kg \cdot 9{,}81 \frac{N}{kg}} = 14{,}1\,km$$

Der Skalenfaktor der Venusatmosphäre beträgt 14 km.

c) Einsetzen in die Barometerformel ergibt mit der Umrechnung $1\,bar = 10^5 Pa$

$$p(70\,km) = 90\,bar\, e^{-\frac{70\,km}{14{,}1\,km}} = 0{,}489\,bar = 4{,}9 \cdot 10^4\,Pa$$

d) Ohne Wärmeaustausch gilt das Adiabatengesetz $\underbrace{pV^\kappa}_{const} = C$ mit dem Adiabatenkoeffizient $\kappa = \frac{7}{5}$ für zweiatomige Gase. Einsetzen des idealen Gasgesetzes $pV = NkT \Rightarrow V = \frac{NkT}{p}$ liefert

$$p^{1-\kappa} T^\kappa = C \Rightarrow T^\kappa = C p^{\kappa-1}$$

Differenzieren nach der Höhe und Einsetzen des hydrostatischen Drucks $dp = -\rho g\, dh$ ergibt

$$\kappa T^{\kappa-1} \cdot \frac{dT}{dh} = C(\kappa-1) p^{\kappa-2} \cdot \frac{dp}{dh} = C(\kappa-1) p^{\kappa-2} (-\rho g)$$

Auflösen nach $\frac{dT}{dh}$ und ersetzen der Konstanten $C = \frac{T^\kappa}{p^{\kappa-1}}$

$$\frac{dT}{dh} = -\rho g C \frac{\kappa-1}{\kappa} \frac{p^{\kappa-2}}{T^{\kappa-1}} = -\rho g \frac{\kappa-1}{\kappa} \frac{p^{\kappa-2}}{T^{\kappa-1}} \frac{T^\kappa}{p^{\kappa-1}} = -\rho g \frac{\kappa-1}{\kappa} \frac{T}{p}$$

Mit dem idealen Gasgesetz $p = \frac{\rho}{m}kT \Rightarrow \frac{m}{k} = \frac{\rho}{p}T$ folgt schließlich

$$\frac{dT}{dh} = -\frac{mg}{k}\frac{\kappa - 1}{\kappa}$$

d) Mit der relativen Molekülmasse $\mu = 28{,}8\ u$ von Luft folgt

$$\frac{dT}{dh} = -\frac{28{,}8 \cdot 1{,}673 \cdot 10^{-27} kg \cdot 9{,}81 \frac{N}{kg}}{1{,}38 \cdot 10^{-23} \frac{J}{K}} \frac{1{,}4 - 1}{1{,}4} = -9{,}8 \cdot 10^{-3} \frac{K}{m} = -9{,}8 \frac{K}{km}$$

Je Kilometer Anstieg sinkt die Temperatur der Erdatmosphäre im Durchschnitt um ca. 10 K.

Aufgabe 61: Swing-By

a) Eine Raumsonde der Masse m passiert im Abstand d (auch Stoßparameter genannt) einen Planeten der Masse M; ihre Geschwindigkeit v_0 in großer Entfernung ist größer als die Fluchtgeschwindigkeit des Planeten. Der Winkel zwischen Symmetrieachse und Bahn sei φ; der totale Ablenkwinkel ψ. Bestimmen Sie den Ablenkwinkel in Abhängigkeit von den gegebenen Parameter.

b) Bestimmen Sie den Ablenkwinkel einer Sonde mit $v_\infty = 10{,}0\ kms^{-1}$, die Jupiter im minimalen Abstand passiert.

c) Der maximale Geschwindigkeitszuwachs Δv, den eine Sonde beim Swing-By an einem Planeten gewinnen kann, beträgt

$$\Delta v = \sqrt{\frac{4v_p v_\infty}{2\left(\frac{v_\infty}{v_F}\right) + 1}}$$

Dabei ist v_p die Bahngeschwindigkeit und v_F die Fluchtgeschwindigkeit des Planeten. Bestimmen Sie den maximale Geschwindigkeitszuwachs der Sonde am Jupiter, wenn gilt $r_{♃} = 13{,}06\ kms^{-1}$, $T_{♃} = 11{,}86\ a$.

d) Mit welcher Geschwindigkeit v_∞ nähert sich die Sonde dem Jupiter, wenn sie auf einer Hohmann-Bahn von der Erde gestartet wurde?

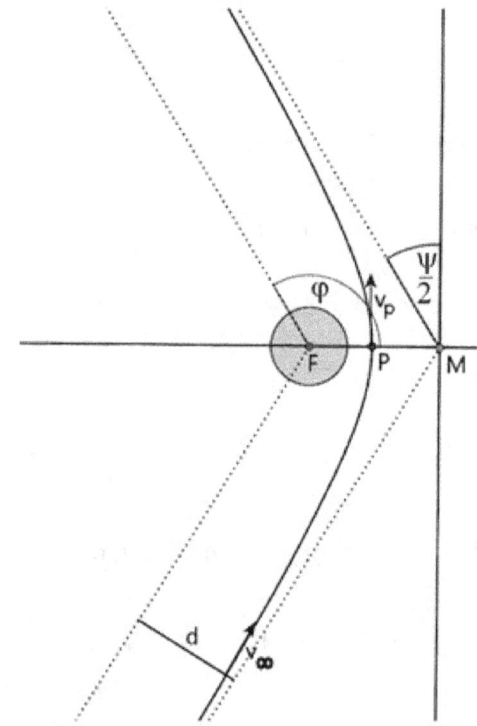

Abbildung 33: Swing-By an einem Planeten

Kapitel 3: Planetensystem

Lösung 61:

a) Nach Angabe ist die Bahn eine Hyperbel mit dem Brennpunkt im Planetenmittelpunkt mit der Kegelschnittdarstellung

$$r = \frac{a(1-\varepsilon^2)}{1+\varepsilon\cos\varphi} \quad (1)$$

Der Bahndrehimpuls in großer Entfernung ist mdv_∞. Der Drehimpuls im Perihel P beträgt

$$mr_p v_p = ma(1-\varepsilon)\sqrt{\frac{GM}{a}\left(\frac{1+\varepsilon}{1-\varepsilon}\right)} = m\sqrt{GMa(1-\varepsilon^2)}$$

Die Drehimpulserhaltung liefert somit

$$dv_\infty = \sqrt{GMa(1-\varepsilon^2)} \quad (2)$$

Die Geschwindigkeit v_0 berechnet sich aus dem Vis-Viva-Satz für $r \to \infty$. Damit ergibt sich auch die Bahnhalbachse $a = \overline{PM}$ ($a < 0$ bzw. $\varepsilon > 1$ wegen Hyperbel)

$$v = \sqrt{GM\left(\frac{2}{r} - \frac{1}{a}\right)} \underset{r\to\infty}{\Longrightarrow} v_\infty^2 = -\frac{GM}{a} \Rightarrow a = -\frac{GM}{v_\infty^2}$$

Einsetzen in (2) ergibt

$$dv_0 = \sqrt{GM\left(-\frac{GM}{v_\infty^2}\right)(1-\varepsilon^2)} = \frac{GM}{v_0}\sqrt{\varepsilon^2-1} \Rightarrow \sqrt{\varepsilon^2-1} = \frac{dv_\infty^2}{GM}$$

Der Winkel φ folgt aus der Kegelschnittgleichung (1) für $r \to \infty$

$$r = \frac{a(1-\varepsilon^2)}{1+\varepsilon\cos\varphi} \underset{r\to\infty}{\Longrightarrow} 1+\varepsilon\cos\varphi = 0 \Rightarrow \cos\varphi = -\frac{1}{\varepsilon}$$

Aus der Geometrie folgt $\frac{\psi}{2} = \varphi - 90°$. Dies liefert nach einer trigonometrischen Umformung

$$\tan\frac{\psi}{2} = \tan(\varphi - 90°) = -\cot\varphi = \frac{-\cos\varphi}{\sqrt{1-(\cos\varphi)^2}} = \frac{\frac{1}{\varepsilon}}{\sqrt{1-\left(\frac{1}{\varepsilon}\right)^2}} = \frac{1}{\sqrt{\varepsilon^2-1}}$$

Insgesamt folgt schließlich

$$\tan\frac{\psi}{2} = \frac{1}{\sqrt{\varepsilon^2 - 1}} = \frac{GM}{dv_\infty^2} \Rightarrow \psi = 2\arctan\left(\frac{GM_{\jupiter}}{dv_\infty^2}\right)$$

b) Der minimale Abstand ist der Jupiterradius $d = R_{\jupiter} = 7{,}149 \cdot 10^4\ km$. Einsetzen der Werte liefert den Ablenkwinkel

$$\psi = 2\arctan\left(\frac{6{,}673 \cdot 10^{-11}\frac{m^3}{kgs^2} \cdot 1{,}899 \cdot 10^{27} kg}{7{,}149 \cdot 10^7\ m \left(1{,}0 \cdot 10^4 \frac{m}{s}\right)^2}\right) = 173{,}5°$$

Durch einen Swing-by an einem Planeten kann die Bahnrichtung einer Sonde ohne Energieaufwand geändert werden.

c) Die Fluchtgeschwindigkeit vom Jupiter im minimalen Abstand (=Jupiter-Radius) ergibt sich aus

$$v_F = \sqrt{\frac{2GM_{\jupiter}}{R_{\jupiter}}} = \sqrt{\frac{2 \cdot 6{,}673 \cdot 10^{-11}\frac{m^3}{kgs^2} \cdot 1{,}899 \cdot 10^{27} kg}{7{,}149 \cdot 10^7\ m}} = 59{,}6\ kms^{-1}$$

Die Bahngeschwindigkeit des Jupiter beträgt

$$v_{\jupiter} = \frac{2\pi r_{\jupiter}}{T_{\jupiter}} = \frac{2\pi \cdot 5{,}20 \cdot 1{,}496 \cdot 10^8 km}{11{,}86 \cdot 365{,}24 \cdot 24 \cdot 3600 s} = 13{,}06\ kms^{-1}$$

Der maximale Geschwindigkeitszuwachs wird damit

$$\Delta v = \sqrt{\frac{4 v_p v_\infty}{2\left(\frac{v_\infty}{v_F}\right) + 1}} = \sqrt{\frac{4 \cdot 13{,}06\ kms^{-1} \cdot 10{,}0\ kms^{-1}}{2\left(\frac{10{,}0\ kms^{-1}}{59{,}6\ kms^{-1}}\right) + 1}} = 22{,}2\ kms^{-1}$$

d) Nach Aufgabe 52 gilt für die große Halbachse der Hohmann-Bahn

$$a_H = \frac{1}{2}(a_{\jupiter} + a_{\earth}) = \frac{(5{,}20 + 1)AE}{2} = 3{,}10\ AE$$

Jupiter wird im Aphel der Hohmann-Bahn erreicht. Nach dem Vis-Viva-Satz folgt

$$v_\infty = \sqrt{GM_\odot}\sqrt{\frac{2}{r}-\frac{1}{a}} = \underbrace{\sqrt{\frac{GM_\odot}{1\,AE}}}_{Erdbahngeschw.} \cdot \sqrt{\frac{2}{5{,}20}-\frac{1}{3{,}10}} = 29{,}8\,kms^{-1}\cdot 0{,}249 = 7{,}4\,kms^{-1}$$

Auf der Hohmann-Bahn mit Start auf der Erde nähert sich die Sonde mit $7{,}4\,kms^{-1}$.

Aufgabe 62: Temperatur eines Planeten

Planeten stehen im Strahlungsgleichgewicht. Das bedeutet, dass die Planeten (ohne eigene Energie) soviel Wärmeenergie abstrahlen, wie sie von der Sonne erhalten. Diese stetige Wärmezufuhr ermöglicht erst das Leben auf der Erde.

a) Stellen Sie eine Beziehung für die Gleichgewichtstemperatur eines Planeten auf, der im thermischen Gleichgewicht ist. Leiten Sie daraus eine Formel für die Gleichgewichtstemperatur eines Planeten her! Berücksichtigen Sie dabei die Albedo A (Reflexionsvermögen) des Planeten.

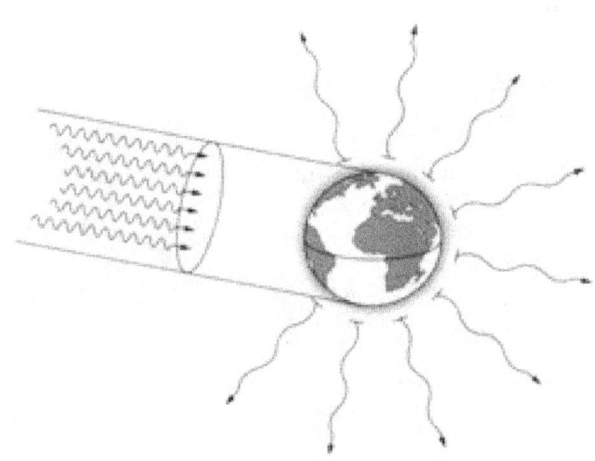

Abbildung 34: Erde im Strahlungsgleichgewicht

b) Wie ändert sich die Gleichgewichtstemperatur eines Planeten, der stets der Sonne dieselbe Seite zeigt?

c) Bestimmen Sie damit die Solarkonstante $S_\odot$, d.h. die pro Quadratmeter Fläche eines Planeten eingestrahlte Leistung der Sonne.

d) Wie groß ist die auf den Querschnitt der Erde eingestrahlte Leistung?

e) Bestimmen Sie die Gleichgewichtstemperatur der Erde mit der Albedo $A = 0{,}30$.

f) Bestimmen Sie die Gleichgewichtstemperatur des Neptuns ($A = 0{,}41$). Vergleichen Sie ihren Wert mit dem Messwert $T_\Psi = 59{,}3\,K$. Welcher Anteil an innerer Energie des Planeten folgt daraus?

Lösung 62:

a) Denkt man sich die von der Sonne abgestrahlte Leistung auf eine Kugel vom Radius r gleichmäßig verteilt, so gilt die absorbierte Leistung L_1 von der Sonne

$$\frac{L_1}{L_\odot} = \frac{\pi R^2(1-A)}{4\pi r^2} \Rightarrow L_1 = \frac{L_\odot \cdot R^2(1-A)}{4r^2}$$

Dabei ist R der Planetenradius und $(1 - A)$ der Anteil der absorbierten Strahlung. Die vom Planeten (näherungsweise als schwarzer Strahler betrachtet) emittierte Strahlungsleistung ergibt sich aus dem Gesetz von Stefan-Boltzmann zu

$$L_2 = 4\pi R^2 \sigma T^4$$

Im Strahlungsgleichgewicht $L_1 = L_2$ gilt

$$\frac{L_\odot \cdot R^2 (1-A)}{4r^2} = 4\pi R^2 \sigma T^4 \Rightarrow T = \sqrt[4]{\frac{L_\odot (1-A)}{16\pi \sigma r^2}}$$

b) Da hier die emittierende Fläche halbiert wird, ändert sich die Gleichgewichtstemperatur um den Faktor $\sqrt[4]{2}$.

c) Für den Strahlungsfluss der Sonne, Solarkonstante genannt, folgt

$$S_\odot = \frac{L_\odot}{4\pi r^2}$$

Die Solarkonstanten zweier Planeten verhalten sich umgekehrt wie die Quadrate der Entfernungen zur Sonne. Speziell für die Erde gilt

$$S_\odot = \frac{3{,}845 \cdot 10^{26} W}{4\pi \cdot (1{,}496 \cdot 10^{11}\,m)^2} = 1367\,\frac{W}{m^2} = 1{,}37\,\frac{kW}{m^2}$$

d) Die auf den Querschnitt der Erde eingestrahlte Leistung ist damit

$$L = \pi R^2 \cdot S_\odot = \pi (6{,}37 \cdot 10^6 m)^2 \cdot 1367\,\frac{W}{m^2} = 1{,}74 \cdot 10^{17}\,W$$

Die selbe Strahlungsleistung wird von der Erde emittiert, allerdings von der vierfach größeren Oberfläche.

e) Die Gleichgewichtstemperatur der Erde (ohne Berücksichtigung der Atmosphäre) ergibt sich aus zu

$$T = \sqrt[4]{\frac{3{,}845 \cdot 10^{26} W \cdot (1-0{,}3)}{16\pi \cdot 5{,}670 \cdot 10^{-8}\,\frac{W}{m^2 K^4} (1{,}496 \cdot 10^{11}\,m)^2}} = \sqrt[4]{4{,}376 \cdot 10^9}\,K = 257\,K = -16°C$$

Durch den Einfluss der Atmosphäre erhält die Erde die Gleichgewichtstemperatur von 15°C.

f) Die Gleichgewichtstemperatur des Neptuns folgt zu

$$T = \sqrt[4]{\frac{3{,}845 \cdot 10^{26} W \cdot (1 - 0{,}41)}{16\pi \cdot 5{,}670 \cdot 10^{-8} \frac{W}{m^2 K^4} (30{,}1 \cdot 1{,}496 \cdot 10^{11} m)^2}} = \sqrt[4]{3{,}93 \cdot 10^6} K = 45 \, K$$

Damit empfängt Neptun von der Sonne die Strahlungsleistung

$$L_1 = \pi R_\Psi^2 \cdot S_\Psi = \pi (2{,}45 \cdot 10^7 \, m)^2 \cdot \frac{S_\odot}{30{,}1^2} = 2{,}84 \cdot 10^{15} \, W$$

Die von Neptun abgestrahlte Strahlungsleistung ist

$$L_2 = 4\pi R_\Psi^2 \sigma T_\Psi^4 = 4\pi (2{,}45 \cdot 10^7 \, m)^2 \cdot 5{,}670 \cdot 10^{-8} \frac{W}{m^2 K^4} (59{,}3 \, K)^4 = 5{,}29 \cdot 10^{15} \, W$$

Der relative Anteil der Eigenenergie ist damit

$$\frac{L_2 - L_1}{L_2} = \frac{(5{,}29 - 2{,}84) \cdot 10^{15} \, W}{5{,}29 \cdot 10^{15} \, W} = 0{,}46$$

Fast die Hälfte (46%) der von Neptun abgestrahlten Energie ist innere Energie. Vermutlich kontrahiert der Planet, so dass er Gravitationsenergie gewinnt. Ein extremer Fall von innerer Energie tritt beim Jupiter auf: Seine Strahlung bei $\lambda = 68 \, m$ ist so stark, dass sie der Strahlungstemperatur $T = 500 \, K$ entspricht!

Aufgabe 63: Zwergplanet Eris

Die Entdeckung, dass das im Jahr 2003 entdeckte Kuiper-Objekt UB313 größer ist als Pluto, hatte Folgen für letzteren. Die Internationale Astronomische Union (IAU) machte im Sommer 2006 UB313, mittlerweile Eris benannt, nicht zum 10. Planeten, sondern stufte Pluto zum Zwergplaneten ab.
a) Bestimmen Sie die Masse von Eris, wenn der vom Hubble Space Telescope (HST) entdeckte Mond Dysnomia innerhalb von $T = 16 \, d$ in einem Abstand von $r = 37.000 \, km$ umkreist. Vergleichen Sie mit der Pluto-Masse $M_P = 1{,}3 \cdot 10^{22} \, kg$.
b) Der Durchmesser von Eris wurde zunächst anhand der IR-Messungen über die Albedo berechnet. Neuere Messungen mit Hilfe von Sternbedeckungen ergaben den Eris-Radius zu $R_{Eris} = 1120 \, km$. Damit ist er etwas kleiner als Pluto $R_P = 1150 \, km$! Ermitteln Sie die Dichte von Eris. Aus welchem Material könnte er bestehen?
c) Die Eris-Bahn ist stark exzentrisch. Der Sonnenabstand schwankt zwischen 37,8 AE und 97,6 AE. Berechnen Sie die numerische Exzentrizität der Bahn.
d) Die mittlere Halbachse der Eris-Bahn beträgt $a = 67{,}7 \, AE$. Bestimmen Sie daraus die Umlaufzeit!

Arbeitsbuch Astrophysik

Lösung 63:

a) Nach dem dritten Keplerschen Gesetz folgt

$$\frac{T^2}{r^3} = \frac{4\pi^2}{GM} \Rightarrow M_{Eris} = \frac{4\pi^2}{G} \frac{r^3}{T^2} = \frac{4\pi^2}{6{,}673 \cdot 10^{-11} \frac{m^3}{kgs^2}} \frac{(3{,}7 \cdot 10^7 \, m)^3}{(16 \cdot 24 \cdot 3600 \, s)^2} = 1{,}6 \cdot 10^{22} \, kg$$

Die Eris-Masse ist mit $1{,}6 \cdot 10^{22} \, kg$ größer als die des Pluto.

b) Bei Annahme einer Kugelgestalt folgt für die Dichte

$$\rho = \frac{3M}{4\pi R^3} = \frac{3 \cdot 1{,}6 \cdot 10^{22} \, kg}{4\pi (1{,}12 \cdot 10^6 \, m)^3} = 2{,}7 \cdot 10^3 \, \frac{kg}{m^3} = 2{,}7 \, \frac{g}{cm^3}$$

Die Pressemeldung des Keck-Teleskops (Hawaii), dass Eris, ähnlich wie Pluto, etwa zu gleichen Teilen aus Eis und Fels besteht, ist bestätigt.

c) Der Quotient der Apsiden ergibt

$$\frac{r_p}{r_a} = \frac{a(1-\varepsilon)}{a(1+\varepsilon)} = \frac{1-\varepsilon}{1+\varepsilon} = \frac{37{,}8 \, AE}{97{,}8 \, AE} \Rightarrow \varepsilon = 0{,}442$$

d) Nach Kepler gilt für die Umlaufzeit

$$\left(\frac{T}{T_\oplus}\right)^2 = \left(\frac{a}{a_\oplus}\right)^3 \Rightarrow \frac{T}{1a} = \sqrt{\left(\frac{a}{1 \, AE}\right)^3} = \sqrt{(67{,}7)^3} \Rightarrow T_{Eris} = 557 \, a$$

Die Umlaufzeit von Eris beträgt 557 Jahre.

Aufgabe 64: Exoplanet 1

Im September 2010 wurde die Entdeckung weiterer Planeten des Sterns Gliese 581 gemeldet. Der Fund des Exoplaneten Gliese 581g ist jedoch noch nicht durch ein anderes Team bestätigt worden. Der Zentralstern Gliese 581 ist ein sehr häufig vorkommender Roter Zwerg vom Spektraltyp M3. 80 % aller Sterne im Abstand von höchstens 30 pc sind von diesem Typ. Rote Zwerge sind Hauptreihensterne geringer Masse, bei denen das Wasserstoff-Brennen sehr langsam vonstatten geht.

a) Bestimmen Sie die Masse $\mathfrak{M}$ des Zentralsterns, wenn der Exoplanet die Umlaufszeit $T = 36{,}6 \, d$ und die Bahnhalbachse $a = 0{,}146 \, AE$ hat.

b) Die Entfernung des Gliese 581-Systems beträgt $6{,}3 \, pc$. Berechnen Sie daraus die scheinbare Helligkeit m des Zentralsterns, wenn die absolute Helligkeit $M = 9{,}5$ beträgt.

c) Ermitteln Sie die Leuchtkraft des Zentralsterns.

d) Die Strahlungstemperatur des Zentralsterns beträgt aufgrund der Spektralklasse $T_{eff} = 3450\ K$. Schätzen Sie den Radius ab und bestätigen, dass es sich um einen Zwergstern handelt!

e) Nach ersten Angaben der ESO hat der Exoplanet etwa die 3,1-fache Erdmasse und den 1,3-fachen Erdradius. Ermitteln Sie die Dichte ρ des Exoplaneten und geben Sie, ob die Dichte eher für einen festen oder für einen gasförmigen Planeten spricht?

f) Ermitteln Sie die Gravitationsbeschleunigung des Planeten und vergleichen Sie mit der Erdbeschleunigung g_δ.

g) Bestimmen Sie die mittlere Temperatur des Exoplaneten. Verwenden Sie für die unbekannte Albedo den Wert 0.

h) In welchem Strahlungsbereich liegt das Strahlungsmaximum von Gliese 581?

Lösung 64:

a) Nach dem 3.Kepler-Gesetz gilt

$$\frac{\mathfrak{M}}{\mathfrak{M}_\odot} = \frac{\left(\frac{a}{1AE}\right)^3}{\left(\frac{T}{1a}\right)^2} = \frac{(0,146)^3}{(0,10)^2} = 0,31 \Rightarrow \mathfrak{M} = 0,31 \mathfrak{M}_\odot$$

b) Das Entfernungsmodul beträgt

$$m - M = 5 \log\left(\frac{6,3\ pc}{10\ pc}\right) = -1,0 \Rightarrow m = M - 1,0 = 8,5$$

Der Zentralstern ist nicht mit bloßem Auge sichtbar.

c) Für die Leuchtkraft folgt aus der Helligkeit

$$\frac{L}{L_\odot} = 10^{0,4(4,8-9,5)} = 0,013 \Rightarrow L = 0,013\ L_\odot$$

d) Der Leuchtkraftradius folgt aus dem Gesetz von Stefan-Boltzmann

$$\frac{R}{R_\odot} = \sqrt{\frac{L}{L_\odot}} \left(\frac{T_\odot}{T}\right)^2 = \sqrt{0,013} \left(\frac{5770K}{3450K}\right)^2 = 0,114 \cdot 2,826 = 0,323 \Rightarrow R = 0,32 R_\odot$$

Radius und Leuchtkraft sprechen für einen Zwergstern.

e) Für die Masse des Exoplaneten folgt

$$\mathfrak{M} = 3,1\ \mathfrak{M}_\delta = 1,85 \cdot 10^{25} kg$$

Sein Radius beträgt

$$R = 1{,}3\,R_{\oplus} = 8{,}8 \cdot 10^6\,m$$

Damit ergibt sich die Dichte

$$\rho = \frac{\mathfrak{M}}{\frac{4}{3}\pi R^3} = \frac{1{,}85 \cdot 10^{25}\,kg}{\frac{4}{3}\pi \cdot (8{,}8 \cdot 10^6\,m)^3} = 6{,}5 \cdot 10^3 \frac{kg}{m^3} = 6{,}5 \frac{g}{cm^3} = 1{,}2\rho_{\oplus}$$

Die große Dichte spricht für einen terrestischen Planeten und gegen einen jovianischen Planeten wie z. B. Jupiter.

f) Für die Gravitationsbeschleunigung ergibt sich

$$mg = G\frac{\mathfrak{M}m}{R^2} \Rightarrow g = G\frac{\mathfrak{M}}{R^2} \Rightarrow g \sim \frac{\mathfrak{M}}{R^2}$$

Wegen der Proportionalität folgt

$$\frac{g}{g_{\oplus}} = \frac{\frac{\mathfrak{M}}{\mathfrak{M}_{\oplus}}}{\left(\frac{R}{R_{\oplus}}\right)^2} = \frac{3{,}1}{1{,}3^2} = 1{,}8 \Rightarrow g = 1{,}8\,g_{\oplus}$$

g) Die unbekannte Albedo wird $A = 0$ gesetzt. Aus der Temperaturformel für Planeten folgt die mittlere Temperatur

$$T = \sqrt[4]{\frac{L(1-A)}{16\pi \cdot r^2 \sigma}} = \sqrt[4]{\frac{0{,}013 \cdot 3{,}84 \cdot 10^{26}\,W}{16\pi(0{,}15 \cdot 1{,}45 \cdot 10^{11}\,m)^2 \cdot 5{,}67 \cdot 10^{-8}\frac{W}{m^2 \cdot K^4}}} = \sqrt[4]{3{,}46 \cdot 10^9\,K^4} = 243\,K = -30\,°C$$

Da Gliese 581g wegen einer Nähe zum Zentralstern eine gebundene Rotation besitzt, könnte seine beleuchtete Planetenhälfte Temperaturen über dem Gefrierpunkt haben. Die Dichte ist ebenfalls erdähnlich; die Gravitation ist so stark, dass sie eine eventuell vorhandene Atmosphäre halten kann. Solche Planeten werden habitabel (bewohnbar) genannt.

h) Nach dem Wienschen Verschiebungsgesetz gilt

$$\lambda_{max} = \frac{b}{T} = \frac{2{,}898 \cdot 10^{-3}\,mK}{3450\,K} = 8{,}40 \cdot 10^{-7}\,m = 840\,nm$$

Da das Intervall [380 nm; 780 nm] den sichtbaren Bereich darstellt, liegt das Strahlungsmaximum des Zentralsterns im nahen IR.

Aufgabe 65: Helligkeitsdifferenz

Ein Planet zeigt in Konjunktions- und Oppositionsstellung ungefähr die Helligkeitsdifferenz $\Delta m = 3{,}5$. Um welchen Planeten könnte es sich handeln?

Lösung 65:

In Oppositionsstellung gilt für die Entfernung des Planeten $r_1 = a_p - a_\delta$; in Konjunktion gilt $r_2 = a_p + a_\delta$. Mit dem Entfernungsmodul folgt bei der absoluten Helligkeit M

$$m_1 - M = 5 \log \frac{r_1}{10\,pc} \therefore m_2 - M = 5 \log \frac{r_2}{10\,pc}$$

Subtraktion der beiden Gleichungen liefert nach logarithmischen Rechnen

$$m_2 - m_1 = 5 \left(\log \frac{r_2}{10\,pc} - \log \frac{r_1}{10\,pc} \right) = 5 \log \frac{r_2}{r_1} \Rightarrow \frac{1}{5} \Delta m = \log \frac{r_2}{r_1}$$

Potenzieren zur Basis 10 ergibt

$$10^{\frac{1}{5}\Delta m} = \frac{r_2}{r_1} \Rightarrow 5{,}01 = \frac{a_p + a_\delta}{a_p - a_\delta} = \frac{\frac{a_p}{a_\delta} + 1}{\frac{a_p}{a_\delta} - 1}$$

Vereinfachen zeigt

$$5{,}01 \left(\frac{a_p}{a_\delta} - 1 \right) = \frac{a_p}{a_\delta} + 1 \Rightarrow 4{,}01 \frac{a_p}{a_\delta} = 6{,}01 \Rightarrow \frac{a_p}{a_\delta} = \frac{6{,}01}{4{,}01} = 1{,}5$$

Die Bahnhalbachse des Planeten beträgt 1,5 AE; der Planet könnte der Mars sein.

Aufgabe 66: Venus-Transit

Ein Venus-Transit ist der sichtbare Durchgang der Venusscheibe vor der Sonne. Da die Astronomische Einheit nur ungenau bekannt war, schlug der Astronom Edmond Halley 1678 vor, durch Messung eines Venus-Transits die Sonnenparallaxe zu ermitteln.
Von den Städten London (L) und Kapstadt (K), die näherungsweise denselben Längengrad haben, wurde gleichzeitig ein Venusdurchgang beobachtet. Der Winkelabstand D der beiden Schattenbahnen wurde $\delta = 30''$ bestimmt. Die (lineare) Entfernung LK betrug 8400 km. Der relative Bahnradius der Venus $a_♀ = 0{,}723$ AE war aus der Umlaufzeit der Venus bekannt. Berechnen Sie aus diesen Angaben die Einheit $1\,AE$!

Arbeitsbuch Astrophysik

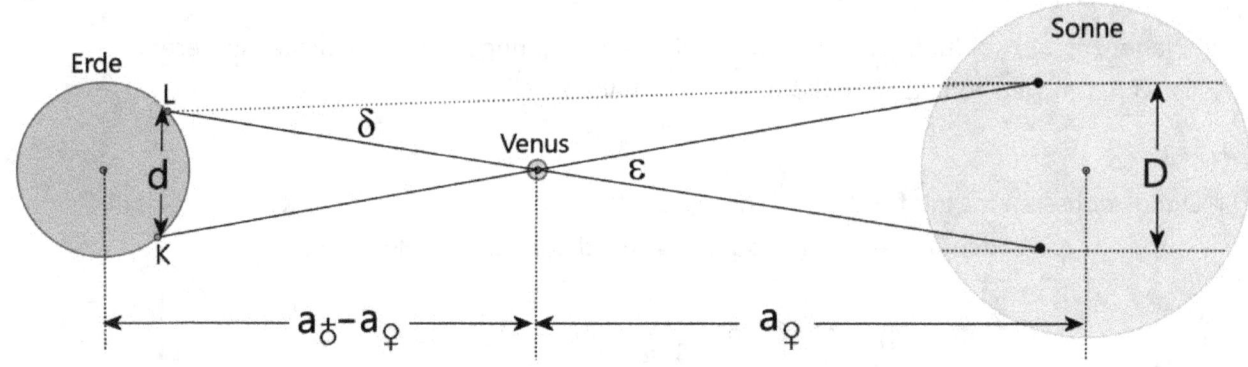

Bild 35: Geometrie beim Venus-Transit

Lösung 66:
Um den geometrischen Sachverhalt zu vereinfachen, denkt man sich die beiden Strecken D bzw. d in die Mittelpunkte von Sonne bzw. Erde verschoben. Die beiden Dreiecke mit dem gemeinsamen Scheitelwinkel ε sind ähnlich. Somit gilt

$$\frac{D}{d} = \frac{a_{\venus}}{a_{\earth} - a_{\venus}} = \frac{1}{\frac{a_{\earth}}{a_{\venus}} - 1} = \frac{1}{\frac{1\,AE}{0{,}723\,AE} - 1} = 2{,}61$$

Somit folgt für den (linearen) Abstand D der Schattenbahnen

$$D = 2{,}61 \cdot d = 2{,}61 \cdot 8400\,km = 21900\,km$$

Mit der Winkelabstand δ von D zur Entfernung $a_{\earth} = 1\,AE$ ergibt sich

$$\frac{D}{1\,AE} = \tan\delta \Rightarrow 1\,AE = \frac{D}{\tan\delta} = \frac{21900\,km}{\tan 30''} = 1{,}50 \cdot 10^8\,km$$

Die Astronomische Einheit beträgt 150 Mill. km.

Historische Bemerkung: 1677 hatte Edmond Halley die bis dahin beste Beobachtung eines Merkurtransits durchgeführt. Er kam zu dem Ergebnis, dass mit Hilfe von Merkur- bzw. Venustransits die Sonnenparallaxe und damit die Astronomische Einheit bestimmt werden konnte. Da Halley im Jahr 1716 schon wusste, dass er den Venus-Transit von 1761 nicht mehr erleben würde, rief er die Wissenschaftlichen Akademien Europas auf, nach seiner Idee den Transit auszuwerten. Monate vor dem darauf folgenden Transit im Juni 1769, segelten zahlreiche Schiffe um die Welt, um einen weit entfernten Beobachtungsposten einzunehmen. Unter diesen Schiffen befand sich auch die *Endeavour* des Captain Cook, der bereits im August 1768 die Forschungsreise in das von ihm entdeckte Tahiti startete. Er wusste, dass im Fall eines Misserfolgs sich erst wieder 1874 Gelegenheit zu einer neuen Beobachtung eines Venus-Transits ergab.

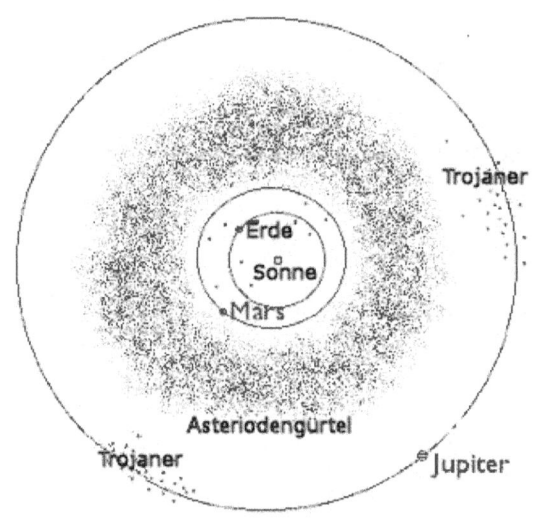

Bild 36: Asteroidengürtel

Aufgabe 67: Asteriodengürtel

Der zwischen Mars und Jupiter in den Abständen [2,1 AE; 3,3 AE] gelegene Asteroidengürtel umfasst etwa N = 400.000 Objekte vom mittleren Durchmesser 100 km. Seine Höhe entspricht etwa dem Sonnendurchmesser.

a) Bestimmen Sie das Volumen aller im Gürtel enthaltenen Asteroiden
b) Berechnen Sie das vom Asteroidengürtel eingenommene Gesamtvolumen!
c) Ermitteln Sie die Anzahldichte der Asteroiden und ihren relativen Volumenanteil?
d) Wie groß ist die mittlere freie Weglänge bei einer Bewegung durch den Asteroidengürtel?

Lösung 67:

a) Rechnet man mit annähernd kugelförmigen Objekten, so ist das Gesamtvolumen

$$V = N \cdot \frac{4}{3}\pi R^3 = 4 \cdot 10^5 \cdot \frac{4}{3}\pi(5 \cdot 10^4 m)^3 = 2{,}09 \cdot 10^{20}\ m^3$$

b) Mit dem Volumen eines Hohlzylinders folgt

$$V_{ges} = h\pi(r_2^2 - r_1^2) = 2R_\odot \pi(3{,}3^2 - 2{,}1^2)(1{,}4960 \cdot 10^{11}\ m)^2 = 6{,}34 \cdot 10^{32}\ m^3$$

c) Die Anzahldichte beträgt damit

$$n = \frac{N}{V_{ges}} = \frac{4 \cdot 10^5}{6{,}34 \cdot 10^{32}\ m^3} = 6{,}30 \cdot 10^{-28}\ m^{-3}$$

Der relative Volumenanteil ist

$$\frac{V}{V_{ges}} = \frac{2{,}09 \cdot 10^{20}\ m^3}{6{,}34 \cdot 10^{32}\ m^3} = 3{,}3 \cdot 10^{-13}$$

d) Der Wirkungsquerschnitt für eine Kollision ist

$$\sigma = \pi(5 \cdot 10^4 m)^2 = 7{,}85 \cdot 10^9\ m^2$$

Die mittlere freie Weglänge ist gegeben durch

$$\ell = \frac{1}{n\sigma} = \frac{1}{6{,}30 \cdot 10^{-28} \, m^{-3} \cdot 7{,}85 \cdot 10^9 \, m^2} = 2{,}02 \cdot 10^{17} m = 6{,}6 \, pc$$

Die mittlere freie Weglänge im Asteroiden-Gürtel beträgt 6,6 pc. Für Raumschiffe besteht daher kaum eine Gefahr.

Aufgabe 68: Helligkeit von Planeten

Die auf der Erde gemessene Intensität eines (Klein-)Planeten ist direkt proportional zur Albedo und Oberfläche und indirekt proportional zum Produkt der (helio- und geozentrischen) Entfernungsquadrate

$$I \sim A \cdot R^2 \cdot (r\Delta)^{-2}$$

Bezogen auf die Intensität des Mondes erhält man

$$\frac{I_p}{I_\mathbb{C}} = \frac{A_p}{A_\mathbb{C}} \left(\frac{R_p}{R_\mathbb{C}}\right)^2 \left(\frac{r_\mathbb{C} \Delta_\mathbb{C}}{r_p \Delta_p}\right)^2$$

Einsetzen in die Definition der scheinbare Helligkeit zeigt

$$m_p - m_\mathbb{C} = -2{,}5 \log \frac{I_p}{I_\mathbb{C}}$$

Logarithmischen Rechnen liefert

$$m_p - m_\mathbb{C} = -2{,}5 \log \frac{A_p}{A_\mathbb{C}} - 5 \log \frac{R_p}{R_\mathbb{C}} - 5 \log \frac{r_\mathbb{C} \Delta_\mathbb{C}}{r_p \Delta_p}$$

$$\Rightarrow m_p - m_\mathbb{C} = -2{,}5 \log \frac{A_p}{A_\mathbb{C}} - 5 \log \frac{R_p}{km} + 5 \log \frac{r_p \Delta_p}{AE^2} + 5 \log \frac{R_\mathbb{C}}{km} - 5 \log \frac{r_\mathbb{C} \Delta_\mathbb{C}}{AE^2}$$

a) Skalieren Sie diese Gleichung auf die Mondwerte $R_\mathbb{C} = 1738 \, km$, $\Delta_\mathbb{C} = 378.300 \, km = 2{,}529 \cdot 10^{-3} AE$, $r_\mathbb{C} = 1{,}00 \, AE$. Dabei sollen alle helio- bzw. geozentrischen Entfernungen in AE und alle Radien in km gemessen werden. Die Helligkeit des Vollmonds beträgt $m_\mathbb{C} = -12{,}74$.

b) Mithilfe der angegeben Helligkeitsformel kann der Radius eines Kleinplaneten bei bekannter helio- und geozentrischer Entfernung und Helligkeit bestimmt werden. Ermitteln Sie den Radius von des Kleinplaneten Vesta, der Anfang August 2011 in Opposition steht. Seine Helligkeit ist dabei $m = 5{,}6$; seine heliozentrische bzw. geozentrische Entfernung beträgt $r_P = 2{,}242 \, AE$ bzw. $\Delta_P = 1{,}229 \, AE$.

c) Bestimmen Sie die Helligkeit des Planeten Mars in Opposition am 3.3.2012. Seine helio- bzw. geozentrische Entfernung ist $r_♂ = 1{,}665\ AE$ zw. $\Delta_♂ = 0{,}6745\ AE$. Der Radius ist $R_♂ = 3396\ km$, die Albedo $A_♂ = 0{,}15$.

Lösung 68:

a) Einsetzen der Werte liefert

$$m_p = -12{,}74 - 2{,}5 \log \frac{A_p}{A_☾} - 5 \log \frac{R_p}{km} + 5 \log \frac{r_p \Delta_p}{AE^2} + 5 \log 1738 - 5 \log(2{,}529 \cdot 10^{-3})$$

$$\Rightarrow m_p = 16{,}44 - 2{,}5 \log \frac{A_p}{A_☾} - 5 \log \frac{R_p}{km} + 5 \log \frac{r_p \Delta_p}{AE^2}$$

Der Wert von $\frac{A_p}{A_☾}$ ist meist unbekannt und kann oft mit 3 abgeschätzt werden. Bei bekannter Planetenalbedo gilt der Mondwert $A_☾ = 0{,}15$.

b) Auflösen nach dem gesuchten Radius ergibt

$$\log \frac{R_p}{km} = 3{,}33 - \frac{1}{5} m_p - 0{,}5 \log \frac{A_p}{A_☾} + \log \frac{r_p \Delta_p}{AE^2}$$

Einsetzen der gegebenen Werte zeigt

$$\log \frac{R_p}{km} = 3{,}29 - \frac{5{,}6}{5} - 0{,}5 \log 3 + \log \frac{2{,}242\ AE \cdot 1{,}229\ AE}{AE^2}$$

$$\Rightarrow \log \frac{R_p}{km} = 2{,}41 \Rightarrow \frac{R_p}{km} = 10^{2{,}41} \Rightarrow R_p = 240\ km$$

Für das angenommene Albedo-Verhältnis ergibt sich der Radius 240 km. Der Literaturwert für den maximalen Durchmesser von Vesta ist 560 km.

c) Nach a) gilt

$$m_♂ = 16{,}64 - 2{,}5 \log \frac{A_p}{A_☾} - 5 \log \frac{R_p}{km} + 5 \log \frac{r_p \Delta_p}{AE^2}$$

Einsetzen der Angabe liefert die scheinbare Helligkeit

$$m_♂ = 16{,}44 - 2{,}5 \log \frac{0{,}15}{0{,}12} - 5 \log 3396 + 5 \log(1{,}665 \cdot 0{,}6745) = -1{,}2$$

Das Programm CalSky liefert für dieses Datum ebenfalls die Helligkeit $-1{,}2$.

Arbeitsbuch Astrophysik

Aufgabe 69: Sichtbarkeit des Merkur

a) Erläutern Sie, welche Bedeutung die Positionen größter Elongation für innere Planeten haben!
b) Bestimmen Sie den Winkel α größter Elongation für Merkur! Welchen geozentrischen Abstand hat Merkur dabei?
c) Welche Sichtbarkeit ergibt sich für Merkur bei maximaler östlicher bzw. westlicher Elongation?
d) Was kann man über die Sichtbarkeit aussagen, wenn Merkur vom östlichen zum westlichen Elongationspunkt wandert?
e) Welche Laufzeit benötigt Merkur zwischen den Elongationspunkten $E_1 E_2$?
Rechnen Sie im folgenden mit kreisförmigen Planetenbahnen!

Lösung 69:

a) Da die inneren Planeten in Sonnennähe verlaufen, werden sie bei geringem Abstand von der Sonne überstrahlt. Relativ sichtbar sind innere Planeten bei maximaler Elongation, da sie dort den größten Winkelabstand von der Sonne haben.

b) Da der Winkel maximaler Elongation durch den rechten Winkel $SM_2 E_2$ definiert ist, lässt sich der geozentrische Abstand r nach Pythagoras ermitteln. Es gilt im Dreieck $SE_2 M_2$

$$r^2 + a_{\venus}^2 = a_{\earth}^2 \Rightarrow r = \sqrt{a_{\earth}^2 - a_{\venus}^2} = \sqrt{1 - 0{,}387^2}\, AE = 0{,}922\, AE$$

Der maximale Elongationswinkel ergibt sich aus

$$\sin \alpha = \frac{a_{\venus}}{a_{\earth}} = 0{,}387 \Rightarrow \alpha = 22{,}8°$$

Der geozentrische Abstand beträgt 0,922 AE.

c) In östlicher Elongation ist Merkur am Abendhimmel nach Sonnenuntergang zu sehen. Da sich die Erde dreht mit $15°/h$, geht Merkur spätestens nach $\frac{22{,}8°}{15°} h = 1{,}52\, h$ unter.

d) In westlicher Elongation ist Merkur am Morgenhimmel vor Sonnenaufgang zu sehen. Wie bei c) geht er frühestens $1{,}52\, h$ vor Sonnenaufgang auf. Zwischen den Elongationspunkten wandert Merkur durch die untere Konjunktion und ist nicht sichtbar!

e) Der Winkel $E_1 S E_2$ beträgt $45{,}6°$; dafür benötigt die Erde $\frac{45{,}6°}{360°} 365\, d = 46\, d$.

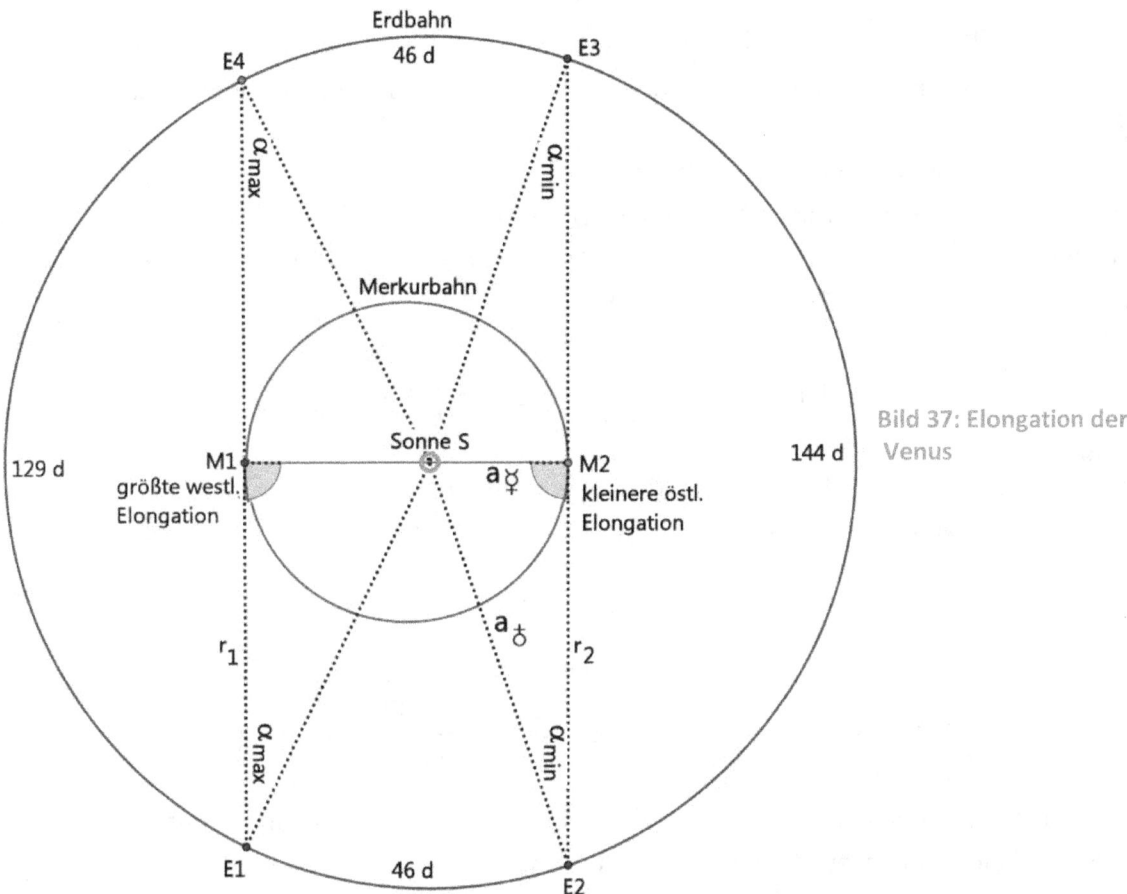

Bild 37: Elongation der Venus

Bemerkung: Wegen der starken Elliptizität ($\varepsilon = 0{,}206$) der Merkurbahn sind die extremen östlichen und westlichen Elongationswinkel in Wirklichkeit unterschiedlich. Mit der großen und kleinen Halbachse folgt

$$\sin \alpha_{max} = \frac{0{,}467 AE}{1 AE} \Rightarrow \alpha_{max} = 27{,}8° \therefore \sin \alpha_{min} = \frac{0{,}308 AE}{1 AE} \Rightarrow \alpha_{min} = 17{,}9°$$

Die Laufzeit zwischen den maximalen Elongationen zeigt die Abbildung 37.

Aufgabe 70: Komet Halley

Edmond Halley (1656–1742) erkannte an den Beobachtungsdaten des hellen Kometen des Jahres 1682, dass dieser mit dem von Johannes Kepler im Jahr 1607 beobachteten und dem von Apian beschriebenen Kometen von 1531 identisch war.

Der Komet hat eine Umlaufzeit von $T = 76a\ 37d$ und die numerische Exzentrizität $\varepsilon = 0{,}9673$.

a) Der Komet hatte seinen letzten Periheldurchgang am 5.2.1986. Prüfen Sie, ob Halley auch als der Komet in Frage kommt, der vor der berühmten Schlacht von Hastings (*als unheilbringender Bote*) im Jahr 1066 erschienen ist. Nehmen Sie dazu an, dass die Umlaufzeit konstant ist!

b) Bestimmen Sie die große und kleine Bahnachse a, b!

c) Ermitteln Sie die Flächengeschwindigkeit $\frac{A}{T}$ des Kometen.

d) Bestimmen Sie den Perihel- und Aphel-Abstand (in AE)! Zwischen welchen Planetenbahnen liegen die Apsiden?

e) Ermitteln Sie die Perihelgeschwindigkeit von Halley

f) Welche Energie hat Halley in Erdnähe, wenn seine Masse $4{,}29 \cdot 10^{14} kg$ beträgt?

g) Berechnen Sie die Länge der Kometenbahn nach der Näherungsformel von S. Ramanujan für den Ellipsenumfang

$$U = \pi(a+b)\left[1 + \frac{3x}{10 + \sqrt{4-3x}}\right]; \quad x = \left(\frac{a-b}{a+b}\right)^2$$

h) Bestimmen Sie die mittlere Bahngeschwindigkeit des Kometen aus g)

i) Bestätigen Sie Ihr Ergebnis der Perihelgeschwindigkeit mithilfe der Flächengeschwindigkeit!

Lösung 70:

a) Rückwärtsrechnen des Datums ergibt

$$1986{,}0986 - x \cdot 76{,}1013 = 1066 \Rightarrow x = \frac{920{,}0986}{76{,}1013} = 12{,}09$$

Da die Anzahl x der Umläufe nahezu ganzzahlig ist, kommt Halley als Komet von Hastings in Frage! Der berühmte Teppich von Bayeux zeigt den Kometen eindrucksvoll!

b) Die große Bahnhalbachse berechnen wir aus der Umlaufzeit

$$a = \sqrt[3]{\left(\frac{T}{a}\right)^2} \, AE = \sqrt[3]{76{,}101^2} \, AE = 17{,}958 \, AE$$

Die kleine Halbachse ergibt sich aus der numerischen Exzentrizität

$$b = a\sqrt{1-\varepsilon^2} = 17{,}958 \, AE \cdot \sqrt{1 - 0{,}9673^2} = 4{,}5548 \, AE$$

c) Die Fläche der Bahnellipse ist

$$A = \pi ab = \pi \cdot 17{,}958 \cdot 4{,}5548 \cdot (1{,}496 \cdot 10^8 \, km)^2 = 5{,}7509 \cdot 10^{18} \, km^2$$

Dies ergibt die Flächengeschwindigkeit

$$\frac{A}{T} = \frac{5{,}7768 \cdot 10^{18} \, km^2}{76{,}101 \cdot 365{,}25 \cdot 24 \cdot 3600 \, s} = 2{,}3947 \cdot 10^9 \, \frac{km^2}{s}$$

d) Das Perihel liegt innerhalb der Venusbahn

$$r_p = a(1 - \varepsilon) = 17{,}958 \, AE \cdot (1 - 0{,}9673) = 0{,}5872 \, AE$$

Das Aphel ist jenseits der Uranusbahn

$$r_a = a(1 + \varepsilon) = 17{,}958 \, AE \cdot (1 + 0{,}9673) = 35{,}329 \, AE$$

e) Die Perihelgeschwindigkeit ist

$$v_p = \sqrt{\frac{GM_\odot}{a}\left(\frac{1+\varepsilon}{1-\varepsilon}\right)} = \sqrt{\frac{6{,}673 \cdot 10^{-11} \frac{m^3}{kg\,s^2} \cdot 1{,}99 \cdot 10^{30} kg}{17{,}958 \cdot 1{,}496 \cdot 10^{11} m}} \cdot \sqrt{\frac{1{,}9673}{0{,}0327}}$$

$$\Rightarrow v_p = 5{,}45 \cdot 10^4 \, m = 54{,}5 \, \frac{km}{s}$$

f) Mit dem Vis-Viva-Satz folgt im Abstand 1 AE

$$v = \sqrt{GM_\odot \left(\frac{2}{r} - \frac{1}{a}\right)} = \sqrt{\frac{GM_\odot}{1\,AE}\left(2 - \frac{1}{17{,}958}\right)} = \sqrt{\frac{6{,}673 \cdot 10^{-11} \frac{m^3}{kg\,s^2} \cdot 1{,}99 \cdot 10^{30} kg}{1{,}496 \cdot 10^{11} m}(1{,}9443)}$$

$$\Rightarrow v = 4{,}15 \cdot 10^4 \, m = 41{,}5 \, \frac{km}{s}$$

Die kinetische Energie beträgt damit

$$W_k = \frac{1}{2} m v^2 = 0{,}5 \cdot 4{,}29 \cdot 10^{14} kg \left(4{,}15 \cdot 10^4 \frac{m}{s}\right)^2 = 3{,}70 \cdot 10^{23} \, J$$

In Erdnähe hat der Komet die Energie $3{,}70 \cdot 10^{23} \, J$.

g) Die Nebenrechnung für den Parameter x liefert

$$x = \left(\frac{a-b}{a+b}\right)^2 = \left(\frac{17{,}958 AE - 4{,}5753 AE}{17{,}958 AE + 4{,}5753 AE}\right)^2 = 0{,}3527$$

Mit der angegebenen Umfangsformel folgt

$$U = \pi(17{,}958 AE + 4{,}5753 AE)\left[1 + \frac{3 \cdot 0{,}3527}{10 + \sqrt{4 - 3 \cdot 0{,}3527}}\right]$$

$$\Rightarrow U = 77{,}185\ AE = 1{,}1547 \cdot 10^{10}\,km$$

Die Bahnlänge des Kometen beträgt 77,2 AE

h) Die mittlere Bahngeschwindigkeit ist damit

$$\bar{v} = \frac{U}{T} = \frac{1{,}1547 \cdot 10^{10}\,km}{76{,}101 \cdot 365{,}25 \cdot 24 \cdot 3600\,s} = 4{,}81\ \frac{km}{s}$$

Die mittlere Bahngeschwindigkeit beträgt 4,81 km/s.

i) Der Flächensatz ist gleichbedeutend mit der Erhaltung des (auf die Masseneinheit bezogenen) Drehimpulses

$$\frac{A}{T} = \frac{L}{m} = \frac{1}{2} r v \sin\varphi$$

Dabei ist φ nicht der Polarwinkel, sondern der Winkel zwischen Radiusvektor $\vec{r}$ und Geschwindigkeit $\vec{v}$. In den Apsiden gilt wegen $\varphi = 90°$

$$\frac{A}{T} = \frac{1}{2} r_p v_p = \frac{1}{2} r_a v_a$$

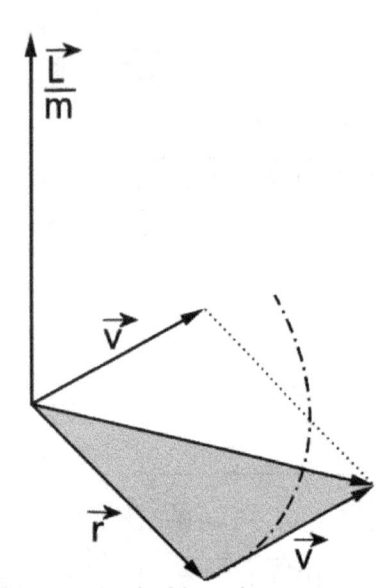

Bild 38: Bahndrehimpuls

Für die Perihelgeschwindigkeit gilt somit

$$v_p = \frac{2A}{T r_p} = \frac{2 \cdot 2{,}3947 \cdot 10^9\,\frac{km^2}{s}}{0{,}5872 \cdot 1{,}496 \cdot 10^8\,km} = 54{,}5\ \frac{km}{s}$$

Das Ergebnis von e) ist damit bestätigt.

Aufgabe 71: Rotation der Venus

Da die Venus durch eine starke Wolkendecke verhüllt ist, ist es nicht möglich durch Beobachtung der der Oberfläche die Rotationsdauer zu ermitteln. Daher versuchte man um 1960 mittels Doppler-Radar die Rotation der Venus zu messen. Als Venus in unterer Konjunktion stand, sandte man einen Radarimpuls der Frequenz $f = 1{,}42\ GHz$ an den Planeten und erhielt eine Frequenzverschiebung von $\Delta f = 17{,}1\ Hz$. Bestimmen Sie, unter der Annahme,

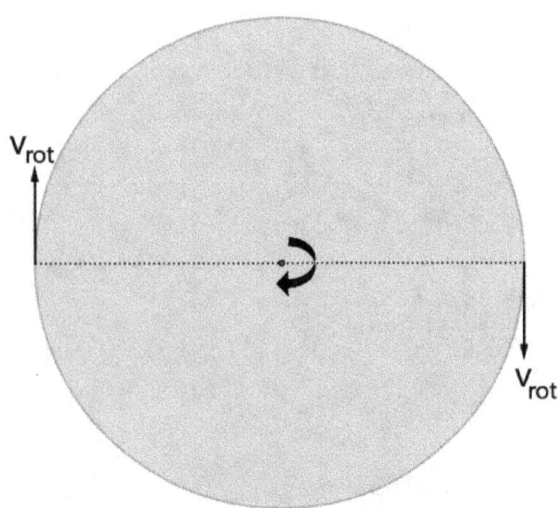

Bild 39: Rotation der Venus

dass die Frequenzverschiebung durch die Rotation des Planeten zustande kommt, die Eigenrotation der Venus ($R_♀ = 6052\ km$)!

Lösung 71:

Für die Doppler-Frequenzverschiebung gilt

$$\frac{\Delta f}{f} = \frac{\Delta v}{c}$$

Da die Vektoren der Äquator-Rotationsgeschwindigkeit -senkrecht zur Sichtlinie- entgegengesetzt gerichtet sind, gilt für die wirksame Geschwindigkeitsdifferenz

$$\Delta v = v_{rot} - (-v_{rot}) = 2\ v_{rot}$$

Einsetzen liefert $v_{rot} = \frac{1}{2}\Delta v = \frac{\Delta f}{f}\frac{c}{2}$. Mit der Beziehung $v = \omega R = \frac{2\pi R}{T}$ ergibt sich die Rotationszeit der Venus

$$T = \frac{2\pi R_♀}{v_{rot}} = \frac{4\pi R_♀}{c}\frac{f}{\Delta f} = \frac{4\pi \cdot 6{,}052 \cdot 10^3 km}{2{,}998 \cdot 10^5 \frac{km}{s}}\frac{1{,}42 \cdot 10^9\ Hz}{17{,}1\ Hz} = 2{,}12 \cdot 10^7 s = 245\ d$$

Die Rotationsdauer der Venus beträgt 245 Tage und ist damit 23 Tage länger als ihre Umlaufzeit um die Sonne! Zu beachten ist auch die retrograde Rotation (im Uhrzeigersinn) gemeinsam mit Uranus.

Aufgabe 72: Exoplanet 2

Im November 1999 entdeckte man einen weiteren Exoplaneten des Sterns HD 209458 (Spektraltyp G0V, Radius $R = 1{,}14 R_⊙$), der HD 209458b genannt wurde. Mit Hilfe des Doppler-Effekts konnte man aus der Umlaufzeit und der Geschwindigkeit die Masse des Exoplaneten zu $M_{ex} = 0{,}69 M_♃$ bestimmt werden. Während des Transits verringert sich die Helligkeit des Zentralsterns um 1,5%.
a) Bestimmen Sie damit Radius R_{ex} des Exoplaneten!
b) Ermitteln Sie Gravitation g_{ex} und Dichte ρ_{ex} von HD 209458b
Hinweis: Es gilt $1 R_⊙ = 9{,}74 R_♃$.

Lösung 72:

a) Der Helligkeitsverlust von 1,5% entspricht der scheinbaren Helligkeitsänderung

$$\Delta m = 2{,}5 \log(1 - 0{,}015) = -0{,}0164$$

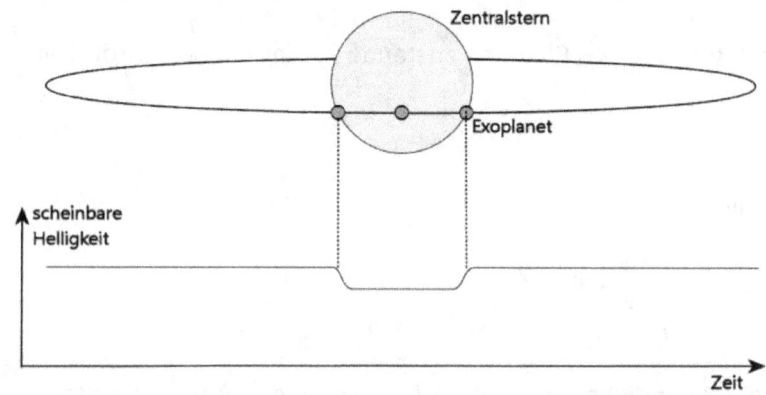

Bild 40: Transit eines Exoplaneten

Da bei gleicher Entfernung mit absoluten Helligkeiten gerechnet werden darf, folgt für das Verhältnis der Leuchtkräfte

$$\frac{L_1}{L} = 10^{0{,}4\Delta m} = 0{,}983$$

Hier ist L_1 die verringerte Leuchtkraft. Verfinstert die Planetenscheibe beim Transit den Zentralstern, so gilt nach dem Gesetz von Stefan-Boltzmann

$$\frac{L_1}{L} = \frac{\pi(R^2 - R_{ex}^2)\sigma T^4}{\pi R^2 \sigma T^4} = \frac{R^2 - R_{ex}^2}{R^2} = 1 - \left(\frac{R_{ex}}{R}\right)^2 = 0{,}985$$

Somit folgt für den gesuchten Radius des Exoplaneten

$$\Rightarrow \frac{R_{ex}}{R} = \sqrt{0{,}015} \Rightarrow R_{ex} = 0{,}122\, R = 0{,}139\, R_\odot = 1{,}35\, R_{♃}$$

b) Mit der gegebenen Masse lässt sich mit $\rho \sim M R^{-3}$ die Dichte berechnen

$$\frac{\rho_{ex}}{\rho_{♃}} = \frac{M_{ex}}{M_{♃}}\left(\frac{R_{♃}}{R_{ex}}\right)^3 = 0{,}69 \cdot 1{,}35^{-3} \Rightarrow \rho_{ex} = 0{,}28\, \rho_{♃} = 0{,}35\, \frac{g}{cm^3}$$

Wegen $g \sim M R^{-2}$ folgt für die Gravitationsbeschleunigung

$$\frac{g_{ex}}{g_{♃}} = \frac{M_{ex}}{M_{♃}}\left(\frac{R_{♃}}{R_{ex}}\right)^2 = 0{,}69 \cdot 1{,}35^{-2} \Rightarrow g_{ex} = 0{,}38\, g_{♃} = 9{,}4\, \frac{m}{s^2}$$

Der Exoplanet HD 209458b ist ein Gasriese mit 1,4 Jupiterradien und 28% der Jupiterdichte ($\rho_{♃} = 1{,}236\, \frac{g}{cm^3}$). Die Gravitation beträgt 38% des Jupiters.

Aufgabe 73: Exoplanet 3

Der Stern $\varepsilon\, Eri$ (Epsilon Eridani) hat einen Begleiter b, der zur Zeit der uns am nächsten gelegene Exoplanet ist. Er wurde entdeckt durch die Radialgeschwindigkeitsmethode. Rechnet man die Schwerpunktbewegung heraus, so konnten bei bekannter Inklination die Geschwindigkeiten im Periastron bzw. Apastron zu $v_p = 35\, \frac{km}{s}$ bzw. $v_a = 6{,}2\, \frac{km}{s}$ ermittelt werden!

a) Zeigen Sie, dass folgende Beziehung gilt

Kapitel 3: Planetensystem

$$v_p v_a = \frac{GM}{a}$$

b) Bestimmen Sie die große Bahnhalbachse a von ε Eri b, wenn die Umlaufdauer $P = 2502d$ beträgt.
c) Ermitteln Sie die (numerische) Exzentrizität ε der Exoplanetenbahn!
d) Welche Masse hat der Zentralstern ε Eri?
e) ε Eri ist vom Spektraltyp K2 V und hat damit die Strahlungstemperatur $T = 5120\,K$. Welche Leuchtkraft hat er, wenn sein Radius $R = 0{,}895 R_\odot$ beträgt?
f) Ermitteln Sie die mittlere Temperatur des Exoplaneten im Periastron! Setzen Sie die unbekannte Albedo gleich Null!

Lösung 73:
a) Anwendung des Vis-Viva-Satzes zeigt

$$v_p v_a = \sqrt{\frac{GM}{a}\left(\frac{1+\varepsilon}{1-\varepsilon}\right)} \sqrt{\frac{GM}{a}\left(\frac{1-\varepsilon}{1+\varepsilon}\right)} = \frac{GM}{a} \quad (1)$$

b) Division von (1) durch das dritte Keplersche Gesetz $\frac{4\pi^2}{T^2} = \frac{GM}{a^3}$ liefert

$$\frac{v_p v_a}{\frac{4\pi^2}{T^2}} = a^2 \Rightarrow a = \frac{T\sqrt{v_p v_a}}{2\pi}$$

Einsetzen der gegebenen Geschwindigkeiten

$$a = \frac{2502 \cdot 24 \cdot 3600 s \cdot \sqrt{35\frac{km}{s} \cdot 6{,}2\frac{km}{s}}}{2\pi} = 5{,}07 \cdot 10^8 km = 3{,}39\,AE$$

Die große Bahnhalbachse beträgt 3,39.

c) Die Exzentrizität lässt sich nach dem Flächensatz berechnen

$$\frac{v_p}{v_a} = \frac{r_a}{r_p} = \frac{a(1+\varepsilon)}{a(1-\varepsilon)} = \frac{1+\varepsilon}{1-\varepsilon} \Rightarrow \varepsilon = \frac{v_p - v_a}{v_p + v_a} = \frac{35\frac{km}{s} - 6{,}2\frac{km}{s}}{35\frac{km}{s} + 6{,}2\frac{km}{s}} = 0{,}70$$

d) Das dritte Keplersche Gesetz auf Einheiten des Sonnensystem skaliert, liefert

$$\frac{M}{M_\odot} = \left(\frac{a}{1AE}\right)^3 \left(\frac{P}{1a}\right)^{-2} = \left(\frac{3{,}39 AE}{1 AE}\right)^3 \left(\frac{6{,}85 a}{1 a}\right)^{-2} = 0{,}83$$

e) Die Leuchtkraft wird berechnet nach Stefan-Boltzmann

$$\frac{L}{L_\odot} = \left(\frac{0{,}895 R_\odot}{R_\odot}\right)^2 \cdot \left(\frac{5120\ K}{5770\ K}\right)^4 \Rightarrow L = 0{,}50 L_\odot$$

f) Der Abstand im Periastron ist

$$r_p = a(1-\varepsilon) = 3{,}39\ AE(1-0{,}70) = 1{,}0\ AE$$

Die Gleichgewichtstemperatur im Periastron beträgt

$$T = \sqrt[4]{\frac{L(1-A)}{16\pi\sigma r^2}} = \sqrt[4]{\frac{0{,}5 \cdot 3{,}84 \cdot 10^{26} W \cdot (1-0)}{16\pi \cdot 5{,}67 \cdot 10^{-8}\ \frac{W}{m^2 K^4} \cdot (1{,}496 \cdot 10^{11} m)^2}} = 234\ K = -39°C$$

Der Exoplanet $\varepsilon\ Eri\ b$ ist ein jupiterähnlicher Gasriese, dessen Temperatur kaum Leben im Wasser ermöglicht.

Kapitel 4 Sonne

Was den Körper der Sonne betrifft, so ist er 166 mal so groß wie der Erdenkörper und sein Durchmesser beträgt 41998 Meilen.
Al-Qazwînî (1203-1283), Die Wunder des Himmels und der Erde

Aufgabe 74: Sturz in die Sonne

Angenommen, dass die Erde durch eine Kollision mit einem Himmelskörper zum Stillstand kommt: In welcher Zeit stürzt sie in die Sonne?

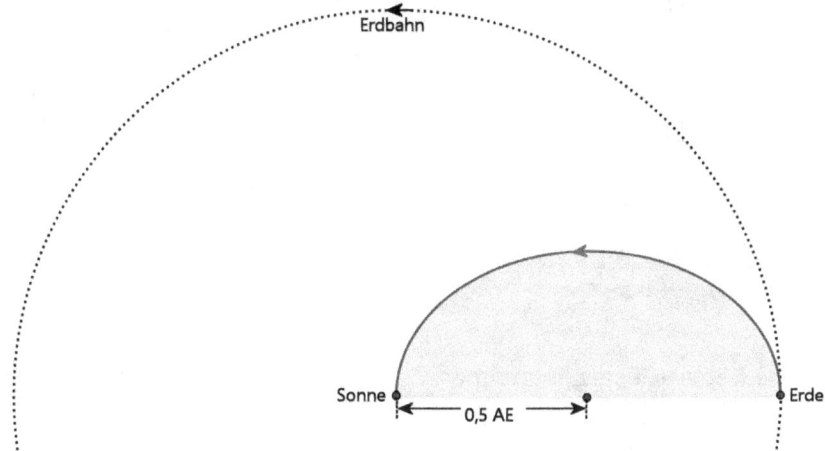

Bild 41: Sturz in die Sonne

Lösung 74:

Da die Erde nach Voraussetzung aus der Ruhe startet, besitzt sie potenzielle Energie bezüglich der Sonne. Die aus dem Fall ergebende Geschwindigkeit hängt nur vom Betrag der potenziellen Energie ab, nicht jedoch von der speziellen Bahnform. Daher wählen wir als Bahn die Hohmann-Ellipse. Diese Hohmann-Bahn hat die große Bahnachse $a = \frac{1}{2} a_\oplus = 0{,}5 \, AE$. Nach dem dritten Keplerschen Gesetz gilt für die Umlaufzeit

$$\left(\frac{T}{T_\oplus}\right)^2 = \left(\frac{a}{a_\oplus}\right)^3 \Rightarrow T = \left(\frac{0{,}5 \, AE}{1 \, AE}\right)^{3/2} a = 0{,}3536 \, a = 129{,}1 \, d$$

Die Fallzeit ist die Hälfte der Hohmann-Umlaufzeit

$$\frac{T}{2} = 64{,}6 \, d$$

Alternativlösung:

Die Geschwindigkeit $v(r)$ beim Sturz wird aus dem Energiesatz entnommen. Die kinetische Energie der Erde ist gleich Änderung der potenziellen Energie im Gravitationsfeld der Sonne

$$\frac{1}{2} M_\oplus v^2 = -G M_\odot M_\oplus \left(\frac{1}{a} - \frac{1}{r}\right)$$

Dabei ist a die große Bahnachse der Erde. Vereinfachen und Trennen der Variablen ergibt

$$v = \frac{dr}{dt} = \sqrt{2GM_\odot \left(\frac{1}{r} - \frac{1}{a}\right)} \Rightarrow \frac{dr}{\sqrt{\frac{1}{r} - \frac{1}{a}}} = \sqrt{2GM_\odot} \, dt \Rightarrow \int_0^a \frac{dr}{\sqrt{\frac{a-r}{ar}}} = \int_0^T \sqrt{2GM_\odot} \, dt$$

Übergang zur dimensionslosen Variablen liefert die Substitution $x = \frac{r}{a} \Rightarrow r = ax \Rightarrow dr = a \, dx$. Integration ergibt damit

$$\sqrt{2GM_\odot} \, T = \sqrt{a} \int_0^1 \frac{a \, dx}{\sqrt{\frac{1-x}{x}}} = \sqrt{a^3} \int_0^1 \sqrt{\frac{x}{1-x}} \, dx$$

Mit dem bestimmten Integral $\int_0^1 \sqrt{\frac{x}{1-x}} \, dx = \frac{\pi}{2}$ folgt

$$T = \sqrt{\frac{a^3}{2GM_\odot}} \int_0^1 \sqrt{\frac{x}{1-x}} \, dx = \frac{\pi}{2} \sqrt{\frac{a^3}{2GM_\odot}}$$

Dieser Term folgt auch direkt aus dem 3.Kepler-Gesetz, wenn man $T \to \frac{T}{2}$ und $a \to \frac{a}{2}$ einsetzt. Einsetzen der Werte liefert

$$t = \frac{\pi}{2} \sqrt{\frac{(1{,}496 \cdot 10^{11} \, m)^3}{2 \cdot 6{,}673 \cdot 10^{-11} \frac{m^3}{kg s^2} \cdot 1{,}989 \cdot 10^{30} kg}} = 5{,}58 \cdot 10^6 s = 64{,}6 \, d$$

Die Zeit für den Sturz in die Sonne beträgt also 65 Tage.

Aufgabe 75: Leuchtkraft der Sonne

Die Sonne wird im Alter von 10 Milliarden Jahren (am Ende des Hauptreihenstadiums) die Strahlungstemperatur $5750 \, K$ und den Radius $1{,}37 R_\odot$ haben. Bestimmen Sie die zugehörige Leuchtkraft!

Lösung 75:

Es gilt nach Stefan-Boltzmann

$$\frac{L}{L_\odot} = \left(\frac{R}{R_\odot}\right)^2 \cdot \left(\frac{T}{T_\odot}\right)^4$$

Einsetzen der Werte ergibt

$$\frac{L}{L_\odot} = \left(\frac{1{,}37 R_\odot}{R_\odot}\right)^2 \cdot \left(\frac{5750 \, K}{5770 \, K}\right)^4 \Rightarrow L = 1{,}85 \, L_\odot$$

Die Sonne wird beim Übergang ins Riesenstadiums ihre Leuchtkraft um 85 % steigern, also auf $7,1 \cdot 10^{26}\,W$.

Aufgabe 76: Lebensdauer der Sonne

Welche Lebensdauer hat die Sonne, wenn sie anfangs aus 100% Wasserstoff ^1_1H besteht und vollständig zu Helium ^4_2He fusioniert. Man nehme an, dass die Sonnenleuchtkraft $L_\odot$ dabei konstant bleibt. Verwenden Sie die Nuklidmasse $m(^4_2He) = 4,002604\,u$.

Lösung 76:

Die Änderung der Ruhemasse Δm bei einer Kernfusion ist

$$\Delta m = 4m_p + 4m_e - m(^4_2He) = 4 \cdot 1,007276u + 4 \cdot 5,485 \cdot 10^{-4}u - 4,002604\,u$$

$$\Rightarrow \Delta m = 0,02869\,u$$

Die relative Änderung der Ruhemasse ist damit

$$\frac{\Delta m}{m(^4_2He)} = \frac{0,02869\,u}{4,002604\,u} = 7,17\,\text{‰}$$

Dies bedeutet, dass die Sonne 7,2 ‰ ihrer Masse in Energie umsetzen kann. Die abgegebene Energie während der Lebensdauer τ ist dann

$$W_1 = L_\odot \tau$$

Die verfügbare Energie ist nach Einstein

$$W_2 = 7,17 \cdot 10^{-3} M_\odot c^2$$

Gleichsetzen der Energien liefert

$$W_1 = W_2 \Rightarrow \tau = \frac{7,17 \cdot 10^{-3} M_\odot c^2}{L_\odot}$$

Einsetzen der Werte liefert

$$\tau = \frac{7,17 \cdot 10^{-3} \cdot 1,99 \cdot 10^{30} kg \left(2,998 \cdot 10^8 \frac{m}{s}\right)^2}{3,82 \cdot 10^{26}\,W} = 3,36 \cdot 10^{18} s = 1,1 \cdot 10^{11} a$$

Die Lebensdauer der Sonne bei der vollständigen Fusion zu Helium beträgt also 110 Mrd. Jahre, das jetzige Alter der Sonne beträgt nur 4,5 Mrd. Jahren.

Aufgabe 77: Molekulargewicht der Sonne

Für das mittlere Molekulargewicht μ für die vollständig ionisierte Sonnenmaterie gilt

$$\mu = \frac{1}{2X + 0,75Y + 0,5Z}$$

Dabei ist $X = 0{,}75$ der relative Wasserstoff-, $Y = 0{,}23$ der rel. Helium-Anteil und Z der restliche Anteil an schwereren Ionen, die astronomisch meist als *Metalle* bezeichnet werden. Es gilt, wie für alle relativen Häufigkeiten, $X + Y + Z = 1$.

a) Bestimmen Sie das mittlere Molekulargewicht μ, die mittlere Teilchenmasse m und die molare Masse M der Sonnenmaterie!

b) Für die Schallgeschwindigkeit einer idealem Gaskugel gilt

$$c_{schall} = \sqrt{\frac{\kappa R T}{M}}$$

Hier ist κ der Adiabatenexponent ($\kappa = \frac{7}{5}$ für zweiatomige Moleküle), R die allgemeine Gaskonstante und T die absolute Temperatur. Ermitteln Sie die Schallgeschwindigkeit für die Zentraltemperatur $T = 1{,}5 \cdot 10^7\, K$.

c) Welche Periode ergibt sich für die Grundschwingung der Sonne, wenn für die Wellenlänge gilt

$$\lambda = 2 R_\odot$$

d) Welche Wellenlänge hat die an der Oberfläche auftretende 5-Min-Schwingung (genauer $P = 360{,}4\, s$)? Setzen Sie für die Oberfläche $T = 5800\, K$.

Lösung 77:

a) Einsetzen von $Z = 1 - X - Y$ in die gegebene Gleichung liefert

$$\mu = \frac{1}{2X + 0{,}75Y + 0{,}5Z} = \frac{4}{8X + 3Y + 2Z} = \frac{4}{8X + 3Y + 2(1 - X - Y)}$$

$$\Rightarrow \mu = \frac{4}{6X + Y + 2} = \frac{4}{6 \cdot 0{,}75 + 0{,}23 + 2} = 0{,}59$$

Die mittlere Teilchenmasse m ist damit

$$m = \mu m_p = 0{,}59 \cdot 1{,}673 \cdot 10^{-27}\, kg = 9{,}94 \cdot 10^{-28}\, kg$$

Die molare Masse M ergibt sich mit der Avogadro-Konstanten zu

$$M = m N_A = 9{,}94 \cdot 10^{-28}\, kg \cdot 6{,}022 \cdot 10^{23}\, \frac{1}{mol} = 5{,}99 \cdot 10^{-4}\, \frac{kg}{mol}$$

b) Einsetzen der Werte liefert die Schallgeschwindigkeit im Zentralbereich

$$c_{schall} = \sqrt{\frac{1{,}4 \cdot 8{,}315 \frac{J}{K \cdot mol} \cdot 1{,}5 \cdot 10^7 \, K}{5{,}99 \cdot 10^{-4} \frac{kg}{mol}}} = 5{,}4 \cdot 10^5 \, \frac{m}{s} = 540 \, \frac{km}{s}$$

c) Aus der Wellengleichung $c = \lambda f = \frac{\lambda}{P}$ folgt die Periode

$$P = \frac{\lambda}{c} = 2R_\odot \frac{1}{c} = 2 \cdot 6{,}96 \cdot 10^5 \, km \, \frac{1}{540 \, \frac{km}{s}} = 2{,}58 \cdot 10^3 \, s = 43 \, min$$

Da die Dichte der Sonne im Inneren sehr stark variiert, verfügt die Sonne über eine Vielzahl weiterer Schwingungsmoden.

d) Für die Oberflächentemperatur folgt

$$c_{schall} = \sqrt{\frac{1{,}4 \cdot 8{,}315 \frac{J}{K \cdot mol} \cdot 5{,}8 \cdot 10^3 \, K}{5{,}99 \cdot 10^{-4} \frac{kg}{mol}}} = 1{,}06 \cdot 10^4 \, \frac{m}{s} = 11 \, \frac{km}{s}$$

Die Wellenlänge ist damit $\lambda = Pc$

$$\lambda = 360{,}4 \, s \cdot 1{,}06 \cdot 10^4 \, \frac{m}{s} = 3{,}8 \cdot 10^6 \, m$$

Aufgabe 78: Energiequellen ohne Fusion

Wie lange könnte die Sonne ihre jetzige Strahlungsleistung aufrecht erhalten, wenn
a) nur die thermische Energie aller Teilchen die Energiequelle wäre. Man nehme an, die Sonne besteht aus $N = 2 \cdot 10^{57}$ Teilchen der mittleren Energie $1 \, keV$.
b) die Gravitationsenergie ihre einzige Energiequelle wäre. Welche relative Radiusänderung hätte sich in den letzten 500 Jahren ergeben? Die Gravitationsenergie sei gegeben durch

$$W = -G \frac{M^2}{R}$$

c) Bestimmen Sie die zeitliche Änderung des Radius im Fall b). Verwenden Sie den Ansatz

$$R = R_0 e^{-t/\tau}$$

Lösung 78:

a) Die Gesamtenergie würde $W = N \cdot 1 \, keV = 2 \cdot 10^{60} \, eV = 3{,}2 \cdot 10^{41} \, J$ betragen. Bei der heutigen Strahlungsleistung der Sonne ergibt sich der Zeitraum

$$\tau = \frac{W}{L} = \frac{3{,}2 \cdot 10^{41}\,J}{3{,}82 \cdot 10^{26}\,W} = 8{,}4 \cdot 10^{14}\,s = 2{,}7 \cdot 10^{7}\,a$$

Die thermische Energie der Sonne würde für 27 Mill. Jahre ausreichen.

b) Für die Radiusänderung ΔR bei der Energieänderung ΔW folgt

$$\frac{dW}{dR} = \frac{GM^2}{R^2} \Rightarrow \Delta W = \frac{GM^2}{R^2}\Delta R$$

Dieses Ergebnis kann auch elementar gefunden werden. Durch die Kontraktion wird folgende Energie gewonnen

$$\Delta W = -G\frac{M^2}{R} + G\frac{M^2}{R-\Delta R} = \frac{GM^2}{R}\left[\frac{1}{1-\frac{\Delta R}{R}} - 1\right] = \frac{GM^2}{R}\left[\left(1-\frac{\Delta R}{R}\right)^{-1} - 1\right]$$

Mit der Näherung $(1 \pm x)^{-1} \approx 1 \mp x$ folgt

$$\Delta W = \frac{GM^2}{R}\left[\left(1+\frac{\Delta R}{R}\right) - 1\right] = \frac{GM^2}{R^2}\Delta R$$

Die in der Zeit t abgestrahlte Sonnenenergie ist $\Delta W = L\,\Delta t$. Gleichsetzen der Energie liefert

$$\frac{GM^2}{R^2}\Delta R = L\,\Delta t \Rightarrow \Delta R = L\Delta t\,\frac{R^2}{GM^2}$$

Die relative Radiusänderung ist damit

$$\frac{\Delta R}{R} = L\Delta t\,\frac{R}{GM^2}$$

Einsetzen der Werte ergibt

$$\frac{\Delta R}{R} = 3{,}85 \cdot 10^{26}\,W \cdot 500 \cdot 365{,}24 \cdot 24 \cdot 3600\,s\,\frac{6{,}96 \cdot 10^{8}\,m}{6{,}67 \cdot 10^{-11}\,\frac{m^3}{kg\,s^2} \cdot (1{,}99 \cdot 10^{30}\,kg)^2}$$

$$\Rightarrow \frac{\Delta R}{R} = 1{,}6 \cdot 10^{-5}$$

Die relative Radiusänderung der letzten 500 Jahre wäre $1{,}6 \cdot 10^{-5}$.

c) Nach dem Virialsatz kann nur die Hälfte der inneren Energie umgesetzt werden. Mit der Kettenregel folgt

$$L = -\frac{dW}{dt} = -\frac{dW}{dR}\frac{dR}{dt} = -\frac{1}{2}\frac{d}{dR}\left(-G\frac{M^2}{R}\right)\frac{dR}{dt} = -\frac{GM^2}{2R^2}\frac{dR}{dt}$$

Auflösen nach $\frac{dR}{dt}$ ergibt die Differenzialgleichung

$$\frac{dR}{dt} = -\frac{2LR^2}{GM^2}$$

Mit dem angegebenen Ansatz folgt

$$R = R_0 e^{-t/\tau} \Rightarrow R^2 = R_0^2 e^{-2t/\tau} \Rightarrow \frac{dR}{dt} = -\frac{R_0}{\tau}e^{-t/\tau}$$

Einsetzen in die Differenzialgleichung

$$-\frac{R_0}{\tau}e^{-\frac{t}{\tau}} = -\frac{2L}{GM^2}R_0^2 e^{-\frac{2t}{\tau}} \Rightarrow \frac{1}{\tau} = \frac{2LR}{GM^2} \Rightarrow \tau = \frac{GM^2}{2LR}$$

Die zeitliche Änderung des Radius ist somit

$$R = R_0 e^{-t/\tau} \therefore \tau = \frac{GM^2}{2LR}$$

Das Doppelte der Zeitkonstanten heißt die Kelvin-Helmholtz-Zeitskala

$$\tau_{KH} = \frac{GM^2}{LR}$$

Einsetzen der Werte liefert

$$\tau_{KH} = \frac{6{,}674 \cdot 10^{-11}\frac{m^3}{kg \cdot s}(1{,}989 \cdot 10^{30}kg)^2}{3{,}84 \cdot 10^{26}W \cdot 6{,}96 \cdot 10^8\, m} = 9{,}88 \cdot 10^{14}s = 3{,}1 \cdot 10^7\, a$$

Die Kelvin-Helmholtz-Zeit der Sonne beträgt 31 Mill. Jahre.
Bemerkung: Die Kelvin-Zeitskala wurde von Kelvin 1862 (lange vor der Entdeckung der Kernfusion) als Obergrenze des Alters der Sonne und damit auch der Erde angegeben.

Aufgabe 79: Entartetes Gas

a) Bestimmen Sie die de-Broglie-Wellenlänge eines nicht-relativistischen Elektrons im Sonneninneren mit der Zentraltemperatur $T = 1{,}56 \cdot 10^7\,K$.

b) Ein Gas heißt entartet bzw. degeneriert, wenn der mittlere Teilchenabstand kleiner ist als die de-Broglie-Wellenlänge der Teilchen. Verwenden Sie die Elektronendichte $n_e = 6{,}6 \cdot 10^{31}\,m^{-3}$. Prüfen Sie, ob das Plasma im Sonneninneren noch als ideales Gas angesehen werden kann!

Lösung 79:

a) Die Energie des Elektrons ist die thermische Energie; der Impuls p ist somit

$$\frac{1}{2}m_e v^2 = \frac{(m_e v)^2}{2m_e} = \frac{p^2}{2m_e} = \frac{3}{2}kT \Rightarrow p = \sqrt{3 m_e kT}$$

Einsetzen liefert

$$\lambda = \frac{h}{p} = \frac{h}{\sqrt{3 m_e kT}} = \frac{6{,}626 \cdot 10^{-34}\,Js}{\sqrt{3 \cdot 9{,}109 \cdot 10^{-31}\,kg \cdot 1{,}381 \cdot 10^{-23}\,\frac{J}{K} \cdot 1{,}56 \cdot 10^7\,K}} = 2{,}73 \cdot 10^{-11}\,m$$

b) Denkt man sich die Teilchen würfelförmig, so nimmt jedes Teilchen beim Abstand d das Volumen d^3 ein. Es gilt dann

$$6{,}6 \cdot 10^{31} d^3 = 1\,m^3 \Rightarrow d^3 = 1{,}515 \cdot 10^{-32}\,m^3 \Rightarrow d = 2{,}47 \cdot 10^{-11}\,m$$

Der mittlere Elektronenabstand ist nur wenig kleiner als die de-Broglie-Wellenlänge des Elektrons. Das Elektronengas kann noch im Grenzfall als ideal angesehen werden.

Aufgabe 80: Massenakkretion

Es soll die Masse berechnet werden, die die Sonne im Laufe eines Jahres aufnehmen (akkretieren) müsste, um ihre Leuchtkraft aufrecht zu erhalten.

a) Bestimmen Sie die (Mindest-)Geschwindigkeit, mit der Masse aus großer Entfernung auf die Sonne stürzt

b) Rechnen Sie die notwendige Masse ΔM in ein Vielfaches der Sonnenmasse $M_\odot$ um!

Lösung 80:

a) Die gesuchte Geschwindigkeit ist genau die Fluchtgeschwindigkeit eines Körpers am Sonnenrand

$$v = \sqrt{2\frac{GM_\odot}{R_\odot}} = \sqrt{\frac{2 \cdot 6{,}67 \cdot 10^{-11}\,\frac{m^3}{kg s^2} \cdot 1{,}99 \cdot 10^{30}\,kg}{6{,}96 \cdot 10^8\,m}} = 618\,\frac{km}{s}$$

b) Die kinetische Energie der einfallenden Materie muss gleich sein der Strahlungsenergie

$$\frac{1}{2}\Delta M\, v^2 = L_\odot\, \Delta t$$

Dies liefert die Massenrate

$$\frac{\Delta M}{\Delta t} = \frac{2L_\odot}{v^2} = \frac{2 \cdot 3{,}85 \cdot 10^{26}W}{\left(6{,}18 \cdot 10^5 \frac{m}{s}\right)^2} = 2{,}02 \cdot 10^{15} \frac{kg}{s}$$

Umrechnen In Sonnenmassen und Jahre ergibt die Massenrate

$$\frac{\Delta M}{\Delta t} = 1{,}01 \cdot 10^{-15} M_\odot\, \frac{1}{s} = 3{,}2 \cdot 10^{-8} M_\odot\, \frac{1}{a}$$

Zur Aufrechterhaltung ihrer Strahlungsenergie müsste die Sonne Masse mit einer Rate von $3{,}2 \cdot 10^{-8} M_\odot$ pro Jahr akkretieren.

Aufgabe 81: Sonnenwind 2

Schätzen Sie die Massen-Verlustrate der Sonne infolge des Sonnenwinds ab, wenn der Sonnenwind in Erdnähe die Geschwindigkeit $v = 400\, \frac{km}{s}$ und die Protonendichte $n = 7{,}0\, \frac{1}{cm^3}$ zeigt.

Lösung 81:

Unter der Annahme der Rotationssymmetrie füllt der Sonnenwind eine Kugelschicht der Höhe $h = vt$; deren Volumen beträgt

$$V = 4\pi r^2 vt$$

Einführen der Dichte und Übergang zum Differenzial ergibt

$$M = \rho V = 4\pi r^2 v\rho t \Rightarrow \frac{dM}{dt} = 4\pi r^2 v\rho$$

Die Dichte der Protonen (Elektronen können hier wegen der sehr viel kleineren Masse vernachlässigt werden) ergibt sich aus die Anzahldichte durch Multiplikation mit der Protonenmasse

$$\rho = n m_p = 7{,}0 \cdot 10^6 \frac{1}{m^3} \cdot 1{,}673 \cdot 10^{-27}\, kg = 1{,}2 \cdot 10^{-20} \frac{kg}{m^3}$$

Einsetzen der Werte ergibt

$$\frac{dM}{dt} = 4\pi r^2 v\rho = 4\pi (1{,}496 \cdot 10^{11}\, m)^2 \cdot 4 \cdot 10^5\, \frac{m}{s} \cdot 1{,}2 \cdot 10^{-20} \frac{kg}{m^3} = 1{,}3 \cdot 10^9 \frac{kg}{s}$$

Skalieren auf Jahr und Sonnenmasse folgt

$$\Rightarrow \frac{dM}{dt} = 4{,}2 \cdot 10^{16} \frac{kg}{a} = 2{,}1 \cdot 10^{-14} M_\odot \frac{1}{a}$$

Die Massen-Verlustrate der Sonne aufgrund des Sonnenwinds beträgt $2 \cdot 10^{-14} \frac{M_\odot}{a}$.

Aufgabe 82: Differenzielle Rotation

Die Sonne rotiert differenziell; die Winkelgeschwindigkeit ω hängt wie folgt vom heliografischen Breitengrad ab

$$\omega(\varphi) = [14{,}38 - 2{,}88(\sin \varphi)^2]° \frac{1}{d}$$

a) Ermitteln Sie die Rotationsdauer und Bahngeschwindigkeit am Äquator!
b) Bestimmen Sie für einen Punkt A auf dem Breitengrad $\varphi = 40°$ die Differenz der Längengrade zu einem Punkt B des Äquators nach einer vollständigen Äquatordrehung.
c) Nach welchem Zeitraum hat der Äquatorpunkt B zuerst eine volle Umdrehung mehr gemacht als A?
d) Geben Sie eine Obergrenze für die Äquator-Rotationsgeschwindigkeit eines stabilen Sterns an. Skalieren Sie die Gleichung für beliebige Massen und Radien!

Lösung 82:

a) Die Winkelgeschwindigkeit des Äquators ist

$$\omega_{Äq} = [14{,}38 - 2{,}88(\sin 0)^2]° \frac{1}{d} = 14{,}38° \frac{1}{d}$$

Die Rotationsdauer beträgt damit

$$T = \frac{360°}{\omega_{Äq}} = 25{,}03 \, d$$

Wir rechnen die Winkelgeschwindigkeit ins Bogenmaß um

$$\omega_{Äq} = 0{,}2510 \frac{rad}{d} = 2{,}905 \cdot 10^{-6} \frac{rad}{s}$$

Die Bahngeschwindigkeit am Äquator ergibt sich daraus zu

$$v_{Äq} = R_\odot \omega_{Äq} = 6{,}96 \cdot 10^5 \, km \cdot 2{,}905 \cdot 10^{-6} \frac{rad}{s} = 2{,}02 \frac{km}{s}$$

b) Die Winkelgeschwindigkeit am 40. heliografischen Breitengrad ist

$$\omega_{40} = [14{,}38 - 2{,}88(\sin 40°)^2]° \frac{1}{d} = 13{,}19° \frac{1}{d}$$

Nach einer Äquatordrehung hat der Punkt A sich um folgenden Winkel gedreht

$$\alpha = \omega_{40}T = 13{,}19° \frac{1}{d} \cdot 25{,}03\, d = 330°$$

Die Differenz der heliografischen Längengrade ist 30°.

c) Wegen b) ist der Punkt B nach 12 Äquatordrehungen gegenüber A eine volle Umdrehung voraus, also nach 300 Tagen.

d) Die Stabilität fordert am Äquator

$$G\frac{mM}{R^2} = m\frac{v^2}{R} \Rightarrow v_{max} = \sqrt{\frac{GM}{R}}$$

Einsetzen der Sonnenwerte liefert

$$v_{max} = \sqrt{\frac{6{,}673 \cdot 10^{-11} \frac{m^3}{kgs^2} \cdot 1{,}989 \cdot 10^{30} kg}{6{,}96 \cdot 10^8\, m}} = 438\, \frac{km}{s}$$

Skalieren ergibt

$$v_{max} = 438\, \frac{km}{s} \left(\frac{M}{M_\odot}\right)^{1/2} \left(\frac{R}{R_\odot}\right)^{-1/2}$$

Aufgabe 83: Photonendurchgang

Photonen, die im Kern der Sonne ($R = 0{,}2\, R_\odot$) emittiert werden, müssen die Strahlungszone durchlaufen bis sie zur Konvektionszone ($R = 0{,}85\, R_\odot$) gelangen. Dabei kommt es infolge der hohen Temperatur fortwährend zu Wechselwirkungen mit anderen Photonen, so dass der Weg als Zufallsbewegung betrachtet werden kann. Dabei gilt: Ist ℓ die mittlere freie Weglänge zwischen zwei Stößen, so hat sich das Teilchen nach N Schritten im Durchschnitt um $\sqrt{N}\ell$ vom Ausgangspunkt entfernt.

a) Bestimmen Sie die mittlere Anzahl $\bar{N}$ von Schritten eines Photons beim Durchqueren der Strahlungszone, wenn die die mittlere freie Weglänge $\ell = 10^{-4} m$ beträgt.
b) Ermitteln Sie die mittlere Dauer T einer Photonen-Durchgangszeit der Strahlungszone!

Lösung 83:

a) Nach Angabe gilt

$$\sqrt{N}\ell = 0.65 \, R_\odot = 4.52 \cdot 10^8 \, m$$

Daraus folgt

$$\sqrt{\overline{N}} = \frac{0.65 \, R_\odot}{\ell} = \frac{4.52 \cdot 10^8 \, m}{10^{-4} \, m} \Rightarrow \overline{N} = (4.52 \cdot 10^{12})^2 = 2.0 \cdot 10^{25}$$

b) Die mittlere freie Weglänge wird zurückgelegt in der Zeit

$$t = \frac{\ell}{c} = \frac{10^{-4} \, m}{3 \cdot 10^8 \, \frac{m}{s}} = 3.3 \cdot 10^{-13} \, s$$

Die mittlere Gesamtdauer beträgt damit

$$T = \overline{N} t = 2.0 \cdot 10^{25} \cdot 3.3 \cdot 10^{-13} \, s = 6.7 \cdot 10^{12} \, s = 2.1 \cdot 10^5 \, a$$

Ein Photon, das 8 Minuten von der Sonne zur Erde braucht, kann über 200 Tsd. Jahre in der Strahlungszone verbracht haben!

Aufgabe 84: Sonnenflares

Ein Teil der Sonnenaktivität sind die Sonnenflares, deren maximale Energie auf $E = 10^{25} \, J$ geschätzt wird. Die Flussdichte des Magnetfelds in der Chromosphäre beträgt $B = 30 \, mT$.

a) Bestimmen Sie die Energiedichte des Magnetfelds.
b) Ermitteln Sie das zugehörige Volumen eines Sonnenflares.
c) Zeigen Sie, dass die thermische Energiedichte der Chromosphäre zur Erzeugung der Sonnenflares nicht ausreicht, wenn die Temperatur $T = 10^4 \, K$ und die Anzahldichte der Teilchen $n = 10^{20} \, \frac{1}{m^3}$ gegeben ist.
d) Berechnen Sie die Geschwindigkeit der Plasmawellen in den Flares! Nach Hannes Alfvén gilt

$$v_{alfven} = \frac{B}{\sqrt{\mu_0 \rho}}$$

e) Welche Laufzeit haben die Plasmawellen im Volumen b)?

Lösung 84:

a) Die Energiedichte ist gegeben zu

$$\epsilon = \frac{B^2}{2\mu_0} = \frac{(0{,}03\,T)^2}{2 \cdot 4\pi \cdot 10^{-7}\,\frac{Vs}{Am}} = 360\,\frac{J}{m^3}$$

b) Bei bekannter Energie lässt sich das zugehörige Volumen bestimmen

$$\epsilon = \frac{E}{V} \Rightarrow V = \frac{E}{\epsilon} = \frac{10^{25}\,J}{360\,\frac{J}{m^3}} = 2{,}8 \cdot 10^{22}\,m^3$$

Fasst man dieses Volumen näherungsweise als würfelförmig auf, so lässt sich die typische Größe eines Flares als "Kantenlänge" a dieses Würfels ermitteln

$$a = \sqrt[3]{V} = \sqrt[3]{2{,}8 \cdot 10^{22}\,m^3} = 3{,}0 \cdot 10^7\,m = 3{,}0 \cdot 10^4\,km$$

c) Die thermische Energiedichte ist

$$\epsilon = \frac{E_{therm}}{V} = \frac{\frac{3}{2}NkT}{V} = \frac{3}{2}nkT = \frac{3}{2} \cdot 10^{20}\,\frac{1}{m^3} \cdot 1{,}3807 \cdot 10^{-23}\,\frac{J}{K} \cdot 10^4\,K = 21\,\frac{J}{m^3}$$

Die thermische Energiedichte erreicht den Wert von a) nicht. Die Energie der Sonnenflares ist die kinetische Energie von Plasmawellen; sie ist also magnetischen Ursprungs.

d) Die Dichte ρ berechnen wir über die Anzahldichte, wobei die Elektronenmassen vernachlässigt wird

$$\rho = n\frac{m_p}{2} = 10^{20}\,\frac{1}{m^3} \cdot \frac{1{,}673 \cdot 10^{-27}\,kg}{2} = 8{,}4 \cdot 10^{-8}\,\frac{kg}{m^3}$$

Die Plasmawellen haben die Geschwindigkeit

$$v_{alfven} = \frac{B}{\sqrt{\mu_0 \rho}} = \frac{0{,}03\,T}{\sqrt{4\pi \cdot 10^{-7}\,\frac{Vs}{Am} \cdot 8{,}4 \cdot 10^{-8}\,\frac{kg}{m^3}}} = 9{,}23 \cdot 10^4\,\frac{m}{s} = 92\,\frac{km}{s}$$

e) Die Laufzeit der Wellen beträgt damit

$$t = \frac{a}{v_{alfven}} = \frac{3{,}0 \cdot 10^4\,km}{92\,\frac{km}{s}} = 326\,s = 5{,}4\,min$$

Arbeitsbuch Astrophysik

Aufgabe 85: Magnetfeld eines Sonnenflecken

Sonnenflecken haben typische Radien von $r = 10^6\,m$ und ein Magnetfeld der Flussdichte $B = 0{,}1\,T$.
a) Welcher Strom erzeugt ein solches Magnetfeld?
b) Welche Ladungsmenge muss pro Sekunde dabei durch den (Flecken-)Durchmesser fließen?

Lösung 85:

a) Das Magnetfeld im Abstand r eines Stroms beträgt nach Biot-Savart $B = \mu_0 \frac{I}{2\pi r}$. Auflösen nach der Stromstärke I ergibt

$$I = \frac{2\pi r B}{\mu_0} = \frac{2\pi \cdot 10^6\,m \cdot 0{,}1\,T}{4\pi \cdot 10^{-7}\,\frac{Vs}{Am}} = 5 \cdot 10^{11}\,A$$

b) Es gilt

$$Q = ne = It \Rightarrow n = \frac{It}{e} = \frac{5 \cdot 10^{11}\,A \cdot 1s}{1{,}6022 \cdot 10^{-19}\,As} = 3{,}1 \cdot 10^{30}\,\frac{1}{s}$$

Es müssen pro Sekunde $3 \cdot 10^{30}$ Elektronen fließen.

Aufgabe 86: Sonnenwind 3

a) Bestimmen Sie die Fluchtgeschwindigkeit für Teilchen von der Sonne!
b) Durch den Sonnenwind verliert die Sonne die Masse $10^{-14} M_\odot$ pro Jahr. Welche Teilchendichte findet sich in der Entfernung $r = 100\,AE$, wenn der Sonnenwind hauptsächlich aus Protonen besteht und die Geschwindigkeit $v = 750\,\frac{km}{s}$ hat?

Lösung 86:

a) Die Fluchtgeschwindigkeit von der Sonne beträgt

$$v_F = \sqrt{\frac{2GM_\odot}{R_\odot}} = \sqrt{\frac{2 \cdot 6{,}673 \cdot 10^{-11}\,\frac{m^3}{kg\,s^2} \cdot 1{,}989 \cdot 10^{30}\,kg}{6{,}9598 \cdot 10^8\,m}} = 617\,\frac{km}{s}$$

d) Wir betrachten den Zylinder der Querschnittsfläche $1\,m^2$, der von den Teilchen im Lauf von $t = 1s$ erzeugt wird. Sein Volumen ist

$$V = 1\,m^2 \cdot 750\,km = 7{,}50 \cdot 10^5\,m^3$$

Die Protonenrate des Sonnenwinds beträgt

$$N = 10^{-14} \frac{M_\odot}{m_p} \frac{1}{a} = 10^{-14} \frac{1{,}989 \cdot 10^{30} kg}{1{,}673 \cdot 10^{-27} kg} \frac{1}{a} = 1{,}189 \cdot 10^{43} \frac{1}{a} = 3{,}767 \cdot 10^{35} \frac{1}{s}$$

In der Entfernung $r = 100 \, AE$ beträgt der Protonenfluss

$$F = \frac{N}{4\pi r^2} = \frac{3{,}767 \cdot 10^{35} \frac{1}{s}}{4\pi (100 \cdot 1{,}4960 \cdot 10^{11} \, m)^2} = 1{,}34 \cdot 10^8 \frac{1}{m^2 s}$$

Der oben genannte Zylinder enthält daher $z = 1{,}34 \cdot 10^8$ Protonen. Die Teilchendichte ergibt sich damit

$$n = \frac{z}{V} = \frac{1{,}34 \cdot 10^8}{7{,}50 \cdot 10^5 \, m^3} = 179 \, \frac{1}{m^3}$$

Die Dichte des Sonnenwinds in der Entfernung $100 \, AE$ beträgt 180 Teilchen je Kubikmeter.

Aufgabe 87: pp-Ketten

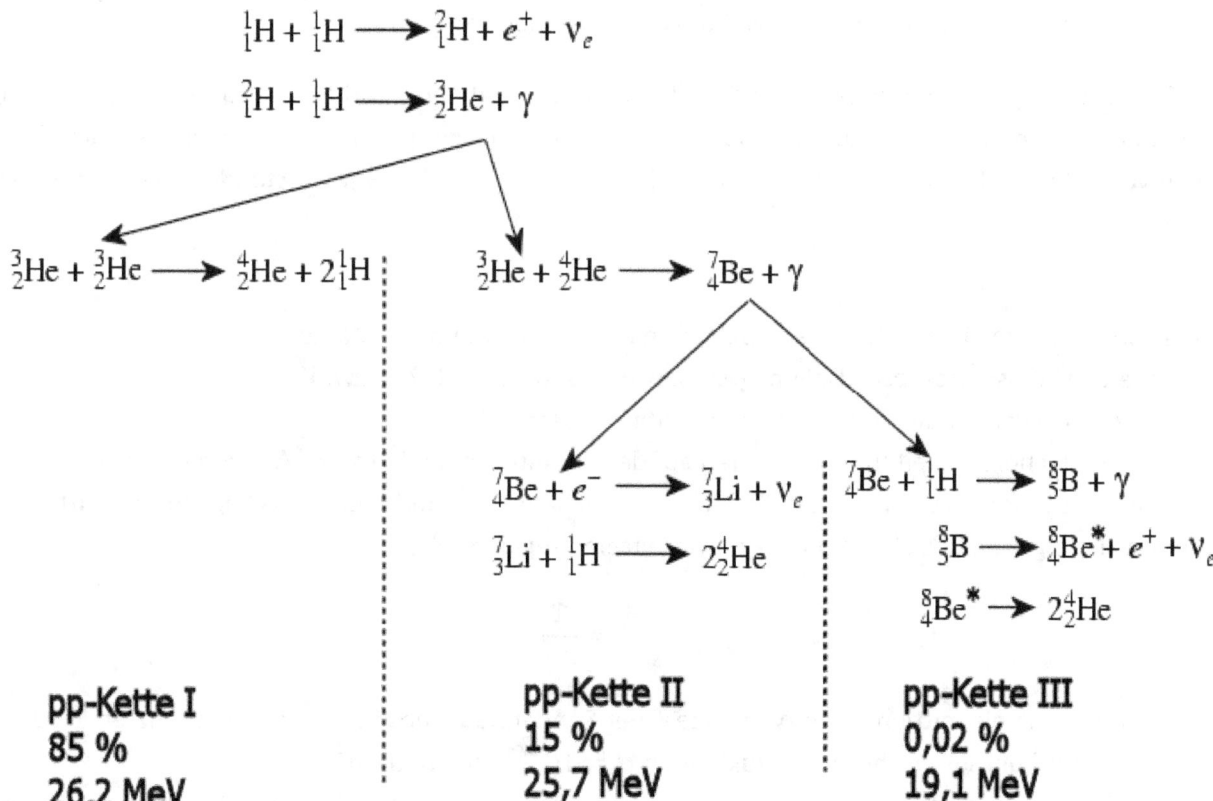

Abbildung 42: Fusionsprozesse bei der Sonne

Das Bild zeigt die drei möglichen Prozesse (pp-Ketten genannt), bei denen 4 Protonen (Wasserstoffkerne) zu einem Heliumkern fusionieren.

a) Ermitteln Sie die mittlere Zerfallsenergie der pp-Ketten.
b) Prüfen Sie, ob die Fusion mittels pp-Ketten die Helium-Erzeugung aus reinem Wasserstoff erklären kann!
c) Das in der pp-Kette III auftretende Beryllium $^{8}_{4}Be$ ist nicht stabil und zerfällt mit der mittleren Lebensdauer von $2{,}6 \cdot 10^{-17}$ s wieder in zwei Helium-Kerne. Was folgt daraus für den Berylliumgehalt der Sonne?

Lösung 87:

a) Hier ist zu berücksichtigen, dass die pp-Kette I zwei $^{3}_{2}He$-Kerne benötigt; es werden also 2 Schritte zu einer Fusion benötigt. Die mittlere Zerfallsenergie ist damit

$$\bar{E} = \left(\frac{1}{2} 0{,}85 \cdot 26{,}2 + 0{,}15 \cdot 25{,}7 + 0{,}02 \cdot 19{,}1\right) MeV = 15{,}50 \, MeV$$

b) Da die pp-Kette I einen zweiten $^{3}_{2}He$-Kern, die anderen pp-Ketten einen weiteren $^{4}_{2}He$-Kern voraussetzen, kann die Fusion nicht ohne bereits existierendes Helium erklärt werden. Es muss somit die Existenz von primordialen Helium angenommen werden.

c) Da bei den pp-Ketten nur instabiles Beryllium $^{8}_{4}Be$ erzeugt wird, enthält die Sonne nur sehr wenig Beryllium (Anteil 10^{-13} an Atomen). Auch bei der Urknall-Nukleosynthese ist wegen der Kurzlebigkeit von $^{8}_{4}Be$ kein Kohlenstoff nach der Reaktion $^{8}_{4}Be + ^{4}_{2}He \to ^{12}_{6}C + \gamma$ entstanden. Dies nennt man die *Beryllium-Barriere*.

Aufgabe 88: Freie Neutrino-Weglänge

a) Bestimmen Sie die Anzahl N der Nukleonen der Sonne, wenn die Massenanteile von Wasserstoff bzw. Helium gegeben sind durch $X = 0{,}73$ bzw. $Y = 0{,}25$.
b) Welche Nukleonendichte n der Sonne ergibt sich daraus?
c) Die Wahrscheinlichkeit für ein Teilchen auf der (infinitesimalen) Strecke Δx eine Reaktion zu erfahren ist $p = n\sigma\Delta x$. Dabei ist n die (Target-)Teilchendichte und σ der Wirkungsquerschnitt. Leiten Sie folgende Beziehung für die mittlere freie Weglänge ℓ her!

$$\ell = \frac{1}{n\sigma}$$

d) Ermitteln Sie die mittlere freie Weglänge ℓ der Sonnenneutrinos in einem unbegrenzten Medium, wenn die Wirkungsquerschnitt mit Nukleonen $\sigma = 10^{-45} \, cm^2$ beträgt?
e) Vergleichen Sie diesen Wert mit der mittlere freie Weglänge ℓ von Neutrinos in einem unbegrenzten Medium, wenn der Kern aus Neutronen (Dichte $\rho = 10^{14} \, gcm^{-3}$) besteht?

Lösung 88:

a) Die Anzahl der H-Atome wird bestimmt durch

$$N_H = \frac{M_H}{m_H} = \frac{0{,}73 M_\odot}{m_H} = \frac{0{,}73 \cdot 1{,}989 \cdot 10^{30} kg}{1{,}673 \cdot 10^{-27} kg} = 8{,}68 \cdot 10^{56}$$

Analog folgt die Anzahl der He-Atome

$$N_{He} = \frac{M_{He}}{m_{He}} = \frac{0{,}25 M_\odot}{m_{He}} = \frac{0{,}25 \cdot 1{,}989 \cdot 10^{30} kg}{6{,}642 \cdot 10^{-27} kg} = 7{,}49 \cdot 10^{55}$$

Die Gesamtzahl aller Nukleonen ist somit

$$N = N_H + 4 N_{He} = 1{,}17 \cdot 10^{57}$$

b) Die Nukleonendichte der Sonne folgt daraus zu

$$n = \frac{N}{\frac{4}{3}\pi R_\odot^3} = \frac{1{,}17 \cdot 10^{57}}{\frac{4}{3}\pi (6{,}960 \cdot 10^{10} \, cm)^3} = 8{,}29 \cdot 10^{23} \, cm^{-3}$$

c) Die Wahrscheinlichkeit auf der Strecke Δx keine Reaktion zu erfahren ist $1 - p = 1 - n\sigma\Delta x$. Für den (makroskopischen) Weg $x = N\Delta x$ ist diese Wahrscheinlichkeit

$$(1-p)^N = (1 - n\sigma\Delta x)^N = \left(1 - n\sigma\frac{x}{N}\right)^N$$

Da das Resultat nicht von der Anzahl N abhängen kann, bilden wir den Grenzwert

$$\lim_{N \to \infty} \left(1 - n\sigma\frac{x}{N}\right)^N = e^{-n\sigma x}$$

Damit ergibt sich die mittlere freie Weglänge ℓ als Mittelwert der Strecke x

$$\ell = \frac{\int_0^\infty x e^{-n\sigma x} dx}{\int_0^\infty e^{-n\sigma x} dx} = \frac{\frac{1}{(n\sigma)^2}}{\frac{1}{n\sigma}} = \frac{1}{n\sigma}$$

Dabei wurde das Integral $\int_0^\infty x^k e^{-ax} dx = \frac{k!}{a^{k+1}}$ ($k \geq 0$) verwendet.

d) Für die mittlere freie Weglänge ℓ der Sonnenneutrinos ergibt sich

$$\ell = \frac{1}{n\sigma} = \frac{1}{8{,}29 \cdot 10^{23}\ cm^{-3} \cdot 10^{-45}\ cm^2} = 1{,}20 \cdot 10^{21}\ cm = 390\ pc$$

e) Die Neutronendichte des Supernovakerns ist

$$n = \frac{\rho}{m_n} = \frac{10^{14}\ g\ cm^{-3}}{1{,}675 \cdot 10^{-24}\ g} = 5{,}97 \cdot 10^{37}\ cm^{-3}$$

Für die mittlere freie Weglänge ℓ der SN-Neutrinos ergibt sich

$$\ell = \frac{1}{n\sigma} = \frac{1}{5{,}97 \cdot 10^{37}\ cm^{-3} \cdot 10^{-45}\ cm^2} = 1{,}68 \cdot 10^7\ cm = 168\ km$$

In beiden Fällen verlassen die Neutrinos den Stern ungehindert.

Aufgabe 89: Neutrino-Rate

Bei der Fusion $4\ {}^1_1H \rightarrow {}^4_2He + 2\ {}^0_1e^+ + 2\nu_e$ wird die Energie $\Delta W = 28{,}3\ MeV$ frei.

a) Bestimmen Sie die Anzahl N der Fusionsprozesse pro Sekunde und damit die Neutrino-Rate der Sonne!

b) Welchen Anteil der Fusionsenergie geht auf die Neutrinos über, wenn jedes im Mittel die Energie $0{,}42\ MeV$ mitnimmt?

c) Bestimmen Sie die solare Neutrino-Rate auf der Erde!

Lösung 89:

a) Es gilt für die Zeit $\Delta t = 1s$

$$L_\odot = \frac{W}{\Delta t} = \frac{N \cdot \Delta W}{\Delta t} \Rightarrow \frac{N_\nu}{1s} = \frac{L_\odot}{\Delta W} = \frac{3{,}842 \cdot 10^{26}\ W}{28{,}3 \cdot 10^6\ V \cdot 1{,}602 \cdot 10^{-19} As} = 8{,}47 \cdot 10^{37}\ \frac{1}{s}$$

Die Neutrino-Rate ist damit

$$n_\nu = 2\frac{N_\nu}{1s} = 1{,}69 \cdot 10^{38}\ \frac{1}{s}$$

b) Da bei einer Fusion zwei Neutrinos entstehen, ist ihr Energieanteil

$$\frac{2 \cdot 0{,}42\ MeV}{28{,}3\ MeV} = 0{,}030 = 3{,}0\ \%$$

c) Die solare Neutrino-Fluss auf der Erde ist

$$\Phi = \frac{n}{4\pi(1\ AE)^2} = \frac{1{,}69 \cdot 10^{38}\ \frac{1}{s}}{4\pi(1{,}4960 \cdot 10^{13}\ cm)^2} = 6{,}0 \cdot 10^{10}\ \frac{1}{cm^2 s}$$

Der Neutrino-Fluss beträgt 60 Mrd. je Quadratzentimeter und Sekunde.

Aufgabe 90: GALLEX-Experiment

Das GALLEX-Experiment versuchte anhand der Reaktion $^{71}_{31}Ga + \nu_e \rightarrow ^{71}_{32}Ge + ^{0}_{-1}e^-$ (inverser Beta-Zerfall von Gallium in Germanium) den Fluss der solaren Elektron-Neutrinos zu messen. Der Tank in großer Tiefe, unterhalb des 2912 m hohen Gran-Sasso-Massivs gelegen, enthielt 30 t Gallium, davon 40% ^{71}Ga bzw. 60% ^{69}Ga. Der Wirkungsquerschnitt der Reaktion beträgt $\sigma = 2{,}5 \cdot 10^{-45}\ cm^2$; der Schwellenwert der Reaktion 0,23 MeV, so dass $\eta = 0{,}50$ der Neutrinos nachgewiesen werden können. Jedem auftretenden Germanium-Atom entspricht damit genau ein Neutrino-Einfang. Die entstandenen ^{71}Ge-Atome wurden chemisch extrahiert und über ihre Aktivität gezählt. Germanium zerfällt mit der Halbwertszeit $T_{1/2} = 11{,}4\ d$ mittels Elektroneneinfang (EC) wieder in Gallium $^{71}_{32}Ge + ^{0}_{-1}e^- \rightarrow ^{71}_{31}Ga + \nu_e$. Dieser Prozess kann durch die beim EC auftretenden Auger-Elektronen eindeutig nachgewiesen werden.

a) Bestimmen Sie die Anzahl der Elektron-Neutrinos, die bei diesem Experiment pro Tag erwartet werden, wenn der Neutrino-Fluss $\Phi = 6{,}0 \cdot 10^{10}\ \frac{1}{cm^2 s}$ beträgt.

b) Rechnen Sie diesen Erwartungswert um in die Einheit 1 SNU (*Solar Neutrino Unit*); dies entspricht einem Einfang je Sekunde und je 10^{36} Target-Atomen!

c) Wie viele Neutrinos sind in 3 Wochen zu erwarten? Wie viele Neutrinos sind bei beliebig langer Zeit zu erwarten?

Lösung 90:

a) Die Anzahl der ^{71}Ga-Atome ist

$$N_{Ga} = \frac{0{,}4 \cdot 3 \cdot 10^4 kg}{(0{,}4 \cdot 71 + 0{,}6 \cdot 69) \cdot 1{,}660 \cdot 10^{-27} kg} = 1{,}03 \cdot 10^{29}$$

Der Erwartungswert der eingefangenen Neutrino-Rate ist damit

$$n_\nu = \Phi \sigma N_{Ga} \eta = 6{,}0 \cdot 10^{10}\ \frac{1}{cm^2 s} \cdot 2{,}5 \cdot 10^{-45}\ cm^2 \cdot 1{,}03 \cdot 10^{29} \cdot 0{,}5 = 7{,}7 \cdot 10^{-6}\ \frac{1}{s}$$

Auf den Tag umgerechnet folgt

$$n_\nu = 7{,}7 \cdot 10^{-6} \cdot 3600 \cdot 24\ \frac{1}{d} = 0{,}67\ \frac{1}{d}$$

Im Durchschnitt werden täglich 0,7 Neutronen-Einfänge erwartet (vgl. Bild).

b) In solaren Neutrino-Einheiten gerechnet, ergibt sich

$$n_{\nu,SNU} = 7{,}7 \cdot 10^{-6}\, \frac{1}{s} \cdot \frac{10^{36}}{1{,}03 \cdot 10^{29}} SNU = 75\, SNU$$

c) In der Zeit t werden wegen des radioaktiven Zerfalls folgende Einfänge erwartet

$$N(t) = n_\nu \tau \left(1 - e^{-t/\tau}\right)$$

Die mittlere Lebensdauer des ^{71}Ge-Atoms ist $\tau = \frac{T_{1/2}}{\ln 2} = \frac{11{,}4\, d}{\ln 2} = 16{,}4\, d$. Für 3 Wochen folgt

$$N(21\, d) = 0{,}67\, \frac{1}{d} \cdot 16{,}4\, d \left(1 - e^{-21d/16{,}4\, d}\right) = 7{,}9$$

Im Grenzwert $t \to \infty$ folgt

$$N(\infty) = n_\nu \tau = 0{,}67\, \frac{1}{d} \cdot 16{,}4\, d = 11$$

In 3 Wochen sind 8, in beliebiger Zeit 11 Neutrino-Einfänge zu erwarten (vgl. Bild 43).

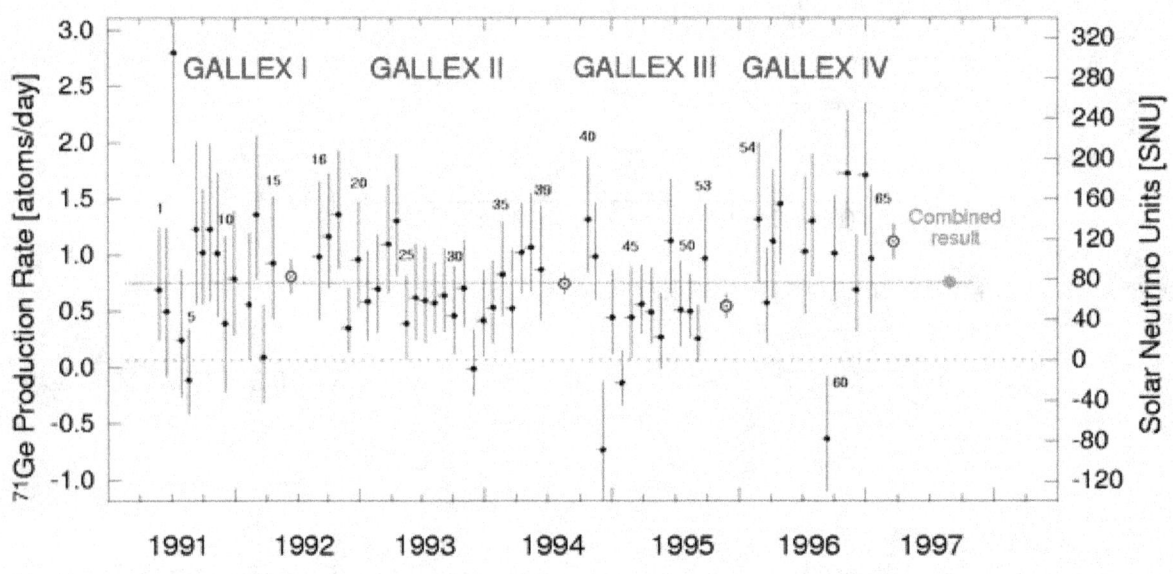

Abbildung 43: Neutrino-Raten bei den Gallex-Experimenten (Max-Planck-Inst. f. Kernphysik 2008)

Kapitel 5 Optik und Strahlungsgesetze

Aufgabe 91: Auflösungsvermögen

a) Welche Geschwindigkeitsdispersion zeigt Wasserstoff (H_2) bei $T = 1000\ K$ bzw. Ammoniak (NH_3) bei $T = 20\ K$.

b) Kann ein optisches Gerät bei der Analyse der Wellenlänge λ die Abweichung $\lambda \pm \Delta\lambda$ erkennen, so hat es das Auflösungsvermögen.

$$A = \frac{\lambda}{\Delta\lambda}$$

Ermitteln Sie das notwendige Auflösungsvermögen bei a).

c) Im Radiobereich lassen sich bei $24\ GHz$ $3\ kHz$ auflösen. Reicht dies aus, um die Ammoniak-Linie zu erkennen?

d) Das Hubble Space Telescope (HST) kann im sichtbaren Bereich (innerhalb einer bestimmten scheinbaren Helligkeit) noch $\Delta\lambda = 0{,}05\ nm$ auflösen. Bestimmen Sie das Auflösungsvermögen des HST.

Lösung 91:

a) Setzt man die (wahrscheinliche) thermische Energie mit $W = 4 \ln 2\ kT$ an, so folgt

$$\frac{1}{2} m\, \Delta v^2 = 4 \ln 2\ kT \Rightarrow \Delta v = \sqrt{\frac{8 \ln 2\ kT}{\mu m_p}}$$

Skalieren liefert

$$\Delta v = \sqrt{\frac{8 \ln 2\ k}{m_p}} \cdot \sqrt{\frac{T}{\mu}} = 214\, \frac{m}{s} \sqrt{\frac{T}{1K} \cdot \frac{1u}{\mu}}$$

Für den Wasserstoff ergibt sich

$$\Delta v = 214\, \frac{m}{s} \sqrt{\frac{1000\ K}{1K} \cdot \frac{1u}{2{,}014u}} = 4{,}77\, \frac{km}{s}$$

Analog für das Ammoniak

$$\Delta v = 214\, \frac{m}{s} \sqrt{\frac{20\ K}{1K} \cdot \frac{1u}{17{,}03u}} = 232\, \frac{m}{s}$$

b) Das notwendige Auflösungsvermögen muss sein

$$\frac{\Delta v}{c} = \frac{\Delta \lambda}{\lambda} \Rightarrow A = \frac{c}{\Delta v} = \frac{3 \cdot 10^5 \frac{km}{s}}{4{,}77 \frac{km}{s}} = 6{,}3 \cdot 10^4$$

Analog folgt

$$A = \frac{\lambda}{\Delta \lambda} = \frac{c}{\Delta v} = \frac{3 \cdot 10^8 \frac{m}{s}}{232 \frac{m}{s}} = 1{,}3 \cdot 10^6$$

c) Da die Ammoniak-Linie im Radiobereich liegt, kann sie aufgelöst werden

$$A = \frac{f}{\Delta f} = \frac{24 \cdot 10^9 \, Hz}{3 \cdot 10^3 \, Hz} = 8{,}0 \cdot 10^6$$

d) Es gilt

$$A = \frac{\lambda}{\Delta \lambda} = \frac{550 \, nm}{0{,}05 \, nm} = 1{,}1 \cdot 10^4$$

Das Auflösungsvermögen des HST ist hier $1{,}1 \cdot 10^4$.

Aufgabe 92: Bolometrische Korrektur

Ein Stern zeigt den bolometrischen Strahlungsfluss von $F = 4{,}0 \cdot 10^{-13} \frac{W}{m^2}$. Bestimmen Sie seine scheinbare visuelle Helligkeit, wenn für seine Spektralklasse die bolometrische Korrektur $BC = 0{,}60$ beträgt. Verwenden Sie $M_{bol\odot} = 4{,}72$.

Lösung 92:

Der Strahlungsfluss ist definiert durch $F = \frac{L}{4\pi r^2}$. Die Leuchtkraft ergibt sich aus

$$\frac{L}{L_\odot} = 10^{0{,}4(M_{bol\odot} - M)} \Rightarrow L = L_\odot \cdot 10^{0{,}4(M_{bol\odot} - M)}$$

Für die Entfernung gilt

$$r = 10 pc \cdot 10^{0{,}2(m-M)}$$

Einsetzen der Leuchtkraft und Entfernung ergibt

$$F = \frac{L}{4\pi r^2} = \frac{L_\odot \cdot 10^{0,4(M_{bol\odot}-M)}}{4\pi \cdot 100\ pc^2 \cdot 10^{0,4(m-M)}}$$

Vereinfachen liefert

$$F = \frac{L_\odot \cdot 10^{0,4(M_{bol\odot}-m)}}{4\pi \cdot 100\ pc^2} \Rightarrow 10^{0,4(M_{bol\odot}-m)} = \frac{L_\odot}{4\pi \cdot F \cdot 100\ pc^2}$$

Logarithmisches Rechnen zeigt

$$0,4(M_{bol\odot} - m) = \log\frac{L_\odot}{4\pi \cdot F \cdot 100\ pc^2} \Rightarrow m = -2,5\ \log\frac{L_\odot}{4\pi \cdot F \cdot 100\ pc^2} + M_{bol\odot}$$

Einsetzen der Werte ergibt

$$m_{bol} = 4,72 - 2,5\ \log\frac{3,85 \cdot 10^{26}\ W}{4\pi \cdot 4,0 \cdot 10^{-13}\frac{W}{m^2} \cdot (3,086 \cdot 10^{17}\ m)^2} = 12,0$$

Einsetzen von BC ergibt

$$m_V = m_{bol} + BC = 12,0 + 0,6 = 12,6$$

Die gesuchte scheinbare Helligkeit ist 12,6.

Aufgabe 93: COBE-Satellit

Der COBE-Satellit hat die Strahlungstemperatur der Hintergrundstrahlung (CBM, englisch *Cosmic Microwave Background*) gemessen zu $T = 2,728\ K$.
a) Bestimmen Sie die Wellenlänge, bei die Hintergrundstrahlung maximal wird.
b) Ermitteln Sie die Energiedichte der Hintergrundstrahlung.
c) Bestimmen Sie den Strahlungsfluss der Hintergrundstrahlung. Welche Strahlungsleistung erhält die Erde?

Lösung 93:

a) Das Wiensche Verschiebungsgesetz liefert die Wellenlänge

$$\lambda_{max} T = b \Rightarrow \lambda_{max} = \frac{b}{T} = \frac{2,8978 \cdot 10^{-3} m \cdot K}{2,728\ K} = 1,062 \cdot 10^{-3} m = 1,06\ mm$$

b) Die Energiedichte beträgt

$$\epsilon = aT^4 = 7,5658 \cdot 10^{-16}\ \frac{J}{m^3 K^4} (2,728\ K)^4 = 4,2 \cdot 10^{-14}\ \frac{J}{m^3}$$

c) Der Strahlungsfluss ergibt sich aus

$$F = \sigma T^4 = 5{,}6705 \cdot 10^{-8} \frac{W}{m^2 K^4} (2{,}728\ K)^4 = 3{,}14 \cdot 10^{-6} \frac{W}{m^2}$$

Da die Hintergrundstrahlung von allen Richtungen kommt, rechnen wir hier mit der Oberfläche der Erde $A = 4\pi(6{,}37 \cdot 10^6 m)^2 = 5{,}10 \cdot 10^{14}\ m^2$. Dies liefert die Strahlungsleistung

$$L = FA = 3{,}14 \cdot 10^{-6} \frac{W}{m^2} \cdot 5{,}10 \cdot 10^{14}\ m^2 = 1{,}60 \cdot 10^9\ W = 1{,}6\ GW$$

Die auf die Erde kommende Strahlungsleistung der Hintergrundstrahlung beträgt $1{,}6\ GW$.

Aufgabe 94: HII-Region

In vielen HII-Regionen findet man Spektren, die einem Schwarzkörper-Spektrum bei niedriger Temperatur ähnlich sind. Dies wird im folgenden erklärt. Eine solche HII-Region vom Radius d umgibt einen Zentralstern der Temperatur $T_\star$ und des Radius $R_\star$.

a) Leiten Sie für die Temperatur der Staubwolke T_{st} folgende Beziehung her:

$$T_{st} = T_\star \sqrt{\frac{R_\star}{2d}}$$

b) Welche Temperatur hat eine Staubwolke vom Radius $d = 5.000\ R_\star$, wenn die Strahlungstemperatur des Zentralsterns (Spektraltyp B0) $T_\star = 2{,}8 \cdot 10^4\ K$ beträgt.
c) In welchem Spektralbereich befindet sich die Wellenlänge der Strahlung von b)?
d) Geben Sie allgemein den Strahlungsdruck am Wolkenrand und die Kraft auf ein Staubkorn an!

Lösung 94:

a) Hat ein Staubkorn den Radius r_{st}, so absorbiert es den Bruchteil $\frac{\pi r_{st}^2}{4\pi d^2}$ der Strahlungsleistung des Zentralsterns:

$$P_{abs} = L_\star \frac{\pi r_{st}^2}{4\pi d^2}$$

Einsetzen des Stefan-Boltzmann-Gesetzes liefert

$$P_{abs} = 4\pi R_\star^2 \sigma T_\star^4 \frac{\pi r_{st}^2}{4\pi d^2} = R_\star^2 \sigma T_\star^4 \frac{\pi r_{st}^2}{d^2}$$

Die Emission eines Staubteilchens ergibt sich ebenfalls aus Stefan-Boltzmann:

$$P_{emit} = 4\pi r_{st}^2 \sigma T_{st}^4$$

Im stationären Zustand müssen die beiden Strahlungsleistungen übereinstimmen:

$$P_{abs} = P_{emit} \Rightarrow R_\star^2 \sigma T_\star^4 \frac{\pi r_{st}^2}{d^2} = 4\pi r_{st}^2 \sigma T_{st}^4 \Rightarrow R_\star^2 T_\star^4 \frac{1}{d^2} = 4T_{st}^4$$

Auflösen nach der Staubtemperatur ergibt

$$\Rightarrow T_{st} = T_\star \sqrt{\frac{R_\star}{2d}}$$

b) Einsetzen der Werte liefert

$$T_{st} = 2{,}8 \cdot 10^4\,K \sqrt{\frac{R_\star}{10^4 R_\star}} = 280\,K$$

c) Nach dem Wienschen Verschiebungsgesetz gilt:

$$\lambda_{max} = \frac{b}{T} = \frac{2{,}8978 \cdot 10^{-3} m \cdot K}{280\,K} = 1{,}0 \cdot 10^{-5} m = 10\,\mu m$$

Diese Wellenlänge ist im IR-Bereich. Das Spektrum der HII-Region ist also ein Schwarzkörper-Spektrum mit dem Maximum bei $10\,\mu m$. Die Leuchtkraft ist wegen $L \sim T^4$ um den Faktor

$$\left(\frac{T_{st}}{T_\star}\right)^4 = \left(\frac{280\,K}{28000\,K}\right)^4 = 10^{-8}$$

geringer als die des Zentralsterns.

d) Der Strahlungsdruck ist

$$p_{rad} = \frac{L_\star}{4\pi d^2} \frac{1}{c}$$

Die zugehörige Kraft auf ein Staubkorn beträgt

$$F_{rad} = p_{rad} A = \frac{L_\star}{4\pi d^2} \frac{1}{c} \pi r_{st}^2 = \frac{L_\star}{4c d^2} r_{st}^2$$

Aufgabe 95: Cassiopeia A

Cass A ist eine starke Radioquelle mit dem Winkelradius 2′ im Sternbild Cassiopeia. Sie zeigt im Radiobereich ein kontinuierliches Spektrum und erzeugt auf der Erde bei der Frequenz $f =$

100 Mhz eine Bestrahlungsstärke $B_f = 1{,}73 \cdot 10^{-22} \frac{W}{m^2 Hz}$.

a) Welche Strahlungstemperatur ergibt sich für Cass A aus der Rayleigh-Jeans-Näherung

$$E_f = \frac{2\pi f^2}{c^2} kT$$

b) Welche Strahlungsleistung empfängt das Radioteleskop Effelsberg der Fläche $A = 7870\ m^2$, wenn es die Bestrahlungsstärke von Cass A in einem Frequenzbereich (=Bandbreite) von 10 MHz erhält?

Lösung 95:

a) Ist B_f die auf der Erde empfangene Bestrahlungsstärke, so ist das spektrale Emissionsvermögen eines Strahlers vom Radius R und Abstand r gleich

$$E_f = \frac{4\pi r^2}{4\pi R^2} B_f = \left(\frac{r}{R}\right)^2 B_f = \left(\frac{1}{\alpha}\right)^2 B_f$$

Das Verhältnis $\frac{R}{r}$ ist dabei der Winkelradius α von Cass A. Gleichsetzen mit Rayleigh-Jeans liefert

$$\frac{2\pi f^2}{c^2} kT = \left(\frac{1}{\alpha}\right)^2 B_f \Rightarrow T = \frac{c^2}{2\pi f^2 k} \left(\frac{1}{\alpha}\right)^2 B_f = \frac{\lambda^2}{2\pi k \alpha^2} B_f$$

Die zugehörige Wellenlänge beträgt $\lambda = \frac{c}{f} = \frac{2{,}998 \cdot 10^8 \frac{m}{s}}{10^8\ Hz} = 3{,}0\ m$. Der Winkelradius im Bogenmaß beträgt $\alpha = \frac{(2/60)°}{180°} \pi = 5{,}82 \cdot 10^{-4}\ rad$. Einsetzen der Werte ergibt

$$\Rightarrow T = \frac{(3{,}0\ m)^2}{2\pi \cdot 1{,}3807 \cdot 10^{-23} \frac{J}{K} (5{,}82 \cdot 10^{-4}\ rad)^2} 1{,}73 \cdot 10^{-22} \frac{W}{m^2 Hz} = 5{,}3 \cdot 10^7\ K$$

b) Für die Strahlungsleistung P gilt

$$P = B_f A\ \Delta f = 1{,}73 \cdot 10^{-22} \frac{W}{m^2 Hz} \cdot 7870\ m^2 \cdot 10^7\ Hz = 1{,}4 \cdot 10^{-11}\ W$$

Obwohl das Effelsberg-Teleskop den Durchmesser $100\ m$ hat, ist die empfangene Strahlungsleistung nur von der Größenordnung $10^{-11}\ W$.

Aufgabe 96: Kerze

Die Umrechnung der Einheiten der Beleuchtungstechnik in die entsprechenden physikalischen Einheiten ist nur definiert bei der Wellenlänge $\lambda_V = 555\ nm$, also im Bereich der visuellen Helligkeit V. Hier gilt, dass die fotometrische Strahlungsstrom einer 1 W-Lichtquelle (gemäß dem physiologischen Helligkeitsempfindlichkeit des Auges) gleich 646 Lumen beträgt; d. h. es gilt

$$1 \, lm = 1{,}464 \, mW$$

Dies entspricht (nach Definition) der Helligkeit einer Kerze in $1 \, m$ Entfernung.
a) Ermitteln Sie die scheinbare Helligkeit einer Kerze im Abstand $r = 1 \, km$.
b) Welchen Wirkungsgrad hat eine 100 W-Glühbirne, wenn sie den Lichtstrom $1500 \, lm$ liefert?

Lösung 96:
Für die Differenz der absolute Helligkeiten folgt

$$M - M_\odot = -2{,}5 \log \frac{L}{L_\odot} = -2{,}5 \log \frac{1{,}464 \cdot 10^{-3} \, W}{3{,}84 \cdot 10^{26} \, W} = 73{,}5 \Rightarrow M = 5{,}54 + 73{,}5 = 79$$

Hier wurde die absolute Helligkeit der Sonne im Visuellen eingesetzt: $M_{V\odot} = 5{,}54$. Da die Entfernung der Kerze gegeben ist, kann das Entfernungsmodul bestimmt werden

$$m - M = 5 \log \frac{r}{10 \, pc} \Rightarrow m = M + 5 \log \frac{1 \, km}{3{,}086 \cdot 10^{14} \, km} = 79 - 72{,}4 = 6{,}6$$

Die Kerze hat die scheinbare Helligkeit 6,6 ; sie ist also nicht mehr mit dem bloßen Auge sichtbar.

b) Der Wirkungsgrad ergibt sich aus dem Verhältnis der abgegebenen und aufgenommenen Leistung

$$\eta = \frac{1500 \cdot 1{,}464 \cdot 10^{-3} \, W}{100 \, W} = 0{,}022 = 2{,}2 \, \%$$

Der Wirkungsgrad der Glühbirne, als monochromatische Lichtquelle betrachtet, beträgt ca. 2%. Da aber das Spektrum der Glühbirne nicht nur die Wellenlänge $555 \, nm$ enthält, ist der tatsächliche Wirkungsgrad etwa Faktor 5 größer.

Aufgabe 97: Beleuchtung am Äquator
Wenn die Sonne senkrecht über dem Äquator steht, erzeugt sie am Äquator die Beleuchtungsstärke $E = 130.000 \, lx$. Die Einheit 1 Lux ist die Einheit des Lichtstroms 1 Lumen bezogen auf die Flächeneinheit: $1 \, lx = \frac{1 \, lm}{1 \, m^2}$.
a) Wie groß ist der Lichtstrom Φ der Sonne auf $1 m^2$ Fläche?
b) Rechnen Sie die Beleuchtungsstärke in $\frac{W}{m^2}$ um und vergleichen Sie das Ergebnis mit der Solarkonstanten $S_\odot = 1{,}37 \, \frac{kW}{m^2}$.
c) Berechnen Sie die Lichtstärke I der Sonne (Einheit 1 Candela $cd = lm/sr$).
d) Ermitteln Sie die Beleuchtungsstärke des Vollmonds, wenn die scheinbare Helligkeit gegeben ist zu $m_\mathbb{C} = -12{,}5$.

Lösung 97:

a) Es gilt $E = \frac{\Phi}{A} \Rightarrow \Phi = EA$. Einsetzen liefert

$$\Phi = 130.000 \, lx \cdot 1 m^2 = 1{,}3 \cdot 10^5 \, lm$$

b) Nach Aufgabe 79 gilt: $1 \, lm = 1{,}464 \, mW$. Damit folgt

$$E = 1{,}3 \cdot 10^5 \frac{1}{m^2} \cdot 1 \, lm = 1{,}3 \cdot 10^5 \frac{1}{m^2} \cdot 1{,}464 \cdot 10^{-3} W = 190 \, \frac{W}{m^2} = 0{,}14 \, S_\odot$$

Da die Umrechnung Lumen/Watt nur für den Spektralbereich um $550 \, nm$ gilt, erhält man hier einen zu kleinen Wert $0{,}14 \, S_\odot$. Dies zeigt, dass die Sonnenstrahlung einen viel größeren Bereich (wie IR, UV) umfasst.

c) Die Lichtstärke ist definiert als Lichtstrom Φ bezogen auf den Raumwinkel $\Omega = \frac{A}{r^2}$. Für $A = 1 m^2$ und der Sonnenentfernung $r = 1 \, AE$ erhält man den Raumwinkel

$$\Omega = \frac{1 m^2}{(1{,}4960 \cdot 10^{11} \, m)^2} = 4{,}47 \cdot 10^{-23} \, sr$$

Damit folgt

$$I = \frac{\Phi}{\Omega} = \frac{1{,}3 \cdot 10^5 \, lm}{4{,}47 \cdot 10^{-23} \, sr} = 2{,}9 \cdot 10^{27} \, cd$$

Die Lichtstärke der Sonne entspricht $3 \cdot 10^{27}$ Kerzen in 1 m Entfernung.

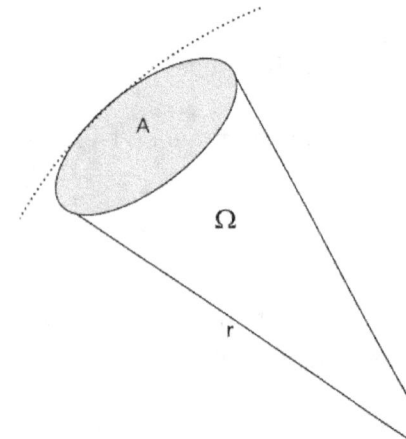

Abbildung 44: Zur Definition des Raumwinkels

d) Das Verhältnis der Strahlungsflüsse von Sonne und Vollmond wird berechnet aus der Differenz der scheinbaren Helligkeiten

$$\frac{E_\odot}{E_\mathrm{C}} = 10^{0{,}4(m_\mathrm{C} - m_\odot)} = 10^{0{,}4(-12{,}5 + 26{,}8)} = 5{,}25 \cdot 10^5$$

Die Beleuchtungsstärke des Vollmonds ist damit

$$E_\mathrm{C} = \frac{E_\odot}{5{,}25 \cdot 10^5} = \frac{1{,}3 \cdot 10^5 \, lx}{5{,}25 \cdot 10^5} = 0{,}25 \, lx$$

Aufgabe 98: Sehschwelle des Auges

Eine Kerze gibt in der Entfernung $d = 1{,}0\ km$ isotrop bei der Wellenlänge $\lambda = 550\ nm$ den Lichtstrom $\Phi = 12\ lm$ ab.
a) Wie viele Photonen pro Sekunde gibt die Kerze ab?
b) Wie viele Photonen fallen auf die Pupille eines Auges, wenn der Pupillenradius $r = 3{,}5\ mm$ ist?
c) In welcher Entfernung könnte man die Kerze gerade noch sehen, wenn die Sehschwelle des Auges $P_{Auge} = 3 \cdot 10^{-17}\ W$ beträgt?

Lösung 98:
a) Nach Aufgabe 79 gilt: $1\ lm = 1{,}464\ mW$. Der Lichtstrom ist damit

$$\Phi = 12 \cdot 1{,}464 \cdot 10^{-3}\ W = 1{,}76 \cdot 10^{-2}\ W$$

Mit der Anzahl n der Photonen gleicher Wellenlänge λ folgt

$$P = \frac{W}{t} = \frac{nhc}{t\lambda} \Rightarrow \frac{n}{t} = \frac{P\lambda}{hc} = \frac{1{,}76 \cdot 10^{-2}\ W \cdot 550 \cdot 10^{-9}\ m}{1{,}9864 \cdot 10^{-25} Jm} = 4{,}87 \cdot 10^{16}\ \frac{1}{s}$$

b) Da die Strahlung isotrop erfolgt, gilt für die Anzahl n_1 der Photonen, die in die Pupille gelangen

$$\frac{n}{n_1} = \frac{4\pi d^2}{\pi r^2} \Rightarrow n_1 = \frac{n}{4}\left(\frac{r}{d}\right)^2 = \frac{4{,}87 \cdot 10^{16}\ \frac{1}{s}}{4}\left(\frac{3{,}5 \cdot 10^{-3}\ m}{10^3\ m}\right)^2 = 1{,}49 \cdot 10^5\ \frac{1}{s}$$

Es gelangen etwa 150 Tsd. Photonen pro Sekunde ins Auge.

c) Der (Mindest-)Strahlungsfluss im Auge muss sein $E_1 = \frac{P_{auge}}{\pi r^2}$. Der Strahlungsfluss der Kerze in der Entfernung d ist $E_2 = \frac{P}{4\pi d^2}$. Gleichsetzen liefert

$$\frac{P_{auge}}{\pi r^2} = \frac{P}{4\pi d^2} \Rightarrow d = \frac{r}{2}\sqrt{\frac{P}{P_{auge}}} = \frac{3{,}5 \cdot 10^{-3}\ m}{2}\sqrt{\frac{1{,}76 \cdot 10^{-2}\ W}{3 \cdot 10^{-17}\ W}} = 4{,}2 \cdot 10^4\ m$$

Die Kerze ist (bei idealen Bedingungen) bis zur Entfernung von 42 km mit dem bloßen Auge zu sehen.

Aufgabe 99: Druckverbreiterung
Neben der thermischen und Doppler-Verbreiterung der Spektrallinien, ist auch die Stoß- oder Druckverbreiterung für die Auswertung von Spektren wichtig. Für die Druckverbreiterung gilt

$$\Delta\lambda = \lambda^2 \frac{n\sigma}{\pi c}\sqrt{\frac{2kT}{m}}$$

Dabei ist n die Anzahldichte der Teilchen, m ihre Masse und σ der Wirkungsquerschnitt. Bestimmen Sie die Druckverbreiterung der H_α-Linien an der Sonnenoberfläche $T = 6000\ K$. Verwenden Sie folgenden Daten: $n = 1{,}5 \cdot 10^{13}\ \frac{1}{m^3}$ und $\sigma = 10^{-21} m^2$.

Lösung 99:

Die H_α-Linie berechnet sich aus der Rydberg-Formel

$$\frac{1}{\lambda} = R_H\left[\frac{1}{2^2} - \frac{1}{3^2}\right] = 1{,}0967758 \cdot 10^7\ \frac{1}{m} \cdot \frac{5}{36} \Rightarrow \lambda = 656{,}47\ nm$$

Einsetzen der Werte liefert

$$\Delta\lambda = (6{,}5647 \cdot 10^{-7} m)^2\ \frac{1{,}5 \cdot 10^{13}\ \frac{1}{m^3} \cdot 10^{-21} m^2}{\pi \cdot 2{,}998 \cdot 10^8\ \frac{m}{s}}\sqrt{\frac{2 \cdot 1{,}3807 \cdot 10^{-23}\ \frac{J}{K} \cdot 6 \cdot 10^3 K}{1{,}673 \cdot 10^{-27} kg}}$$

$$\Rightarrow \Delta\lambda = 6{,}8 \cdot 10^{-26}\ m$$

Die Stoß- bzw. Druckverbreiterung auf der Sonne ist vernachlässigbar gegenüber der thermischen Verbreiterung. Diese berechnet sich durch die Formel

$$\Delta\lambda = \frac{\lambda}{c}\sqrt{\frac{8\ln(2)\ kT}{m}} = \frac{6{,}5611 \cdot 10^{-7} m}{2{,}998 \cdot 10^8\ \frac{m}{s}}\sqrt{\frac{8\ln(2) \cdot 1{,}3807 \cdot 10^{-23}\ \frac{J}{K} \cdot 6 \cdot 10^3 K}{1{,}673 \cdot 10^{-27} kg}}$$

$$\Rightarrow \Delta\lambda = 3{,}6 \cdot 10^{-11}\ m = 0{,}036\ nm$$

Aufgabe 100: Extinktion 2

Beobachtet wird ein Stern des Spektraltyps A0 V und der scheinbaren Helligkeit $m_V = 15{,}7$. Der Stern ist Mitglied eines Sternhaufens der Entfernung $r = 0{,}95\ kpc$.
a) Wie groß ist die Absorption A_V im Visuellen?
b) Welchen Fehler macht man bei der Entfernungsberechnung ohne Berücksichtigung der Extinktion bzw. ohne Kenntnis der Sternhaufen-Entfernung?

Lösung 100:

a) Für die Spektralklasse A0 findet man für Hauptreihensterne die absolute Helligkeit $M_V = 1{,}0$ (vgl. Tabelle im Anhang). Aus dem Entfernungsmodul ergibt sich

$$A_V = m_V - M_V - 5\log\frac{r}{10pc} = 15{,}7 - 1{,}0 - 5\log\frac{950\,pc}{10\,pc} = 4{,}8$$

b) Ohne Berücksichtigung der Absorption ergibt sich die Entfernung

$$r = 10pc \cdot 10^{0{,}2(15{,}7-1)} = 8{,}7\,kpc$$

Man macht einen Fehler von $\left|\frac{0{,}950-8{,}7}{0{,}950}\right| = 8{,}2 \approx 820\,\%$; d.h. Rechnung b) ist wertlos.

Aufgabe 101: Näherungen des Planck-Gesetzes

Betrachtet wird das Plancksche Gesetz in der Wellenlängendarstellung

$$B_\lambda d\lambda = \frac{2hc^2}{\lambda^5}\frac{1}{e^{hc/\lambda kT}-1}d\lambda$$

a) Ermitteln Sie die Näherung von Rayleigh-Jeans für große Wellenlängen
b) Bestimmen Sie die Näherung von Wien für kleine Wellenlängen
c) Welche Näherung kann im Visuellen ($\lambda = 500\,nm$) für die Sonne angewandt werden?
d) Geben Sie die Wiensche Näherung in Frequenzdarstellung an!

Lösung 101:

a) Setzt man $x = \frac{hc}{\lambda kT}$, so folgt $x \to 0$ für $\lambda \to \infty$. Mit Hilfe der Näherung $e^x \approx 1 + x$ ($x \ll 1$) folgt dann im Nenner $e^{hc/\lambda kT} - 1 \approx 1 + \frac{hc}{\lambda kT} - 1 = \frac{hc}{\lambda kT}$. Dies liefert die Rayleigh-Jeans-Näherung

$$B_\lambda = \frac{2hc^2}{\lambda^5}\frac{\lambda kT}{hc} = \frac{2c}{\lambda^4}kT$$

Bemerkenswert ist, dass diese Näherung das Plancksche Wirkungsquantum nicht mehr enthält.

b) Im Fall $\lambda \to 0$ folgt $x \to \infty$. Somit wächst die Exponentialfunktion über alle Grenzen, so dass die Eins im Nenner vernachlässigt werden kann. Dies ergibt die Wiensche Näherung

$$B_\lambda = \frac{2hc^2}{\lambda^5}e^{-hc/\lambda kT}$$

c) Einsetzen die Sonnenwerte $\lambda = 500\,nm, T = 6000\,K$ liefert

$$x = \frac{hc}{\lambda kT} = \frac{1{,}98 \cdot 10^{-25} Jm}{5 \cdot 10^{-7}m \cdot 1{,}38 \cdot 10^{-23}\frac{J}{K} \cdot 6 \cdot 10^3 K} = 4{,}8$$

Es ist eher die Wiensche Näherung angebracht.

d) Aus $\lambda f = c$ folgt $\lambda = \frac{c}{f} \Rightarrow \left|\frac{d\lambda}{df}\right| = \frac{c}{f^2} \Rightarrow |d\lambda| = \frac{c}{f^2} df$. Einsetzen ergibt

$$B_\lambda d\lambda = \frac{2hc^2}{\lambda^5} e^{-hc/\lambda kT} d\lambda \Rightarrow B_f df = \frac{2hc^2}{\left(\frac{c}{f}\right)^5} e^{-hf/kT} \frac{c}{f^2} df = \frac{2hf^3}{c^2} e^{-hf/kT} df$$

Aufgabe 102: Photonenfluss

Bestimmen Sie den Photonenfluss der Sonne, dessen Energie zur Ionisation von Wasserstoff ausreicht! Verwenden Sie dabei das Integral

$$\int x^2 e^{-ax} dx = \frac{e^{-ax}}{a^3}[-ax(ax+2)-2]$$

Lösung 102:

Zur Ionisationsenergie $W = 13{,}6\, eV$ gehört die Frequenz

$$W = hf_0 \Rightarrow f_0 = \frac{W}{h} = \frac{13{,}60\, eV}{4{,}1357 \cdot 10^{-15} eVs} = 3{,}29 \cdot 10^{15}\, Hz$$

Der gesuchte Photonenfluss ergibt sich aus dem Integral $\frac{1}{hf}\int_{f_0}^\infty B_f df$. Mit der Wienschen Näherung folgt

$$n_\gamma = \frac{1}{hf}\int_{f_0}^\infty B_f df = \frac{1}{hf}\int_{f_0}^\infty \frac{2hf^3}{c^2} e^{-hf/kT} df = \frac{2}{c^2}\int_{f_0}^\infty f^2 e^{-hf/kT} df$$

Das angegebene Integral liefert mit $a = \frac{h}{kT}$

$$n_\gamma = \frac{2}{c^2}\left[\frac{e^{-ax}}{a^3}(-a^2 x^2 - 2ax - 2)\right]_{f_0}^\infty = \frac{2}{c^2}\left[\frac{e^{-af_0}}{a^3}(a^2(f_0)^2 + 2af_0 + 2)\right]$$

Rücksubstitution ergibt

$$n_\gamma = \frac{2}{c^2}\left(\frac{h}{kT}\right)^{-3} e^{-\frac{h}{kT}f_0}\left[\left(\frac{h}{kT}\right)^2 (f_0)^2 + 2\frac{h}{kT}f_0 + 2\right]$$

Die Zwischenrechnung für den Term $\frac{hf_0}{kT}$ liefert für die Sonnentemperatur

$$\frac{hf_0}{kT} = \frac{4{,}136 \cdot 10^{-15} eVs}{8{,}617 \cdot 10^{-5}\frac{eV}{K} \cdot 6 \cdot 10^3 K} \cdot 3{,}29 \cdot 10^{15}\, Hz = 26{,}32$$

Einsetzen zeigt

$$n_\gamma = \frac{2}{\left(3 \cdot 10^8 \frac{m}{s}\right)^2} (8 \cdot 10^{-15} s)^{-3} e^{-26{,}32} [(26{,}32)^2 + 2 \cdot 26{,}32 + 2] = 1{,}2 \cdot 10^{17} \frac{1}{m^2 s}$$

Der gesuchte Photonenfluss beträgt $1{,}2 \cdot 10^{17} \frac{1}{m^2 s}$.

Aufgabe 103: Farbindex
Die Differenz zweier scheinbarer Helligkeiten bei gegebener Wellenlänge heißt der Farbindex (FI). Das bekannte UBV-System verwendet die Wellenlängen $U = 365\ nm$, $B = 440\ nm$, $V = 550\ nm$.
a) Leiten Sie aus der Wienschen Näherung des Planck-Gesetzes einen Zusammenhang mit der Farbtemperatur her!
b) Skalieren Sie die Formel für die Farbindizes $U - B$ bzw. $B - V$.
c) Da die Farbtemperatur nur eine Näherung für die Strahlungstemperatur ist, erreicht man mit der Formel

$$B - V = \frac{7100\ K}{T} - 0{,}71$$

eine bessere Annäherung. Bestimmen Sie damit die Farbtemperaturen folgender Sterne

Stern	Spektrum	U	B	V
γ UMa	A0	2,44	2,44	2,44
ρ Gem	F0	4,46	4,49	4,17
Sonne	G2	-26,06	-26,16	-26,78

Lösung 103:
a) Die Wiensche Näherung lautet in der Wellenlängendarstellung

$$B_\lambda d\lambda = \frac{2hc^2}{\lambda^5} e^{-\frac{hc}{\lambda kT}} d\lambda$$

Für die Differenz der scheinbaren Helligkeiten folgt

$$m_1 - m_2 = -2{,}5 \log \frac{B_{\lambda 1}}{B_{\lambda 2}} = -2{,}5 \log \left\{ \left(\frac{\lambda_2}{\lambda_1}\right)^5 \exp\left[\left(-\frac{hc}{kT}\right)\left(\frac{1}{\lambda_1} - \frac{1}{\lambda_2}\right)\right] \right\}$$

Nach logarithmischer Umformung ergibt sich

$$m_1 - m_2 = -12{,}5 \log \frac{\lambda_2}{\lambda_1} - \frac{2{,}5}{\ln 10}\left(-\frac{hc}{kT}\right)\left(\frac{1}{\lambda_1} - \frac{1}{\lambda_2}\right) = 12{,}5 \log \frac{\lambda_1}{\lambda_2} + 1{,}086 \frac{hc}{kT}\left(\frac{1}{\lambda_1} - \frac{1}{\lambda_2}\right)$$

b) Für den Farbindex $U - B$ liefert dies mit $\frac{hc}{k} = 1{,}4388 \cdot 10^{-2} mK$

$$\Rightarrow U - B = 12{,}5 \log \frac{365 \, nm}{440 \, nm} + \frac{1{,}562 \cdot 10^{-2} mK}{T} \left(\frac{1}{3{,}65 \cdot 10^{-7} \, m} - \frac{1}{4{,}40 \cdot 10^{-7} \, m} \right)$$

$$\Rightarrow U - B = -1{,}01 + \frac{7290 \, K}{T}$$

Für den Farbindex $B - V$ ergibt sich analog

$$B - V = 12{,}5 \log \frac{440 \, nm}{550 \, nm} + \frac{1{,}562 \cdot 10^{-2} mK}{T} \left(\frac{1}{4{,}40 \cdot 10^{-7} \, m} - \frac{1}{5{,}50 \cdot 10^{-7} \, m} \right)$$

$$\Rightarrow B - V = -1{,}21 + \frac{7100 \, K}{T}$$

c) Mit der angegebenen Formel folgt die Temperatur

$$B - V = \frac{7100 \, K}{T} - 0{,}71 \Rightarrow T = \frac{7100 \, K}{B - V + 0{,}71}$$

Für den Stern γ UMa verschwinden die Farbindizes, da die A0-Sterne den Nullpunkt der FI-Skala bilden.

$$B - V = 0 \Rightarrow T = \frac{7100 \, K}{0{,}71} = 10^4 \, K$$

Für A0-Sterne stimmen Farb- und Strahlungstemperatur überein. Für den Stern ρ Gem folgt mit dem Wert $B - V = 4{,}49 - 4{,}17 = 0{,}32$ die Farbtemperatur

$$T = \frac{7100 \, K}{B - V + 0{,}71} = \frac{7100 \, K}{0{,}32 + 0{,}71} = 6900 \, K$$

Für die Sonne ergibt sich mit $B - V = -26{,}16 + 26{,}78 = 0{,}62$

$$T = \frac{7100 \, K}{B - V + 0{,}71} = \frac{7100 \, K}{0{,}62 + 0{,}71} = 5300 \, K$$

Wie man im Fall der Sonne sieht, kann für späte Spektraltypen die Farb- von der Strahlungstemperatur abweichen. Da die Farbhelligkeiten sehr präzise zu messen sind, ist die Farbtemperatur eines Sterns genau bestimmt. Dagegen ist die bolometrische Helligkeit nicht direkt messbar, da hier das gesamte Spektrum bekannt sein muss.

Aufgabe 104: Absorption 3

Für einen Stern wird aus seiner Helligkeit unter Berücksichtigung der Absorption A_V im Visuellen die Entfernung r_1 ermittelt. Wie groß ist A_V, wenn die Berechnung ohne Absorption die doppelte Entfernung r_2 ergibt.

Lösung 104:

Der Ansatz des Entfernungsmoduls liefert durch Subtraktion

$$\left. \begin{array}{l} m - M = 5 \log \dfrac{r_1}{10pc} + A \\ m - M = 5 \log \dfrac{r_2}{10pc} \end{array} \right\} \xrightarrow[\text{Subtr.}]{} A + 5 \log \dfrac{r_1}{10pc} = 5 \log \dfrac{r_2}{10pc}$$

Logarithmisches Rechnen ergibt

$$\Rightarrow A = 5 \log \dfrac{r_2}{r_1} = 5 \log 2 = 1{,}51$$

Die Absorption im Visuellen beträgt 1,5 Größenklassen.

Aufgabe 105: Komet in Sonnennähe

Ein Komet hat einen Kern der Masse $M = 10^{13}\ kg$ mit Radius $R = 2{,}0\ km$. Seine Bahn in Sonnennähe hat die (mittlere) Entfernung 1,5 AE und wird in 100 Tagen durchlaufen. Die Albedo des Kometen soll vernachlässigt werden.

a) Bestimmen Sie die Solarkonstante S in 1,5 AE Entfernung und die Strahlungsleistung, die der Kometenkern empfängt

b) Welche Masse ΔM verliert der Kometenkern bei einem Umlauf? Nehmen Sie dazu an, dass der Kern überwiegend aus Eis besteht (spez. Schmelzwärme $Q = 2{,}26\ \frac{MJ}{kg}$)

c) Welche relative Radiusänderung folgt aus b) bei konstanter Dichte?

d) Wie viele Umläufe kann der Komet vollführen? Nehmen Sie dazu an, dass der Massenverlust konstant ist.

e) Die geschmolzenen Teilchen bilden einen (etwa zylinderförmigen) Schweif des Kometen mit der Dichte $\rho_{schweif} = 2 \cdot 10^{-18}\ \frac{kg}{m^3}$. Welche Länge hat der Schweif, wenn sein (zylindrischer) Radius $r = 2 \cdot 10^8 m$ beträgt?

Lösung 105:

a) Da für den Strahlungsfluss gilt $F \sim \frac{1}{r^2}$, folgt für die Solarkonstante

$$\frac{S}{S_\odot} = \left(\frac{1\ AE}{1{,}5\ AE}\right)^2 \Rightarrow S = \frac{S_\odot}{2{,}25} = 0{,}609\ \frac{kW}{m^2}$$

Die Querschnittfläche des Kometenkerns ist $A = \pi R^2$. Die empfangene Strahlungsleistung P ergibt sich zu

$$P = SA = 0{,}609 \frac{kW}{m^2} \pi (2 \cdot 10^3 m)^2 = 7{,}65 \cdot 10^9 \, W$$

b) Die in 100 Tagen aufgenommene Wärmeenergie ist

$$W = Pt = 7{,}65 \cdot 10^9 \, W \cdot 100 \cdot 24 \cdot 3600 s = 6{,}61 \cdot 10^{16} \, J$$

Damit kann folgende Eismasse geschmolzen werden

$$\Delta M = \frac{W}{Q} = \frac{6{,}61 \cdot 10^{16} \, J}{2{,}26 \cdot 10^6 \, \frac{J}{kg}} = 2{,}93 \cdot 10^{10} \, kg$$

Der relative Massenverlust ist

$$\frac{\Delta M}{M} = \frac{2{,}93 \cdot 10^{10} \, kg}{10^{13} \, kg} = 2{,}93 \cdot 10^{-3} = 2{,}9 \, ‰$$

c) Aus $M = \frac{4}{3} \pi \rho R^3$ folgt das totale Differenzial $\frac{dM}{M} = 3 \frac{dR}{R}$. Ersetzt man die Differenziale durch kleine Änderungen, so folgt

$$\frac{\Delta M}{M} = 3 \frac{\Delta R}{R} \Rightarrow \frac{\Delta R}{R} = \frac{1}{3} \frac{\Delta M}{M} = \frac{1}{3} 2{,}9 \cdot 10^{-3} = 0{,}98 \, ‰$$

Dies entspricht der Radiusänderung $\Delta R = 0{,}98 \cdot 10^{-3} R = 2{,}0 \, m$ bei einem Umlauf. Die Radiusänderung kann man auch elementar herleiten. Es gilt

$$\frac{\Delta M}{M} = \frac{\frac{4}{3} \pi \rho (R^3 - R'^3)}{\frac{4}{3} \pi \rho R^3} = \frac{R^3 - R'^3}{R^3} = 1 - \left(\frac{R'}{R}\right)^3$$

$$\Rightarrow \frac{R'}{R} = \sqrt[3]{1 - \frac{\Delta M}{M}} \Rightarrow \frac{R - \Delta R}{R} = \sqrt[3]{1 - \frac{\Delta M}{M}}$$

$$\Rightarrow 1 - \frac{\Delta R}{R} = \sqrt[3]{1 - \frac{\Delta M}{M}}$$

Einsetzen der Werte bestätigt das oben erhaltene Ergebnis

Kapitel 6 Sterne und Sternentwicklung 151

die kontrahierende Gravitationskraft stärker ist als die stabilisierende Kraft des Gasdrucks. Nicht berücksichtigt werden dabei eine mögliche Rotation bzw. Turbulenz oder ein auftretendes Magnetfeld.

a) Leitern Sie aus der Gleichheit der thermischen Energie von N Teilchen mit der potenziellen Energie einer Kugel den Jeans-Radius R_J her, bei der die Wolke gerade stabil ist.
b) Ermitteln Sie die zugehörige Jeans-Masse M_J durch Einführen der Dichte!
c) Bestimmen Sie Jeans-Radius und Dichte einer (molekularen) Wasserstoffwolke der Masse $M = 100\ M_\odot$ und Temperatur $T = 10K$.
d) Welche kritische Temperatur hat eine Wasserstoffwolke vom Radius $R = 7500\ AE$ und der Anzahldichte $n = 10^5\ cm^{-3}$.

Lösung 112:

a) Gleichsetzen der thermischen Energie von N Teilchen mit der potenziellen Energie einer Kugel liefert den Ansatz

$$\frac{3}{2}NkT = \left|\frac{3}{5}\frac{GM^2}{R}\right| \Rightarrow R = \frac{2GM^2}{5NkT}$$

Die Teilchenzahl N ergibt sich aus der Gesamtmasse mittels

$$N = \frac{M}{\mu m_p} \Rightarrow M = N\mu m_p$$

Einsetzen liefert den Jeans-Radius

$$R_J = \frac{2GM\mu m_p}{5kT}$$

b) Die Dichte einer kugelförmigen Verteilung ergibt sich aus

$$\rho = \frac{3M}{4\pi R^3} \Rightarrow M = \frac{4}{3}\pi\rho R^3$$

Einsetzen des Jeans-Radius liefert schließlich die gesuchte Jeans-Masse

$$M = \frac{4}{3}\pi\rho\left(\frac{2GM\mu m_p}{5kT}\right)^3 \Rightarrow M^2 = \frac{375}{32\pi}\left(\frac{kT}{G\mu m_p}\right)^3 \frac{1}{\rho} \Rightarrow M_J = 1{,}93\left(\frac{kT}{G\mu m_p}\right)^{3/2}\rho^{-1/2}$$

c) Einsetzen der gegebenen Werte liefert mit $\mu = 2$

$$R_J = \frac{2 \cdot 6{,}673 \cdot 10^{-11} \frac{m^3}{kgs^2} \cdot 1{,}989 \cdot 10^{30} kg \cdot 100 \cdot 2 \cdot 1{,}673 \cdot 10^{-27} kg}{5 \cdot 1{,}381 \cdot 10^{-23} \frac{J}{K} \cdot 10\, K}$$

$$\Rightarrow R_J = 1{,}29 \cdot 10^{17}\, m = 4{,}2\, pc$$

Die Dichte ergibt sich damit zu

$$\rho = \frac{3M}{4\pi R^3} = \frac{3 \cdot 100 \cdot 1{,}989 \cdot 10^{30} kg}{4\pi(1{,}29 \cdot 10^{17}\, m)^3} = 2{,}21 \cdot 10^{-20} \frac{kg}{m^3}$$

Die Jeans-Dichte lässt sich auch formelmäßig angeben

$$M^2 = \frac{375}{32\pi} \frac{1}{\rho} \left(\frac{kT}{G\mu m_p}\right)^3 \Rightarrow \rho = \frac{375}{32\pi} \left(\frac{kT}{G\mu m_p}\right)^3 \frac{1}{M^2} = 3{,}73 \left(\frac{kT}{G\mu m_p}\right)^3 \frac{1}{M^2}$$

Die Wasserstoffwolke hat den Radius 4,2 pc.

d) Umformen des Jeans-Radius und einsetzen der Masse liefert die Jeans-Temperatur

$$T = \frac{2G\mu m_p}{5kR} M = \frac{2G\mu m_p}{5kR} \frac{4}{3}\pi \rho R^3 = \frac{8\pi}{15} \frac{G\mu m_p}{k} \rho R^2$$

Die Dichte berechnet aus

$$\rho = n\mu m_p = 10^{11} \frac{1}{m^3} \cdot 2 \cdot 1{,}673 \cdot 10^{-27} kg = 3{,}35 \cdot 10^{-16} \frac{kg}{m^3}$$

Einsetzen in die Temperaturformel ergibt

$$T = \frac{8\pi}{15} \frac{6{,}673 \cdot 10^{-11} \frac{m^3}{kgs^2} \cdot 2 \cdot 1{,}673 \cdot 10^{-27} kg}{1{,}381 \cdot 10^{-23} \frac{J}{K}} \cdot 3{,}35 \cdot 10^{-16} \frac{kg}{m^3} (7{,}5 \cdot 10^3 \cdot 1{,}496 \cdot 10^{11}\, m)^2$$

$$\Rightarrow T = 11\, K$$

Die kritische Temperatur beträgt 11 K.

Aufgabe 113: Regulus

Der Stern Regulus (α Leonis) ist ein Hauptreihenstern vom Spektraltyp B7 V. Seine scheinbare Helligkeit ist $m_V = 1{,}36$; sein Farbindex $B - V = -0{,}11$.

a) Bestimmen Sie mit Hilfe einer Tabelle (vgl. Anhang) den Farbexzess E_{B-V} und schätzen Sie daraus

die Absorption im Visuellen ab.
b) Ermitteln Sie mit Hilfe einer Tabelle die absolute Helligkeit und damit die Entfernung von Regulus!
c) Überprüfen Sie das Ergebnis von b), wenn die jährliche Parallaxe $p = 0{,}0421''$ gemessen wird!

Lösung 113:
Mit Hilfe einer Tabelle interpoliert man die Eigenfarbe $(B - V)_0$ zu $-0{,}10$. Der Farbenexzess ist somit

$$E_{B-V} = (B - V) - (B - V)_0 = -0{,}11 + 0{,}10 = -0{,}01$$

Die Absorption im Visuellen ist somit sehr gering

$$A_V = 3 E_{B-V} = -0{,}03$$

b) Die absolute Helligkeit von Regulus wird aus einer Tabelle interpoliert zu $M_V = -0{,}46$. Die Entfernung ergibt sich aus dem Entfernungsmodul

$$m_V - M_V = 5 \log \frac{r}{10\,pc} + A_V$$

Auflösen nach der Entfernung liefert

$$r = 10pc \cdot 10^{0{,}2(m_V - M_V - A_V)} = 10pc \cdot 10^{0{,}2(1{,}36 + 0{,}46 + 0{,}03)} = 23\,pc$$

Die Entfernung von Regulus beträgt 23 pc.

c) Die jährliche Parallaxe ergibt hier die Entfernung

$$\frac{r}{pc} = \frac{1''}{0{,}0421''} \Rightarrow r = 24\,pc$$

Das Ergebnis von b) wird bestätigt.

Aufgabe 114: Akkretionsrate
Protosterne zwischen 5 und 15 Sonnenmassen haben die Akkretionsrate $\dot{M} = 10^{-5}\,M_\odot \frac{1}{a}$. Bei der Masse $8 M_\odot$ beginnt das Wasserstoffbrennen. Bestimmen Sie die Masse eines (Proto-) Sterns, bei dem die Leuchtkraft aus Massenakkretion gleich ist der ist aus dem Wasserstoffbrennen, welche sich aus der Relation $L \sim M^3$ ergibt! Verwenden Sie dabei die Masse-Radius-Relation $M \sim R^{3/5}$.

Lösung 114:
Die Leuchtkraft, resultierend aus dem H-Brennen, ist

$$\frac{L}{L_\odot} = \left(\frac{M}{M_\odot}\right)^3 \Rightarrow L_{Br} = M^3 \frac{L_\odot}{M_\odot^3}$$

Die Leuchtkraft, gespeist aus der Massenakkretion ist $L_{Akk} = \left|\frac{dW}{dt}\right| = G\frac{M\dot{M}}{R}$. Einsetzen der Massenrate und der Radius-Relation $\frac{R}{R_\odot} = \left(\frac{M}{M_\odot}\right)^{3/5} \Rightarrow R = R_\odot \left(\frac{M}{M_\odot}\right)^{3/5}$ liefert

$$L_{Akk} = GM \frac{10^{-5} M_\odot \frac{1}{a}}{R_\odot} \left(\frac{M_\odot}{M}\right)^{3/5}$$

Gleichsetzen der Leuchtkräfte liefert den Ansatz

$$M^3 \frac{L_\odot}{M_\odot^3} = GM^{2/5} \frac{10^{-5} M_\odot^{8/5} \frac{1}{a}}{R_\odot} \Rightarrow M^{13/5} = G\frac{10^{-5} M_\odot^{23/5} \frac{1}{a}}{L_\odot R_\odot} \Rightarrow \left(\frac{M}{M_\odot}\right)^{13/5} = G\frac{10^{-5} M_\odot^2 \frac{1}{a}}{L_\odot R_\odot}$$

Einsetzen der Werte ergibt

$$\left(\frac{M}{M_\odot}\right)^{13/5} = 6{,}673 \cdot 10^{-11} \frac{m^3}{kg s^2} \cdot \frac{10^{-5}(1{,}99 \cdot 10^{30} kg)^2}{3{,}83 \cdot 10^{26} W \cdot 6{,}96 \cdot 10^8 m \cdot 365 \cdot 24 \cdot 3600 s}$$

$$\Rightarrow \left(\frac{M}{M_\odot}\right)^{13/5} = 341 \Rightarrow M = 9{,}4 \, M_\odot$$

Bei einem beginnenden Hauptreihenstern ist bei der Masse $9{,}4 \, M_\odot$ die Leuchtkraft aus dem H-Brennen gleich der aus der Massenakkretion.

Aufgabe 115: AGB-Stern

AGB-Sterne sind Sterne bis 8 Sonnenmassen, die das Hauptreihenstadium hinter sich gelassen haben und nach dem Helium-Brennen sich dem asymptotischen Riesenast (*Asymptotic Giant Branch*) des HR-Diagramms nähern. Während der AGB-Phase kommt es zu einem starken Massenverlust nach der Beziehung von Bayer

$$\dot{M} = -4 \cdot 10^{-13} M_\odot \frac{M_\odot}{M} \frac{R}{R_\odot} \frac{L}{L_\odot} \frac{1}{a}$$

Betrachtet wird ein AGB-Stern mit den Parametern $2M_\odot$, $80 R_\odot$ und $1000 L_\odot$.
a) Ermitteln Sie den jährlichen Massenverlust dieses Sterns in Sonnenmassen!
b) Bestimmen Sie den weiteren Massenverlauf eines AGB-Sterns durch Integration unter der Annahme eines konstanten Radius und konstanter Leuchtkraft. Der Anfangswert sei $M(t=0) = M_0$.
c) Skizzieren Sie den Massenverlauf des Sterns!
d) Wie lange dauert es, bis der Stern seine Hülle vollständig abgeworfen hat; der verbleibenden Kern aus Kohlenstoff bzw. Sauerstoff habe die Masse $0{,}8 M_\odot$.

Lösung 115:

a) Einsetzen der gegebenen Werte liefert

$$\dot{M} = -4 \cdot 10^{-13} M_\odot \frac{1}{2} 80 \cdot 1000 \frac{1}{a} = -1{,}6 \cdot 10^{-8} M_\odot \frac{1}{a}$$

Der Massenverlust im Jahr des Sterns beträgt $1{,}6 \cdot 10^{-8} M_\odot$.

b) Die Integration liefert

$$\frac{dM}{dt} = \left[-4 \cdot 10^{-13} M_\odot \frac{R}{R_\odot} \frac{L}{L_\odot} \frac{1}{a}\right] \frac{M_\odot}{M} \Rightarrow \int_{M_0}^{M} M\, dM = \left[-4 \cdot 10^{-13} \frac{R}{R_\odot} \frac{L}{L_\odot} \frac{M_\odot^2}{a}\right] \int_0^t dt$$

$$\Rightarrow \frac{1}{2}[M(t)^2 - M_0^2] = \left[-4 \cdot 10^{-13} \frac{R}{R_\odot} \frac{L}{L_\odot} \frac{M_\odot^2}{a}\right] t \Rightarrow M(t) = \sqrt{M_0^2 - 8 \cdot 10^{-13} \frac{R}{R_\odot} \frac{L}{L_\odot} \frac{M_\odot^2}{a} t}$$

c)

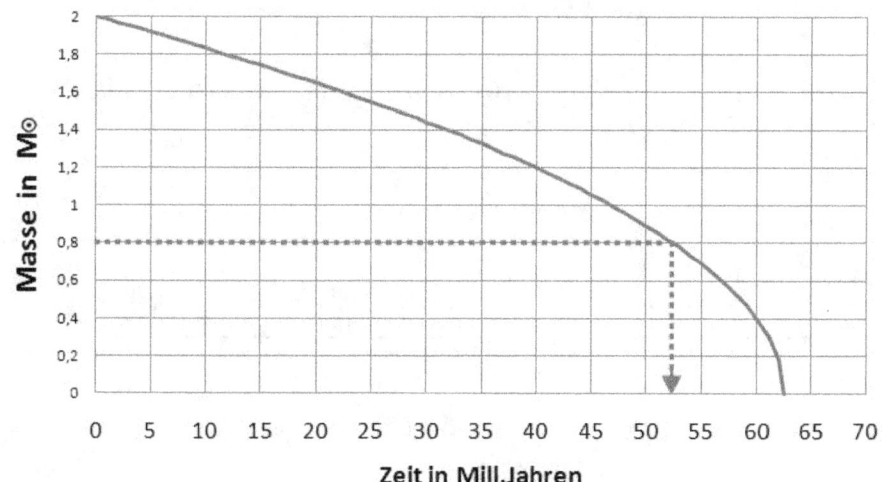

Abbildung 46: Massenänderung der Hülle eines AGB-Sterns

d) Auflösen nach der gesuchten Zeit liefert

$$t = \frac{1}{M_\odot^2} \frac{M_0^2 - M(t)^2}{8 \frac{R}{R_\odot} \frac{L}{L_\odot}} 10^{13}\, a$$

Einsetzen der Anfangs- und Endwerte ergibt

$$t = \frac{1}{M_\odot^2} \frac{4M_\odot^2 - 0{,}64M_\odot^2}{8 \frac{R}{R_\odot} \frac{L}{L_\odot}} 10^{13} a = \frac{3{,}36}{8 \cdot 80 \cdot 1000} 10^{13} a = 5{,}2 \cdot 10^7 a$$

Der AGB-Stern verliert seine Hülle in 52 Mill. Jahren.

Aufgabe 116: Massenobergrenze

Schätzen Sie aus der Eddington-Leuchtkraft die Massen-Obergrenze eines Hauptreihenstern her! Verwenden Sie die Masse-Leuchtkraft-Relation $L \sim M^{3,5}$.

Lösung 116:

Es gilt die Ungleichung

$$L < L_{edd} = 4\pi GM \frac{m_p c}{\sigma_{th}} \Rightarrow \frac{L}{L_\odot} < \frac{4\pi G m_p c}{\sigma_{th}} \frac{M}{L_\odot} = \frac{4\pi G m_p c M_\odot}{\sigma_{th} L_\odot} \frac{M}{M_\odot}$$

Einsetzen der Masse-Leuchtkraft-Relation liefert

$$\frac{L}{L_\odot} = \left(\frac{M}{M_\odot}\right)^{7/2}$$

$$\left(\frac{M}{M_\odot}\right)^{7/2} < \frac{4\pi G m_p c M_\odot}{\sigma_{th} L_\odot} \frac{M}{M_\odot} \Rightarrow \left(\frac{M}{M_\odot}\right)^{5/2} < \frac{4\pi G m_p c M_\odot}{\sigma_{th} L_\odot} \Rightarrow \frac{M}{M_\odot} < \left(\frac{4\pi G m_p c M_\odot}{\sigma_{th} L_\odot}\right)^{2/5}$$

Einsetzen der Werte ergibt

$$\frac{M}{M_\odot} < \left(\frac{4\pi \cdot 6{,}673 \cdot 10^{-11} \frac{m^3}{kg s^2} \cdot 1{,}673 \cdot 10^{-27} kg \cdot 2{,}998 \cdot 10^8 \frac{m}{s} \cdot 1{,}989 \cdot 10^{30} kg}{6{,}652 \cdot 10^{-29} m^2 \cdot 3{,}85 \cdot 10^{26} W}\right)^{2/5}$$

$$\Rightarrow \frac{M}{M_\odot} = 64$$

Die maximale Masse eines Hauptreihensterns beträgt ca. 64 Sonnenmassen.

Aufgabe 117: Temperaturobergrenze

Schätzen Sie Temperatur-Obergrenze eines Hauptreihenstern ab, wenn die maximale Masse auf der Hauptreihe $64 M_\odot$ ist. Verwenden Sie die Masse-Leuchtkraft-Relation $L \sim M^{7/2}$ und die Radius-Leuchtkraft-Relation $R \sim M^{3/5}$.

Lösung 117:

Einsetzen der Relationen

$$\frac{L}{L_\odot} = \left(\frac{M}{M_\odot}\right)^{7/2} \quad bzw. \quad \frac{R}{R_\odot} = \left(\frac{M}{M_\odot}\right)^{3/5}$$

in die Stefan-Boltzmann-Gleichung ergibt

$$\frac{L}{L_\odot} = \left(\frac{R}{R_\odot}\right)^2 \cdot \left(\frac{T}{T_\odot}\right)^4 \Rightarrow \left(\frac{M}{M_\odot}\right)^{7/2} = \left(\frac{M}{M_\odot}\right)^{6/5} \cdot \left(\frac{T}{T_\odot}\right)^4 \Rightarrow \left(\frac{M}{M_\odot}\right)^{23/10} = \left(\frac{T}{T_\odot}\right)^4$$

$$\Rightarrow T = T_\odot \left(\frac{M}{M_\odot}\right)^{23/40} = 5770\,K \cdot 64^{\frac{23}{40}} = 63.000\,K$$

Die Sterne vom Spektraltyp O5 V haben die Temperatur von etwa 44.000 K; die mögliche Temperatur eines Hauptreihensterns wird hier also stark überschätzt.

Aufgabe 118: Massenbilanz

Gesucht ist die Entwicklung eines Sterns der Anfangsmasse M_0. Sein Kern wächst durch die Anlagerung des fusionierten Heliums. Der Fusionsprozess liefert die Energie Q je kg Fusionsmaterie. Die Sternhülle verliert Masse aufgrund des Sonnenwinds; die Massenrate ist proportional zu der als konstant vorausgesetzten Leuchtkraft: $\dot{M} \sim -\alpha L$.

a) Bestimmen Sie die Masse des Kerns M_K als Funktion der Zeit. Dabei soll gelten $M_K(0) = 0$.
b) Ermitteln Sie die Masse der Hülle M_H als Zeitfunktion. Setzen Sie $M_H(0) = M_0$.
c) Wie groß ist die Masse des Kerns, wenn die Hülle aufgebraucht ist?
d) Berechnen Sie die Obergrenze von M_0, so dass der Stern zu einem Weißen Zwerg entwickelt.
Verwenden Sie folgende Werte: $Q = 5 \cdot 10^{14}\,\frac{J}{kg}$; $\alpha = 10^{-14}\,\frac{kg}{J}$.

Lösung 118:

a) Anlagerung der Masse dM in der Zeit dt liefert die Energie $dW = Q\,dM = L\,dt$. Integration liefert

$$dM = \frac{L}{Q}\,dt \Rightarrow \int_0^{M_K} dM = \frac{L}{Q}\int_0^t dt \Rightarrow M_K(t) = \frac{L}{Q}t$$

b) Die Sternhülle verliert sowohl die an den Kern gelagerte Masse wie auch die Masse des Sonnenwinds. Somit gilt

$$dM = -\left(\frac{L}{Q} + \alpha L\right)dt \Rightarrow \int_{M_0}^{M_H} dM = -L\left(\frac{1}{Q} + \alpha\right)[t]_0^t \Rightarrow M_H(t) = M_0 - L\left(\frac{1}{Q} + \alpha\right)t$$

c) Die Hülle ist abgetragen, wenn gilt

$$M_H(t) = 0 \Rightarrow M_0 = L\left(\frac{1}{Q} + \alpha\right)t \Rightarrow t = \frac{M_0}{L\left(\frac{1}{Q} + \alpha\right)}$$

Einsetzen in die Kernmasse liefert

$$M_K = \frac{L}{Q} \frac{M_0}{L\left(\frac{1}{Q} + \alpha\right)} = \frac{M_0}{1 + Q\alpha}$$

d) Der nur noch aus dem Kern bestehende Stern kann nur dann ein Weißer Zwerg werden, wenn seine Masse die Chandrasekhar-Grenze $1{,}4 M_\odot$ nicht übersteigt. Daher folgt

$$\frac{M_0}{1 + Q\alpha} < 1{,}4 M_\odot \Rightarrow M_0 < 1{,}4(1 + Q\alpha) M_\odot = 1{,}4\left(1 + 5 \cdot 10^{14} \frac{J}{kg} \cdot 10^{-14} \frac{kg}{J}\right) M_\odot = 8{,}4\, M_\odot$$

Die Anfangsmasse M_0 darf hier $8{,}4\, M_\odot$ nicht überschreiten.

Aufgabe 119: Radiusänderung

Betrachtet wird ein Protostern, der seine Strahlung aus Eigengravitation gewinnt. Die Energie der Strahlung ist nach dem Virialsatz gleich

$$E = \frac{1}{2}\left(-\frac{3}{5}\frac{GM^2}{R}\right) = -\frac{3}{10}\frac{GM^2}{R}$$

a) Zeigen Sie, dass gilt:

$$\frac{1}{E}\frac{dE}{dt} = \frac{1}{R}\frac{dR}{dt}$$

b) Bestimmen Sie die Energie eines Protosterns der Masse $M = 1\, M_\odot$ und des Radius $R = 500\, R_\odot$.

c) Welche zeitliche Radiusänderung ergibt sich bei der Abstrahlung von $1\, L_\odot$?

Lösung 119:

a) Die Strahlungsleistung ist die zeitliche Ableitung der Energie. Die Kettenregel liefert

$$\frac{dE}{dt} = \frac{dE}{dR}\frac{dR}{dt} = \frac{3}{10}\frac{GM^2}{R^2}\frac{dR}{dt} \Rightarrow \frac{dR}{dt} = \frac{10}{3}\frac{R^2}{GM^2}\frac{dE}{dt}$$

Damit lässt sich aus der Änderung der Energie die Änderung des Radius berechnen und umgekehrt. Einsetzen der Energie in die letzte Gleichung ergibt

$$\frac{dR}{dt} = \frac{R}{E}\frac{dE}{dt} \Rightarrow \frac{1}{E}\frac{dE}{dt} = \frac{1}{R}\frac{dR}{dt}$$

Für eine Kontraktion sind beide Ableitungen negativ.

b) Einsetzen der Werte liefert

$$E = -\frac{3}{10}\frac{G(1\,M_\odot)^2}{500\,R_\odot} = -\frac{3}{10}\frac{6{,}673\cdot 10^{-11}\frac{m^3}{kgs^2}\cdot(1{,}989\cdot 10^{30}kg)^2}{500\cdot 6{,}96\cdot 10^8 m} = -2{,}3\cdot 10^{38}\,J$$

c) Aus a) folgt

$$\frac{dR}{dt} = \frac{R}{E}\underbrace{\frac{dE}{dt}}_{L_\odot} = \frac{500\cdot 6{,}96\cdot 10^8 m}{-2{,}3\cdot 10^{38}\,J}\,3{,}83\cdot 10^{26}\,W = -0{,}58\,\frac{m}{s}$$

Der Radius schrumpft um 0,58 m pro Sekunde.

Aufgabe 120: HR-Diagramm

Betrachtet wird ein Hertzsprung-Russell (HR)-Diagramm mit logarithmischen Achsen (log T bzw. log L). Zeigen Sie, dass Sterne des gleichen Radius auf einer Geraden liegen und diese Geraden untereinander parallel sind!

Lösung 120:

Dividiert man die Stefan-Boltzmann-Gleichung

$$L = 4\pi R^2 \sigma T^4$$

durch die auf Sonnenwerte skalierte Gleichung, so erhält man

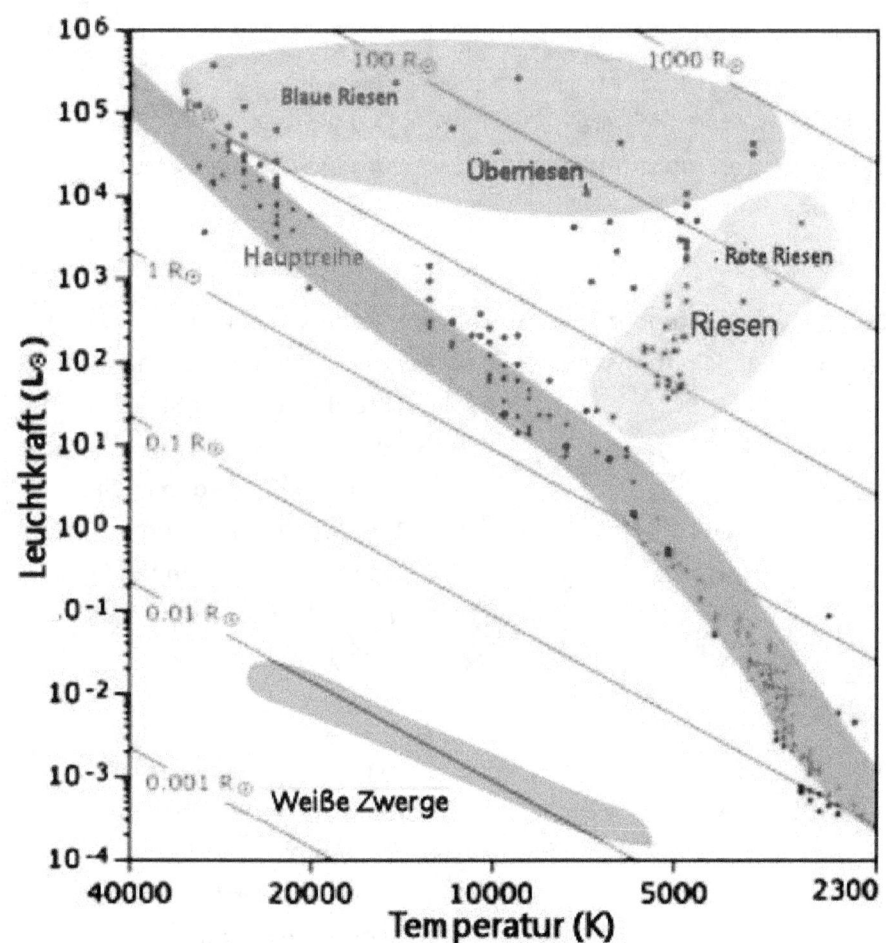

Abbildung 47: Hertzsprung-Russell-Diagramm

$$\frac{L}{L_\odot} = \left(\frac{R}{R_\odot}\right)^2 \cdot \left(\frac{T}{T_\odot}\right)^4$$

Nach dem Logarithmieren folgt

$$\underbrace{\log \frac{L}{L_\odot}}_{y} = 2 \log \frac{R}{R_\odot} + 4 \underbrace{\log \frac{T}{T_\odot}}_{x}$$

Für einen fest gewählten Radiuswert $2 \log \frac{R}{R_\odot} = r_1$ erhält man also eine Geradengleichung in der Form

$$y = r_1 + 4x$$

Für andere Radiuswerte $2 \log \frac{R}{R_\odot} = r_2$ folgt analog die Geradengleichung

$$y = r_2 + 4x$$

Letztere Geraden ist aufgrund der gleichen Steigung parallel zur ersten. Ordnet man, wie es meist geschieht, die Logarithmen der Temperaturen monoton fallend an, so werden auch die Geraden monoton fallend; die Parallelität bleibt erhalten.

Aufgabe 121: Inklination

Gegeben sind in einem Doppelsternsystem (Abstand a) zwei Sterne vom Radius r_1 bzw. r_2.
a) Bestimmen Sie allgemein den (Mindest-)Inklinationswinkel i, so dass es in Sichtlinie zu einer Überdeckung der Sternradien kommt.
b) Ermitteln Sie den Inklinationswinkel i in einem Doppelsternsystem mit $a = 1{,}0\ AE$ und den Radien $r_1 = 10 R_\odot$ bzw. $r_1 = R_\odot$.

Lösung 121:

a) Es kommt zu einer Überdeckung der Radien, wenn für den zur Sichtlinie senkrechte Abstand d der Mittelpunkte gilt:

$$d \leq r_1 + r_2$$

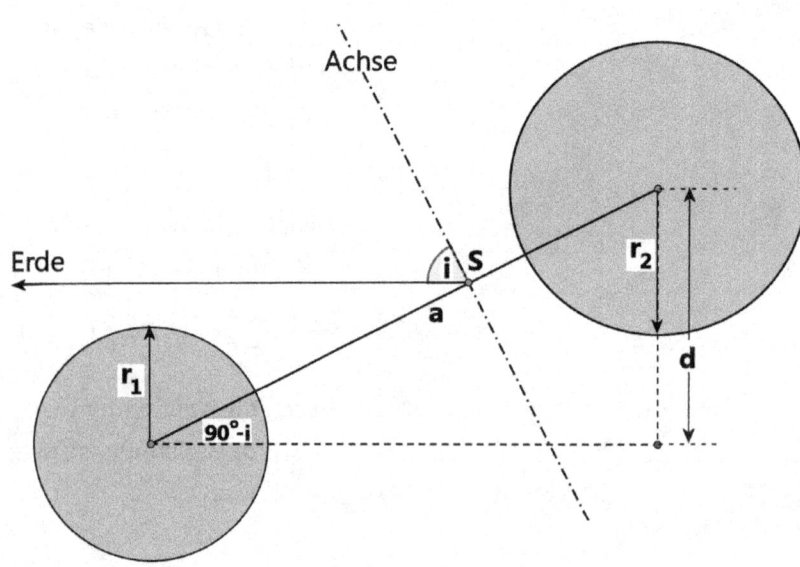

Abbildung 38: Inklinationswinkel eines Doppelsternsystems

Es gilt der Zusammenhang
$$\frac{d}{a} = \sin(90° - i) = \cos i$$
Somit folgt
$$a \cos i = d \leq r_1 + r_2$$
$$\cos i \leq \frac{r_1 + r_2}{a}$$
Wegen der Monotonieänderung der Umkehrfunktion, gilt
$$i \geq \arccos \frac{r_1 + r_2}{a}$$
b) Der (Mindest-)Inklinationswinkel ist hier
$$i \geq \arccos \frac{10 R_\odot + 1 R_\odot}{0{,}8\ AE} = \arccos \frac{11 \cdot 6{,}96 \cdot 10^8 m}{1{,}496 \cdot 10^{11} m} \Rightarrow i \geq 87{,}1°$$
Der Inklinationswinkel muss mindestens $87{,}1°$ betragen.

Aufgabe 122: Frei-Fall-Zeit
a) Leiten Sie aus dem Energiesatz eine Beziehung her, die die Zeit angibt, in der ein Stern nur unter der Wirkung der Gravitation zusammenfällt (Gravitationsinstabilität). Diese Zeit wird Frei-Fall-Zeit t_{FF} genannt.
Verwenden Sie das Integral $\int_0^1 \sqrt{\frac{x}{1-x}}\ dx = \frac{\pi}{2}$.

b) Zeigen Sie: Wählt man als Kollapsstrecke den Sternradius und als Geschwindigkeit die Fluchtgeschwindigkeit, so erhält man eine Beziehung, die bis auf Konstanten mit a) übereinstimmt
c) Welche Freifallzeit erhält man für die Sonne?

Lösung 122:
a) Kollabiert ein Stern vom Radius R vollständig zusammen, so folgt aus den Bewegungsgesetzen
$$\tau_{FF} = \int_0^R \frac{dr}{v(r)}$$
Die Geschwindigkeit $v(r)$ wird aus dem Energiesatz entnommen. Für ein Massenelement m gilt: Kinetische Energie gleich Änderung der potenziellen Energie einer Kugel
$$\frac{1}{2} m v^2 = -\frac{3}{5} G M m \left(\frac{1}{R} - \frac{1}{r}\right)$$
Kürzen und Auflösen nach $v(r)$ ergibt $v = \frac{dr}{dt} = \sqrt{\frac{6}{5} GM \left(\frac{1}{r} - \frac{1}{R}\right)}$. Trennung der Variablen und Integration zeigt

$$\tau_{FF} = \int_0^R \frac{dr}{\sqrt{\frac{6}{5}GM\left(\frac{1}{r}-\frac{1}{R}\right)}} = \frac{1}{\sqrt{\frac{6}{5}GM}} \int_0^R \frac{dr}{\sqrt{\frac{1}{r}-\frac{1}{R}}} = \frac{1}{\sqrt{\frac{6}{5}GM}} \int_0^R \frac{dr}{\sqrt{\frac{R-r}{rR}}}$$

Übergang zur dimensionslosen Variablen liefert die Substitution $x = \frac{r}{R} \Rightarrow r = Rx \Rightarrow dr = R \cdot dx$.
Einsetzen ergibt mit dem gegebenen Integral

$$\tau_{FF} = \sqrt{\frac{5R}{6GM}} \int_0^R \frac{dr}{\sqrt{\frac{R-r}{r}}} = \sqrt{\frac{5R^3}{6GM}} \int_0^1 \sqrt{\frac{x}{1-x}}\, dx = \sqrt{\frac{5\pi^2 R^3}{24GM}}$$

Einführen der Dichte

$$\rho = \frac{M}{\frac{4}{3}\pi R^3} \Rightarrow \frac{R^3}{M} = \frac{3}{4\pi\rho}$$

ergibt die endgültige Formel

$$\tau_{FF} = \sqrt{\frac{15}{96\pi G\rho}}$$

b) Nach Angabe gilt

$$\tau_{FF} = \frac{R}{v_F} = \frac{R}{\sqrt{\frac{2GM}{R}}} = \sqrt{\frac{R^3}{2GM}}$$

Einführen der Dichte (wie oben) liefert

$$\frac{R^3}{M} = \frac{3}{4\pi\rho} \Rightarrow \tau_{FF} = \sqrt{\frac{R^3}{2G \cdot \frac{4}{3}\pi\rho R^3}} = \sqrt{\frac{3}{8\pi G\rho}}$$

Man erhält hier dieselbe Funktionalität $\tau_{FF} \sim (G\rho)^{-1/2}$.

c) Für die Sonne liefert a)

$$\tau_{FF} = \sqrt{\frac{R^3}{2GM}} = \sqrt{\frac{(6{,}96 \cdot 10^8 \, m)^3}{2 \cdot 6{,}67 \cdot 10^{-11} \, \frac{m^3}{kg \cdot s^2} \cdot 1{,}99 \cdot 10^{30} \, kg}} = 0{,}31 \, h$$

Die Freifallzeit der Sonne beträgt etwa 20 Minuten.

Aufgabe 123: Barnards Stern

Barnards Stern ist der Stern mit der größten bekannten Eigenbewegung. Seine (jährliche) Parallaxe beträgt $p = 0{,}549''$, seine scheinbare Helligkeit $m = 9{,}54$, die Deklination $\delta = 4°41'2''$. Seine Radialgeschwindigkeit (relativ zur Sonne) ist $v_r = -110{,}6 \, kms^{-1}$. Die Komponenten der jährlichen Eigenbewegung in Äquatorkoordinaten sind $\mu_\alpha = -0{,}7987''$ bzw. $\mu_\delta = 10{,}337''$.

a) Ermitteln Sie Entfernung r und Eigenbewegung μ des Sterns!
b) Skalieren Sie die Formel der Eigenbewegung $v_t = \mu r$ auf Bogensekunden pro Jahr $\left(1'' \frac{1}{a}\right)$ und parsec!
c) Bestimmen Sie die Raumgeschwindigkeit des Sterns (relativ zur Sonne) und den Winkel β zwischen Sichtlinie und Raumbewegung.
d) Berechnen Sie den minimalen Abstand r_{min} zur Sonne!
e) Ermitteln Sie den Zeit, die der Stern benötigt, um den minimalen Abstand zu erreichen.
f) Welche Parallaxe und Helligkeit hat der Stern im minimalen Abstand von der Sonne? Nehmen Sie dabei an, dass die absolute Helligkeit des Sterns konstant ist.

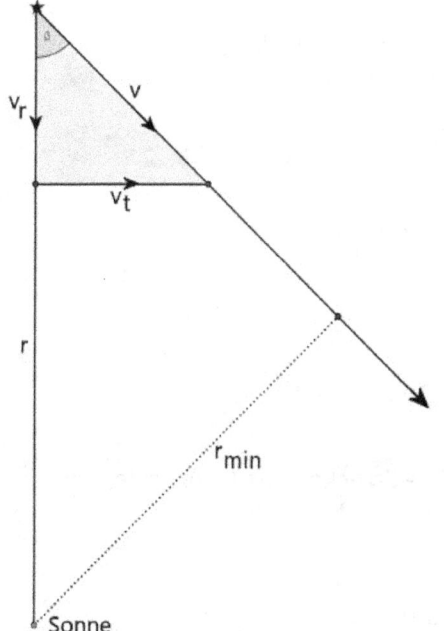

Abbildung 49: Radial- und Tangentialgeschwindigkeit eines Sterns

Lösung 123:

a) Der Abstand beträgt (nach Definition der pc) $\frac{r}{pc} = \frac{1''}{p}$
$\Rightarrow r = \frac{1}{0{,}549} \, pc = 1{,}82 \, pc$. Die jährliche Eigenbewegung ergibt sich aus

$$\mu = \sqrt{(\mu_\alpha \cos \delta)^2 + \mu_\delta^2} = \sqrt{(-0{,}7987'' \cdot \cos 4{,}684°)^2 + (10{,}337'')^2} = 10{,}368''$$

b) Umrechnen der gegebenen Einheiten liefert mit $1'' = \frac{1°}{3600}$ ins Bogenmaß

$$1''\frac{1}{a} \cdot pc = \frac{\pi}{180} \frac{1}{3600} \frac{1}{365{,}24 \cdot 24 \cdot 3600 s} \cdot 3{,}086 \cdot 10^{16} m = 4{,}74 \frac{km}{s}$$

Damit folgt die skalierte Gleichung der Eigenbewegung

$$v_t = \mu r = \mu r \frac{4{,}74 \frac{km}{s}}{1''\frac{1}{a} \cdot pc} = 4{,}74 \frac{km}{s} \frac{\mu}{1''/a} \frac{r}{pc}$$

c) Die Tangentialgeschwindigkeit bestimmt sich aus der skalierten Gleichung

$$v_t = 4{,}74 \frac{km}{s} \frac{\mu}{1''/a} \frac{r}{pc} = 4{,}74 \frac{km}{s} \cdot 10{,}368 \cdot 1{,}82 = 89{,}44 \frac{km}{s}$$

Die Raumgeschwindigkeit berechnet sich aus den senkrechten (kartesischen) Komponenten

$$v = \sqrt{v_r^2 + v_t^2} = \sqrt{(-110{,}6\ kms^{-1})^2 + (89{,}44\ kms^{-1})^2} = 142\ kms^{-1}$$

Die Raumgeschwindigkeit beträgt $142\ kms^{-1}$. Der Sichtwinkel folgt aus

$$\sin \beta = \frac{v_t}{v} = \frac{89{,}44\ kms^{-1}}{142\ kms^{-1}} \Rightarrow \beta = 39{,}0°$$

d) Es gilt (vgl. Bild 49)

$$\frac{r_{min}}{r} = \sin \beta \Rightarrow r_{min} = r \sin \beta = 1{,}82\ pc \cdot \sin 39{,}0° = 1{,}15\ pc$$

e) Zum Erreichen des minimalen Sonnenabstands muss der Stern die Strecke $r\cos \beta$ zurücklegen; dafür benötigt er die Zeit

$$t = \frac{r\cos \beta}{v} = \frac{1{,}82 \cdot 3{,}0857 \cdot 10^{13} km \cdot \cos 39{,}0°}{142\ kms^{-1}} = 3{,}07 \cdot 10^{11} s = 9700\ a$$

f) Da der Parallaxenwinkel indirekt proportional zur Entfernung ist, gilt

$$\frac{p_{min}}{p} = \frac{r}{r_{min}} \Rightarrow p_{min} = p \frac{r}{r_{min}} = \frac{p}{\sin \beta} = \frac{0{,}549''}{\sin 39{,}0°} = 0{,}872''$$

Mit dem Entfernungsmodul folgen die Gleichungen

$$m - M = 5 \log \frac{r}{10pc} \therefore m_{min} - M = 5 \log \frac{r_{min}}{10pc}$$

Subtraktion liefert

$$m - m_{min} = 5\log\frac{r}{10pc} - 5\log\frac{r_{min}}{10pc} = 5\log\frac{r}{r_{min}}$$

Damit folgt

$$m_{min} = m + 5\log\frac{r_{min}}{r} = 9{,}54 + 5\log\frac{1{,}15\ pc}{1{,}82\ pc} = 8{,}54$$

Barnards Stern wird in 9700 Jahren seine minimale Sonnenentfernung von 1,15 pc einnehmen und dabei die scheinbare Helligkeit 8,54 haben.

Aufgabe 124: Sternstromparallaxe

Für den Stern δ Tau (Delta Tauri) gilt: $v_r = 38{,}8\ \frac{km}{s}$, und $\mu = 0{,}1077''\ \frac{1}{a}$. Der Winkel zwischen Eigenbewegung und Richtung des Vertex (scheinbarer Konvergenzpunkt) ist $\alpha = 29{,}1°$.
a) Bestimmen Sie die Raumgeschwindigkeit des Sterns!
b) Der bekannte Sternhaufen Hyaden hat eine mittlere Geschwindigkeit von $45\ kms^{-1}$. Kann δ Tau Mitglied des Hyaden-Haufens sein?
c) Ermitteln Sie die Entfernung des Hyaden-Haufens!

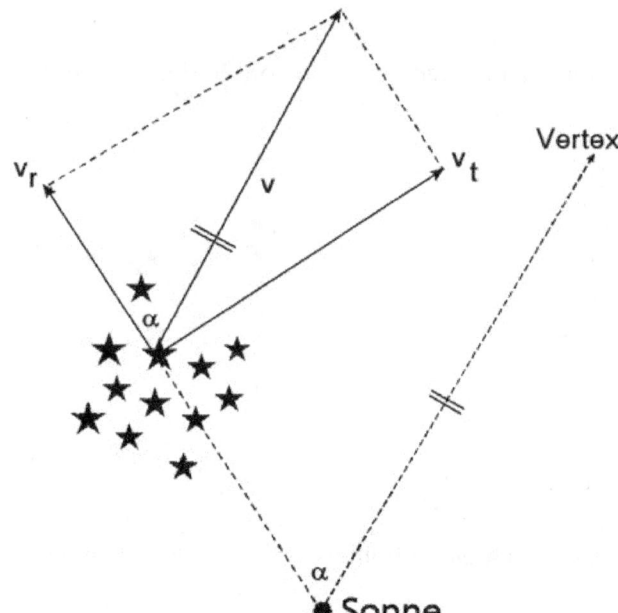

Abbildung 50: Sternstromparallaxe

Lösung 124:
a) Es folgt

$$\frac{v_t}{v_r} = \tan\alpha \Rightarrow v_t = v_r\tan\alpha \quad (1)$$

Die Raumgeschwindigkeit beträgt damit

$$v = \sqrt{v_r^2 + v_t^2} = \sqrt{v_r^2 + v_r^2(\tan\alpha)^2}$$

$$\Rightarrow v = v_r\sqrt{1 + (\tan\alpha)^2}$$

$$\Rightarrow v = 38{,}8\frac{km}{s}\sqrt{1 + (\tan\ 29{,}1°)^2} = 44{,}4\frac{km}{s}$$

b) Die Raumgeschwindigkeit weicht nur wenig von der

mittleren Haufengeschwindigkeit ab; δ Tau kann also zum Hyaden-Haufen gehören.

c) Gleichsetzen der Tangentialgeschwindigkeit (1) mit der skalierten Formel der Eigenbewegung $v_t = 4{,}74 \frac{km}{s} \frac{\mu}{1''/a} \frac{r}{pc}$ liefert den Ansatz für die Entfernung

$$\frac{r}{pc} = \frac{v_r \tan \alpha}{4{,}74 \frac{km}{s} \frac{\mu}{1''/a}} \Rightarrow r = \frac{38{,}8 \frac{km}{s} \tan 29{,}1°}{4{,}74 \frac{km}{s} \, 0{,}1077} = 42{,}3 \, pc$$

Die Entfernung des Hyaden-Haufens ist damit $r = 42 \, pc$. Der Stern hat nach den Messungen des HIPPARCOS-Satelliten die (jährliche) Parallaxe $p = 0{,}02129''$. Sein genauer Abstand ist damit 47,0 pc.

Aufgabe 125: Stellarstatistik

Man nehme vereinfachend an, dass alle Sterne gleichmäßig im Raum verteilt sind und gleiche absolute Helligkeit M bzw. Leuchtkraft L haben. Ferner soll keine Absorption von Licht stattfinden. Zeigen Sie, dass unter den genannten Bedingungen, für die Anzahl der Sterne von der Mindesthelligkeit m gilt

$$N(> m) \sim 10^{0{,}6m}$$

Lösung 125:

Die Anzahl der Sterne bis zur Entfernung r ist proportional zum Kugelvolumen vom Radius r. Somit gilt

$$N(< r) \sim r^3$$

Für die Sterne der Entfernung r gilt wegen $M = const$

$$r = 10pc \cdot 10^{0{,}2(m-M)} \Rightarrow r \sim 10^{0{,}2m}$$

Insgesamt ergibt sich

$$N(< r) \sim (10^{0{,}2m})^3 = 10^{0{,}6m}$$

Die Sterne, die eine kleinere Entfernung als r haben, sind auch die mit einer größeren Helligkeit als m. Somit folgt die Behauptung

$$N(> m) \sim 10^{0{,}6m}$$

Alternativlösung:

Die Anzahl der Sterne bis zum Abstand r ist bei der konstanten Anzahldichte n

$$N(r) = n\frac{4}{3}\pi r^3$$

Der Strahlungsfluss F bei gleicher Leuchtkraft L beträgt

$$F = \frac{L}{4\pi r^2} \Rightarrow r^2 = \frac{L}{4\pi F} \Rightarrow r^3 = \left(\frac{L}{4\pi F}\right)^{3/2}$$

Eingesetzt ergibt sich mit einer Konstanten a

$$N(F) = n\frac{4}{3}\pi \left(\frac{L}{4\pi F}\right)^{3/2} = aF^{-3/2}$$

Logarithmieren zeigt mit einer Konstanten b

$$\log N = -\frac{3}{2}\log F + b$$

Einsetzen der scheinbaren Helligkeit $m = -\frac{5}{2}\log\frac{F}{F_0} \Rightarrow \log F = -\frac{2}{5}m + c$ liefert mit einer Konstanten A

$$\log N = -\frac{3}{2}\left(-\frac{2}{5}m + c\right) + b = \frac{3}{5}m + A \Rightarrow N \sim 10^{0,6m}$$

Kapitel 7 Veränderliche Sterne

Aufgabe 126: Delta-Cepheide

Ein Delta-Cepheide ändert seine Strahlungstemperatur zwischen $T_1 = 5800\ K$ bzw. $T_2 = 7000\ K$ und seine scheinbare Helligkeit um $\Delta m = 1$. Wie groß ist seine relative Radiusänderung?

Lösung 126:

Für die Strahlungströme im Helligkeitsmaximum bzw. Minimum gilt

$$m_1 - m_2 = -2{,}5\ log\frac{E_1}{E_2}$$

Da sich die Entfernung des Cepheiden konstant bleibt, kann die Differenz der scheinbaren Helligkeiten ersetzt werden durch die der absoluten. Daher kann man die Strahlungströme durch die Leuchtkräfte ersetzen

$$\Delta m = -2{,}5\ log\frac{L_1}{L_2}$$

Einsetzen der Leuchtkraft nach Stefan-Boltzmann liefert $L = 4\pi R^2 \sigma T^4$ oder nach logarithmischer Rechnung

$$\Delta m = -5\ log\frac{R_1}{R_2} - 10\ log\frac{T_1}{T_2}$$

Auflösen nach dem Radius zeigt

$$5\ log\frac{R_1}{R_2} = -\Delta m - 10\ log\frac{T_1}{T_2}$$

Einsetzen der gegebenen Werte zeigt

$$\Rightarrow \frac{R_1}{R_2} = 10^{-\frac{1}{5}\left(\Delta m + 10\ log\frac{T_1}{T_2}\right)} = 10^{\frac{1 + 10 \cdot log\ (5800/7000)}{-5}} = 0{,}919$$

Einführen des mittleren Radius R mit der Abweichung $\pm \Delta R$ liefert

$$\frac{R_1}{R_2} = \frac{R - \Delta R}{R + \Delta R}$$

Einsetzen der gegebenen Werte und Erweitern ergibt

$$R - \Delta R = 0{,}919(R + \Delta R)$$

Vereinfachen gibt $0{,}081 R = 1{,}919\, \Delta R$. Dies liefert das Ergebnis:

$$\frac{\pm \Delta R}{R} = \frac{\pm 0{,}081}{1{,}919} = \pm 0{,}042$$

Der mittlere Radius ändert sich also um $\pm 4{,}2\%$.

Aufgabe 127: Polaris

Polaris (αUMi) ist ein (etwas untypischer) δ-Cepheide der (mittleren) scheinbaren Helligkeit $m_V = 2{,}0$, die Periode $P = 3{,}97\, d$ und die (jährliche) Parallaxe p=0,00756''.
a) Ermitteln Sie Entfernung von Polaris!
b) Bestimmen Sie aus dem Entfernungsmodul die (mittlere) absolute Helligkeit und vergleichen Sie diese mit dem Ergebnis der Cepheiden-Gleichung!
c) Berechnen Sie die Leuchtkraft von Polaris. Welche Leuchtkraftklasse könnte er angehören?

Lösung 127:

a) Die Entfernung folgt aus der Parallaxe zu

$$r = \frac{1''}{0{,}00756''} pc = 132\, pc$$

b) Aus dem Entfernungsmodul berechnet sich die (mittlere) absolute Helligkeit M

$$\bar{M} = \bar{m} - 5 \log \frac{r}{10 pc} = 2{,}0 - 5 \log 13{,}2 = -3{,}60$$

Aus der Cepheiden-Gleichung folgt

$$\bar{M} = -1{,}67 - 2{,}54 \log \frac{3{,}97 d}{1 d} = -3{,}19$$

Die Cepheiden-Formel liefert hier ein abweichendes Ergebnis. Polaris ist wahrscheinlich in der Endphase seines Cepheiden-Daseins, da seine Helligkeitsänderungen Δm abnehmen.

c) Die Leuchtkraft ergibt sich aus

$$M - M_\odot = -2{,}5 \log \frac{L}{L_\odot} \Rightarrow \frac{L}{L_\odot} = 10^{0{,}4(M_\odot - M)} \Rightarrow L = 10^{0{,}4(4{,}81+3{,}60)} L_\odot = 2300 L_\odot$$

Mit einer von Leuchtkraft von $2300 L_\odot$ gehört Polaris zu den Überriesen; sein genauer Spektraltyp ist F7 Ib-IIv. Er hat damit eine Strahlungstemperatur von $T = 6000\, K$. Sein mittlerer Radius ist

$$\frac{R}{R_\odot} = \sqrt{\frac{L}{L_\odot}} \left(\frac{T}{T_\odot}\right)^{-2} = \sqrt{2300} \cdot \left(\frac{6000\,K}{5770\,K}\right)^{-2} \Rightarrow R = 44 R_\odot$$

Aufgabe 128: Perioden-Helligkeits-Relation

Gegeben sind die Daten zweier Cepheiden

Nr.1	$\mathfrak{M} = 5\,M_\odot$	$R = 36{,}3\,R_\odot$	$\overline{M} = -3{,}1$
Nr.2	$\mathfrak{M} = 10\,M_\odot$	$R = 195\,R_\odot$	$\overline{M} = -5{,}9$

a) Verwenden Sie die Perioden-Dichte-Relation um die Perioden der Sterne zu bestimmen

$$P = \sqrt{\frac{9\pi}{8G\bar{\rho}}}$$

b) Skalieren Sie die Perioden-Dichte-Relation für beliebige Massen und Radien! Welche Relation ergibt sich für die Sonne?

c) Ermitteln Sie die Parameter a, b der Perioden-Helligkeits-Beziehung

$$a \log \frac{P}{1d} + b = M$$

d) Bestimmen Sie die absolute Helligkeit für einen Cepheiden der scheinbaren Helligkeit $m_V = 10{,}4$ und der Periode $P = 20\,d$. Ermitteln Sie Entfernung des Cepheiden!

Lösung 128:

a) Umformen der (mittleren) Dichte $\bar{\rho} = \frac{3M}{4\pi R^3}$ ergibt

$$P = \sqrt{\frac{9\pi}{8G\bar{\rho}}} = \pi \sqrt{\frac{3R^3}{2G\mathfrak{M}}}$$

Einsetzen der gegebenen Werte liefert die gesuchten Perioden $P_1 = 6{,}94\,d$ bzw. $P_2 = 61{,}1\,d$. Die Masse wird hier in Frakturbuchstaben geschrieben!

b) Es gilt mit den Sonnenwerten

$$P = \pi \sqrt{\frac{3R_\odot^3}{2G\mathfrak{M}_\odot}} = \pi \sqrt{\frac{3(6{,}96 \cdot 10^8 m)^3}{2 \cdot 6{,}673 \cdot 10^{-11}\frac{m^3}{kg s^2} \cdot 1{,}989 \cdot 10^{30} kg}} = 6132\,s = 1{,}7\,h$$

Skalieren ergibt

$$P = 6132 \, s \left(\frac{R}{R_\odot}\right)^{3/2} \left(\frac{\mathfrak{M}}{\mathfrak{M}_\odot}\right)^{-1/2}$$

Für die Sonne ergibt sich natürlich $P = 6132 \, s$. Dies ist eine Zeit in der Größenordnung der sog. Frei-Fall-Zeit, also die Zeit, in der sich lokale Störungen der Oberfläche über die ganze Sonne ausbreiten.

c) Einsetzen der beiden Helligkeiten liefert das lineare Gleichungssystem

$$a \log 6{,}94 + b = -3{,}1$$
$$a \log 61{,}1 + b = -5{,}9$$

Subtrahieren der beiden Gleichungen liefert $a = -2{,}963$ und schließlich $b = -0{,}611$. Die so entstandene Perioden-Helligkeitsrelation weicht von der bekannten Cepheiden-Formel ab

$$\bar{M} = -0{,}61 - 2{,}96 \, \log \frac{P}{1d}$$

d) Einsetzen der Werte ergibt

$$\bar{M} = -0{,}61 - 2{,}96 \log 20 = -4{,}46$$

Zusammen mit dem Entfernungsmodul $m - M$ ergibt sich die Entfernung

$$r = 10pc \cdot 10^{0{,}2(m-M)} = 10pc \cdot 10^{0{,}2(10{,}4+4{,}46)} = 9{,}4 \, kpc$$

Aufgabe 129: Sternparameter
Ein Stern verkleinert seinen Radius um 2 % und vergrößert seine Strahlungstemperatur um 3 %. Wie ändert sich sein Leuchtkraft?

Lösung 129:
Vor der Änderung hat der Stern nach dem Stefan-Boltzmann-Gesetz die Leuchtkraft $L = 4\pi R^2 \sigma T^4$, nach der Änderung die Leuchtkraft

$$L_1 = 4\pi (0{,}98R)^2 \sigma (1{,}03T)^4 = 4\pi R^2 \sigma T^4 \cdot 1{,}080 = 1{,}08 L$$

Eine zweiten Lösungsweg bietet die Fehlerrechnung. Das totale Differenzial nach Stefan-Boltzmann ist

$$\frac{dL}{L} = 2\frac{dR}{R} + 4\frac{dT}{T}$$

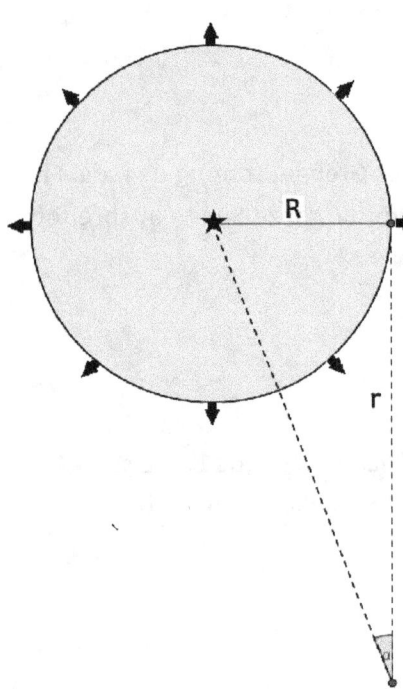

Fasst man die Differenziale als kleine Änderungen auf, so folgt

$$\frac{\Delta L}{L} = 2\frac{\Delta R}{R} + 4\frac{\Delta T}{T} = -2 \cdot 2\% + 4 \cdot 3\% = +8\%$$

Die Leuchtkraft steigt also um 8%.

Aufgabe 130: Nova 1

Im August 1920 leuchtete eine helle Nova im Sternbild des Schwans auf, die heute V 496 Cgy benannt ist. 1944 beobachtete Baade eine Gashülle um die Postnova vom Winkelradius 8,6″. Aus dem Dopplereffekt der Emissionslinien konnte eine Expansionsgeschwindigkeit von 650 $\frac{km}{s}$ bestimmt werden. Ermitteln Sie die Entfernung der Nova, wenn man eine gleichmäßige Expansion der Hülle voraussetzt!

Abbildung 51: Expandierende Hülle einer Nova

Lösung 130:

Nach 24 Jahren Expansion ergibt sich der Radius der Novahülle aus

$$R = vt = 650\ \frac{km}{s} \cdot 24 \cdot 365{,}24 \cdot 24 \cdot 3600 s = 4{,}92 \cdot 10^{14} m = 3290\ AE$$

Dieser Radius wird unter dem Winkel $\alpha = 8{,}6''$ gesehen. Nach Definition der Parallaxensekunde folgt

$$\alpha \approx \tan\alpha = \frac{R}{r} \Rightarrow \frac{r}{pc} = \frac{R}{AE}\frac{1''}{\alpha}$$

Einsetzen der Werte liefert

$$\Rightarrow \frac{r}{pc} = \frac{3290\ AE}{AE}\frac{1''}{8{,}6''} = 380 \Rightarrow r = 380\ pc$$

Die Entfernung der Nova beträgt 380 pc.

Aufgabe 131: Nova 2

Die Nova Cygni 1975 (später V1500 Cyg genannt) hatte eine maximale scheinbare Helligkeit von $m = 1{,}9$.

a) Ist t_3 die Zeit in Tagen, in der eine Nova ihre Maximumshelligkeit um 3 Größenklassen verringert, so gilt für die absolute Helligkeit mit guter Näherung

$$M = -12{,}3 + 2{,}66 \, \log \frac{t_3}{d}$$

Bestimmen Sie damit die Entfernung der Nova, wenn gilt $t_3 = 3{,}0 \, d$.
b) Ermitteln Sie die Leuchtkraft der Nova im Strahlungsmaximum!
c) Welche thermische Energie geht bei einem Novaausbruch verloren, wenn bei der Temperatur 5 Mill. Grad ein Tausendstel der Sonnenmasse abgegeben wird?

Lösung 131:
a) Einsetzen zeigt $M = -12{,}3 + 2{,}66 \log 3 = -11{,}0$. Der Entfernungsmodul ist $m - M = 1{,}9 + 11{,}0 = 12{,}9$ und damit die Entfernung

$$r = 10 pc \cdot 10^{0{,}2 \cdot 12{,}9} = 2{,}40 \, kpc$$

b) Es folgt

$$\frac{L}{L_\odot} = 10^{0{,}4(M_\odot - M)} = 10^{0{,}4(4{,}84 + 11)} \Rightarrow L = 2{,}17 \cdot 10^6 \, L_\odot$$

c) Für die thermische Energie gilt

$$E_{therm} = \frac{3}{2} kTN = \frac{3}{2} kT \frac{M}{m_p} = \frac{3}{2} \cdot 1{,}3807 \cdot 10^{-23} \frac{J}{K} \cdot 5 \cdot 10^6 \, K \cdot \frac{0{,}001 \cdot 1{,}989 \cdot 10^{30} kg}{1{,}672 \cdot 10^{-27} kg}$$

$$\Rightarrow E_{therm} = 1{,}2 \cdot 10^{38} \, J$$

V1500 Cyg ist eine Nova vom AM Hercules Typ; d. h. die Nova stellt ein Doppelsternsystem mit einem Weißen Zwerg dar. Das Magnetfeld ist so stark, dass sich keine Akkretionsscheibe aufbauen kann. Der Weiße Zwerg kreist an der Roche-Grenze der Nova in gebundener Rotation.

Aufgabe 132: SN 1987A
Bei der Supernova SN 1987A war der Vorgängerstern Sanduleak ein blauer Überriese.
a) Berechnen Sie die beim gravitativen Kollaps insgesamt freigesetzte Energie, wenn daraus ein Neutronenstern der Masse $M_{NS} = 1{,}4 M_\odot$ und des Radius $R_{NS} = 30 \, km$ entstanden ist. Der Radius des Überriesen soll dabei sehr viel größer sein als der Radius des Neutronensterns $R \gg R_{NS}$.
b) Die Neutrisation, d. h. die Umwandlung in einen Neutronenstern, geschieht beim inversen Betazerfall nach der Gleichung

$$p + e^- \rightarrow n + \nu_e$$

Ermitteln Sie die Energie, die durch die Neutrinos weggetragen wird, wenn jedes die mittlere Energie 10 MeV hat!

Lösung 132:

a) Die potenzielle Energie einer (homogenen) Kugel beträgt $W_{pot} = -\frac{3}{5}\frac{GM^2}{R}$. Die freigesetzte Energie ergibt sich aus

$$E = -\frac{3}{5}GM_{NS}^2\left(\frac{1}{R} - \frac{1}{R_{NS}}\right)$$

Wegen $R \gg R_{NS}$ kann der erste Klammerterm vernachlässigt werden

$$E = \frac{3}{5}GM_{NS}^2\frac{1}{R_{NS}}$$

Einsetzen der Werte liefert

$$E_{grav} = \frac{3}{5}\frac{6{,}673 \cdot 10^{-11}\frac{m^3}{kg\,s^2}(1{,}4 \cdot 1{,}99 \cdot 10^{30}\,kg)^2}{3{,}0 \cdot 10^4\,m} = 1{,}0 \cdot 10^{46}\,J$$

Es wird die Gravitationsenergie $10^{46}\,J$ frei.

b) Im Endstadium des Vorgängersterns wurden alle Elektronen in die Kerne gezogen durch den inversen Betazerfall. Ausgehend von einem thermischen Gleichgewicht der Reaktionen existieren gleich viele Protonen wie Neutronen. Die Anzahl der Neutronen lässt sich damit abschätzen aus der Masse

$$N_n = \frac{1}{2}\frac{M_{SN}}{m_n} = \frac{0{,}5 \cdot 1{,}4 \cdot 1{,}99 \cdot 10^{30}\,kg}{1{,}67 \cdot 10^{-27}\,kg} = 8{,}3 \cdot 10^{56}$$

Wegen $p + e^- \rightarrow n + \nu_e$ entstehen gleich viel Neutrinos wie Neutronen. Damit lässt sich die Energie, die von den Neutrinos weggetragen wird, berechnen

$$E_\nu = N_n \cdot 10\,MeV = 8{,}3 \cdot 10^{56} \cdot 10^7 \cdot 1{,}602 \cdot 10^{-19}\,J = 1{,}3 \cdot 10^{45}\,J$$

Die von den Neutrinos weggetragene Energie ist etwa ein Siebentel der Gravitationsenergie.

Bemerkung: Von der Aufgabenstellung nicht erfasst ist der Kühlprozess des entstehenden Neutronensterns. Infolge der hohen Temperatur entstehen zusätzliche Neutrinos in der Form von thermischen Neutrino-Antineutrino-Paaren, z. B. $\gamma + \gamma \rightarrow \nu_e + \bar{\nu}_e$. Diese Neutrinos nehmen weitere Energie mit, so dass bis zu 99% der freiwerdenden Energie von Neutrinos übernommen wird.

Aufgabe 133: Sirius B

Sirius (α CMa) ist neben der Sonne das hellste Objekt am Himmel. Seine jährliche Parallaxe beträgt $p = 0{,}379''$. Sirius A und B ist ein (visuelles) Doppelsternsystem mit einer Umlaufzeit von $P = 49{,}94\,a$. Der scheinbare Bahnhalbachse beträgt $a = 7{,}62''$, die Inklination $i = 0°$.

a) Wie groß ist die Entfernung des Sirius-Systems?

b) Ermitteln Sie die wahre Bahnhalbachse und die Gesamtmasse $\mathfrak{M}$ des Systems, wenn sich die Schwerpunktsabstände wie $\frac{a_A}{a_B} = 0{,}466$ verhalten.

c) Die scheinbaren bolometrischen Helligkeiten sind $m_A = -1{,}55$ bzw. $m_B = 5{,}69$. Bestimmen Sie die Leuchtkräfte beider Komponenten.

d) Sirius B hat die effektive Temperatur $T_B = 24.800\ K$. Bestimmen Sie den Radius und Dichte von Sirius B.

e) Eine bessere Radiusschätzung liefert die Radius-Masse-Relation für Weiße Zwerge:

$$\frac{R}{R_\odot} = 0{,}0128 \left(\frac{\mathfrak{M}}{\mathfrak{M}_\odot}\right)^{-1/3}$$

Lösung 133:

a) Die Entfernung ist

$$r = \frac{1''}{p} pc = \frac{1''}{0{,}379''} pc = 2{,}64\ pc$$

b) Die wahre Bahnhalbachse folgt aus

$$\frac{\alpha}{1''} = \frac{a}{1\ AE} \cdot \frac{1}{\frac{r}{1\ pc}} \Rightarrow \frac{a}{1\ AE} = \frac{\alpha}{1''} \cdot \frac{r}{1\ pc} = 7{,}62 \cdot 2{,}64 \Rightarrow a = 20{,}1\ AE$$

Skalieren des dritten Keplersche Gesetz liefert

$$\frac{P^2}{a^3} = \frac{4\pi^2}{G(\mathfrak{M}_A + \mathfrak{M}_B)} \Rightarrow G(\mathfrak{M}_A + \mathfrak{M}_B)P^2 = 4\pi^2 a^3 \Rightarrow \frac{\mathfrak{M}_A + \mathfrak{M}_B}{\mathfrak{M}_\odot} \cdot \left(\frac{P}{1a}\right)^2 = \left(\frac{a}{1AE}\right)^3$$

Einsetzen liefert in Einheiten des Sonnensystems

$$\frac{\mathfrak{M}_A + \mathfrak{M}_B}{\mathfrak{M}_\odot} = \left(\frac{a}{1AE}\right)^3 \left(\frac{1a}{P}\right)^2 = 20{,}1^3 \cdot \frac{1}{49{,}94^2} \Rightarrow \mathfrak{M}_A + \mathfrak{M}_B = 3{,}26\ \mathfrak{M}_\odot$$

Aus dem Schwerpunktsatz folgt

$$\mathfrak{M}_A a_A = \mathfrak{M}_B a_B \Rightarrow \mathfrak{M}_B = \mathfrak{M}_A \frac{a_A}{a_B}$$

Einsetzen in die Gesamtmasse liefert

$$\mathfrak{M}_A + \mathfrak{M}_B = \mathfrak{M}_A \left(1 + \frac{a_A}{a_B}\right) \Rightarrow \mathfrak{M}_A = \frac{3{,}26\ \mathfrak{M}_\odot}{1 + 0{,}466} = 2{,}22\ \mathfrak{M}_\odot \Rightarrow \mathfrak{M}_B = 1{,}04 \mathfrak{M}_\odot$$

c) Bei gegebener Entfernung lässt sich das Entfernungsmodul berechnen

$$m - M = 5 \log \frac{r}{10\, pc} = 5 \log 0{,}264 = -2{,}89$$

Die absoluten Helligkeiten sind damit

$$M_A = m_A + 2{,}89 = -1{,}55 + 2{,}89 = 1{,}34 \; bzw. \; M_B = m_B + 2{,}89 = 5{,}69 + 2{,}89 = 8{,}58$$

Die bolometrischen Leuchtkräfte betragen

$$\frac{L_A}{L_\odot} = 10^{0{,}4(M_{bol\odot} - M_A)} = 10^{0{,}4(4{,}74 - 1{,}34)} \Rightarrow L_A = 22{,}9 L_\odot$$

$$\frac{L_B}{L_\odot} = 10^{0{,}4(M_{bol\odot} - M_A)} = 10^{0{,}4(4{,}74 - 8{,}54)} \Rightarrow L_B = 0{,}030 L_\odot$$

Sirius B hat eine geringe Leuchtkraft, obwohl er eine Sonnenmasse besitzt.

d) Der Leuchtkraftradius von Sirius B ergibt sich aus

$$\frac{R}{R_\odot} = \sqrt{\frac{L_B}{L_\odot} \cdot \left(\frac{T_\odot}{T}\right)^2} = \sqrt{0{,}030} \left(\frac{5770\, K}{24800\, K}\right)^2 \Rightarrow R = 9{,}41 \cdot 10^{-3} R_\odot = 6550\, km$$

Der Radius von Komponente B entspricht etwa dem Erdradius! Die Dichte wird damit

$$\rho = \frac{3 \mathfrak{M}_B}{4\pi R^3} = \frac{3 \cdot 1{,}04 \cdot 1{,}989 \cdot 10^{30} kg}{4\pi (6{,}55 \cdot 10^6 m)^3} = 1{,}76 \cdot 10^9 \, \frac{kg}{m^3}$$

Sirius B hat eine extreme Dichte und ist daher ein Weißer Zwerg, da seine Masse kleiner als die Chandrasekhar-Grenze 1,4 $\mathfrak{M}_\odot$ ist.

e) Die Radius-Masse-Relation für Weiße Zwerge ergibt

$$\frac{R}{R_\odot} = 0{,}0128 \left(\frac{\mathfrak{M}_B}{\mathfrak{M}_\odot}\right)^{-1/3} = \frac{0{,}0128}{\sqrt[3]{1{,}04}} \Rightarrow R = 0{,}0126 R_\odot = 8790\, km$$

Beide Abschätzungen liefern einen Radius von der Größenordnung des Erdradius.

Aufgabe 134: Neutrinomasse

Beim Ausbruch der SN 1987A wurden auf der Erde mehrere Elektron-Neutrinos ν_e registriert. Ihre Energien waren im Bereich zwischen $E_1 = 6{,}0\, MeV$ und $E_2 = 39\, MeV$; ihre Laufzeitdifferenz betrug

$\Delta t = 12\ s$. Die SN fand statt in der Großen Magellanschen Wolke (LMC) mit der Entfernung $r = 55\ kpc$.

Bestimmen Sie daraus eine Obergrenze für die Ruheenergie des Elektron-Neutrinos!

Lösung 134:

Die Laufzeit eines Neutrino kann umgeformt werden wie folgt

$$t = \frac{r}{v} = \frac{r}{c}\frac{c}{v} = \frac{r}{c}\frac{mc^2}{mvc} = \frac{r}{c}\frac{E}{pc} = \frac{r}{c}\frac{E}{\sqrt{E^2 - E_0^2}} = \frac{r}{c}\frac{1}{\sqrt{1-\left(\frac{E_0}{E}\right)^2}}$$

$$\Rightarrow t = \frac{r}{c}\left[1 - \left(\frac{E_0}{E}\right)^2\right]^{-1/2} \approx \frac{r}{c}\left[1 + \frac{1}{2}\left(\frac{E_0}{E}\right)^2\right]$$

Hier wurde die Näherung $(1 \pm x)^\alpha \approx 1 \pm \alpha x$ für kleine x benutzt. Für die Laufzeitdifferenz ergibt sich entsprechend

$$\Rightarrow \Delta t = \frac{r}{c}\left[1 + \frac{1}{2}\left(\frac{E_0}{E_1}\right)^2 - 1 - \frac{1}{2}\left(\frac{E_0}{E_2}\right)^2\right] = \frac{r}{2c}E_0^2\left[\frac{1}{E_1^2} - \frac{1}{E_2^2}\right]$$

Auflösen nach der Ruhe-Energie liefert

$$E_0^2 = \frac{2c}{r}\Delta t \left[\frac{1}{E_1^2} - \frac{1}{E_2^2}\right]^{-1}$$

Einsetzen der Werte ergibt

$$E_0^2 = \frac{2 \cdot 3 \cdot 10^8 \frac{m}{s}}{55 \cdot 3{,}086 \cdot 10^{19} m} \cdot 10\ s \left[\frac{1}{(6\ MeV)^2} - \frac{1}{(39\ MeV)^2}\right]^{-1} = 130{,}3\ (eV)^2 \Rightarrow E_0 = 11\ eV$$

Es ergibt sich die Obergrenze 11 eV für die Masse des Elektron-Neutrinos.

Aufgabe 135: Spektroskopisches Doppelsystem

Ein spektroskopisches Doppelsternsystem hat die Periode $P = 6{,}31\ a$; die Dopplerverschiebung zeigt die (maximalen) Geschwindigkeiten der Komponenten mit $v_A = 5{,}40\ \frac{km}{s}$ bzw. $v_B = 22{,}4\ \frac{km}{s}$. Die Zeit zwischen dem ersten Kontakt und dem Erreichen des Minimums ist $(t_2 - t_1) = 0{,}58\ d$. Die Dauer des Hauptminimums beträgt $(t_3 - t_2) = 0{,}64\ d$. Die scheinbare Helligkeit im Maximum der Lichtkurve ist $m_{Max} = 5{,}40$; die scheinbaren Helligkeiten im Haupt- bzw. Nebenminimum sind $m_{Haupt} = 9{,}20$ bzw. $m_{Neben} = 5{,}44$.

a) Bestimmen Sie das Verhältnis der Sternmassen $\frac{M_A}{M_B}$

b) Ermitteln Sie die Gesamtmasse des Systems und daraus die Einzelmassen

c) Bestimmen Sie die Radien der Komponenten

d) Ermitteln Sie das Verhältnis der Strahlungstemperaturen!

Lösung 135:

a) Da die Einzelgeschwindigkeiten proportional zum Radius sind, folgt aus dem Schwerpunktsatz

$$\frac{M_A}{M_B} = \frac{v_B}{v_A} = \frac{22{,}4 \text{ km}}{5{,}40 \text{ km}} = 4{,}148$$

b) Die Bahn- bzw. Relativgeschwindigkeit beträgt $v = v_A + v_B = 27{,}8 \frac{km}{s}$. Zum Einsetzen in das Keplersche Gesetz ermitteln wir die 3.Potenz der scheinbaren Bahnhalbachse

$$v = \frac{2\pi a}{T} \Rightarrow a = \frac{vT}{2\pi} \Rightarrow a^3 = \frac{v^3 T^3}{(2\pi)^3}$$

Einsetzen in das dritte Keplersche Gesetz liefert

$$a^3 = \frac{G(M_A + M_B)}{(2\pi)^2} T^2 \Rightarrow \frac{v^3 T^3}{(2\pi)^3} = \frac{G(M_A + M_B)}{(2\pi)^2} T^2 \Rightarrow M_A + M_B = \frac{v^3 T}{2\pi G}$$

Damit ergibt sich die Massensumme zu

$$M_A + M_B = \frac{v^3 T}{2\pi G} = \frac{\left(2{,}78 \cdot 10^4 \frac{m}{s}\right)^3 6{,}31 \cdot 365{,}24 \cdot 24 \cdot 3600 s}{2\pi \cdot 6{,}673 \cdot 10^{-11} \frac{m^3}{kg s^2}} = 1{,}021 \cdot 10^{31} \, kg = 5{,}13 \, M_\odot$$

Daraus folgen die Einzelmassen

$$M_A + M_B = M_B \left(1 + \frac{M_A}{M_B}\right) \Rightarrow M_B = \frac{M_A + M_B}{1 + \frac{M_A}{M_B}} = \frac{5{,}13 \, M_\odot}{1 + 4{,}148} = 1{,}0 \, M_\odot \Rightarrow M_A = 4{,}13 \, M_\odot$$

c) Zum Eintreten des Helligkeitsminimums muss Komponente B zwei Radien zurücklegen (vgl. Bild). Damit gilt

$$2R_B = v(t_2 - t_1) \Rightarrow R_B = \frac{1}{2} \cdot 2{,}78 \cdot 10^4 \frac{m}{s} \cdot 0{,}58 \cdot 24 \cdot 3600 s = 6{,}96 \cdot 10^8 \, m = 1{,}0 \, R_\odot$$

Kapitel 7 Veränderliche Sterne

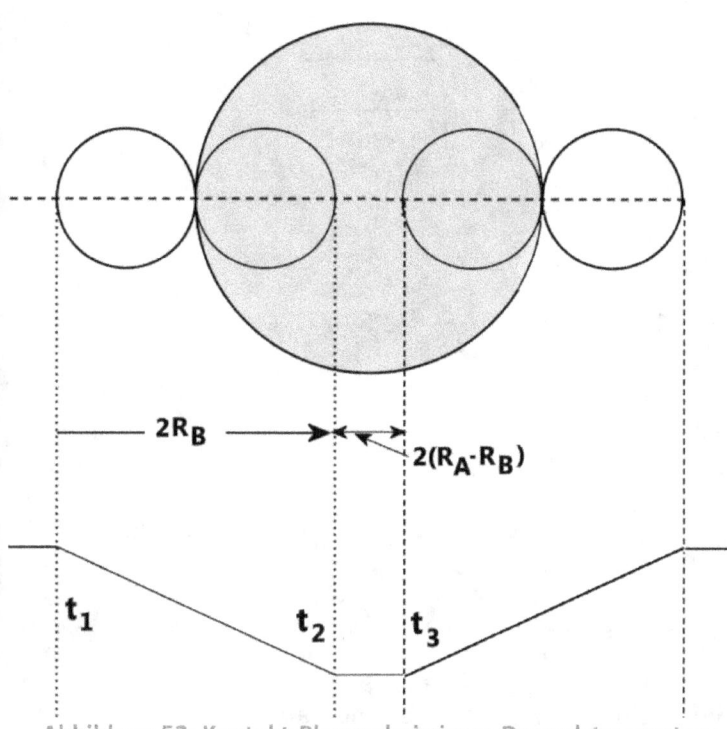

Abbildung 52: Kontakt-Phasen bei einem Doppelsternsystem

Die Dauer des Hauptminimums ist bestimmt durch $2(R_A - R_B)$. Daraus folgt

$$2(R_A - R_B) = v\,(t_3 - t_2) \Rightarrow R_A - R_B$$
$$= \frac{1}{2} \cdot 2{,}78 \cdot 10^4 \frac{m}{s} \cdot 0{,}64$$
$$\cdot 24 \cdot 3600 s$$
$$= 7{,}69 \cdot 10^8\, m = 1{,}1\, R_\odot$$

$$\Rightarrow R_A = R_B + 1{,}1\, R_\odot = 2{,}1\, R_\odot$$

d) Da die Komponenten gleiche Entfernung haben, kann die Differenz der scheinbaren Helligkeiten ersetzt werden durch die der absoluten.

$$\frac{L_{Haupt}}{L_{Max}} = 10^{0{,}4(m_{Max}-m_{Haupt})}$$

$$\Rightarrow \frac{L_{Haupt}}{L_{Max}} = 10^{0{,}4(5{,}4-9{,}2)} = 0{,}0302$$

Analog folgt

$$\Rightarrow \frac{L_{Neben}}{L_{Max}} = 10^{0{,}4(5{,}4-5{,}44)} = 0{,}9638$$

Bei der maximalen Helligkeit gibt es keine Überdeckung der Sterne. Da sich die Leuchtkräfte addieren, gilt im Maximum

$$L_{Max} = L_A + L_B = 4\pi\sigma(R_A^2 T_A^4 + R_B^2 T_B^4)$$

Im Nebenminimum verdeckt der größere Stern den kleineren; es ist daher nur Stern A sichtbar. Somit gilt

$$L_{Neben} = L_A = 4\pi\sigma(R_A^2 T_A^4)$$

Der Quotient der beiden Gleichungen ist:

$$\frac{L_{Max}}{L_{Neben}} = \frac{4\pi\sigma(R_A^2 T_A^4 + R_B^2 T_B^4)}{4\pi\sigma(R_A^2 T_A^4)} = \frac{R_A^2 T_A^4 + R_B^2 T_B^4}{R_A^2 T_A^4} = 1 + \left(\frac{R_B}{R_A}\right)^2 \left(\frac{T_B}{T_A}\right)^4$$

Auflösen nach dem Quotienten der Temperaturen ergibt

$$\left(\frac{T_B}{T_A}\right)^4 = \left(\frac{R_A}{R_B}\right)^2 \left[\frac{L_{Max}}{L_{Neben}} - 1\right] \Rightarrow \frac{T_B}{T_A} = \sqrt{\frac{R_A}{R_B}} \cdot \sqrt[4]{\frac{L_{Max}}{L_{Neben}} - 1}$$

Einsetzen der berechneten Werte liefert

$$\frac{T_B}{T_A} = \sqrt{2{,}1} \cdot \sqrt[4]{\frac{1}{0{,}9638} - 1} = 0{,}6380 \Rightarrow \frac{T_A}{T_B} = 1{,}57$$

Das Verhältnis der Strahlungstemperaturen ist 1,57.

Aufgabe 136: Periodizität eines Cepheiden

Die scheinbare Helligkeit des δ-Cepheiden ζ Gem (Zeta Gemini) kann angenähert werden durch

$$m(t) = 3{,}9 - 0{,}2 \sin\left(\frac{2\pi}{P} t\right)$$

Die Periode des Cepheiden beträgt $P = 10{,}15\ d$. Die mittlere Strahlungstemperatur ist $\bar{T} = 5000\ K$.
a) Bestimmen Sie die mittlere absolute Helligkeit $\bar{M}$ und Entfernung r des Cepheiden
b) Die periodische Radiusänderung liefert den Doppler-Effekt

$$\frac{\Delta\lambda}{\lambda} = -4 \cdot 10^{-5} \sin\left(\frac{2\pi}{P} t\right)$$

Ermitteln Sie periodische Funktion des Radius!
c) Bestimmen Sie die periodische Funktion der Strahlungstemperatur!

Lösung 136:
a) Einsetzen in die Helligkeits-Perioden-Relation (kurz *Cepheiden-Formel* genannt)

$$\bar{M} = -1{,}67 - 2{,}54 \log\frac{P}{1d}$$

liefert die mittlere absolute Helligkeit $\bar{M} = -4{,}23$. Das Entfernungsmodul $\bar{m} - \bar{M}$ liefert mit der mittleren scheinbaren Helligkeit $\bar{m} = 3{,}9$ die Entfernung

$$\bar{m} - \bar{M} = 5 \log\frac{r}{10\ pc} \Rightarrow r = 10pc \cdot 10^{0{,}2(3{,}9+4{,}23)} = 420\ pc$$

b) Zunächst benötigen wir die mittlere Leuchtkraft

$$\bar{M} - M_\odot = -2{,}5 \log \frac{\bar{L}}{L_\odot} \Rightarrow \frac{\bar{L}}{L_\odot} = 10^{0,4(M_\odot - M)} = 10^{0,4(4,8+4,23)} = 4{,}09 \cdot 10^3$$

Der mittlere Radius $\bar{R}$ wird damit über den Leuchtkraftradius berechnet

$$\frac{R}{R_\odot} = \sqrt{\frac{L}{L_\odot} \cdot \left(\frac{T_\odot}{T}\right)^2} \Rightarrow \frac{R}{R_\odot} = \sqrt{4{,}09 \cdot 10^3} \left(\frac{5770\, K}{5000\, K}\right)^2 \Rightarrow \bar{R} = 85{,}2\, R_\odot = 5{,}93 \cdot 10^{10} m$$

Die zeitliche Änderung des Radius berechnen wir aus dem Doppler-Effekt der Radialgeschwindigkeit

$$\frac{v_r}{c} = -\frac{\Delta\lambda}{\lambda} \Rightarrow \frac{\Delta\lambda}{\lambda} = -\frac{1}{c}\left(\frac{dr}{dt}\right)$$

$$\Rightarrow dr = -c \frac{\Delta\lambda}{\lambda}\, dt$$

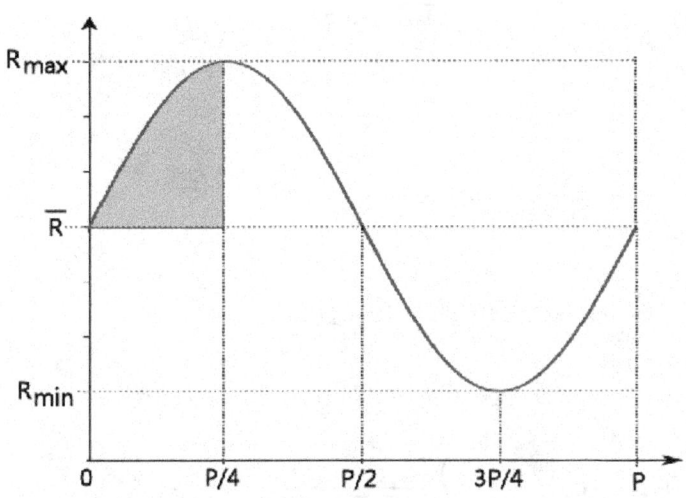

$$\Rightarrow dr = 12 \cdot 10^3 \frac{m}{s} \sin\left(\frac{2\pi}{P} t\right) dt$$

Die Radiusänderung erhält man durch Integration über eine Viertelperiode

Abbildung 53: Periodische Radiusänderung eines Cepheiden

$$\int_{\bar{R}}^{R_{max}} dr = 12 \cdot 10^3 \frac{m}{s} \int_0^{P/4} \sin\left(\frac{2\pi}{P} t\right) dt$$

Das Integral der linken Seite ergibt die Radiusänderung

$$\Delta R = R_{max} - \bar{R}$$

Die rechte Seite rS der Gleichung ergibt

$$rS = -12 \cdot 10^3 \frac{m}{s} \left[\frac{P}{2\pi} \cos\left(\frac{2\pi}{P} t\right)\right]_0^{P/4}$$

$$\Rightarrow rS = -12 \cdot 10^3 \frac{m}{s} \cdot \frac{P}{2\pi} \left[\cos\left(\frac{2\pi}{P}\frac{P}{4}\right) - 1\right]$$

Vereinfachen zeigt

$$\Rightarrow rS = -12 \cdot 10^3 \frac{m}{s} \cdot \frac{P}{2\pi} \left[\underbrace{\cos\left(\frac{\pi}{2}\right)}_{=0} - 1 \right] = 12 \cdot 10^3 \frac{m}{s} \cdot \frac{10{,}15 \cdot 24 \cdot 3600 s}{2\pi} = 1{,}67 \cdot 10^9 \, m$$

Die periodische Funktion des Radius $R(t)$ ergibt sich somit aus

$$R(t) = \bar{R} \pm \Delta R \cos\left(\frac{2\pi}{P} t\right)$$

Einsetzen der Werte liefert

$$R(t) = 5{,}93 \cdot 10^{10} m - 1{,}67 \cdot 10^9 m \cdot \cos\left(\frac{2\pi}{P} t\right) = 1{,}67 \cdot 10^9 m \left[35{,}5 - \cos\left(\frac{2\pi}{P} t\right)\right]$$

c) Auflösen des Gesetzes von Stefan-Boltzmann nach der Temperatur ergibt

$$L = 4\pi R^2 \sigma T^4 \Rightarrow T^4 = \frac{L}{4\pi R^2 \sigma} \Rightarrow T = \sqrt[4]{\frac{L}{4\pi\sigma}} \cdot \sqrt{\frac{1}{R}}$$

Hier benötigen wir noch die Leuchtkraftfunktion

$$\frac{L}{L_\odot} = 10^{0{,}4(M_\odot - M)} = \frac{10^{0{,}4 M_\odot}}{10^{0{,}4 M}} = \frac{83{,}2}{10^{0{,}4\left(-4{,}23 - 0{,}2 \sin\left(\frac{2\pi}{P} t\right)\right)}} = 4090 \cdot 10^{0{,}08 \sin\left(\frac{2\pi}{P} t\right)}$$

$$\Rightarrow L = 1{,}57 \cdot 10^{30} W \cdot 10^{0{,}08 \sin\left(\frac{2\pi}{P} t\right)} \Rightarrow \sqrt[4]{L} = 3{,}54 \cdot 10^7 \sqrt[4]{W} \cdot 10^{0{,}02 \sin\left(\frac{2\pi}{P} t\right)}$$

Einsetzen in die oben stehende Temperaturformel liefert den gesuchten Temperaturverlauf.

$$T(t) = \frac{1}{\sqrt[4]{4\pi\sigma}} \cdot \sqrt[4]{L} \cdot \frac{1}{\sqrt{R}} = 2{,}98 \cdot 10^4 K \cdot 10^{0{,}02 \sin\left(\frac{2\pi}{P} t\right)} \cdot \frac{1}{\sqrt{35{,}5 - \cos\left(\frac{2\pi}{P} t\right)}}$$

Plotten der Funktion zeigt den periodischen Verlauf der Strahlungstemperatur

Bemerkung: Jede Zustandsgröße des Cepheiden hat einen verschiedenen Phasenwinkel bezogen auf die Helligkeitkurve; die Änderungen von Radius, Temperatur erfolgen also nicht synchron.

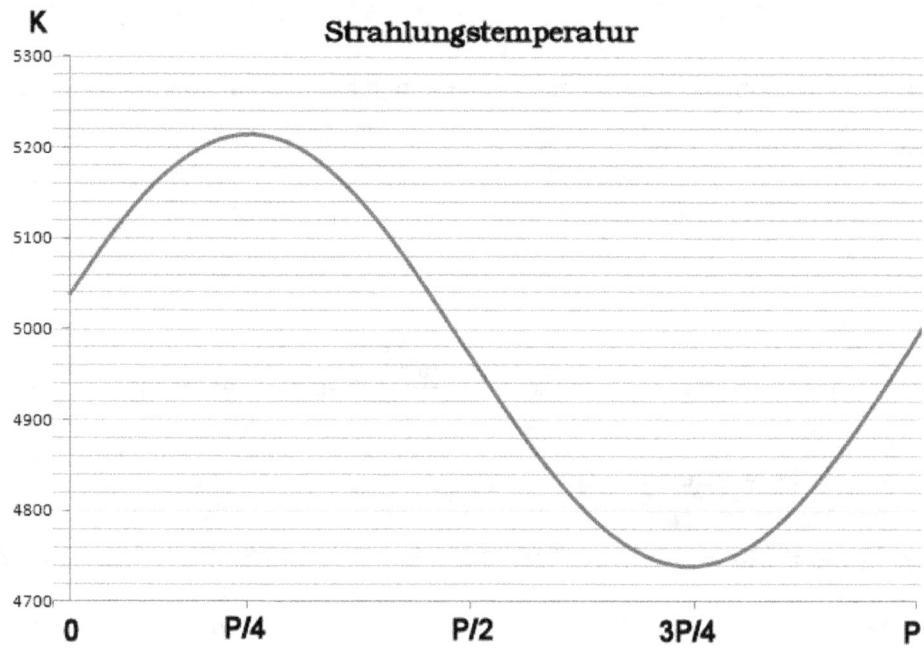

Abbildung 54: Periodische Strahlungstemperatur des Cepheiden

Aufgabe 137: Supernova

a) Eine Supernova hat eine maximale absolute Helligkeit von $M = -21,5$. Nach dem Hellig-keits-maximum nimmt die absolute Helligkeit um 0,15 Größenklassen pro Tag ab. Bestimmen Sie die gesamte Energieabstrahlung während der ersten 100 Tage!

b) Vergleichen Sie die Energie von a) mit der Energieerzeugung der Sonne auf der Hauptreihe bei einer Aufenthaltsdauer von $10^9 \, a$. Die Solarkonstante soll erhalten bleiben.

Lösung 137:

a) Für die Helligkeit der ersten 100 Tage gilt: $M(t) = -21,5 + 0,15 \frac{1}{d} t$. Die Differenz der Helligkeiten im Vergleich zur Sonne zeigt

$$M(t) - M_\odot = -2,5 \log \frac{L(t)}{L_\odot}$$

Auflösen nach der Leuchtkraft ergibt

$$\frac{L(t)}{L_\odot} = 10^{0,4(M_\odot - M(t))} = \frac{10^{0,4 M_\odot}}{10^{0,4 M(t)}} = \frac{83,2}{10^{0,4 M(t)}} \Rightarrow L(t) = 83,2 L_\odot \cdot 10^{-0,4 M(t)}$$

Einsetzen der Werte liefert die gesuchte Leuchtkraftfunktion

$$L(t) = 83{,}2 L_\odot \cdot 10^{-0{,}4\left[-21{,}5 + 0{,}15\frac{1}{d}t\right]} = 83{,}2 L_\odot \cdot 10^{8{,}6} \cdot 10^{-0{,}06\frac{1}{d}t} = 1{,}27 \cdot 10^{37} W \cdot 10^{-0{,}06\frac{1}{d}t}$$

Wegen $dW = P\, dt$ ergibt sich die abgestrahlte Energie als Integral über die Leuchtkraft

$$W = \int_0^{100d} L(t)\, dt = 1{,}27 \cdot 10^{37} W \int_0^{100d} 10^{-0{,}06\frac{1}{d}t}\, dt = 1{,}27 \cdot 10^{37} W [-10^{-6} + 1] \frac{1}{0{,}06 \frac{1}{d} \ln 10}$$

$$\Rightarrow W = 9{,}19 \cdot 10^{37} W \cdot 1d = 7{,}9 \cdot 10^{42} J$$

Dabei wurde von dem Integral $\int 10^{-ax} dx = -\frac{10^{-ax}}{a \cdot \ln(10)}$ Gebrauch gemacht.

b) Wegen $P = \frac{W}{t} \Rightarrow W = Pt$ ergibt sich

$$W = L_\odot t = 3{,}82 \cdot 10^{26} W \cdot 10^9 \cdot 365{,}24 \cdot 24 \cdot 3600 s = 1{,}2 \cdot 10^{43} J$$

Die von der Sonne auf der Hauptreihe erzeugte Energie hat die selbe Größenordnung wie der Energieausstoß der SN während der ersten 100 Tage.

Aufgabe 138: SN 1054

Die Supernova SN 1054 im Sternbild des Stiers hatte nach alten chinesischen Chroniken die scheinbare Helligkeit $m = -6{,}0$. Als SN vom Typ I erreichte sie die maximale Helligkeit $M = -16{,}5$. Typisch für diese Arten von SN ist ein rascher Helligkeitsabfall von ca. 4 Größenklassen, der nach 150 Tagen linear wird. Die Intensität halbiert sich dabei jeweils in 55 Tagen.

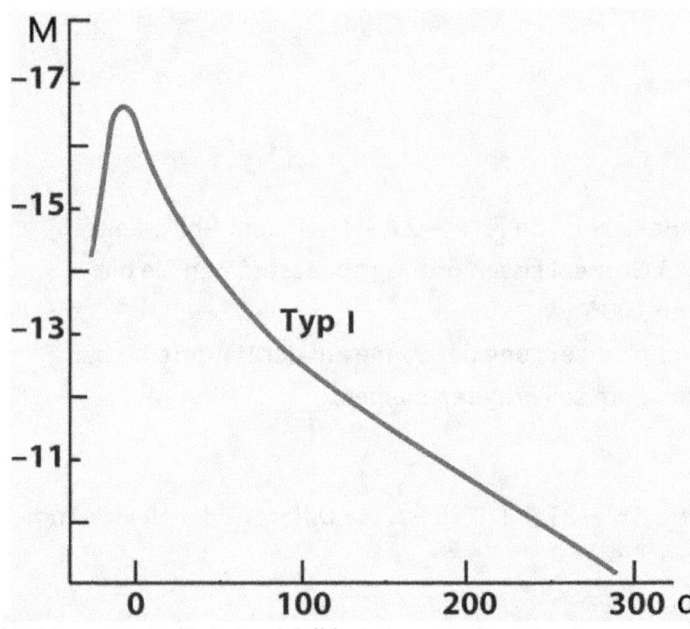

Abbildung 55: Helligkeitsabfall bei einer SN vom Typ I

a) Ermitteln Sie die Entfernung der SN 1054.
b) Bestimmen Sie die Helligkeitsabnahme Δm im linearen Bereich!
c) Nach chinesischen Chroniken war die Postnova noch 2 Jahre mit bloßen Auge zu sehen. Lässt sich dies bestätigen?
d) Die Postnova hat nun die scheinbare Helligkeit $m = 16$. Nach welcher Dauer wird diese Helligkeit

angenommen?

e) Vergleichen Sie die Leuchtkraft der SN (im Maximum) und Postnova mit der Sonnenleuchtkraft?

Lösung 138:

a) Die Entfernung ist durch das Entfernungsmodul $m - M$ bestimmt

$$r = 10 pc \cdot 10^{0,2(m-M)} = 10 pc \cdot 10^{0,2(-6,0+16,5)} = 1,3 \; kpc$$

b) Wegen $m \sim \log E \Rightarrow E \sim 10^m$ macht man für die Intensität einen Exponentialansatz

$$E(t) = E_0 10^{-at}$$

Einsetzen der Halbwertszeit liefert

$$E(55 \; d) = \frac{E_0}{2} = E_0 10^{-a \cdot 55 \; d} \Rightarrow 10^{a \cdot 55 \; d} = 2 \Rightarrow a = \frac{\log 2}{55 \; d} = 5,47 \cdot 10^{-3} \frac{1}{d}$$

Die Intensität nimmt also nach dem Gesetz 10^{-at} ab, die scheinbare Helligkeit daher mit dem Term $2,5 \log(10^{-at})$. Daraus folgt

$$\Delta m = -2,5 \log(10^{-a\Delta t}) = 2,5 \; a \; \Delta t = 1,37 \cdot 10^{-2} \frac{1}{d} \Delta t$$

c) 2 Jahre vermindert um 150 Tage ergibt $730 \; d - 150 \; d = 580 \; d$. Es ist also die Helligkeitsabnahme von 580 Tagen zu berechnen

$$\Delta m = 1,37 \cdot 10^{-2} \frac{1}{d} 580 \; d = 7,9$$

Die Helligkeit nach 2 Jahren ist somit $m = -6 + 4 + 7,9 = 5,9$. Dies ist der Grenzfall der mit dem bloßen Auge sichtbaren Helligkeit.

d) Der Helligkeitsabfall der Postnova im linearen Bereich ist $\Delta m = 16 - (-2) = 18$. Dafür wird folgende Zeit benötigt

$$\Delta t = \frac{\Delta m}{1,37 \cdot 10^{-2} \frac{1}{d}} = \frac{18}{1,37 \cdot 10^{-2} \frac{1}{d}} = 1300 \; d = 3,56 \; a$$

Nach 3,56 Jahren und den anfänglichen 150 Tagen ist Resthelligkeit der Postnova erreicht, also nach 4,0 Jahren.

e) Einsetzen der absoluten Helligkeiten liefert

$$\frac{L_{SN}}{L_\odot} = 10^{0,4(4,8+16,5)} \Rightarrow L_{SN} = 3,3 \cdot 10^8 \, L_\odot$$

Die absolute Helligkeit der Postnova ist $M = m - 10,5 = 5,5$. Dies ergibt

$$\frac{L_{post}}{L_\odot} = 10^{0,4(4,8-5,5)} \Rightarrow L_{post} = 0,52 \, L_\odot$$

Aufgabe 139: Doppelsternsystem 1

Das Doppelsternsystem $\iota\,Cnc$ (Iota Cancri) besteht aus der Komponente A der scheinbaren Helligkeit $m = 4,03$ und der Spektralklasse G8 Iab. Die Komponente B hat die scheinbaren Helligkeit $m = 6,57$ und die Spektralklasse A3 V. Prüfen Sie, ob das System ein physisches Sternpaar bildet! Verwenden Sie dazu eine Tabelle aus der Literatur bzw. aus dem Anhang.

Lösung 139:

Die Komponente A ist somit ein Überriese, dessen absolute Helligkeit aus einer Tabelle zu $M = -6,1$ interpoliert werden kann. Seine Entfernung beträgt damit

$$r_A = 10pc \cdot 10^{0,2(m-M)} = 10pc \cdot 10^{0,2(4,03+6,1)} = 1,1 \, kpc$$

Die Komponente B ist ein Hauptreihenstern, dessen absolute Helligkeit aus einer Tabelle zu $M = 1,4$ abgeschätzt werden kann. Seine Entfernung beträgt damit

$$r_B = 10pc \cdot 10^{0,2(6,57-1,4)} = 110 \, pc$$

Wegen der großen Entfernungsdifferenz bildet das System $\iota\,Cnc$ kein physisches Sternenpaar. Die Abschätzung der Entfernung mit Hilfe der Spektralklasse nennt man *spektroskopische Parallaxe*.

Aufgabe 140: Bedeckungsveränderliche

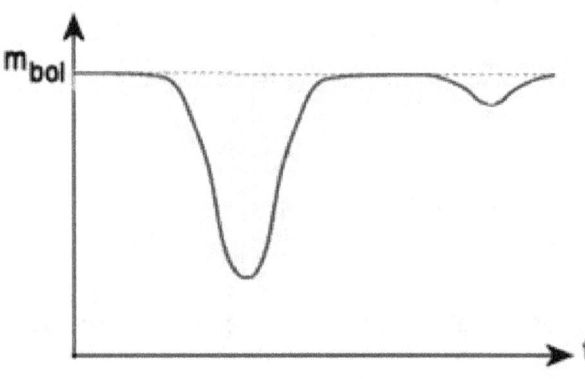

Abbildung 56: Helligkeitskurve eines Doppelsternsystems

In einem System von Bedeckungsveränderlichen kreist Komponente A (ein Hauptreihenstern vom Radius $R_A = 4,5 R_\odot$, Strahlungstemperatur $T_A = 15400 \, K$) um Komponente B (einem Riesen vom Radius $R_B = 16 R_\odot$, Strahlungstemperatur $T_B = 4800 \, K$) um ihren gemeinsamen Schwerpunkt. Die Blickrichtung soll in der Systemebene liegen. Die gemeinsame Lichtkurve besitzt zwei Minima, die entstehen, wenn eine der Komponenten die andere verdeckt. Bestimmen Sie die Helligkeitsdifferenzen der beiden Beleuchtungsminima!

Lösung 140:
Nach dem Stefan-Boltzmann-Gesetz gilt für die Leuchtkräfte

$$L_A = 4\pi\sigma R_A^2 T_A^4 \quad \therefore \quad L_B = 4\pi\sigma R_B^2 T_B^4$$

Da sich die Leuchtkräfte addieren, ist die Gesamtleuchtkraft

$$L_{ges} = 4\pi\sigma R_A^2 T_A^4 + 4\pi\sigma R_B^2 T_B^4 = 4\pi\sigma(R_A^2 T_A^4 + R_B^2 T_B^4)$$

Da beide Sterne die selbe Entfernung haben, kann die Differenz der scheinbaren Helligkeiten durch die absoluten ersetzt werden. Für die Helligkeitsdifferenz folgt

$$m_A - m_{ges} = M_A - M_{ges} = -2{,}5\,\log\frac{L_A}{L_{ges}} = 2{,}5\,\log\frac{L_{ges}}{L_A}$$

$$\Rightarrow m_A - m_{ges} = 2{,}5\,\log\frac{4\pi\sigma(R_A^2 T_A^4 + R_B^2 T_B^4)}{4\pi\sigma R_A^2 T_A^4} = 2{,}5\,\log\frac{R_A^2 T_A^4 + R_B^2 T_B^4}{R_A^2 T_A^4}$$

$$\Rightarrow m_A - m_{ges} = 2{,}5\,\log\left[1 + \left(\frac{R_B}{R_A}\right)^2 \left(\frac{T_B}{T_A}\right)^4\right]$$

Einsetzen der gegebenen Werte liefert

$$\Rightarrow m_A - m_{ges} = 2{,}5\,\log\left[1 + \left(\frac{16}{4{,}5}\right)^2 \left(\frac{4800\,K}{15400\,K}\right)^4\right] = 0{,}12$$

Analog ergibt sich die zweite Helligkeitsdifferenz

$$m_B - m_{ges} = 2{,}5\,\log\left[1 + \left(\frac{R_A}{R_B}\right)^2 \left(\frac{T_A}{T_B}\right)^4\right]$$

$$\Rightarrow m_B - m_{ges} = 2{,}5\,\log\left[1 + \left(\frac{4{,}5}{16}\right)^2 \left(\frac{15400\,K}{4800\,K}\right)^4\right] = 2{,}4$$

Die beiden Minima entsprechen den Helligkeitsdifferenzen 0,12 bzw. 2,4.

Aufgabe 141: Doppelsternsystem 2
Ein Doppelsternsystem besteht aus zwei Komponenten mit den Massen $\mathfrak{M}_1 = 4 M_\odot$ bzw. $\mathfrak{M}_2 = 1 M_\odot$. Ihr Abstand beträgt $a = 0{,}070\,AE$, die Entfernung zur Erde ist $r = 32\,pc$. Die Sternradien sind gleich groß und betragen $R = 3{,}0\,R_\odot$. Die absoluten Helligkeiten der Komponenten sind $M_1 = 0{,}0$

bzw. $M_2 = 2{,}5$. Die Sichtlinie verläuft in der Bahnebene des Systems.
a) Bestimmen Sie die Umlaufzeit des Systems
b) Ermitteln Sie die scheinbare Helligkeit im Maximum der Lichtkurve!
c) Ermitteln Sie die scheinbaren Helligkeiten im Haupt- und Nebenminimum!
d) Welche Dauer hat das Haupt- und Nebenminimum?

Lösung 141:

Die Bahnradien werden bestimmt aus dem Schwerpunktsatz:

$$\mathfrak{M}_1 r_1 = \mathfrak{M}_2 (a - r_1) \Rightarrow r_1 = a \frac{\mathfrak{M}_2}{\mathfrak{M}_1 + \mathfrak{M}_2} = 0{,}070 \, AE \, \frac{M_\odot}{5 M_\odot} = 0{,}014 \, AE = 2{,}09 \cdot 10^9 \, m$$

Die Umlaufzeit ergibt sich aus dem Ansatz: Zentripetalkraft entgegengesetzt gleich Gravitationskraft. Zu beachten ist, dass hier Gravitation zwischen den beiden Komponenten, die Zentripetalkraft am gemeinsamen Schwerpunkt wirkt.

$$G \frac{\mathfrak{M}_1 \mathfrak{M}_2}{a^2} = \mathfrak{M}_1 r_1 \omega^2 = \mathfrak{M}_1 r_1 \left(\frac{2\pi}{P} \right)^2$$

Auflösen nach der Periode P ergibt mit $a = 0{,}07 \cdot 1{,}496 \cdot 10^{11} \, m = 1{,}05 \cdot 10^{10} m$

$$\Rightarrow P = 2\pi a \sqrt{\frac{r_1}{G \mathfrak{M}_2}} \Rightarrow P = 2\pi \cdot 1{,}05 \cdot 10^{10} m \sqrt{\frac{2{,}09 \cdot 10^9 \, m}{6{,}67 \cdot 10^{-11} \frac{m^3}{kg s^2} \cdot 1{,}99 \cdot 10^{30} kg}}$$

Die Umlaufzeit beträgt $P = 2{,}61 \cdot 10^5 \, s = 3{,}02 \, d$.

b) Für die absoluten Helligkeiten der beiden Komponenten folgt

$$M_1 - M_\odot = -2{,}5 \log \frac{L_1}{L_\odot} \Rightarrow \frac{L_1}{L_\odot} = 10^{0{,}4(M_\odot - M_1)} \Rightarrow L_1 = 83{,}2 L_\odot$$

$$M_2 - M_\odot = -2{,}5 \log \frac{L_2}{L_\odot} \Rightarrow \frac{L_2}{L_\odot} = 10^{0{,}4(M_\odot - M_2)} \Rightarrow L_2 = 8{,}32 L_\odot$$

Da sich die Leuchtkräfte addieren, kann die Gesamtleuchtkraft berechnet werden. Durch logarithmische Rechnung erhält man daraus die absolute Gesamthelligkeit.

$$M - M_\odot = -2{,}5 \log \frac{L_1 + L_2}{L_\odot} = -2{,}5 \log \frac{91{,}52 L_\odot}{L_\odot} = -4{,}9$$

$$\Rightarrow M_{ges} = M_\odot - 4{,}9 = -0{,}1$$

Das Entfernungsmodul beträgt

$$m - M = 5 \log \frac{r}{10\,pc} = 5 \log 3{,}2 = 2{,}5$$

Damit ergibt sich die scheinbare maximale Helligkeit des Systems $m_{ges} = -0{,}10 + 2{,}5 = 2{,}4$

c) Die scheinbare Helligkeit des Hauptminimums ist genau die Helligkeit der weniger hellen Komponente; hier ist die hellere Komponente verdeckt (bei gleichem Radius). Also gilt

$$\Rightarrow m_1 = M_1 + 2{,}5 = 2{,}5$$

Analog die scheinbare Helligkeit des Nebenminimums

$$\Rightarrow m_2 = M_2 + 2{,}5 = 5{,}0$$

d) Die relative Bahngeschwindigkeit der Komponenten ist

$$v = \frac{2\pi a}{P} = \frac{2\pi \cdot 1{,}05 \cdot 10^{10}\,m}{2{,}61 \cdot 10^5\,s} = 2{,}52 \cdot 10^5\,\frac{m}{s}$$

Während der Bedeckungsphasen werden genau 2 Sternradien zurückgelegt

$$t = \frac{6R_\odot}{v} = \frac{6 \cdot 6{,}96 \cdot 10^8\,m}{2{,}52 \cdot 10^5\,\frac{m}{s}} = 1{,}66 \cdot 10^4\,s = 4{,}6\,h$$

Beide Bedeckungsphasen dauern also je $4{,}6\,h$.

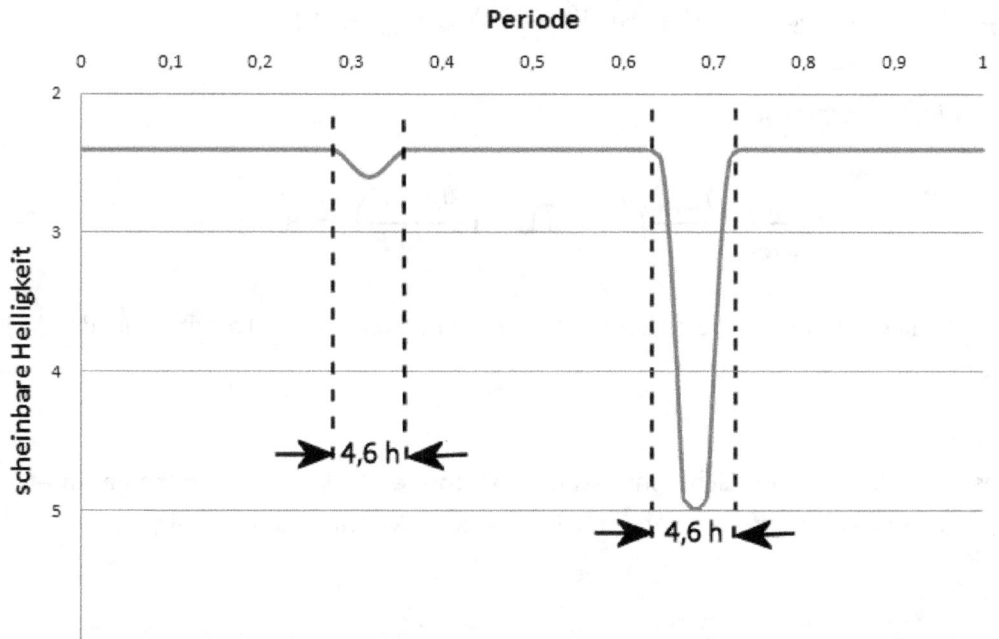

Abbildung 57: Helligkeitskurve bei einem Doppelsternsystem

Aufgabe 142: Mira

Der Stern Mira (Omikron Ceti) ist der Prototyp der sog. Mira-Veränderlichen. Seine mittlere bolometrische Helligkeit beträgt $M_{bol} = -2{,}5$, seine mittlere Strahlungstemperatur $T = 3000\,K$.
a) Bestimmen Sie den mittleren Radius von Mira. In welchem Teil des HR-Diagramm liegt der Stern?
b) Während seiner 330-tägigen Periode wird Mira um 5,1 Größenklassen heller und gleichzeitig steigt die Temperatur um $400\,K$. Welches Verhältnis von maximalen Radius zu mittlerem ergibt sich?

Lösung 142:

a) Für die Leuchtkraft folgt

$$M_{bol} - M_{bol\odot} = -2{,}5 \log \frac{L}{L_\odot} \Rightarrow \frac{L}{L_\odot} = 10^{0{,}4(M_{bol\odot}-M_{bol})} \Rightarrow L = 10^{0{,}4(4{,}75+2{,}5)} L_\odot = 790 L_\odot$$

Den mittleren Radius berechnen wir über den Leuchtkraftradius

$$\frac{R}{R_\odot} = \sqrt{\frac{L}{L_\odot} \cdot \left(\frac{T_\odot}{T}\right)^2} = \sqrt{790} \cdot \left(\frac{5770\,K}{3000\,K}\right)^2 = 380$$

Mira ist wegen seines großen Radius ein Riese; aufgrund seiner geringen Strahlungstemperatur erscheint er rötlich; er ist also ein Roter Riese und befindet sich rechts oben im HR-Diagramm.

b) Seine maximale Helligkeit beträgt also $M_{bol} = -7{,}6$, die maximale Temperatur $T_{max} = 3400\,K$.

Das Verhältnis der Leuchtkraft wird damit

$$\frac{L_{max}}{L_{mitt}} = 10^{0{,}4(M_{mitt}-M_{max})} = 10^{0{,}4(-2{,}5+7{,}6)} \Rightarrow L_{max} = 110\, L_{mitt}$$

Für das Verhältnis der Radien ergibt sich

$$\frac{R_{max}}{R_{mitt}} = \sqrt{\frac{L_{max}}{L_{mitt}} \cdot \left(\frac{T_{mitt}}{T_{max}}\right)^2} = \sqrt{110} \cdot \left(\frac{3000\,K}{3400\,K}\right)^2 = 8{,}1$$

Mira ändert seine Maximalwerte im Vergleich zum Mittel beim Radius um den Faktor 8, bei der Leuchtkraft um Faktor 110.

Aufgabe 143: Lichtecho

Die Entfernungsmessung mithilfe eines Lichtechos ist eine Methode, die keine speziellen Parameter eines Sterns wie Helligkeit oder Periode verwendet. Die Lichtecho-Methode soll im folgenden

Kapitel 7 Veränderliche Sterne   191

benützt werden, um die Entfernung zur SN 1987A und damit zur Großen Magellanschen Wolke (LMC) zu bestimmen.

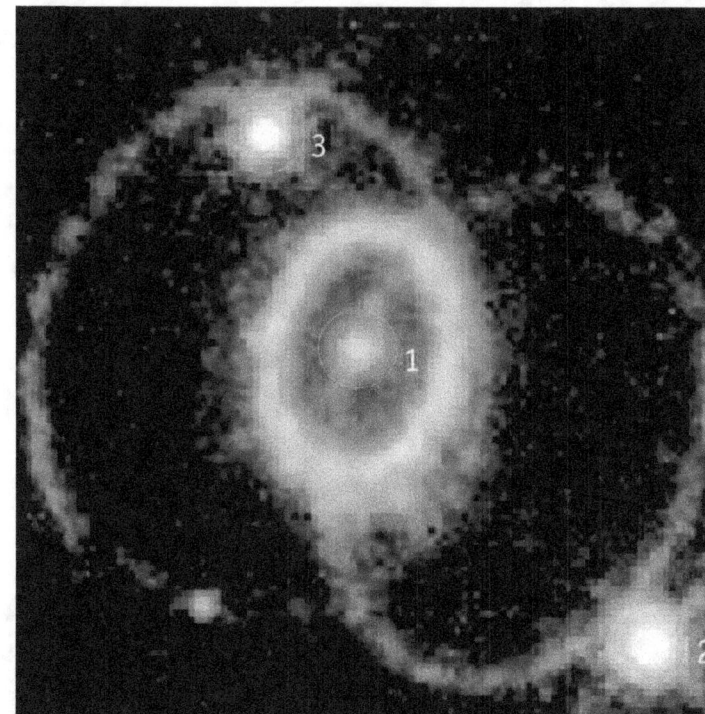

Bild 58: SN 1987A (Quelle ESO/HST)

Das Foto des HST zeigt die Postnova (1) mit drei Ringen, wobei hier nur der innere Ring betrachtet wird, der bereits vor dem Novaausbruch ausgestoßen wurde.

a) Unter der Annahme, dass der innere Ring kreisförmig ist, bestimmen man den Neigungswinkel zur Sichtlinie!

b) Bestimmen Sie den scheinbaren Durchmesser des Rings, wenn nach Messungen des HST der innere Ring nach 330 Tage nach dem SN-Ausbruch volle Helligkeit erreicht hat

c) Bestimmen Sie Wegdifferenz der Lichtsignale!

d) Die Winkelentfernung der Sterne (2) und (3) kann aus einem Sternenatlas zu 4,49'' bestimmt werden. Ermitteln damit Sie den Winkeldurchmesser des inneren Rings! Welche Entfernung der SN 1987A folgt daraus?

Lösung 143:

a) Fasst man das elliptische Bild des inneren Rings als Schrägbild eines Kreises auf, so kann man durch das Verhältnis der senkrechten Achsen die Neigung berechnen. Die Messung ergibt hier das

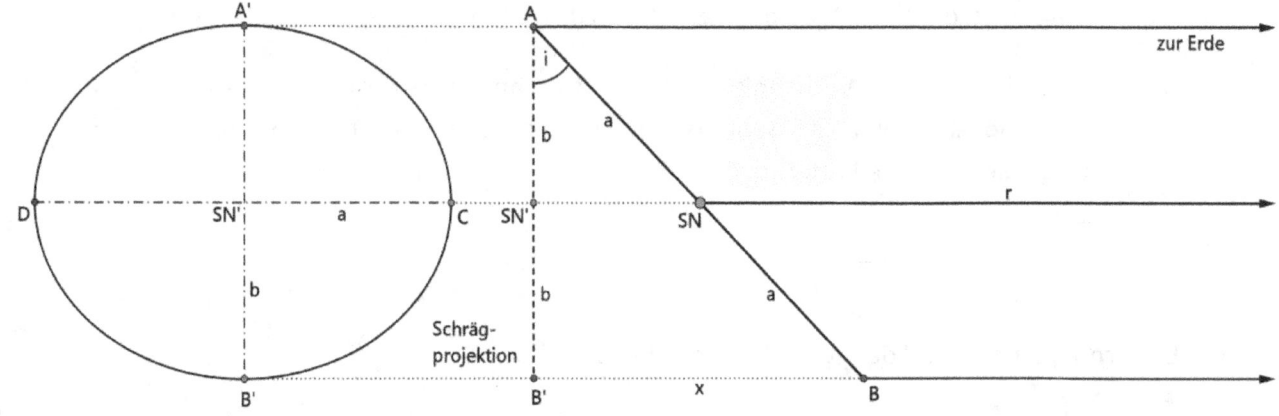

Bild 59: Schrägbild des SN-Rings

Verhältnis

$\frac{b}{a} = 0{,}75$. Dies liefert die Neigung $\cos i = 0{,}75 \Rightarrow i = 41{,}4°$.

b) Das Licht erreicht zuerst die Erde vom Punkt B aus. Gegenüber Punkt A ergibt sich eine Wegdifferenz $x = BB'$. Aus der Laufzeitdifferenz von 330 Tagen lässt sich die Wegdifferenz ermitteln

$$x = 330 \cdot 24 \cdot 3600s \cdot 3{,}0 \cdot 10^8 \, \frac{m}{s} = 8{,}55 \cdot 10^{15} \, m = 5{,}72 \cdot 10^4 \, AE$$

c) Im rechtwinkligen Dreieck AB'B gilt

$$x^2 + (2b)^2 = (2a)^2$$

Da nur der Quotient $\frac{b}{a}$ der Achsen bekannt ist, muss umgeformt werden

$$a^2 - b^2 = \frac{1}{4}x^2 \Rightarrow a^2\left[1 - \left(\frac{b}{a}\right)^2\right] = \frac{1}{4}x^2$$

Wurzelziehen ergibt

$$a\sqrt{1 - \left(\frac{b}{a}\right)^2} = \frac{x}{2} \Rightarrow a = \frac{x}{2\sqrt{1 - \left(\frac{b}{a}\right)^2}}$$

Einsetzen der Werte liefert

$$a = \frac{5{,}72 \cdot 10^4 \, AE}{2\sqrt{1 - (0{,}75)^2}} = 4{,}32 \cdot 10^4 \, AE$$

Der wahre Durchmesser D des Rings beträgt $8{,}64 \cdot 10^4 \, AE$

d) Aus dem Foto liest man das Verhältnis des großen Durchmessers zur Entfernung der Sterne (2) bzw. (3) ab; es ergibt sich etwa 0,37. Somit ist der Winkeldurchmesser $\alpha = 0{,}37 \cdot 4{,}49'' = 1{,}66''$. Daraus lässt sich die gesuchte Entfernung berechnen

$$\frac{r}{pc} = \frac{D}{AE}\frac{1''}{\alpha} \Rightarrow r = \frac{8{,}64 \cdot 10^4}{1{,}66} pc = 5{,}2 \cdot 10^4 \, pc$$

Die Entfernung der SN und damit der LMC ist 52 kpc.

Kapitel 8 Milchstraße und Galaxien

*Die Milchstraße (lacteus circulus) ist eine Bahn,
die man an der Himmelskugel (sphaera) sieht,
nach ihrem weißen Schimmer benannt.*

Isidor von Sevilla (821), Enzyklopädie

Aufgabe 144: Milchstraße

Mit stellarstatistischen Mitteln lässt sich zeigen, dass die Sonne mit der Geschwindigkeit $v = 220\,\frac{km}{s}$ an der Rotation der Milchstraße teilnimmt. Der Abstand vom Zentrum beträgt $R_0 = 8,0\,kpc$.
a) Welche Umlaufzeit ergibt sich für die Rotation des Milchstraße?
b) Gegenüber dem Hintergrund aus den weit entfernten Quasaren hat die Sonne die Eigenbewegung von $\mu = 0,0059''\,\frac{1}{a}$. Bestätigen Sie damit die Geschwindigkeit von a)
c) Bestimmen Sie Masse M_{Gal} der Galaxis innerhalb der Sonnenbahn (in $M_\odot$).
d) Durch langwierige Messungen konnte man die Bewegungen von 2400 Sternen außerhalb der Sonnenbahn (bis zum Zentrumsabstand 60 kpc) analysieren und daraus die Gesamtmasse $M_{Gal} = 1,0 \cdot 10^{12}\,M_\odot$ ermitteln. Welcher Bruchteil der Gesamtmasse befindet sich damit innerhalb der Sonnenbahn?
e) Man schätzt, dass 65% der leuchtenden Materie der Galaxis sich innerhalb der Sonnenbahn befindet. Was folgt daraus für den Anteil der Dunklen Materie der Galaxis?

Lösung 144:

a) Es gilt für die Umlaufzeit

$$v_\odot = \frac{2\pi R_0}{T} \Rightarrow T = \frac{2\pi R_0}{v} = \frac{2\pi \cdot 8,0 \cdot 10^3 \cdot 3,086 \cdot 10^{13}\,km}{220\,\frac{km}{s}} = 7,05 \cdot 10^{15}\,s = 2,23 \cdot 10^8\,a$$

Die Umlaufzeit der Sonne um das Milchstraßenzentrum beträgt 220 Mill. Jahre.

b) Es gilt die Proportion

$$\frac{\mu}{360°} = \frac{v_\odot}{2\pi R_0} \Rightarrow v_\odot = \frac{\mu}{360°} 2\pi R_0 = \frac{0,0059''}{360 \cdot 3600''} \frac{2\pi \cdot 8,0 \cdot 10^3 \cdot 3,086 \cdot 10^{13}\,km}{365,24 \cdot 24 \cdot 3600\,s}$$

$$\Rightarrow v_\odot = 224\,kms^{-1}$$

Die Bahngeschwindigkeit der Sonne um das Zentrum von a) wird bestätigt.

c) Aus dem Ansatz, dass die Gravitationskraft Radialkraft ist, folgt

$$G\frac{M_{Gal}M_\odot}{R_0^2} = \frac{M_\odot v_\odot^2}{R_0} \Rightarrow M_{Gal} = \frac{R_0 v_\odot^2}{G}$$

Einsetzen der Werte liefert

$$M_{Gal} = \frac{8{,}0 \cdot 10^3 \cdot 3{,}086 \cdot 10^{16}\, m \cdot (2{,}20 \cdot 10^5\, ms^{-1})^2}{6{,}673 \cdot 10^{-11}\frac{m^3}{kgs^2}} = 1{,}80 \cdot 10^{41}\, kg = 9{,}0 \cdot 10^{10}\, M_\odot$$

Einen anderen Ansatz liefert das auf Sonneneinheiten skalierte dritte Keplersche Gesetz

$$\frac{M_{Gal}}{M_\odot} = \frac{r^3}{AE^3}\frac{a^2}{T^2} = \frac{(8000 \cdot 2{,}063 \cdot 10^5\, AE)^3}{AE^3}\frac{a^2}{(2{,}23 \cdot 10^8 a)^2} \Rightarrow M_{Gal} = 9{,}0 \cdot 10^{10}\, M_\odot$$

Die Masse der Galaxis innerhalb der Sonnenbahn beträgt 90 Mrd. Sonnenmassen.

d) Es folgt das Massenverhältnis

$$\frac{M_{Gal,in}}{M_{Gal,ges}} = \frac{9{,}0 \cdot 10^{10}\, M_\odot}{1{,}0 \cdot 10^{12}\, M_\odot} = 0{,}09$$

Es befinden sich 9% der Galaxismasse innerhalb der Sonnenbahn.

e) Der Anteil der leuchtenden Materie innerhalb von R_0 an der gesamten leuchtender Materie ist

$$x = \frac{0{,}09}{0{,}65} = 0{,}14$$

Für die Dunkle Materie folgt damit der Anteil $1 - x = 0{,}86$.

Aufgabe 145: Virialsatz

Welche Durchschnittsgeschwindigkeit für die Sterne der Milchstraße liefert der Virialsatz, wenn man die potenzielle Energie ansetzt zu

$$E_{pot} = -2\frac{GM^2}{R}$$

Verwenden Sie folgende Werte $M_{Gal} = 10^{11} M_\odot$, $R_{Gal} = 12{,}5\, kpc$.

Lösung 145:

Es folgt aus dem Virialsatz

$$E_{pot} = -\frac{2GM^2}{R} = -\frac{2 \cdot 6{,}673 \cdot 10^{-11} \frac{m^3}{kg \cdot s^2}(10^{11} \cdot 1{,}989 \cdot 10^{30} kg)^2}{12{,}5 \cdot 10^3 \cdot 3{,}086 \cdot 10^{16} m} = -1{,}38 \cdot 10^{52} J$$

Damit erhält man die mittlere Geschwindigkeit zu

$$2E_{kin} = |E_{pot}| \Rightarrow Mv^2 = E_{pot} \Rightarrow v = \sqrt{\frac{E_{pot}}{M}} = \sqrt{\frac{1{,}38 \cdot 10^{52} J}{10^{11} \cdot 1{,}989 \cdot 10^{30} kg}} = 263 \frac{km}{s}$$

Aufgabe 146: Sternhaufen

Der Sternhaufen M16 enthält einen Stern der scheinbaren Helligkeit $m_V = 8{,}24$; sein Farbindex beträgt $B - V = 0{,}48$. Für die Haufensterne wird der Farbexzess $E_{B-V} = 0{,}83$ ermittelt.
a) Bestimmen Sie die Entfernung des Haufens unter Berücksichtigung der Absorption im Visuellen, die durch die Näherung $A_V = 3E_{B-V}$ abgeschätzt werden kann.
b) Die Absorption ist definiert durch die Änderung der Helligkeit $A = \Delta m$. Ermitteln Sie einen Zusammenhang mit der optischen Dicke τ, wenn die Intensität des Sternenlichts nach dem Exponentialgesetz $I = I_0 e^{-\tau}$ geschwächt wird.

Lösung 146:

a) Mit Hilfe einer Tabelle lässt sich die Eigenfarbe $(B - V)_0$ aus den gemessenen Farbindex $(B - V)$ ermitteln

$$(B - V)_0 = (B - V) - E_{B-V} = 0{,}48 - 0{,}83 = -0{,}35$$

Ein Stern mit dieser Eigenfarbe ist sehr heller, junger Hauptreihenstern der Spektralklasse O5 V, dessen absolute visuelle Helligkeit aus einer Tabelle zu $M_V = -5{,}7$ abgeschätzt wird. Die Absorption im Visuellen ist nach Angabe

$$A_V = 3E_{B-V} = 2{,}49$$

Zur Bestimmung der gesuchten Entfernung muss das Entfernungsmodul um den Absorptionsterm erweitert werden:

$$m - M = 5 \log \frac{r}{10 pc} + A_V$$

Die Umformung ergibt

$$r = 10 pc \cdot 10^{0{,}2(m-M-A_V)} = 10 pc \cdot 10^{0{,}2(8{,}24+5{,}7-2{,}49)} = 1{,}95 \cdot 10^3 \, pc$$

Die Entfernung des Haufens beträgt 2,0 *kpc*.

b) Es gilt nach Definition

$$A = m - m_0 = -2{,}5\ (\log I - \log I_0) = 2{,}5\ \log\frac{I_0}{I} = 2{,}5\ \log(e^\tau) = 2{,}5\tau \log(e) = 1{,}086\ \tau$$

Das bedeutet, dass die Änderung der Helligkeit durch den Durchgang durch die optische Dicke im interstellaren Medium bestimmt ist. Da die Absorption, auch Extinktion genannt, proportional zur Entfernung ist, ist das Entfernungsmodul definiert mittels

$$m - M = 5\log\frac{r}{10 pc} + ar$$

Der Faktor a heißt der Extinktionskoeffizient und gibt den Helligkeitsverlust je Entfernungseinheit an. Für die Milchstraße rechnet man mit einer mittleren Extinktion von 2,0 Größenklassen/kpc. Sterne im Milchstraßenzentrum ($r = 8{,}5\ kpc$) sind im Visuellen wegen der Extinktion von 17 Größenklassen nicht mehr zu sehen.

Aufgabe 147: Entfernung M31

Folgende drei Cepheiden gehören zum Andromeda-Nebel (M31). Ermitteln Sie aus den angegebenen Werten ein Intervall für die Entfernung des Andromeda-Nebels!

Nr.1	m = 21,2	P= 3,09 d
Nr.2	m = 21,3	P= 3,80 d
Nr.3	m = 20,1	P= 9,55 d

Lösung 147:

Einsetzen in die Cepheiden-Formel liefert

$$\overline{M_1} = -1{,}67 - 2{,}54\ \log\frac{3{,}09\ d}{1 d} = -2{,}91 \Rightarrow r_1 = 10 pc \cdot 10^{0{,}2(21{,}2+2{,}91)} = 665\ kpc$$

$$\overline{M_2} = -1{,}67 - 2{,}54\ \log\frac{3{,}8\ d}{1 d} = -3{,}14 \Rightarrow r_1 = 10 pc \cdot 10^{0{,}2(21{,}3+3{,}14)} = 773\ kpc$$

$$\overline{M_3} = -1{,}67 - 2{,}54\ \log\frac{9{,}55\ d}{1 d} = -4{,}16 \Rightarrow r_1 = 10 pc \cdot 10^{0{,}2(20{,}1+4{,}16)} = 711\ kpc$$

Der Mittelwert der Entfernungen ist $716\ kpc$. Die Standardabweichung (hier bei 3 Messwerten wenig sinnvoll) ist

$$s = \sqrt{\frac{1}{2}[(716-665)^2 + (716-773)^2 + (716-711)^2]}\ kpc = 54\ kpc$$

Die Entfernung des Andromeda-Nebels liegt im Intervall $(716 \pm 54)\ kpc$.

Aufgabe 148: Kugelsternhaufen
Die absolute Helligkeit eines hellen extragalaktischen Kugelsternhaufens beträgt $M_V = -10$.
a) Bestimmen Sie seine Leuchtkraft und schätzen Sie seine Masse ab!
b) Welche Entfernung hat er bei einer Rotverschiebung von $z = 0,1$. Verwenden Sie den Wert $H_0 = 71 \frac{km/s}{Mpc}$ und die Abstandsfunktion $r = \frac{2c}{H}\left[1 - \frac{1}{\sqrt{1+z}}\right]$.

c) Welche scheinbare Helligkeit besitzt der Kugelsternhaufen?

Lösung 148:
a) Es gilt

$$\frac{L}{L_\odot} = 10^{0,4(M_\odot - M)} = 10^{0,4(4,83+10)} \Rightarrow L = 8,55 \cdot 10^5 L_\odot$$

Nimmt man an, dass es sich um sonnenähnliche Sterne handelt, so ist seine Masse $8,6 \cdot 10^5 M_\odot$.

b) Mit der angegebenen Formel gilt (im flachen Universum ohne kosmologischen Term)

$$r = \frac{2c}{H_0}\left[1 - \frac{1}{\sqrt{1+z}}\right] = \frac{2c}{H_0}\left[1 - \frac{1}{\sqrt{1,1}}\right] = \frac{c}{H_0} \cdot 0,0931$$

$$\Rightarrow r = \frac{3 \cdot 10^5 km/s}{71 \frac{km/s}{Mpc}} \cdot 0,0931 = 390\ Mpc$$

Ohne Korrekturterm folgt

$$r = \frac{v}{H_0} = \frac{cz}{H_0} = \frac{0,1 \cdot 3 \cdot 10^5 km/s}{71 \frac{km/s}{Mpc}} = 420\ Mpc$$

c) Aus der Entfernung lässt sich das Entfernungsmodul berechnen

$$m - M = 5 \log \frac{r}{10\ pc} = 5 \log 3,88 \cdot 10^5 = 38,1$$

Die scheinbare Helligkeit ist damit

$$m = M + 38,1 = 28,1$$

Bei einer scheinbaren Helligkeit von 28,1 kann der Kugelsternhaufen vom HST gerade noch erkannt werden.

Aufgabe 149: Großer Attraktor

Der Große Attraktor ist ein Superhaufen von Galaxien, der sich in den Sternbildern Hydra und Centaurus findet. Diese Region des Universums entfernt sich von uns mit der Geschwindigkeit $12.000 \frac{km}{s}$.

a) Bestimmen Sie die Rotverschiebung und die Entfernung!

b) Die Lokale Gruppe, zu der auch unsere Milchstraße gehört, bewegt sich in Richtung des Großen Attraktors mit der Geschwindigkeit $570 \frac{km}{s}$ (gegen die Hintergrundstrahlung gemessen). Schätzen Sie die Masse des Großen Attraktors ab, unter der Annahme, dass die Lokale Gruppe gerade noch gravitativ gebunden ist; d. h. die Bewegung soll mit Fluchtgeschwindigkeit erfolgen.

Lösung 149:

a) Die Rotschiebung ist $z = \frac{v}{c} = \frac{1,2 \cdot 10^4 \, km/s}{3 \cdot 10^5 \, km/s} = 0,04$. Die Rotverschiebung ist so klein, dass noch keine Raumkrümmung zu berücksichtigen ist. Die Entfernung ergibt sich damit nach Hubble zu

$$r = \frac{v}{H_0} = \frac{1,2 \cdot 10^4 \, km/s}{71 \frac{km/s}{Mpc}} = 169 \, Mpc$$

b) Mit der angegebenen Fluchtgeschwindigkeit folgt

$$v_F = \sqrt{2 \frac{GM}{r}} \Rightarrow M = \frac{v^2 r}{2G} = \frac{\left(5,7 \cdot 10^5 \frac{m}{s}\right)^2 \cdot 6,18 \cdot 10^{24} m}{2 \cdot 6,67 \cdot 10^{-11} \frac{m^3}{kgs^2}} = 1,5 \cdot 10^{46} kg = 7,5 \cdot 10^{15} \, M_\odot$$

Die Masse entspricht etwa 10 Tsd Galaxien zu je 10^{11} Sonnenmassen.

Aufgabe 150: Eddington

Die Eddington-Leuchtkraft (im Englischen *Eddington-Limit*) ist die maximale Strahlungsenergie, die ein Stern abgeben kann, ohne seine Stabilität zu verlieren.

a) Leiten Sie die Formel aus dem Gleichgewicht von Gravitation und Kraft infolge des Strahlungsdrucks her. Es gilt

$$F_{grav} = G \frac{M m_H}{r^2} \therefore F_{str} = \frac{L}{4\pi r^2} \frac{\sigma_{th}}{c}$$

Dabei ist der Thomson-Streuquerschnitt $\sigma_{th} = 6,652 \cdot 10^{-29} \, m^2$.

b) Bestimmen Sie die Eddington-Leuchtkraft L_{edd} der Sonne und skalieren Sie die Gleichung auf andere Massen.

c) Welche Masse müsste die Sonne pro Jahr akkretieren um ihre Eddington-Leuchtkraft aufrecht zu erhalten? Zeigen Sie, dass gilt

$$\frac{dM}{dt} = \frac{L_{edd}}{\frac{1}{m}E_{grav}}$$

d) Eine Quasistellares Objekt (QSO) hat die Strahlungsleistung $10^{39}\,W$. Welche Masse hat das Schwarze Loch im Inneren des QSO?

e) Welche Masse muss das Schwarze Loch pro Jahr akkretieren um die Eddington-Leuchtkraft des QSO aufrecht zu erhalten? Verwenden Sie als Abstand den 3-fachen Schwarzschild-Radius!

f) Unter der Annahme, dass der Wirkungsgrad für die Umwandlung von Materie in Energie 10% beträgt, bestimme man die maximale Massenrate für das QSO von d)

g) Schätzen die Leuchtkraft aufgrund der Massenakkretion als zeitliche Änderung der Gravitationsenergie ab, indem Sie den inneren Rand der Akkretionsscheibe auf den 3-fachen Schwarzschild-Radius setzen!

Lösung 150:

a) Für die Eddington-Leuchtkraft folgt

$$L_{edd} = 4\pi GM \frac{m_p c}{\sigma_{th}}$$

b) Einsetzen der Werte ergibt für die Sonne

$$L_{edd} = 4\pi GM \frac{m_p c}{\sigma_{th}} = 4\pi \cdot 6{,}673 \cdot 10^{-11} \frac{m^3}{kg s^2} \cdot 1{,}989 \cdot 10^{30} kg \frac{1{,}674 \cdot 10^{-27} kg \cdot 2{,}998 \cdot 10^8 \frac{m}{s}}{6{,}652 \cdot 10^{-29}\,m^2}$$

$$\Rightarrow L_{edd\odot} = 1{,}26 \cdot 10^{31}\,W$$

Die Eddington-Leuchtkraft der Sonne ist 5 Größenordnungen größer als die tatsächliche. Skalieren ergibt

$$L_{edd} = 1{,}26 \cdot 10^{31}\,W \cdot \frac{M}{M_\odot} = 3{,}28 \cdot 10^4 L_\odot \cdot \frac{M}{M_\odot} \quad (1)$$

c) Die Änderung der Strahlungsenergie ist die Änderung der Gravitationsenergie

$$\Rightarrow dE = L_{edd}\,dt = \left|\frac{GM}{R}dM\right| \Rightarrow \frac{dM}{dt} = \frac{L_{edd}}{\frac{GM}{R}} = \frac{L_{edd}}{\frac{1}{m}E_{grav}}$$

Der Gewinn an Gravitationsenergie pro Masseneinheit ist

$$\frac{1}{m}E_{grav} = \frac{GM_\odot}{R_\odot} = \frac{6{,}67 \cdot 10^{-11} \frac{m^3}{kgs^2} \cdot 1{,}99 \cdot 10^{30} kg}{6{,}96 \cdot 10^8\, m} = 1{,}91 \cdot 10^{11}\, \frac{m^2}{s^2}$$

Einsetzen ergibt

$$\frac{dM}{dt} = \frac{L_{edd}}{\frac{1}{m}E_{grav}} = \frac{1{,}26 \cdot 10^{31}\, W}{1{,}91 \cdot 10^{11}\, \frac{m^2}{s^2}} = 6{,}6 \cdot 10^{19}\, \frac{kg}{s}$$

Skalieren auf Sonnenmassen und Jahr liefert

$$\frac{dM}{dt} = 2{,}08 \cdot 10^{27}\, \frac{kg}{a} = 1{,}05 \cdot 10^{-3}\, \frac{M_\odot}{a}$$

Die Sonne müsste pro Jahr etwa 1‰ ihrer Masse akkretieren.

d) Aus Gleichung (1) folgt

$$\frac{M}{M_\odot} = \frac{L_{edd}}{3{,}28 \cdot 10^4 L_\odot} = \frac{2{,}61 \cdot 10^{12} L_\odot}{3{,}28 \cdot 10^4 L_\odot} \Rightarrow M = 8{,}0 \cdot 10^7 M_\odot$$

Das Schwarze Loch im Inneren des QSO ist supermassiv mit 80 Mill. Sonnenmassen.

e) Der Gewinn an Gravitationsenergie pro Masseneinheit im angegebenen Abstand ist

$$\frac{1}{m}E_{grav} = \frac{GM}{3R_S} = \frac{c^2}{6} = 1{,}5 \cdot 10^{16}\, \frac{m^2}{s^2}$$

Hier werden (rein theoretisch) 17% der Ruhemasse in Strahlung umgesetzt! Einsetzen ergibt

$$\frac{dM}{dt} = \frac{L_{edd}}{\frac{1}{m}E_{grav}} = \frac{10^{39}\, W}{1{,}50 \cdot 10^{16}\, \frac{m^2}{s^2}} = 6{,}7 \cdot 10^{22}\, \frac{kg}{s}$$

Skalieren auf Sonnenmassen und Jahr liefert

$$\frac{dM}{dt} = 2{,}1 \cdot 10^{30}\, \frac{kg}{a} = 1{,}1\, \frac{M_\odot}{a}$$

Das QSO muss pro Jahr etwa 1,1 Sonnenmassen akkretieren.

f) Für die Leuchtkraft aufgrund der Akkretion mit der Masserate $\frac{dM}{dt}$ folgt

$$W = \frac{1}{10}Mc^2 \Rightarrow L = \frac{dW}{dt} = \frac{1}{10}\frac{dM}{dt}c^2$$

Einsetzen der gegebenen Leuchtkraft ergibt

$$L = \frac{1}{10}\frac{dM}{dt}c^2 \Rightarrow \frac{dM}{dt} = \frac{10L}{c^2} = \frac{10^{40}\,W}{9{,}0 \cdot 10^{16}\,\frac{m^2}{s^2}} = 1{,}1 \cdot 10^{23}\,\frac{kg}{s}$$

g) Für den inneren Rand r_i der Akkretionsscheibe gilt:

$$W_{grav} = \left|G\frac{M^2}{r_i}\right|$$

Die zeitliche Ableitung folgt mit der Kettenregel

$$L = \frac{dW}{dt} = \frac{dW}{dM}\frac{dM}{dt} = \frac{GM}{r_i}\frac{dM}{dt} = \frac{GM}{3R_S}\frac{dM}{dt} = \frac{c^2}{6}\frac{dM}{dt} \Rightarrow \frac{dM}{dt} = \frac{6L}{c^2}$$

Man erhält die selbe Massenrate wie bei c).

Aufgabe 151: NGC 4151

Die Seyfert-Galaxie NGC 4151 zeigt Änderungen im kontinuierlichen Teil des Spektrum 10 Tage später im Linienspektrum. Daraus lässt sich schließen, dass die Galaxis von einer Gasscheibe umgeben ist, deren Radius 10 Lichttage beträgt. Gleichzeitig kann man aus der Doppler-Verbreiterung der Linien auf eine Rotationsgeschwindigkeit von 7000 km/s schließen.
a) Bestimmen Sie die Masse der Galaxie!
b) Welcher Eddington-Leuchtkraft entspricht diese Masse? (Vgl. Aufgabe 130)

Lösung 151:

a) Der Radius der Scheibe beträgt $r = 10 \cdot 24 \cdot 3600\,s \cdot 3 \cdot 10^8\,\frac{m}{s} = 2{,}59 \cdot 10^{14}\,m$. Aus der Rotationsgeschwindigkeit lässt sich nach Kepler die Zentralmasse berechnen

$$M = \frac{v^2 r}{2G} \Rightarrow M = \frac{\left(7 \cdot 10^6\,\frac{m}{s}\right)^2 \cdot 2{,}59 \cdot 10^{14}\,m}{2 \cdot 6{,}67 \cdot 10^{-11}\,\frac{m^3}{kg\,s^2}} = 9{,}5 \cdot 10^{37}\,kg = 4{,}8 \cdot 10^7 M_\odot$$

b) Es folgt mit der berechneten Masse

$$L_{edd} = 1{,}26 \cdot 10^{31} \, W \cdot \frac{M}{M_\odot} = 6{,}0 \cdot 10^{38} \, W$$

Aufgabe 152: Virgo-Haufen

Der Virgo-Superhaufen ist eine Ansammlung von Galaxienhaufen, zu dem auch die Lokale Gruppe gehört. Die Fluchtgeschwindigkeit ist $v_r = 1040 \, \frac{km}{s}$.

a) Unabhängig von der Rotverschiebung wurden folgende Entfernungsmessungen gemacht

Methode	Entfernung
Cepheiden	14,9 Mpc
Tully-Fisher	15,8 Mpc
Typ 1a Supernovae	19,4 Mpc

Bestimmen Sie den Mittelwert der Entfernungsmessungen!

b) Bestimmen Sie den Hubble-Wert zur mittleren Entfernung nach a)

c) Berechnen Sie die erwartete Fluchtgeschwindigkeit beim Hubble-Wert $H = 71 \, \frac{km/s}{Mpc}$

d) Wie lässt sich die Abweichung c) erklären?

e) Welche mittlere Geschwindigkeit $\bar{v}$ haben die Haufen, wenn die Geschwindigkeitsdispersion $\sigma = 600 \, \frac{km}{s}$ beträgt und gilt

$$\bar{v}^2 = 3\sigma^2$$

f) Welche Zeit braucht ein Körper den Superhaufen zu durchqueren? Nehmen Sie eine kugelförmigen Verteilung vom Radius $R = 1{,}5 \, Mpc$ an

g) Schätzen Sie aus dem Virialsatz die Masse des Superhaufens ab!

Lösung 152:

a) Die mittlere Entfernung ergibt sich aus

$$r = \frac{1}{3}(14{,}9 + 15{,}8 + 19{,}4) \, Mpc = 16{,}7 \, Mpc$$

b) Zu dieser Entfernung bzw. Fluchtgeschwindigkeit gehört ein Hubble-Wert von

$$v_r = H \cdot r \Rightarrow H = \frac{v_r}{r} = \frac{1040 \, \frac{km}{s}}{16{,}7 \, Mpc} = 62{,}3 \, \frac{km/s}{Mpc}$$

c) Die erwartete Fluchtgeschwindigkeit ist

$$v_r = H_0 \cdot r = 71 \, \frac{km/s}{Mpc} \cdot 16{,}7 \, Mpc = 1200 \, \frac{km}{s}$$

d) Eine einfache Erklärung ist, dass sich die Lokale Gruppe mit der Differenzgeschwindigkeit $(1200 - 1040)\frac{km}{s} = 160\frac{km}{s}$ dem Superhaufen nähert.

e) Die mittlere Haufengeschwindigkeit ergibt sich aus der Geschwindigkeitsdispersion

$$\bar{v}^2 = 3\sigma^2 \Rightarrow \bar{v} = \sqrt{3}\,\sigma = 1040\,\frac{km}{s}$$

f) Für die Durchquerung des Superhaufens wird folgende Zeit benötigt

$$t = \frac{2R}{\bar{v}} = \frac{3\,Mpc}{1040\,\frac{km}{s}} = \frac{3 \cdot 3{,}086 \cdot 10^{19}\,km}{1040\,\frac{km}{s}} = 8{,}9 \cdot 10^{16}\,s = 2{,}8 \cdot 10^9\,a$$

g) Der Virialsatz besagt

$$E_{kin} = \frac{1}{2}|E_{pot}| \Rightarrow \frac{1}{2}M\bar{v}^2 = \frac{1}{2}\frac{GM^2}{R} \Rightarrow M = \frac{\bar{v}^2 R}{G}$$

Einsetzen der Werte ergibt

$$\Rightarrow M = \frac{\left(1{,}04 \cdot 10^6\,\frac{m}{s}\right)^2 \cdot 1{,}5 \cdot 3{,}086 \cdot 10^{22}\,m}{6{,}673 \cdot 10^{-11}\,\frac{m^3}{kg\,s^2}} = 7{,}5 \cdot 10^{45}\,kg = 3{,}8 \cdot 10^{15}\,M_\odot$$

Die Masse des Superhaufens beträgt $4 \cdot 10^{15}\,M_\odot$.

Aufgabe 153: Dunkle Materie

Ein Modell für die die Dichte der Dunklen Materie innerhalb der Milchstraße ist gegeben durch

$$\rho(r) = \frac{a_0}{a^2 + r^2};\quad a_0 = 4{,}6 \cdot 10^8\,\frac{M_\odot}{kpc};\quad a = 2{,}8\,kpc$$

a) Bestimmen Sie die konstante Dichte ($r \ll |a|$) im Milchstraßenzentrum!
b) Ermitteln Sie die Dichte im Abstand der Sonne vom Milchstraßenzentrum ($R = 8{,}5\,kpc$)
c) Bestimmen Sie die Masse der Dunklen Materie innerhalb der Sonnenbahn und vergleichen Sie diese mit dem Literaturwert der Milchstraßenmasse.

Lösung 153:

a) Nach Angabe folgt

$$\rho(r=0) = \frac{4{,}6 \cdot 10^8 \frac{M_\odot}{kpc}}{(2{,}8\ kpc)^2} = 5{,}9 \cdot 10^7\ \frac{M_\odot}{kpc^3}$$

b) Einsetzen der Sonnenentfernung ergibt

$$\rho(8{,}5\ kpc) = \frac{4{,}6 \cdot 10^8 \frac{M_\odot}{kpc}}{(2{,}8\ kpc)^2 + (8{,}5\ kpc)^2} = 5{,}7 \cdot 10^6\ \frac{M_\odot}{kpc^3}$$

c) Wegen der radialen Verteilung integrieren wir über die Kugelschale $dV = 4\pi r^2 dr$. Die Masse ergibt sich damit aus $dM = 4\pi\rho r^2 dr$ durch Integration

$$M = 4\pi \int_0^R \frac{a_0}{a^2 + r^2} r^2 dr$$

Mit dem Integral $\int \frac{x^2}{a^2+x^2} dx = x - a \arctan\left(\frac{x}{a}\right)$ folgt

$$M = 4\pi a_0 \left[R - a \arctan\frac{R}{a}\right] = 4\pi \cdot 4{,}6 \cdot 10^8\ \frac{M_\odot}{kpc}\left[8{,}5 kpc - 2{,}8\ kpc\ \arctan\frac{8{,}5\ kpc}{2{,}8\ kpc}\right]$$

Dies liefert die Masse der Dunklen Materie

$$\Rightarrow M_{DM} = 2{,}9 \cdot 10^{10}\ M_\odot$$

Vergleicht man diesen Wert mit einem gängigen Wert der Milchstraßenmasse $1{,}4 \cdot 10^{11} M_\odot$, so liefert das Modell einen Massenanteil der Dunklen Materie von 21%. Da die Sterndichte in der Milchstraße stärker abfällt als $\rho \sim r^{-2}$, wächst der Anteil der Dunklen Materie nach außen an.

Aufgabe 154: Tully-Fisher-Relation

Die Galaxie NGC 2639 im Sternbild *UMa* gehört zum Typ der Spiralgalaxien Sa hat die maximale Rotationsgeschwindigkeit $v_{max} = 324\ \frac{km}{s}$. Ihre scheinbare Farbhelligkeit beträgt $B = 12{,}2$.
a) Bestimmen Sie die absolute Farbhelligkeit nach der Tully-Fisher-Relation

$$M_B = -9{,}95 \log\left(\frac{v_{max}}{1\ km/s}\right) + 3{,}15$$

b) Ermitteln Sie die Leuchtkraft der Galaxie! Die Sonne hat die visuelle Helligkeit $M_V = 4{,}84$; ihr Farbindex beträgt $B - V = 0{,}64$.
c) Bestimmen Sie die Entfernung zu NGC 2639 unter Vernachlässigung der Raumkrümmung!
d) Der Radius, innerhalb dessen die Flächenhelligkeit pro Quadratbogensekunde größer als 25 Größenklassen ist, heißt R_{25}. Es gilt

$$\log \frac{R_{25}}{kpc} = -0{,}249\, M_B - 4{,}00$$

e) Ermitteln Sie die von R_{25} eingeschlossene Masse!

f) Bestimmen Sie das Verhältnis Masse/Leuchtkraft der Galaxie in Sonneneinheiten!

Lösung 154:

a) Einsetzen der Werte liefert

$$M_B = -9{,}95 \log\left(\frac{324 \frac{km}{s}}{1 \frac{km}{s}}\right) + 3{,}15 = -21{,}8$$

b) Die absolute Farbhelligkeit der Sonne ergibt sich aus $M_{B\odot} = M_V + (B - V) = 5{,}47$. Die gesuchte Leuchtkraft ergibt sich damit zu

$$M_B - M_{B\odot} = -2{,}5 \log \frac{L}{L_\odot} \Rightarrow \frac{L}{L_\odot} = 10^{0{,}4(M_{B\odot}-M_B)} = 10^{0{,}4(5{,}47+21{,}8)} = 8{,}1 \cdot 10^{10}$$

Die Leuchtkraft im Spektralbereich B beträgt $8{,}1 \cdot 10^{10} L_\odot$.

c) Bei Vernachlässigung der Raumkrümmung ergibt sich die Entfernung aus dem Entfernungsmodul

$$B - M_B = 5 \log \frac{r}{10\, pc} \Rightarrow r = 10\, pc \cdot 10^{0{,}2(12{,}2+21{,}8)} = 6{,}3 \cdot 10^7\, pc = 63\, Mpc$$

Die Entfernung beträgt $63\, Mpc$.

d) Auflösen nach dem Radius ergibt

$$\log \frac{R_{25}}{kpc} = -0{,}249\, M_B - 4{,}00 \Rightarrow \frac{R_{25}}{kpc} = 10^{-0{,}249\, M_B - 4{,}00} = 26{,}8 \Rightarrow R_{25} = 26{,}8\, kpc$$

e) Umformen ergibt

$$G \frac{mM}{r^2} = m \frac{v^2}{r} \Rightarrow M = v^2 \frac{R_{25}}{G} = \left(3{,}24 \cdot 10^5 \frac{m}{s}\right)^2 \frac{26{,}8 \cdot 3{,}086 \cdot 10^{19} m}{6{,}67 \cdot 10^{-11} \frac{m^3}{kg\, s^2}}$$

$$\Rightarrow M = 1{,}1 \cdot 10^{42}\, kg = 5{,}5 \cdot 10^{11}\, M_\odot$$

Die innerhalb von R_{25} eingeschlossene Masse beträgt $5{,}5 \cdot 10^{11}\, M_\odot$.

f) Das Verhältnis Masse/Leuchtkraft in Sonneneinheiten beträgt

$$\frac{M}{L} = \frac{5{,}5 \cdot 10^{11} M_\odot}{8{,}1 \cdot 10^{10} L_\odot} = 6{,}8 \; \frac{M_\odot}{L_\odot}$$

Dies ist ein typischer Wert für Spiralgalaxien vom Typ Sa.

Aufgabe 155: AGN-Galaxie

Eine Galaxie mit aktivem Kern (AGN= *active galaxy nucleus*) hat die Leuchtkraft $L = 10^{38}$ W
a) Ermitteln Sie die Masse der aktiven Galaxie mit Hilfe der Eddington-Leuchtkraft!
b) Bestimmen Sie die Akkretionsmasse der Galaxie, die pro Jahr akkretiert wird.
c) Schätzen Sie den Radius der Akkretionsscheibe ab mit Hilfe des Strahlungsgesetzes ab. Nehmen Sie an, dass das Scheibengas eine Temperatur von 2000 K hat und die Strahlung dem Stefan-Boltzmann-Gesetz gehorcht.

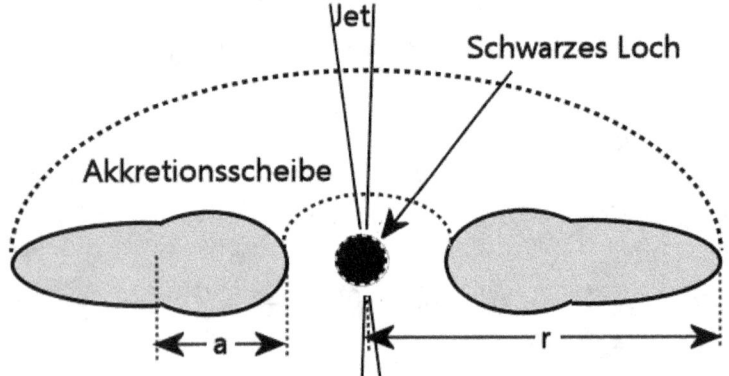

Abbildung 60: Akkreditionsscheibe einer AGN-Galaxie

Lösung 155:

a) Nach Aufgabe 129 folgt

$$\frac{M}{M_\odot} = \frac{10^{38} \; W}{1{,}26 \cdot 10^{31} \; W}$$

$$\Rightarrow M = 7{,}94 \cdot 10^6 \; M_\odot$$

b) Es folgt

$$\frac{dM}{dt} = \frac{10L}{c^2} = \frac{10^{39} \; W}{9 \cdot 10^{16} \; \frac{m^2}{s^2}} = 1{,}1 \cdot 10^{22} \; \frac{kg}{s} = 3{,}51 \cdot 10^{29} \; \frac{kg}{a} = 0{,}18 \; \frac{M_\odot}{a}$$

Es muss 18% der Sonnenmasse pro Jahr akkretiert werden.

c) Nimmt man die Akkretionsscheibe als torusförmig mit Radius a an, so ist die abgestrahlte Leuchtkraft

$$L_1 = 4\pi a^2 \sigma T^4$$

Die vom Kern absorbierte Leuchtkraft ist

$$L_2 = \frac{L}{4\pi r^2} \cdot \pi a^2 = \frac{L a^2}{4 r^2}$$

Gleichsetzen beider Leuchtkräfte ergibt

$$\frac{La^2}{4r^2} = 4\pi a^2 \sigma T^4 \Rightarrow r = \sqrt{\frac{L}{16\pi\sigma T^4}}$$

Einsetzen der gegebenen Wert liefert

$$\Rightarrow r = \sqrt{\frac{10^{38}\,W}{16\pi\sigma(2000\,K)^4}} = 1{,}48 \cdot 10^{15}\,m = 9900\,AE$$

Der Radius der Akkretionsscheibe beträgt 10.000 AE.

Aufgabe 156: Stabilität

Der Andromeda-Nebel (M31) hat die Masse $M_{31} = 10^{12}\,M_\odot$, die Entfernung 730 kpc und bewegt sich relativ zur Milchstraße ($M_{Gal} = 5 \cdot 10^{11} M_\odot$) mit der Radialgeschwindigkeit $v_r = -301\,\frac{km}{s}$.

a) Bestimmen Sie die potenzielle Energie des Systems M31-Galaxis!
b) Ermitteln Sie die Bewegungsenergie des Systems M31-Galaxis, wenn die Kreisgeschwindigkeit um den gemeinsamen Schwerpunkt $v = \sqrt{3}\,|v_r|$ beträgt.
c) Was lässt sich mit Hilfe des Virialsatzes über die Stabilität des Systems und damit auch über die Stabilität der Lokalen Gruppe aussagen?

Lösung 156:

a) Die potenzielle Energie ist

$$W_{pot} = -G\frac{M_{31}M_{Gal}}{R} = -6{,}673 \cdot 10^{-11}\frac{m^3}{kgs^2}\frac{10^{12} \cdot 5 \cdot 10^{11}}{730 \cdot 3{,}09 \cdot 10^{19}m}(1{,}989 \cdot 10^{30}kg)^2$$

$$\Rightarrow W_{pot} = -5{,}85 \cdot 10^{51}\,J$$

b) Aus dem Schwerpunktssatz folgt:

$$M_{31}v_{31} = M_{Gal}v_{Gal} \Rightarrow \frac{v_{31}}{v_{Gal}} = \frac{M_{Gal}}{M_{31}} = \frac{5 \cdot 10^{11}\,M_\odot}{10^{12}\,M_\odot} = \frac{1}{2}$$

Die Bahngeschwindigkeit des Systems ist

$$v_{31} + v_{Gal} = \sqrt{3}\,|v_r| \Rightarrow \frac{1}{2}v_{Gal} + v_{Gal} = \sqrt{3}\,|v_r| \Rightarrow v_{Gal} = \frac{2\sqrt{3}}{3}\,|v_r| \Rightarrow v_{31} = \frac{\sqrt{3}}{3}\,|v_r|$$

Einsetzen liefert die Werte

$$v_{Gal} = 348 \frac{km}{s} \quad bzw. \quad v_{31} = 174 \frac{km}{s}$$

Die Summe der potenziellen Energien ist

$$W_{kin} = \frac{1}{2}M_{31}v_{31}^2 + \frac{1}{2}M_{Gal}v_{Gal}^2 = \frac{M_\odot}{2}\left[10^{12} \cdot \left(1{,}74 \cdot 10^8 \frac{m}{s}\right)^2 + 5 \cdot 10^{11} \cdot \left(3{,}84 \cdot 10^8 \frac{m}{s}\right)^2\right]$$

$$\Rightarrow W_{kin} = \frac{1}{2} \cdot 1{,}989 \cdot 10^{30} kg \left(3{,}03 \cdot 10^{28} \frac{m^2}{s^2} + 7{,}37 \cdot 10^{28} \frac{m^2}{s^2}\right) = 3{,}75 \cdot 10^{59} J$$

c) Bei einem stabilen System besagt der Virialsatz

$$W_{kin} \leq \frac{1}{2}|W_{pot}|$$

Dies ist nach Teilaufgabe a) bzw. b) nicht erfüllt. Somit ist die Lokale Gruppe nicht gravitativ gebunden.

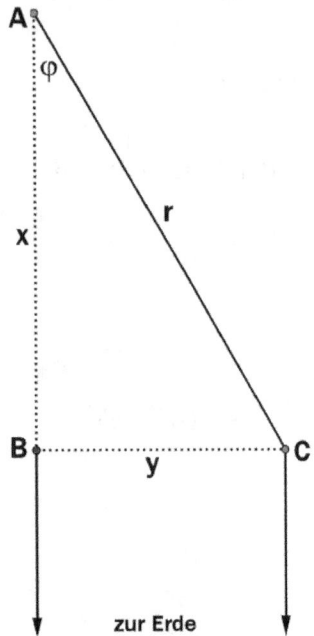

Abbildung 61: Zur scheinbaren Geschwindigkeit eines Jets

Aufgabe 157: Scheinbare Überlichtgeschwindigkeit

Ein aktiver Galaxienkern (AGN) stößt im Winkel φ zur Beobachtungsrichtung Erde einen Jet aus mit der Geschwindigkeit v. Während einer langen Beobachtungsreihe scheint sich der Jet mit Überlichtgeschwindigkeit zu bewegen.

a) Leiten Sie folgende Formel für die scheinbare Geschwindigkeit v_{app} her

$$v_{app} = \frac{v \sin \varphi}{1 - \beta \cos \varphi}$$

b) Bestimmen Sie die maximale scheinbare Geschwindigkeit!
c) Ein AGN stößt ein Jet mit der Geschwindigkeit $v = 0{,}95c$ aus. Bestimmen Sie die maximale scheinbare Geschwindigkeit und den zugehörigen Winkel φ

Lösung 157:

a) Die tatsächliche Bewegung des Jet verläuft von A nach C, die scheinbare Bewegung als Projektion von B nach C. Die tatsächliche Dauer der Bewegung ist $t = \frac{r}{v}$. Die scheinbare Dauer erscheint verkürzt um Laufzeit für die Komponente $x = r \cos \varphi$

$$t_{app} = t - \frac{x}{c} = \frac{r}{v} - \frac{r \cos \varphi}{c} = \frac{r}{v}\left(1 - \frac{v}{c}\cos \varphi\right) = \frac{r}{v}(1 - \beta \cos \varphi)$$

Hier ist $\beta = \frac{v}{c}$. Die scheinbare Geschwindigkeit ist

$$v_{app} = \frac{y}{t_{app}} = \frac{r \sin \varphi}{\frac{r}{v}(1 - \beta \cos \varphi)} = \frac{v \sin \varphi}{1 - \beta \cos \varphi}$$

Für nicht-relativistische Geschwindigkeiten ($\beta \to 0$) folgt, wie erwartet $v_{app} = v \sin \varphi$. Für relativistische Geschwindigkeiten kann sich hier scheinbar eine Überlichtgeschwindigkeit ergeben.

b) Um zu prüfen, wie groß die scheinbare Geschwindigkeit werden kann, suchen wir den maximalen Wert von v_{app} in Abhängigkeit vom Winkel φ. Es gilt

$$\frac{d}{d\varphi}\left(\frac{v_{app}}{v}\right) = \frac{d}{d\varphi}\left(\frac{\sin \varphi}{1 - \beta \cos \varphi}\right) = \frac{\cos \varphi (1 - \beta \cos \varphi) - \sin \varphi (\beta \sin \varphi)}{(1 - \beta \cos \varphi)^2}$$

Vereinfachen zeigt

$$\Rightarrow \frac{d}{d\varphi}\left(\frac{v_{app}}{v}\right) = \frac{\cos \varphi - \beta (\cos \varphi)^2 - \beta (\sin \varphi)^2}{(1 - \beta \cos \varphi)^2} = \frac{\cos \varphi - \beta}{(1 - \beta \cos \varphi)^2}$$

Im Zähler wurde bei der Umformung für Formel $(\sin \varphi)^2 = 1 - (\cos \varphi)^2$ verwendet. Nullsetzen des Zählers als Extremwertbedingung liefert das Maximum

$$\cos \varphi = \beta \Rightarrow \varphi = \arccos \beta$$

Einsetzen dieser Bedingung liefert hier den maximalen Wert von $\frac{v_{app}}{v}$

$$\left(\frac{v_{app}}{v}\right)_{max} = \frac{\sqrt{1 - (\cos \varphi)^2}}{1 - \beta^2} = \frac{\sqrt{1 - \beta^2}}{1 - \beta^2} = \frac{1}{\sqrt{1 - \beta^2}}$$

Hier erscheint im Nenner der bekannte Lorentz-Faktor.

c) Mit der gegebenen Geschwindigkeit folgt

$$\cos \varphi = \beta = 0{,}95 \Rightarrow \varphi = \arccos 0{,}95 = 18{,}2°.$$

Die maximale scheinbare Geschwindigkeit ergibt sich zu

$$\left(\frac{v_{app}}{v}\right)_{max} = \frac{1}{\sqrt{1 - 0{,}95^2}} = 3{,}2 \Rightarrow v_{app,max} = 3{,}2c$$

Es ergibt sich hier scheinbar mehr als die dreifache Lichtgeschwindigkeit!

Aufgabe 158: Heliumanteil der Galaxis

a) Bestimmen Sie die Gesamtleuchtkraft der Galaxis unter der Annahme, dass sie 10^{11} sonnenähnliche Sterne enthält!
b) Ermitteln Sie die Masse des durch Fusion erzeugten Heliums seit dem Bestehen der Galaxis! Setzen Sie das Alter der Galaxis auf $t = 10^{11}\,a$ an und rechnen Sie mit konstanten Leuchtkräften.
c) Vergleichen Sie den Massenanteil des Heliums nach b) mit dem kosmologischen Anteil von 24%. Rechnen Sie mit der Galaxismasse von $10^{12} M_\odot$.

Lösung 158:

a) Da sich die Leuchtkräfte addieren, folgt

$$L_{Gal} = 10^{11} L_\odot = 10^{11} \cdot 3{,}84 \cdot 10^{26}\,W = 3{,}84 \cdot 10^{37} W$$

b) Die bisher durch Fusion abgegebene Energie beträgt

$$W_{Gal} = L_{Gal} t = 3{,}84 \cdot 10^{37} W \cdot 10^{11} \cdot 365{,}25 \cdot 24 \cdot 3600\,s = 1{,}21 \cdot 10^{56} J$$

Da ein Fusionsprozess die Energie $\Delta W = 28{,}3\,MeV = 4{,}53 \cdot 10^{-12} J$ liefert, ergibt sich folgende Anzahl von Fusionen

$$N = \frac{1{,}21 \cdot 10^{56} J}{4{,}53 \cdot 10^{-12} J} = 2{,}68 \cdot 10^{67}$$

Da jeder Fusionsprozess einen Heliumkern der Masse $m_{He} = 4{,}002603\,u = 6{,}646 \cdot 10^{-27}\,kg$ erzeugt, ist die Gesamtmasse des fusionierten Heliums

$$M_{He} = N m_{He} = 2{,}68 \cdot 10^{67} \cdot 6{,}646 \cdot 10^{-27}\,kg = 1{,}78 \cdot 10^{41}\,kg$$

c) Der relative Helium-Massenanteil des fusionierten Heliums an der Galaxis ist damit

$$\frac{M_{He}}{M_{Gal}} = \frac{1{,}78 \cdot 10^{41} kg}{10^{12} M_\odot} = \frac{1{,}78 \cdot 10^{41}\,kg}{1{,}99 \cdot 10^{42}\,kg} = 0{,}09$$

Der Anteil des seit Bestehen der Galaxis neu fusionierten Heliums ist etwa 10%. Das in der Galaxis vorhandene Helium stammt daher größtenteils aus der primordialen Nukleosynthese nach dem Urknall.

Kapitel 9: Kompakte Sterne

Aufgabe 159: Kerndichte

a) Bestimmen Sie die mittlere Kerndichte eines Atoms (Massenzahl A), wenn der Kernradius eines Atoms gegeben ist durch die Näherungsformel

$$r = r_0 \sqrt[3]{A}; \; r_0 = 1{,}3 \cdot 10^{-15} m$$

b) Bestimmen Sie den Radius, der entsteht, wenn das Innere eines Sterns ($M = 3{,}2\, M_\odot, R = 2{,}3 R_\odot$) zu einem Neutronenstern der Kerndichte von a) kollabiert!
c) Die Rotationsdauer des Sterns betrage zuvor $T = 27{,}0\, d$. Welche Rotationsdauer ergibt sich nach dem Kollaps?
d) Das Magnetfeld vor dem Kollaps habe die Flussdichte $B = 0{,}4\, mT$. Welche Flussdichte ergibt sich nach dem Kollaps?

Lösung 159:

a) Die Masse des Atoms ist $M = A \cdot 1u$; wobei u für die atomare Masseneinheit steht. Für ein kugelförmiges Atom ergibt sich die Masse

$$M = \frac{4}{3}\pi\rho r^3 = \frac{4}{3}\pi\rho\left(r_0\sqrt[3]{A}\right)^3 = \frac{4}{3}\pi\rho A r_0^3$$

Gleichsetzen beider Massen liefert die Kerndichte

$$\Rightarrow \rho = \frac{3u}{4\pi r_0^3} = \frac{3 \cdot 1{,}661 \cdot 10^{-27} kg}{4\pi(1{,}3 \cdot 10^{-15}\, m)^3} = 1{,}80 \cdot 10^{17} \frac{kg}{m^3}$$

b) Der Radius R_{NS} des Neutronensterns ergibt sich aus

$$M = \frac{4}{3}\pi\rho R^3 \Rightarrow R_{NS} = \sqrt[3]{\frac{3M}{4\pi\rho}} = \sqrt[3]{\frac{9{,}6 M_\odot}{4\pi \cdot 1{,}80 \cdot 10^{17}\frac{kg}{m^3}}} = 2{,}04 \cdot 10^4\, m = 20\, km$$

c) Das Trägheitsmoment einer homogenen Kugel ist $\Theta = \frac{2}{5}MR^2$. Der Drehimpuls ist damit

$$L = \Theta\omega = \frac{2}{5}MR^2\omega$$

Die Drehimpulserhaltung erfordert

$$\frac{2}{5}MR^2\omega = \frac{2}{5}MR_{NS}^2\omega_{NS} \Rightarrow R^2\omega = R_{NS}^2\omega_{NS}$$

$$\Rightarrow \omega_{NS} = \omega\left(\frac{R}{R_{NS}}\right)^2$$

Da die Rotationsdauer indirekt proportional zur Winkelgeschwindigkeit ist, folgt

$$T_{NS} = T\left(\frac{R_{NS}}{R}\right)^2 = 27{,}0\,d\left(\frac{20\,km}{2{,}3\cdot 6{,}96\cdot 10^5\,km}\right)^2 = 4{,}2\cdot 10^{-9}d = 3{,}6\cdot 10^{-4}s$$

d) Die Erhaltung des magnetischen Flusses $\Phi = AB = const$ ergibt

$$R^2 B = R_{NS}^2 B_{NS} \Rightarrow B_{NS} = B\left(\frac{R}{R_{NS}}\right)^2 = 0{,}4\cdot 10^{-3}T\left(\frac{2{,}3\cdot 6{,}96\cdot 10^5\,km}{20\,km}\right)^2$$

$$B_{NS} = 2{,}6\cdot 10^6\,T$$

Der entstehende Neutronenstern hat die Periode 0,36 *ms* und ein Magnetfeld der Größenordnung $10^6\,T$.

Aufgabe 160: Abkühlzeit eines Weißen Zwergs

Betrachtet wird ein Weißer Zwerg mit dem Radius $R = 0{,}01 R_\odot$, der Strahlungstemperatur $T = 3{,}0\cdot 10^4\,K$ und der Masse $M = 1\,M_\odot$.

a) Bestimmen Sie die Leuchtkraft des Weißen Zwergs
b) Ermitteln Sie thermische Energie des Sterns. Nehmen Sie dazu vereinfachend an, dass der Stern hauptsächlich aus Kohlenstoff (C) besteht
c) Bestimmen Sie die Abkühlzeit des Sterns!
d) Eine Abschätzung des thermischen Energie eines Sterns und der zugehörigen Strahlungsdauer bietet die Zeitskala nach Kelvin-Helmholtz

$$\tau_{KH} = \frac{GM^2}{LR}$$

Bestimmen Sie Kelvin-Helmholtz-Zeit des Sterns.

Lösung 160:

a) Nach Stefan-Boltzmann folgt

$$\frac{L}{L_\odot} = \left(\frac{R}{R_\odot}\right)^2 \cdot \left(\frac{T}{T_\odot}\right)^4 = 0{,}01^2 \cdot \left(\frac{30000\,K}{5770\,K}\right)^4 \Rightarrow L = 0{,}073 L_\odot = 2{,}80\cdot 10^{25}\,W$$

b) Die Anzahl der Teilchen lässt sich über das mittlere Molekulargewicht μ abschätzen. Die mittlere Teilchenmasse ist dann $m = \mu m_H$; entsprechend die Teilchenzahl $N = \frac{M}{m}$. Die thermische Energie ist damit

$$W_{therm} = \frac{3}{2} NkT = \frac{3}{2} kT \cdot \frac{M}{\mu m_H} = 1{,}5 \cdot 1{,}381 \cdot 10^{-23} \frac{J}{K} \cdot 3{,}0 \cdot 10^4 \, K \cdot \frac{1{,}99 \cdot 10^{30} \, kg}{12 \cdot 1{,}67 \cdot 10^{-27} kg}$$

$$\Rightarrow W_{therm} = 6{,}17 \cdot 10^{37} \, J$$

c) Die Abkühlzeit des Sterns ergibt sich aus

$$L = \frac{W}{t} \Rightarrow t = \frac{W}{L} = \frac{6{,}17 \cdot 10^{37} \, J}{2{,}80 \cdot 10^{25} \, W} = 2{,}20 \cdot 10^{12} \, s = 6{,}98 \cdot 10^4 \, a$$

Eine Abkühlzeit von 70 Tsd. Jahren ist eine für astronomische Verhältnisse kurze Zeit; in diesem Fall müssten alle Weißen Zwerge schon erloschen sein. Die längere Lebensdauer erklärt sich aus dem Umstand, dass der Stern im Kern erheblich heißer ist als seine Strahlungstemperatur angibt. Da der Kohlenstoff-Kern das Ergebnis des 3α-Prozesses $3 \, {}^4He \rightarrow {}^{12}C$ ist, ist seine Temperatur von der Größenordnung $10^9 \, K$. Die tatsächliche Abkühlzeit muss erheblich länger sein.

c) Einsetzen der Werte liefert

$$\tau_{KH} = \frac{6{,}674 \cdot 10^{-11} \frac{m^3}{kg \cdot s} \, (1{,}989 \cdot 10^{30} kg)^2}{2{,}80 \cdot 10^{25} W \cdot 6{,}96 \cdot 10^6 \, m} = 1{,}35 \cdot 10^{18} s = 4{,}3 \cdot 10^{10} \, a$$

Die Kelvin-Helmholtz-Zeit des Sterns beträgt 43 Mrd. Jahre.

Aufgabe 161: Hawking-Strahlung
Die Temperatur eines Schwarzen Lochs ist nach Stephen Hawking

$$T = \frac{\hbar c^3}{8\pi k G M}$$

a) Skalieren Sie die Gleichung für ein Vielfaches von Sonnenmassen!
b) Bestimmen Sie die Temperatur eines Schwarzen Loch mit Sonnenmasse.
c) Welche Masse hat ein Schwarzes Loch, das bei der Temperatur der Hintergrundstrahlung verdampft?
d) Leiten Sie eine Beziehung für die Lebensdauer τ eines Schwarzen Lochs her! Nehmen Sie dabei an, dass ein Schwarzer Strahler vorliegt!

Lösung 161:

a) Skalieren der Hawking-Formel liefert

$$T = \frac{\hbar c^3}{8\pi k G} \frac{1}{M} = 6{,}14 \cdot 10^{-8} K \, \frac{M_\odot}{M}$$

b) Für eine Sonnenmasse ergibt sich aus a) die Temperatur

$$T = 6{,}14 \cdot 10^{-8} K$$

c) Gleichsetzen mit der Temperatur der Hintergrundstrahlung zeigt

$$T_{CMB} = 2{,}725 \, K \Rightarrow \frac{M_\odot}{M} = \frac{2{,}725 \, K}{6{,}14 \cdot 10^{-8} K} = 4{,}44 \cdot 10^7 \Rightarrow M = 2{,}25 \cdot 10^{-8} \, M_\odot$$

Nur schwarze Löcher mit etwa $2 \cdot 10^{-8} \, M_\odot$ können verdampfen.

d) Nach Voraussetzung kommt hier das Gesetz von Stefan-Boltzmann zum tragen

$$\frac{d}{dt}(Mc^2) = 4\pi R_S^2 \, \sigma T^4 \Rightarrow c^2 dM = 4\pi R_S^2 \, \sigma T^4 \, dt$$

Einsetzen des Schwarzschild-Radius und der Hawking-Temperatur liefert

$$c^2 dM = 4\pi \left(\frac{2GM}{c^2}\right)^2 \sigma \left(\frac{\hbar c^3}{8\pi k G M}\right)^4 dt$$

Vereinfachen der Potenzen zeigt

$$M^2 dM = \frac{1}{256} \frac{\sigma \hbar^4 c^6}{\pi^3 k^4 G^2} \, dt$$

Integration ergibt

$$\int_0^M M^2 dM = \int_0^\tau \frac{1}{256} \frac{\sigma \hbar^4 c^6}{\pi^3 k^4 G^2} \, dt \Rightarrow \frac{1}{3} M^3 = \frac{1}{256} \frac{\sigma \hbar^4 c^6}{\pi^3 k^4 G^2} \, \tau$$

Auflösen liefert die Lebensdauer

$$\tau = \frac{256}{3} \frac{\pi^3 k^4 G^2}{\sigma \hbar^4 c^6} \, M^3$$

Einsetzen der Konstanten von Stefan-Boltzmann $\sigma = \frac{\pi^2 k^4}{60 \hbar^3 c^2}$ vereinfacht den Term zu

$$\tau = 5120 \frac{\pi G^2}{\hbar c^4} M^3$$

Skalieren führt zu

$$\tau = 6{,}62 \cdot 10^{74} s \left(\frac{M}{M_\odot}\right)^3 = 2{,}1 \cdot 10^{67} a \left(\frac{M}{M_\odot}\right)^3$$

Die Lebensdauer eines Schwarzen Lochs von einer Sonnenmasse ist etwa $10^{67} a$, also ein Vielfaches des Alters des Universums.

Aufgabe 162: Pulsar

Pulsare sind wie Neutronensterne Endstufen einer Supernova-Explosion. Man nimmt an, dass Pulsare wie feste Körper rotieren und leuchtturmartig Energie (vom optischen bis zum Radiobereich) abstrahlen.

a) Bestimmen Sie allgemein die Rotationsenergie eines Pulsars der Periode P. Verwenden Sie dabei das Massenträgheitsmoment einer (homogenen) Kugel $\Theta = \frac{2}{5} MR^2$.

b) Ermitteln Sie die Strahlungsleistung als die zeitliche Änderung der (Rotations-)Energie

c) Schätzen Sie das mögliche Lebensdauer eines Pulsars mit Hilfe der zeitlichen Änderung der Strahlungsleistung ab!

d) Berechnen Sie die angegebenen Größen des Crab-Pulsars, wenn folgende Daten gegeben sind: $M = 1{,}0 M_\odot$; $R = 10\,km$; $P = 33\,ms$; $\frac{dP}{dt} = -4{,}2 \cdot 10^{-13}$.

e) Bestimmen Sie die Änderung der Winkelgeschwindigkeit $\frac{d\omega}{dt}$

f) Es gilt $\frac{d\omega}{dt} = -A\omega^3$ mit einer Konstanten A. Schätzen Sie damit das Alter des Pulsar ab! Die unbekannte Winkelgeschwindigkeit am Anfang sei ω_0.

Lösung 162:

a) Einsetzen von $\Theta = \frac{2}{5} MR^2$ und $\omega = \frac{2\pi}{P}$ liefert die Rotationsenergie

$$W_{rot} = \frac{1}{2} \Theta \omega^2 = \frac{1}{2} \frac{2}{5} MR^2 \left(\frac{2\pi}{P}\right)^2 = \frac{4\pi^2}{5} MR^2 \frac{1}{P^2}$$

b) Die Leuchtkraft ist die zeitliche Änderung der (Rotations-)Energie

$$L = \frac{dW}{dt} = \frac{4\pi^2}{5} MR^2 \frac{d}{dt}\left(\frac{1}{P^2}\right) = -\frac{8\pi^2}{5} \frac{MR^2}{P^3} \frac{dP}{dt}$$

Aufgelöst nach der Änderung der Strahlungsleistung ergibt sich der Betrag

Arbeitsbuch Astrophysik

$$\left|\frac{dP}{dt}\right| = \frac{5}{8\pi^2} \frac{P^3}{MR^2} L$$

c) Aus der Änderung der Strahlungsleistung lässt sich auch die mögliche Lebensdauer τ des Pulsars abschätzen:

$$\tau = \frac{P}{\left|\frac{dP}{dt}\right|}$$

d) Mit den Daten des Crab-Pulsar folgt

$$W_{rot} = \frac{4\pi^2}{5} MR^2 \frac{1}{P^2} = \frac{4\pi^2}{5} \frac{1{,}989 \cdot 10^{30} kg \cdot (10^4 m)^2}{(0{,}033 s)^2} = 1{,}5 \cdot 10^{42} J$$

Die Leuchtkraft ist damit

$$L = \frac{-8\pi^2}{5} \frac{MR^2}{P^3} \frac{dP}{dt} = \frac{-8\pi^2}{5} \frac{1{,}989 \cdot 10^{30} kg \cdot (10^4 m)^2}{(0{,}033 s)^3} (-4{,}2 \cdot 10^{-13}) = 3{,}7 \cdot 10^{31} W$$

Die mögliche Lebensdauer des Pulsars ergibt sich aus

$$\tau = \frac{P}{\left|\frac{dP}{dt}\right|} = \frac{0{,}033 \, s}{4{,}2 \cdot 10^{-13}} = 7{,}86 \cdot 10^{10} \, s \approx 2500 \, a$$

e) Die Winkelgeschwindigkeit ist $\omega = \frac{2\pi}{P} = \frac{2\pi}{0{,}033 \, s} = 190 \, \frac{rad}{s}$. Die Änderung der Winkelgeschwindigkeit ergibt sich aus

$$\left|\frac{d\omega}{dt}\right| = \frac{d\omega}{dP} \frac{dP}{dt} = \left(-\frac{2\pi}{P^2}\right) \frac{dP}{dt} = \left(-\frac{2\pi}{(0{,}033 \, s)^2}\right)(-4{,}2 \cdot 10^{-13}) = 2{,}4 \cdot 10^{-9} \, \frac{1}{s^2}$$

f) Mit der angegebenen Relation gilt

$$\frac{d\omega}{dt} = -A\omega^3 \Rightarrow \frac{d\omega}{\omega^3} = -A \, dt$$

Integration liefert das Alter

$$\int_{\omega_0}^{\omega} \frac{d\omega}{\omega^3} = -A \int_0^t dt \Rightarrow \left[-\frac{1}{2\omega^2}\right]_{\omega_0}^{\omega} = -At \Rightarrow t = \frac{1}{2A}\left(\frac{1}{\omega^2} - \frac{1}{\omega_0^2}\right)$$

Da die Winkelgeschwindigkeit ω_0 am Anfang nicht bekannt ist, können wir das Alter nur nach oben abschätzen

$$t = \frac{1}{2A}\left(\frac{1}{\omega^2} - \frac{1}{\omega_0^2}\right) \leq \frac{1}{2A}\frac{1}{\omega^2} = \frac{1}{2}\frac{\omega}{A\omega^3} = \frac{\omega}{2}\frac{1}{\left|\frac{d\omega}{dt}\right|}$$

Einsetzen der Werte liefert

$$t \leq \frac{190\frac{1}{s}}{2}\frac{1}{2{,}4 \cdot 10^{-9}\frac{1}{s^2}} = 3{,}96 \cdot 10^{10}\,s = 1250\,a$$

Das mögliche Alter von 1250 Jahren schließt das Jahr 1054 ein, an dem chinesische Chroniken von einer Supernova berichten.

Aufgabe 163: Gamma-Burst

Eine mögliche Erklärung für das Zustandekommen der sog. Gamma-Bursts, bei denen innerhalb von wenigen Sekunden erhebliche Energie abgestrahlt wird, ist die Kollision zweier Neutronensterne (NS). Die entstehende Energie soll im folgenden abgeschätzt werden.
a) Ermitteln Sie die Gravitationsenergie eines typischen Neutronensterns (Masse $M = 1{,}4\,M_\odot$, Radius $R = 10\,km$).
b) Skalieren diese Formel für andere Massen!
c) Modifizieren Sie Energieformel mit der Masse-Radius-Relation für Neutronensterne

$$R \sim \frac{1}{M^{1/3}}$$

d) Ermitteln Sie die Kollisionsenergie als Differenz der Gravitationsenergie zweier Neutronensterne und der Energie eines Neutronensterns doppelter Masse!
e) Bestimmen Sie den Radius des "verschmolzenen" Doppelsterns und vergleichen diesen mit seinem Schwarzschild-Radius! Was folgt?

Lösung 163:

a) Es gilt für die Gravitationsenergie eines Sterns

$$W_1 = -\frac{GM^2}{R} = -\frac{6{,}67 \cdot 10^{-11}\frac{m^3}{kgs^2}(1{,}4 \cdot 1{,}99 \cdot 10^{30}\,kg)^2}{10^4\,m} = -5{,}18 \cdot 10^{48}\,J$$

Skalieren für andere Massen eines NS ergibt

$$W_1 = -5{,}18 \cdot 10^{48}\,J\left(\frac{M}{M_{NS}}\right)^2\frac{R_{NS}}{R}$$

c) Berücksichtigung der Masse-Radius-Relation liefert

$$\frac{R}{R_{NS}} = \left(\frac{M}{M_{NS}}\right)^{-1/3}$$

Einsetzen in die skalierte Energie ergibt

$$W_1 = -5{,}18 \cdot 10^{48} J \left(\frac{M}{M_{NS}}\right)^2 \left(\frac{M}{M_{NS}}\right)^{1/3} = -5{,}18 \cdot 10^{48} J \left(\frac{M}{M_{NS}}\right)^{7/3}$$

d) Die Gravitationsenergie der Doppelmasse nach dem "Verschmelzen" ist

$$W_2 = = -5{,}18 \cdot 10^{48} J \left(\frac{2M}{M_{NS}}\right)^{7/3}$$

Die gesuchte Kollisionsenergie ist damit für $M = M_{NS}$

$$\Delta W = 2W_1 - W_2 = 5{,}18 \cdot 10^{48} J \left(\frac{M}{M_{NS}}\right)^{7/3} [-2 + 2^{7/3}] = 1{,}57 \cdot 10^{49} J$$

Wird diese Energie innerhalb weniger Sekunden abgestrahlt, so ist dies gut messbar, auch wenn die Strahlungsquelle sich außerhalb der Milchstraße befindet.

d) Der Radius des "verschmolzenen" Doppelsterns ist nach der Masse-Radius-Relation

$$\frac{R}{10\ km} = \left(\frac{2\ M_{NS}}{M_{NS}}\right)^{-1/3} \Rightarrow R = 10\ km \cdot 2^{-1/3} = 7{,}94\ km$$

Der Schwarzschild-Radius des Doppelsterns ergibt sich zu

$$R_S = \frac{2GM}{c^2} = \frac{2 \cdot 6{,}67 \cdot 10^{-11} \frac{m^3}{kg s^2} \cdot 2{,}8 \cdot 1{,}99 \cdot 10^{30} kg}{(3{,}0 \cdot 10^8 m)^2} = 8{,}26\ km$$

Da der Radius des Doppelsterns kleiner ist als sein Schwarzschild-Radius haben wir ein schwarzes Loch erhalten!

Aufgabe 164: Sagittarius A*

In jahrelangen Messungen wurde die Bewegung von Infrarot-Objekten um die Radioquelle Sagittarius A^* analysiert. Ein Objekt, S2 genannt, kreist in einer sehr exzentrischen Bahn ($\varepsilon = 0{,}87$) um das (vermutete) Zentrum der Milchstraße mit der Periode $T = 14{,}9\ a$. Dabei näherte sich S2 im Periastron Sgr A^* auf 17 Lichtstunden.

Kapitel 9: Kompakte Sterne

a) Welche Masse $M_\bullet$ hat das im Zentrum gelegene Schwarze Loch.
b) Berechnen Sie den Schwarzschild-Radius des Schwarzen Lochs!
c) Ermitteln Sie die Geschwindigkeit von S2 im Periastron!

Lösung 164:

a) Der Periastron-Abstand beträgt

$$r_p = 17 \cdot 3600s \cdot 2{,}998 \cdot 10^8 \frac{m}{s} = 1{,}83 \cdot 10^{13}\, m = 122{,}6\, AE$$

Die große Bahnhalbachse ist damit

$$r_p = a(1-\varepsilon) \Rightarrow a = \frac{r_p}{1-\varepsilon} = \frac{122{,}6\, AE}{1-0{,}87} = 943\, AE = 1{,}41 \cdot 10^{14}\, m$$

Mit dem dritten Keplerschen Gesetz, skaliert auf Einheiten des Sonnensystems, folgt

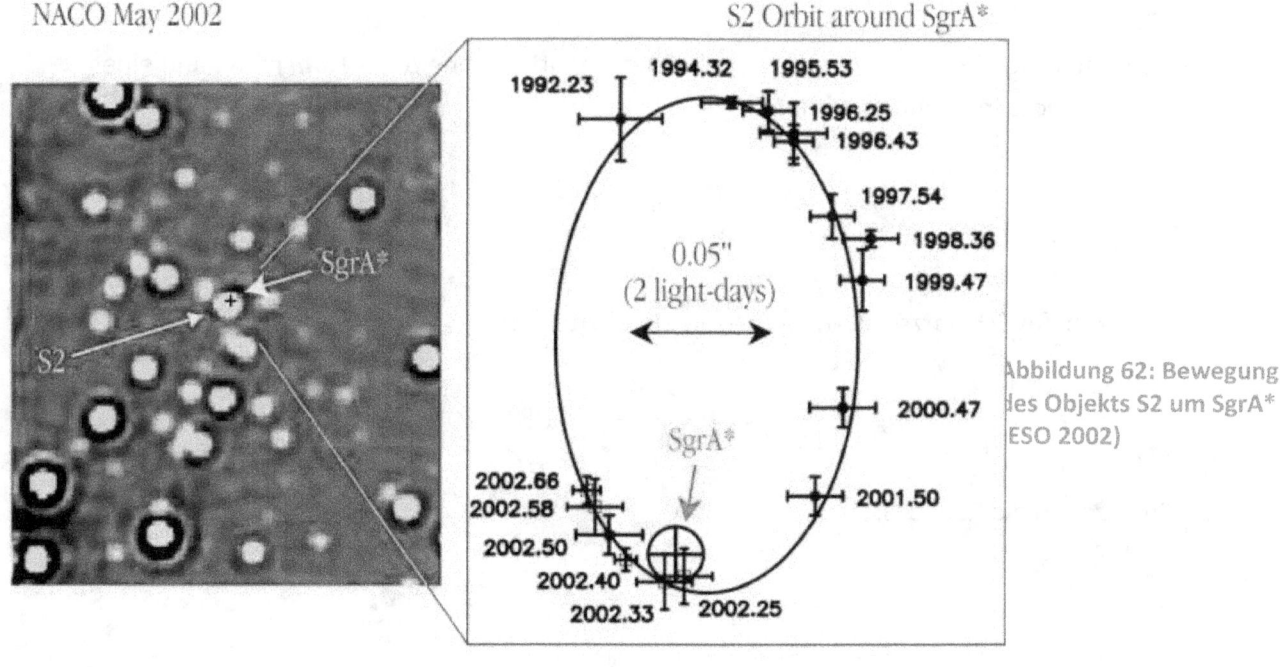

Abbildung 62: Bewegung des Objekts S2 um SgrA* (ESO 2002)

$$\frac{M_\bullet}{M_\odot} = \frac{r^3}{AE^3}\frac{a^2}{T^2} = (943)^3 \frac{1}{(14{,}9)^2} = 3{,}77 \cdot 10^6 \Rightarrow M_\bullet = 3{,}8 \cdot 10^6\, M_\odot = 7{,}5 \cdot 10^{36}\, kg$$

Die Masse des vermuteten Schwarzen Lochs beträgt 3,8 Mill. Sonnenmassen.

b) Mit dem Schwarzschild-Radius der Sonne ergibt sich

$$R_S = \frac{2GM}{c^2} = R_{S\odot} \cdot \frac{M}{M_\odot} = 2{,}96\, km \cdot 3{,}8 \cdot 10^6 = 1{,}12 \cdot 10^7\, km = 16\, R_\odot$$

c) Die Geschwindigkeit von S2 im Periastron beträgt

$$v_p = \sqrt{\frac{GM_\bullet}{a}\frac{1+\varepsilon}{1-\varepsilon}} = \sqrt{\frac{6{,}674 \cdot 10^{-11}\frac{m^3}{kgs^2} \cdot 7{,}5 \cdot 10^{36} kg}{1{,}41 \cdot 10^{14}\, m}\frac{1+0{,}87}{1-0{,}87}} = 7140\, \frac{km}{s}$$

Bemerkung: Durch Messungen von S2 konnte auch die Entfernung zum Milchstraßenzentrum verbessert werden. Der genaue Wert beträgt $R_0 = 7{,}94\, kpc$. Der alte von der IAU 1985 festgelegte Referenzwert $R_0 = 8{,}5\, kpc$ liegt noch vielen Rechnungen zugrunde.

Aufgabe 165: Schwarzes Loch

Betrachtet wird der Fall, dass ein sonnenähnlicher Stern in das Gravitationsfeld eines Schwarzen Loch gerät.
a) Skalieren Sie die Dichte $\rho_\bullet$ des Schwarzen Lochs auf Sonnenmassen!
b) Welche Masse hat das Schwarze Loch, wenn die Sonne am Rand des Ereignishorizonts zerrissen wird?
c) Bestimmen Sie die Gezeitenkräfte auf eine Astronautin (Länge $\Delta l = 1{,}0\, m$) am Rand eines Schwarzen Lochs mit Sonnenmasse! Es gilt

$$F_{gezeiten} = \frac{2GMm}{d^3} r$$

Lösung 165:

a) Einsetzen des Schwarzschild-Radius R_S in die Dichte liefert

$$\rho_\bullet = \frac{3M_\bullet}{4\pi R_S^3} = \frac{3c^6}{32\pi G^3 M_\bullet^2} = 1{,}81 \cdot 10^{19}\, \frac{kg}{m^3}\left(\frac{M_\odot}{M_\bullet}\right)^2$$

b) Einsetzen in die Roche-Grenze zeigt

$$R_{roche} = 2{,}44\, R_S \sqrt[3]{\frac{\rho_\bullet}{\rho_\star}} = 2{,}44\, \sqrt[3]{\frac{3M_\bullet}{4\pi\rho_\star}}$$

Für die gegebene Bedingung folgt im Grenzfall $R_{roche} = R_S$

$$2{,}44\, \sqrt[3]{\frac{3M_\bullet}{4\pi\rho_\star}} = \frac{2GM_\bullet}{c^2} \Rightarrow 2{,}44\, \sqrt[3]{\frac{3}{4\pi\rho_\star}} = \frac{2GM_\bullet^{2/3}}{c^2} \Rightarrow M_\bullet^{2/3} = 2{,}44\, \sqrt[3]{\frac{3}{4\pi\rho_\star}}\frac{c^2}{2G}$$

Mit der (mittleren) Sonnendichte $\rho_\odot = 1408 \frac{kg}{m^3}$ ergibt sich

$$M_\bullet^{2/3} = 2{,}44 \sqrt[3]{\frac{3}{4\pi \cdot 1{,}408 \cdot 10^3 \frac{kg}{m^3}} \frac{\left(2{,}998 \cdot 10^8 \frac{m}{s}\right)^2}{2 \cdot 6{,}673 \cdot 10^{-11} \frac{m^3}{kg\,s^2}}} = 9{,}10 \cdot 10^{25}\, kg^{2/3}$$

$$\Rightarrow M_\bullet = 8{,}67 \cdot 10^{38}\, kg = 4{,}4 \cdot 10^6\, M_\odot$$

Hat das Schwarze Loch eine Masse von 4,4 Mill. Sonnenmassen, so wird ein sonnenähnlicher Stern am Ereignishorizont zerrissen.

d) Kürzen der Masse liefert die Gezeitenkraft-Beschleunigung. Einsetzen des Schwarzschild-Radius für den Abstand d liefert

$$\Delta g = \frac{2GM}{R_S^3}\Delta l = \frac{2GM}{R_S^2}\Delta l = \frac{c^2}{R_S^2}\Delta l = \left(\frac{3 \cdot 10^5 \frac{km}{s}}{3\, km}\right)^2 1\, m = 10^{10} \frac{m}{s^2}$$

Es ergibt sich eine Beschleunigung, die jeden Körper zerreißt. In der englische Literatur spricht man hier von "Spaghettifizierung".

Aufgabe 166: Laplace

Eine frühe Vorstellung eines Schwarzen Lochs entwickelte schon 1792 Simon-Pierre de Laplace. Er schrieb, dass ein imaginärer Stern, *"von der Dichte der Erde, dessen Durchmesser das 250-fache der Sonne habe, infolge der Anziehung niemals erlaube, dass ein Lichtstrahl zu uns gelangt"*. Nehmen Sie dazu Stellung!

Lösung 166:

Mit der Erddichte $\rho_\oplus = 5{,}52 \frac{g}{cm^3}$ und dem Radius $R = 250 R_\odot$ folgt die Masse des Sterns zu $M = \frac{4}{3}\pi \rho_\oplus (250 R_\odot)^3$. Der Schwarzschild-Radius liefert

$$R_S = \frac{2GM}{c^2} = \frac{2 \cdot 6{,}67428 \cdot 10^{-11} \frac{m^3}{kg\,s^2} \cdot \frac{4}{3}\pi \cdot 5{,}52 \cdot 10^3 \frac{kg}{m^3} (250 \cdot 6{,}958 \cdot 10^8 m)^3}{\left(2{,}998 \cdot 10^8 \frac{m}{s}\right)^2} = 1{,}83 \cdot 10^{11} m$$

$$\Rightarrow R_S = 1{,}05 \cdot 250 R_\odot \Rightarrow R_S > R$$

Die Rechnung von Laplace ist nach Newton korrekt. Allerdings kannte er nicht die Raumkrümmung als wahre Ursache für die Krümmung der Lichtwege.

Aufgabe 167: Binärpulsar

Ein Binärpulsar ist ein Doppelsternsystem, das genau einen Pulsar enthält. Der Binärpulsar PSR 1913+16 wurde 1974 von den amerikanischen Astronomen R.Hulse und J.Taylor mithilfe des Arecibo- Radioteleskop (Puerto Rico) entdeckt und über ein Jahrzehnt systematisch beobachtet. Das System besteht aus 2 Neutronensternen mit je einer Chandrasekhar-Masse $M = 1{,}44 M_\odot$; einer der Sterne ist ein Pulsar mit einer Periode von 59,0 ms. Die Umlaufzeit des Systems beträgt $T = 2{,}79 \cdot 10^4 s$. Es soll, stark vereinfachend, angenommen werden, dass die beiden Sterne sich auf einer Kreisbahn (Radius r) um ihren Schwerpunkt bewegen.

a) Zeigen Sie, dass für die Gesamtenergie E des Systems gilt

$$E = -M \left(\frac{GM}{2\pi T}\right)^{2/3}$$

Hinweis: Eliminieren Sie den Bahnradius mittels Kepler-Formel!

b) Ermitteln Sie den Bahnradius r

c) Zeigen Sie, dass für die zeitliche Änderung der Umlaufzeit gilt

$$\frac{dT}{dt} = -\frac{3}{2}\frac{T}{E}\frac{dE}{dt}$$

d) Für die Strahlungsleistung der Gravitationswellen eines Binärsystem gilt

$$\frac{dE}{dt} = -\frac{128}{5c^5} G M^2 r^4 \omega^6$$

Bestimmen Sie damit zeitliche Änderung der Umlaufzeit $\frac{dT}{dt}$.

e) Welche maximale Lebensdauer des Systems ergibt sich?

f) Die Strahlungsleistung lässt ermitteln durch die skalierte Gleichung

$$\left|\frac{dE}{dt}\right| = 1{,}42 \cdot 10^{58} \, W \left(\frac{R_S}{r}\right)^5$$

Lösung 167:

a) Die Gesamtenergie ist nach dem Virialsatz

$$E = \frac{1}{2} E_{pot} = -\frac{1}{2}\frac{GM^2}{2r} = -\frac{GM^2}{4r} \quad (1)$$

Nach dem dritten Keplerschen Gesetz gilt

$$\frac{(2r)^3}{T^2} = \frac{G \cdot 2M}{4\pi^2} \Rightarrow \frac{r^3}{T^2} = \frac{GM}{16\pi^2}$$

Auflösen nach dem Bahnradius liefert

$$r^3 = \frac{GMT^2}{16\pi^2} \Rightarrow r = \sqrt[3]{\frac{GMT^2}{16\pi^2}} \quad (2)$$

Einsetzen in (1) ergibt nach Vereinfachen

$$E = -\frac{GM^2}{4}\sqrt[3]{\frac{16\pi^2}{GMT^2}} = -M\left(\frac{GM\pi}{2T}\right)^{2/3} \quad (3)$$

b) Einsetzen der Werte in (2) liefert

$$r = \sqrt[3]{\frac{6{,}673 \cdot 10^{-11}\frac{m^3}{kgs^2} \cdot 1{,}44 \cdot 1{,}989 \cdot 10^{30} kg \cdot (2{,}79 \cdot 10^4 s)^2}{16\pi^2}} = 9{,}80 \cdot 10^8 m$$

Der Bahnradius beträgt $9{,}8 \cdot 10^8 m$.

c) Mit dem totalen Differenzial von (3) folgt

$$\frac{dE}{E} = -\frac{2}{3}\frac{dT}{T} \Rightarrow dT = -\frac{3}{2}\frac{T}{E}dE \Rightarrow \frac{dT}{dt} = -\frac{3}{2}\frac{T}{E}\frac{dE}{dt} \quad (4)$$

d) Die Winkelgeschwindigkeit des Kreisbewegung ist

$$\omega = \frac{2\pi}{T} \Rightarrow \omega^6 = \left(\frac{2\pi}{T}\right)^6$$

Für die vierte Potenz des Abstands folgt aus (2)

$$r^4 = \left(\frac{GMT^2}{16\pi^2}\right)^{4/3}$$

Einsetzen in die Strahlungsleistung zeigt

$$\frac{dE}{dt} = -\frac{128}{5c^5}GM^2\left(\frac{GMT^2}{16\pi^2}\right)^{4/3}\left(\frac{2\pi}{T}\right)^6 = -\frac{2^{22/3}}{5c^5}G^{7/3}\left(\frac{M\pi}{T}\right)^{10/3}$$

Einsetzen in (4) ergibt mit (3)

$$\frac{dT}{dt} = -\frac{3}{2}T\left[-\frac{1}{M}\left(\frac{GM\pi}{2T}\right)^{-2/3}\right]\left[-\frac{2^{22/3}}{5c^5}G^{7/3}\left(\frac{M\pi}{T}\right)^{10/3}\right]$$

Vereinfachen liefert

$$\frac{dT}{dt} = -\frac{48\pi}{5c^5}\left(\frac{4\pi GM}{T}\right)^{5/3}$$

Einsetzen der Werte liefert

$$\frac{dT}{dt} = -\frac{48\pi}{5\left(3{,}0\cdot 10^8 \frac{m}{s}\right)^5}\left(\frac{4\pi \cdot 6{,}673\cdot 10^{-11}\frac{m^3}{kg s^2}\cdot 1{,}44\cdot 1{,}989\cdot 10^{30} kg}{2{,}79\cdot 10^4 s}\right)^{5/3}$$

$$\Rightarrow \frac{dT}{dt} = -2{,}1\cdot 10^{-13}$$

e) Die maximale Lebensdauer des System ergibt sich aus

$$\tau = \frac{T}{\left|\frac{dT}{dt}\right|} = \frac{2{,}79\cdot 10^4 s}{2{,}1\cdot 10^{-13}} = 1{,}3\cdot 10^{17}\, s = 4{,}2\cdot 10^9\, a$$

Die Lebensdauer des System beträgt maximal 4,2 Mrd. Jahre.

f) Der Schwarzschild-Radius eines Sterns ist $R_S = 1{,}44 \cdot 2{,}96\, km = 4{,}26\, km$. Damit ergibt sich nach Angabe mit b)

$$\left|\frac{dE}{dt}\right| = 1{,}42\cdot 10^{58}\, W\left(\frac{4{,}26\, km}{9{,}80\cdot 10^5\, km}\right)^5 = 2{,}2\cdot 10^{31}\, W$$

Bemerkung: Hulse und Taylor konnten neben der Änderung der Bahnperiode auch die Drehung des Periastrons ($\Delta\varphi = 4{,}2266°$ pro Jahr) vermessen und so die volle Übereinstimmung mit der ART bestätigen. Dafür erhielten Sie 1993 den Nobelpreis in Physik. Die exakte Änderung der Umlaufzeit von PSR 1913+16 ist infolge der großen Exzentrizität $\varepsilon = 0{,}61713$ um einen Faktor 11,8568 größer als oben berechnet. Durch Messung der Gravitationsrotverschiebung konnte die Masse des Systems mit großer Genauigkeit zu $2{,}82852 M_\odot$ bestimmt werden.

Aufgabe 168: Gravitationskollaps

a) Bestimmen Sie implizit die zeitliche Änderung des Radius $R(t)$ eines Körpers, der unter dem Einfluss der Schwerkraft kollabiert (Gravitationskollaps)

$$\frac{d^2 R}{dt^2} = -\frac{GM}{R^2}$$

Der Anfangswert des Radius sei R_0, die Anfangsgeschwindigkeit Null.
Verwenden Sie das Integral

$$\int \sqrt{\frac{x}{a-x}}\, dx = -\sqrt{x(a-x)} - \frac{a}{2}\arccos\left(\frac{2x}{a}-1\right)$$

b) Bestimmen die Kollapszeit mithilfe des Grenzwerts $R \to 0$.
c) Ermitteln Sie die kritische Dichte eines Schwarzen Lochs, wenn der Radius gleich dem Schwarzschild-Radius ist? Skalieren Sie die Gleichung auf Sonnenmassen!
d) Welche Kollapszeit erfährt ein Schwarzes Loch mit Oppenheimer-Volkoff-Masse $3{,}23 M_\odot$ in Eigenzeit?

Lösung 168:
a) Es gilt nach der Produktregel

$$\frac{d}{dt}\left(\frac{dR}{dt}\right)^2 = 2\frac{d^2 R}{dt^2}$$

Somit lässt sich der Energiesatz als Ableitung schreiben

$$\frac{d}{dt}\left[\frac{1}{2}\left(\frac{dR}{dt}\right)^2 - \frac{GM}{R}\right] = 0$$

Da die zeitliche Ableitung verschwindet, ist der Term in eckigen Klammern konstant. Setzt man die Anfangsgeschwindigkeit Null, so ergibt sich die Konstante aus dem Energiesatz zu $-\frac{GM}{R_0}$. Damit folgt

$$\frac{1}{2}\left(\frac{dR}{dt}\right)^2 - \frac{GM}{R} = -\frac{GM}{R_0} \Rightarrow \left(\frac{dR}{dt}\right)^2 = 2GM\left(\frac{1}{R} - \frac{1}{R_0}\right)$$

Vereinfachen zeigt

$$\frac{dR}{dt} = \sqrt{2GM\frac{R_0 - R}{RR_0}} \Rightarrow \frac{dR}{\sqrt{\frac{R_0-R}{RR_0}}} = \sqrt{2GM}\, dt$$

Umformen liefert

$$\int_{R_0}^{R} \frac{\sqrt{R_0 R}\, dR}{\sqrt{R_0 - R}} = \sqrt{2GM} \int_0^t dt \Rightarrow \sqrt{R_0} \int_R^{R_0} \frac{\sqrt{R}\, dR}{\sqrt{R_0 - R}} = \sqrt{2GM} \int_0^t dt$$

Mit dem angegebenen Integral folgt

$$\sqrt{2GM}\, t = \sqrt{R_0} \left[\sqrt{R(R_0 - R)} + \frac{R_0}{2} \arccos\left(\frac{2R}{R_0} - 1\right) \right]_R^{R_0}$$

Einsetzen der Integralgrenzen zeigt

$$t(R) = \sqrt{\frac{R R_0 (R_0 - R)}{2GM}} + R_0 \sqrt{\frac{R_0}{8GM}} \arccos\left(\frac{2R}{R_0} - 1\right)$$

Diese Gleichung liefert eine implizite Lösung für zeitliche Abhängigkeit von $R(t)$.

b) Die totale Kollapszeit erhält aus dem Grenzwert $t(R \to 0)$. Wegen $\arccos(-1) = \pi$ folgt

$$t = \pi \sqrt{\frac{R_0^3}{8GM}}$$

Mit Einführung der (Anfangs-)Dichte ρ folgt mit $M = \frac{4}{3}\pi\rho R_0^3$

$$t = \sqrt{\frac{3\pi}{32 G \rho}}$$

Die Kollapszeit zeigt dasselbe Verhalten wie die Frei-Fall-Zeit $t \sim (G\rho)^{-\frac{1}{2}}$.

c) Einsetzen des Schwarzschild-Radius $R_S = \frac{2GM}{c^2}$ liefert

$$\rho_c = \frac{3M}{4\pi R_S^3} = \frac{3M}{4\pi} \left(\frac{c^2}{2GM}\right)^3 = \frac{3c^6}{32\pi G^3 M^2}$$

Skalieren auf Sonnenmassen ergibt

$$\rho_c = \frac{3c^6}{32\pi G^3 M_\odot^2} \left(\frac{M}{M_\odot}\right)^{-2} = \frac{3\left(2{,}998 \cdot 10^8 \frac{m}{s}\right)^6}{32\pi \left(6{,}673 \cdot 10^{-11} \frac{m^3}{kg s^2}\right)^3 (1{,}989 \cdot 10^{30} kg)^2} \left(\frac{M}{M_\odot}\right)^{-2}$$

$$\Rightarrow \rho_c = 1{,}84 \cdot 10^{19} \frac{kg}{m^3} \left(\frac{M}{M_\odot}\right)^{-2}$$

d) Einsetzen der Dichte und der Oppenheimer-Volkoff-Masse 3,23 $M_\odot$ in b) liefert

$$t = \sqrt{\frac{3\pi}{32 \cdot 6{,}674 \cdot 10^{-11} \frac{m^3}{kg s^2} \cdot 1{,}84 \cdot 10^{19} \frac{kg}{m^3} \cdot 3{,}23^{-2}}} = 5{,}0 \cdot 10^{-5} s$$

Für einen mitbewegten Beobachter (im freien Fall) erfolgt der Kollaps in 50 μs.

Kapitel 10 Atomphysik

Aufgabe 169: Wasserstoff (H)-Spektrum

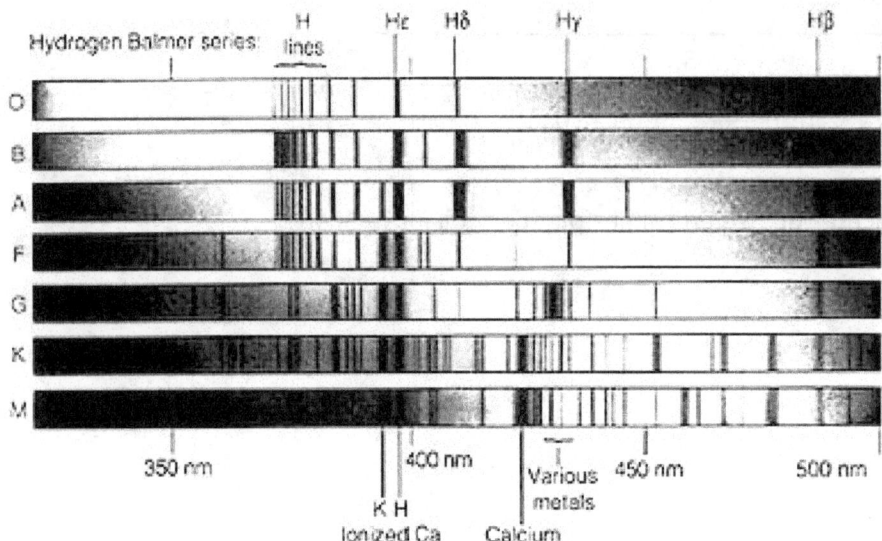

Abbildung 63: Sternspektren der verschiedenen Spektralklassen

a) Bestimmen Sie die Energien der Ly_α- bzw. Ly_β-Spektrallinie des H-Atoms!

b) Ermitteln Sie das Verhältnis der H-Atome im 2. bzw. 1. angeregten Lyman-Zustand bei der Temperatur $T = 10.000\ K$ eines A0-Sterns

c) Bestimmen Sie die Energien der H_α- bzw. H_β-Spektrallinie des H-Atoms!

d) Ermitteln Sie das Verhältnis der H-Atome im 3. bzw. 2. angeregten Balmer-Zustand bei der Temperatur $T = 10.000\ K$ eines A0-Sterns!

e) Erklären Sie, warum die interstellare Materie i.a. keine Lyman-Absorptionslinien in den Sternspektren erzeugt.

Lösung 169:

a) Die Lyman-Serie ergibt sich aus der Rydberg-Formel

$$\frac{1}{\lambda} = R_H \left[\frac{1}{1^2} - \frac{1}{m^2}\right] \Rightarrow E_2 = R_H hc \left[\frac{1}{1^2} - \frac{1}{2^2}\right] = 13{,}598\ eV\ \frac{3}{4} = 10{,}19\ eV$$

$$\Rightarrow E_3 = R_H hc \left[\frac{1}{1^2} - \frac{1}{3^2}\right] = 13{,}598\ eV\ \frac{8}{9} = 12{,}08\ eV$$

b) Die Besetzungszahlen der angeregten Zustände werden nach Boltzmann berechnet

$$\frac{N_3}{N_2} = \frac{g_3}{g_2} e^{-(E_3 - E_2)/kT} = \frac{18}{8} \exp\left(-\frac{E_3 - E_2}{kt}\right) = \frac{9}{4} \exp\left(-\frac{12{,}08\ eV - 10{,}19\ eV}{8{,}617 \cdot 10^{-5} \frac{eV}{K} \cdot 10^4 K}\right)$$

$$\Rightarrow \frac{N_3}{N_2} = 0{,}25 \approx \frac{1}{4}$$

Die Gewichte g_i für atomaren Wasserstoff im Zustand i sind $2i^2$.

c) Für die Balmer-Serie ergibt sich analog

$$\frac{1}{\lambda} = R_H \left[\frac{1}{2^2} - \frac{1}{m^2}\right] \Rightarrow E_2 = R_H hc \left[\frac{1}{2^2} - \frac{1}{3^2}\right] = 13{,}598\ eV\ \frac{5}{36} = 1{,}89\ eV$$

$$\Rightarrow E_3 = R_H hc \left[\frac{1}{2^2} - \frac{1}{4^2}\right] = 13{,}598\ eV\ \frac{3}{16} = 2{,}55\ eV$$

d) Die Besetzungszahlen der angeregten Zustände sind hier

$$\frac{N_3}{N_2} = \frac{g_3}{g_2} e^{-(E_3 - E_2)/kT} = \frac{18}{8} \exp\left(-\frac{E_3 - E_2}{kT}\right) = \frac{9}{4} \exp\left(-\frac{2{,}55\ eV - 1{,}89\ eV}{8{,}617 \cdot 10^{-5} \frac{eV}{K} \cdot 10^4 K}\right)$$

$$\Rightarrow \frac{N_3}{N_2} = 1{,}05$$

Man sieht, dass trotz der hohen Temperatur die angeregten Lyman-Zustände im UV nicht stärker als die Grundzustände besetzt sind. Dagegen sind die höheren Balmer-Linien im Spektrum eines A0 bzw. B0-Sterns stark an geregt (vgl. Bild).

e) Wie in b) berechnet, sind auch bei hohen Temperaturen die angeregten Lyman-Zustände nicht stärker besetzt. Daher erfolgt in HI-Regionen kaum Absorption.

Aufgabe 170: Angeregte Atome

Die Anzahl angeregter Atome nimmt exponentiell mit der Zeit ab

$$N(t) = N_0 e^{-t/\tau}$$

a) Zeigen mit der Definition des Mittelwertes, dass τ die mittlere Lebensdauer darstellt!
b) Berechnen Sie den Bruchteil der Atome, die nach der mittleren Lebensdauer in den Grundzustand übergehen!
c) Bestimmen Sie allgemein die Energieunschärfe ΔE eines Zustands mit der mittleren Lebensdauer τ
d) Welche Wellenlängenverbreiterung $\Delta \lambda$ resultiert aus der Energieunschärfe?
e) Bestimmen Sie die relative Wellenlängenverbreiterung der H_α-Linie, wenn die mittlere Lebensdauer des Übergangs $\tau = 1{,}5 \cdot 10^{-8} s$ ist.

Lösung 170:

a) Nach Definition des Mittelwerts gilt

$$<t> = \frac{\int_0^\infty t e^{-t/\tau} dt}{\int_0^\infty e^{-t/\tau} dt} = \frac{\tau^2}{\tau} = \tau$$

b) Einsetzen liefert

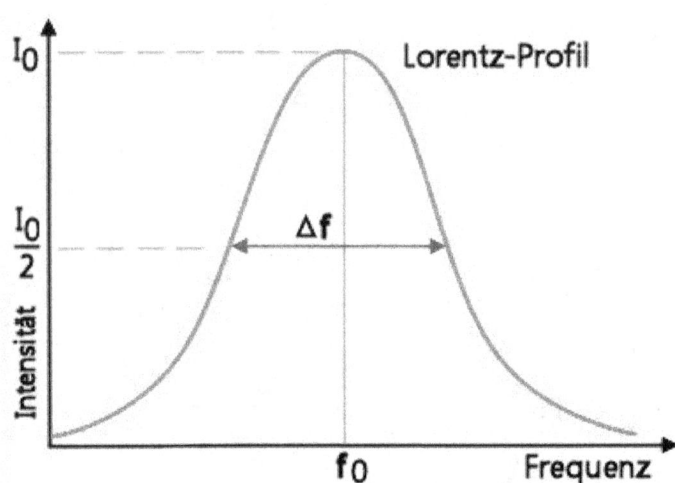

Abbildung 64: Lorentz-Profil einer Spektrallinie

$$1 - \frac{N(\tau)}{N_0} = 1 - e^{-\tau/\tau} = 1 - \frac{1}{e} = 1 - 0{,}368 = 0{,}632$$

Nach der mittlere Lebensdauer sind 63,2% der Atome wieder in den Grundzustand zurückgekehrt.

c) Nach Heisenberg gilt

$$\Delta E \cdot \tau \approx \frac{\hbar}{2} \Rightarrow \Delta E = \frac{\hbar}{2\tau}$$

d) Für die Frequenzunschärfe folgt daraus

$$\Delta E = h \, \Delta f = \frac{\hbar}{2\tau} \Rightarrow \Delta f = \frac{1}{4\pi\tau}$$

Die Frequenzunschärfe ist hier die "Halbwertsbreite" der Linie. Umrechnen in Wellenlängen ergibt

$$\Delta \lambda = c \left(\frac{1}{f} - \frac{1}{f_0} \right) = c \frac{f_0 - f}{f f_0} = c \frac{\Delta f}{f^2} = \lambda^2 \frac{\Delta f}{c} \Rightarrow \Delta \lambda = \frac{\lambda^2}{4\pi c \tau}$$

Diese kleinstmögliche Wellenlängenunschärfe kann als natürliche Linienbreite angesehen werden.

e) Für die H_α-Linie gilt mit der gegebenen Lebensdauer

$$\frac{\Delta \lambda}{\lambda} = \frac{\lambda}{4\pi c \tau} = \frac{6{,}563 \cdot 10^{-7} \, m}{4\pi \cdot 2{,}998 \cdot 10^8 \, \frac{m}{s} \cdot 1{,}5 \cdot 10^{-8} s} = 1{,}2 \cdot 10^{-8}$$

Aufgabe 171: H-Spektrum 2

a) Bestimmen Sie, welche Spektrallinien des H-Spektrums sich im sichtbaren Bereich [380 nm; 780 nm] befinden!

b) Eine H_α-Linie wird in Emission beobachtet. Welche Spektrallinien sind als Folge zu erwarten?
c) Ein Wasserstoff-Atom absorbiert ein Photon der Wellenlänge $\lambda = 68{,}7\ nm$. Welche Energie hat das freigesetzte Elektron?

Lösung 171:
a) Es kommt nur die Balmer-Serie in Frage. Auflösen nach der Quantenzahl m ergibt

$$\frac{1}{\lambda} = R_H \left[\frac{1}{2^2} - \frac{1}{m^2} \right] \Rightarrow \frac{1}{\lambda R_H} = \frac{1}{4} - \frac{1}{m^2} \Rightarrow m = \frac{1}{\sqrt{\frac{1}{4} - \frac{1}{\lambda R_H}}}$$

Einsetzen der Untergrenze $\lambda_1 = 380\ nm$ zeigt

$$m = \frac{1}{\sqrt{\frac{1}{4} - \frac{1}{3{,}8 \cdot 10^{-7} m \cdot 1{,}0968 \cdot 10^7 \frac{1}{m}}}} = 9{,}97$$

Analog liefert das Einsetzen der Obergrenze $\lambda_2 = 780\ nm$

$$m = \frac{1}{\sqrt{\frac{1}{4} - \frac{1}{7{,}8 \cdot 10^{-7} m \cdot 1{,}0968 \cdot 10^7 \frac{1}{m}}}} = 2{,}74$$

Für die Quantenzahlen m=3 bis 9 liegen die Balmer-Linien im sichtbaren Bereich.

b) Da das Elektron in die Schale (n=3) gehoben wurde, kann es entweder in Schale (n=1) direkt zurückkehren (als Ly_β-Linie) oder über Schale (n=2), erst als H_α-, dann als Ly_α-Linie.

c) Die kinetische Energie W_k des freien Elektrons ist die Differenz aus der Photonenenergie W_{ph} und der aufgewendeten Ionisationsenergie W_{ion}

$$W_k = W_{ph} - W_{ion} = \frac{hc}{\lambda} - hcR_H = hc\left(\frac{1}{\lambda} - R_H\right) \Rightarrow v = \sqrt{\frac{2hc}{m_e}\left(\frac{1}{\lambda} - R_H\right)}$$

$$\Rightarrow v = \sqrt{\frac{2 \cdot 1{,}9864 \cdot 10^{-25} Jm}{9{,}1094 \cdot 10^{-31}\ kg}\left(\frac{1}{6{,}87 \cdot 10^{-8} m} - 1{,}0968 \cdot 10^7 \frac{1}{m}\right)} = 1{,}25 \cdot 10^6\ \frac{m}{s}$$

Da $\beta = \frac{v}{c} = 4{,}2\ \text{‰}$ ist, wird hier keine relativistische Rechnung notwendig.

Fortsetzung: He-Spektrum

Bestimmen Sie die Energien der beiden ersten angeregten Zustände des einfach ionisierten Heliums $HeII$ und der zweiten Ionisationsstufe!

Lösung:

Nach Rydberg gilt für HeII-Lyman-Übergänge

$$\frac{1}{\lambda} = Z^2 R_{He} \left[\frac{1}{1} - \frac{1}{m^2}\right]$$

Die Rydberg-Konstante berechnet aus

$$R_{He} = R_\infty \frac{1}{1 + \frac{m_e}{4m_p}} = \frac{1{,}0973732 \cdot 10^7 \frac{1}{m}}{1 + \frac{5{,}4858 \cdot 10^{-4} u}{4 \cdot 1{,}00728 u}} = 1{,}09722 \cdot 10^7 \frac{1}{m}$$

Einsetzen von (m=2) liefert

$$W_1 = 4hcR_{He}\left[1 - \frac{1}{4}\right] = 3hcR_{He} = 3 \cdot 1{,}2398 \cdot 10^{-6}\, eVm \cdot 1{,}09722 \cdot 10^7 \frac{1}{m} = 40{,}8\, eV$$

Analog folgt für (m=3)

$$W_2 = 4hcR_{He}\left[1 - \frac{1}{9}\right] = \frac{32}{9}hcR_{He} = \frac{32}{27}W_1 = 48{,}4\, eV$$

Für die zweite Ionisationsenergie gilt für $m \to \infty$

$$W_{ion} = 4hcR_{He} = 4hcR_{He} = 4 \cdot 1{,}24398 \cdot 10^{-6}\, eVm \cdot 1{,}09722 \cdot 10^7 \frac{1}{m} = 54{,}4\, eV$$

Aufgabe 172: Li-Spektrum

Welche Spektrallinien des zweifach ionisierten Lithiums $LiIII$ stimmen näherungsweise mit der Lyman-Serie des Wasserstoffs überein?

Lösung 172:

Nach der Rydberg-Formel gilt für LiIII

$$\frac{1}{\lambda} = Z^2 R_{Li}\left[\frac{1}{n^2} - \frac{1}{m^2}\right] \approx 9R_H\left[\frac{1}{n_1^2} - \frac{1}{m_1^2}\right]$$

Dies wird verglichen mit der Wasserstoffformel

$$\frac{1}{\lambda} = R_H \left[1 - \frac{1}{m^2}\right]$$

Der Vergleich liefert $9 \cdot \frac{1}{n_1^2} = 1 \Rightarrow n_1 = 3$. Entsprechend folgt $9 \cdot \frac{1}{m_1^2} = \frac{1}{m^2} \Rightarrow m_1 = 3m$. Dies zeigt, dass ab (n=3) jede 3. Linie etwa mit einer Lyman-H-Linie übereinstimmt.

Aufgabe 173: He-Brennen

a) Welche Energie liefert die 3α-Reaktion (nach seinem Entdecker auch Salpeter-Prozess genannt) $3\,{}_2^4He \rightarrow {}_6^{12}C + 2\gamma$. Welche Energie liefert damit 1,0 kg Helium?

b) Welche Masse Helium steht im Kern zur Verfügung, wenn der Kern 13% der Sonnenmasse enthält?

c) Welche Dauer hat das Helium-Brennen der Sonne, wenn sie im Roten-Riesen-Stadium die Leuchtkraft $L = 100 L_\odot$ hat?

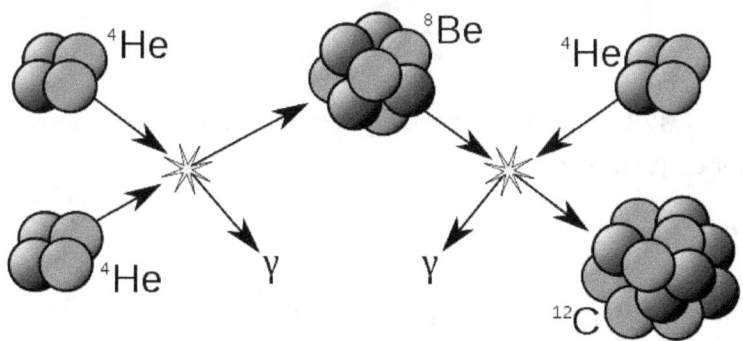

Abbildung 65: Fusion dreier Helium-Kerne (Quelle Wikimedia Commons)

Lösung 173:

a) Die Massenbilanz (hier Änderung der Ruhemassen) lautet

$\Delta m = 3m({}_2^4He) - m({}_6^{12}C) = 3 \cdot 4{,}002603\,u - 12u = 0{,}007809\,u$

Der Wirkungsgrad ist somit gegeben durch

$$\frac{\Delta m}{3m({}_2^4He)} = \frac{0{,}007809\,u}{12{,}0007809\,u} = 6{,}503 \cdot 10^{-4}$$

Somit liefert ein Kilogramm Helium die Energie

$$E = mc^2 = 6{,}503 \cdot 10^{-4} kg \cdot c^2 = 6{,}503 \cdot 10^{-4} kg \cdot \left(2{,}998 \cdot 10^8 \frac{m}{s}\right)^2 = 5{,}845 \cdot 10^{13}\,J$$

b) Die verfügbare Heliummasse ist

$$m_{He} = 0{,}13 M_\odot = 0{,}13 \cdot 1{,}989 \cdot 10^{30} kg = 2{,}586 \cdot 10^{30} kg$$

Damit kann die folgende Fusionsenergie gewonnen werden

$$W = 5{,}845 \cdot 10^{13} \frac{J}{kg} \cdot 2{,}586 \cdot 10^{30} kg = 1{,}51 \cdot 10^{44} J$$

c) Diese Energie dient zur Aufrechterhaltung der angegebenen Leuchtkraft

$$L = \frac{W}{\tau} \Rightarrow \tau = \frac{W}{100 L_\odot} = \frac{1{,}51 \cdot 10^{44} J}{100 \cdot 3{,}84 \cdot 10^{26} W} = 3{,}93 \cdot 10^{15}\, s = 1{,}2 \cdot 10^{8}\, a$$

Das Heliumbrennen dauert 120 Mill. Jahre.

Aufgabe 174: Na-Linie

Die bekannte Natrium D-Linie ist eine der markantesten Absorptionslinien im Sonnenspektrum. Sie wurde 1814 von J. Fraunhofer entdeckt und so benannt (die Bezeichnung D hat nichts mit der Nomenklatur {S, P, D, F} der Spektroskopie zu tun).

Das Natrium-Spektrum kann durch folgende Beziehung berechnet werden

$$\frac{1}{\lambda} = R_{Na} \left[\frac{1}{(n - a_k)^2} - \frac{1}{(m - a_l)^2} \right]$$

Dabei sind die Rydberg-Korrekturen $a_0 = 1{,}373$, $a_1 = 0{,}883$ bzw. $a_2 = 0{,}01$ gegeben; der Index der Rydberg-Korrekturen gibt jeweils die Nebenquantenzahl an.

a) Bestimmen Sie die Wellenlänge des Übergangs $3\,P_{1/2} \to 3\,S_{1/2}$.

b) Die Spektralformel lässt sich als Differenz zweier Terme schreiben

$$\frac{1}{\lambda} = R_{Na} Z_{eff}^2 \frac{1}{n^2}$$

Erklären Sie den Wert der effektiven Kernladungszahl Z_{eff} für große n.

Lösung 174:

a) Die Rydberg-Konstante für Natrium wird berechnet aus der reduzierten Masse

$$R_{Na} = R_\infty \frac{1}{1 + \frac{m_e}{m(Na)}} = \frac{1{,}0973732 \cdot 10^{7}\, \frac{1}{m}}{1 + \frac{5{,}4858 \cdot 10^{-4} u}{22{,}99\, u}} = 1{,}097347 \cdot 10^{7}\, \frac{1}{m}$$

Einsetzen der Konstanten und Hauptquantenzahlen liefert

$$\frac{1}{\lambda} = 1{,}097347 \cdot 10^{7}\, \frac{1}{m} \left[\frac{1}{(3 - 1{,}373)^2} - \frac{1}{(3 - 0{,}883)^2} \right] = 1{,}6969 \cdot 10^{6}\, \frac{1}{m} \Rightarrow \lambda = 589{,}3\, nm$$

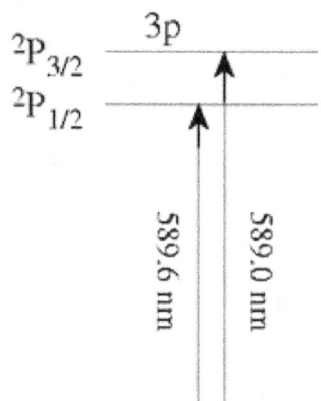

Abbildung 66: Doublett der Na-Linien

Die D-Linie ist ein Doublett; d. h. sie besteht aus 2 benachbarten Linien (vgl. Bild 66).

b) Gleichsetzen der Terme liefert

$$Z_{eff}^2 \frac{1}{n^2} = \frac{1}{(n-a_0)^2} \Rightarrow Z_{eff} = \frac{n}{n-a_0} \xrightarrow{n\to\infty} Z_{eff} = 1$$

$^{23}_{11}Na$ gehört zu den Elementen der Alkali-Gruppe. Diese Elemente besitzen ein äußeres Valenz- oder Leuchtelektron; bei Natrium ist dies die Schale n=3. Die Elektronenschale (n=1) enthält 2, die Schale (n=2) enthält 8 Elektronen; beide Schalen sind damit abgeschlossen. Die inneren 10 Elektronen schirmen daher 10 Protonen des Kerns ab; die effektive Kernladung ist somit Eins.

Aufgabe 175: Alter Sonnensystem

Uran in natürlicher Isotopenzusammensetzung besteht zu 99,28% aus ^{238}U und aus 0,72% ^{235}U.
a) Wie alt ist das Sonnensystem unter der Annahme, dass es beide Isotope am Anfang gleiche Häufigkeit hatten? ^{235}U hat die Halbwertszeit $T_{1/2}^{235} = 7,04 \cdot 10^8 \, a$; entsprechend ^{235}U

$$T_{1/2}^{238} = 4,50 \cdot 10^9 \, a$$

b) Welcher Anteil von ^{238}U ist seit dem Bestehen der Erdkruste von $2,5 \cdot 10^9 \, a$ zerfallen?

Lösung 175:

a) Die Zerfallskonstanten ergeben sich aus den Halbwertszeiten wie folgt

$$\lambda_{235} = \frac{\ln 2}{T_{235}} = 9{,}856 \cdot 10^{-10} \frac{1}{a} \quad bzw. \quad \lambda_{238} = \frac{\ln 2}{T_{238}} = 1{,}540 \cdot 10^{-10} \frac{1}{a}$$

Aus dem Zerfallsgesetz folgt mit $N(t) = N_0 e^{-\lambda t}$

$$\frac{N_{235}}{N_0} = e^{-\lambda_{235} t} \quad bzw. \quad \frac{N_{238}}{N_0} = e^{-\lambda_{238} t}$$

Division der beiden Gleichungen liefert

$$\frac{N_{235}}{N_{238}} = \frac{e^{-\lambda_{235} t}}{e^{-\lambda_{238} t}} = e^{(\lambda_{238} - \lambda_{235})t}$$

$$\Rightarrow \ln \frac{N_{235}}{N_{238}} = (\lambda_{238} - \lambda_{235})t$$

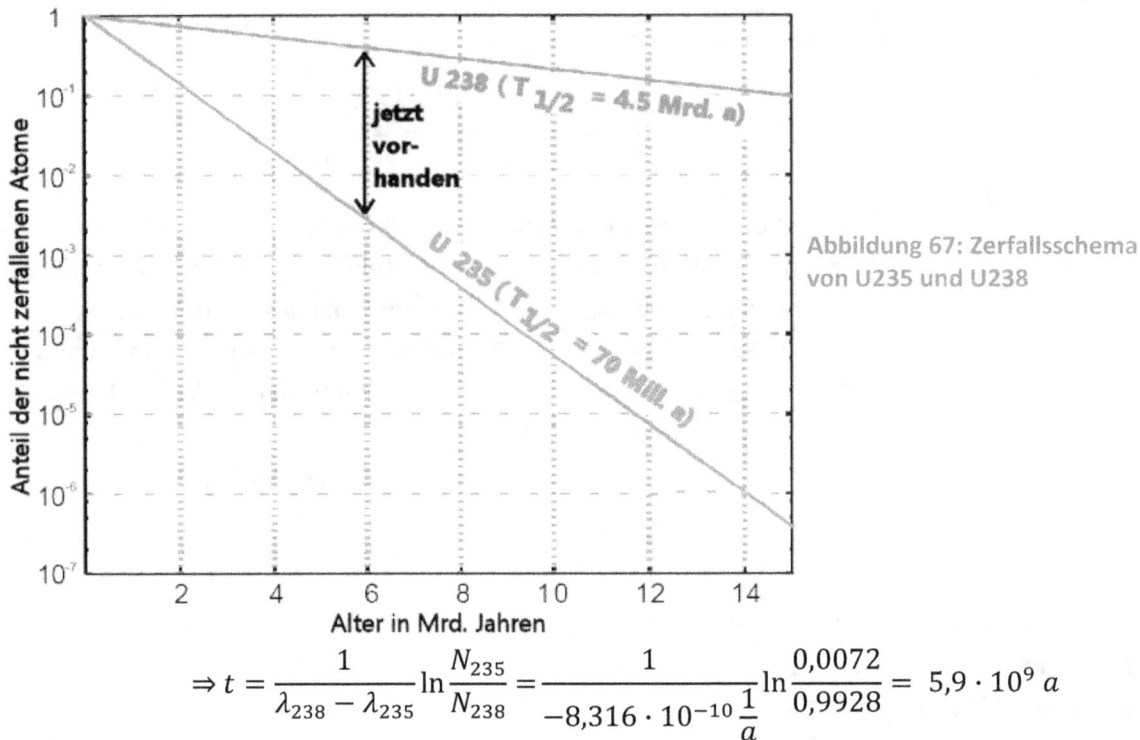

Abbildung 67: Zerfallsschema von U235 und U238

$$\Rightarrow t = \frac{1}{\lambda_{238} - \lambda_{235}} \ln \frac{N_{235}}{N_{238}} = \frac{1}{-8{,}316 \cdot 10^{-10} \frac{1}{a}} \ln \frac{0{,}0072}{0{,}9928} = 5{,}9 \cdot 10^9 \, a$$

Das Alter des Sonnensystems wird auf Grund der Meteoriten-Alter auf $4{,}55 \cdot 10^9 a$ geschätzt. Das hier berechnete Alter ist also die Zeit, in der das Uran (wie alle schweren Elemente) aus einer Supernova-Explosion entstand.

b) Der nicht-zerfallene Anteil ergibt sich aus dem Ansatz

$$\frac{N_{238}}{N_0} = e^{-\lambda_{238} t} = \exp\left(-1{,}540 \cdot 10^{-10} \frac{1}{a} \cdot 2{,}5 \cdot 10^9 \, a\right) = 0{,}680$$

Der zerfallene Anteil ist damit $1 - 0{,}680 = 0{,}32$.

Aufgabe 176: Nuklidbatterie

Eine Raumsonde enthält $10 \, kg$ Plutonium ^{238}Pu als Brennstoff für die Radionuklidbatterie. ^{238}Pu hat die Halbwertszeit $T_{1/2} = 87{,}7 a$ und ist ein α-Strahler mit der Energie $E_\alpha = 5{,}48 \, MeV$.
a) Welche Leistung gibt die Batterie anfänglich ab?
b) Welche Energie liefert die Batterie im Laufe der geplanten Lebensdauer von 10 Jahren?

Lösung 176:

a) Die Zerfallskonstante beträgt

$$\lambda = \frac{\ln 2}{T_{1/2}} = \frac{\ln 2}{87,7a} = 7,90 \cdot 10^{-3} \frac{1}{a} = 2,50 \cdot 10^{-10} \frac{1}{s}$$

Die Teilchenzahl ergibt sich aus

$$N_0 = \frac{m}{\mu m_p} = \frac{10\, kg}{238 \cdot 1,660 \cdot 10^{-27} kg} = 2,53 \cdot 10^{25}$$

Damit ist die Anfangsaktivität $A = \lambda N_0$. Die Strahlungsleistung am Anfang ist damit

$$P_0 = AE_\alpha = \lambda N_0 E_\alpha = 2,50 \cdot 10^{-10} \frac{1}{s} \cdot 2,53 \cdot 10^{25} \cdot 5,48 \cdot 1,602 \cdot 10^{-13} J = 5,55\, kW$$

b) Die Aktivität des Plutoniums nimmt wegen der Radioaktivität ab

$$A = \lambda N(t) = \lambda N_0 e^{-\lambda t}$$

Da die Aktivität nicht konstant ist, ergibt sich die abgegebene Energie aus dem Integral

$$E = \int_0^t P dt = P_0 \int_0^t e^{-\lambda t} dt = P_0 \left[-\frac{1}{\lambda} e^{-\lambda t} \right]_0^t = \frac{P_0}{\lambda}(1 - e^{-\lambda t})$$

$$\Rightarrow E = \frac{5,55 \cdot 10^3 W}{2,50 \cdot 10^{-10} \frac{1}{s}} \left[1 - \exp\left(-7,90 \cdot 10^{-3} \frac{1}{a} \cdot 10a\right) \right] = 1,69 \cdot 10^{12} J$$

Die Nuklidbatterie liefert während der 10 Jahre die Energie $1,69 \cdot 10^{12}\, J$.

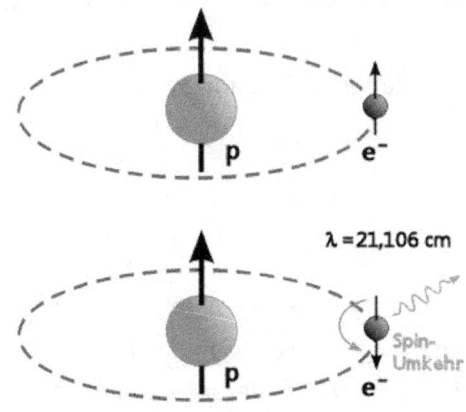

Abbildung 68: Umklappen des Spins

Aufgabe 177: Spin-Umklappen

Bei Umklappen der Spinrichtungen von Kern und Elektron emittiert bzw. absorbiert neutraler (atomarer) Wasserstoff die Frequenz $f = 1,42040575\, GHz$.

a) Bestimmen Sie die zugehörige Wellenlänge und geben Sie an, zu welchem Bereich des elektromagnetischen Spektrum die Wellenlänge gehört

b) Erklären Sie, warum alle atomaren Wasserstoffwolken diesen Übergang zeigen

Lösung 177:

a) Die Wellenlänge ist

$$\lambda = \frac{c}{f} = \frac{2{,}997924 \cdot 10^8 \frac{m}{s}}{1{,}4204057 \cdot 10^9\ Hz} = 2{,}11049 \cdot 10^{-1} m = 21{,}1\ cm$$

Dies ist die berühmte 21,1 cm-Wellenlänge; sie liegt im Radiobereich, da ihre Wellenlänge größer als ist als ein Dezimeter.

b) Die zugehörige Energie ist

$$E = hf = 4{,}136 \cdot 10^{-15}\ eVs \cdot 1{,}4204 \cdot 10^9\ Hz = 5{,}87 \cdot 10^{-6}\ eV$$

Die für diese Photonenenergie notwendige Temperatur beträgt

$$E = 2{,}7\ kT \Rightarrow T = \frac{E}{2{,}7\ k} = \frac{5{,}87 \cdot 10^{-6}\ eV}{2{,}7 \cdot 8{,}62 \cdot 10^{-5} \frac{eV}{K}} = 0{,}025\ K$$

Aufgrund der Hintergrundstrahlung wird diese Temperatur überall überschritten.

Aufgabe 178: Plasmafrequenz

Die Plasmafrequenz ist definiert durch

$$f_p = \frac{1}{2\pi} \sqrt{\frac{N_e e^2}{\varepsilon_0 m}}$$

Dabei ist N_e die Elektronendichte und m die Elektronenmasse.
a) Skalieren Sie die Gleichung der Plasmafrequenz auf die Elektronendichte.
b) Bestimmen Sie die Plasmafrequenz für die interstellare Materie ($N_e = 0{,}03\ cm^{-3}$) und für die Ionosphäre der Erde ($N_e = 10^5\ cm^{-3}$).
c) Die Gruppengeschwindigkeit ist definiert durch $n = \frac{v}{c} \Rightarrow v = cn$; dabei ist Brechungsindex n gegeben durch

$$n = \sqrt{1 - \left(\frac{f_p}{f}\right)^2}$$

Erklären Sie, warum die Plasmafrequenz auch Abschneidefrequenz (englisch *cut off*) heißt!
d) Berechnen Sie Gruppengeschwindigkeit eines elektromagnetischen Signal in der interstellaren Materie mit $\lambda = 2{,}0\ m$.
e) Da die Geschwindigkeit von der Frequenz abhängt, kommt es hier für unterschiedliche Frequenzen zu verschiedenen Laufzeiten. Stellen Sie eine Beziehung her, die die Laufzeitdifferenz Δt zweier Frequenzen f_1, f_2 auf der Strecke r angibt.

Kapitel 10 Atomphysik

f) Berechnen Sie die Entfernung des Crab-Pulsars, wenn das Dispersionsmaß $DM = 3{,}11 \cdot 10^{11} \frac{1}{m^2}$ und die (mittlere) Elektronendichte in Richtung des Pulsars $N_e = 2{,}86 \cdot 10^4 \frac{1}{m^3}$ beträgt.

g) Geben Sie die Bedingung an, bei der die Ionosphäre die vom Boden ausgesandten Radiowellen total reflektiert.

h) Ermitteln Sie die Elektronendichte der Ionosphäre in 300 km Höhe, wenn die Wellenlänge $\lambda = 30\ m$ bei Tag total reflektiert wird.

Lösung 178:

a) Einsetzen der Werte liefert

$$f_p = \frac{e}{2\pi}\sqrt{\frac{1}{\varepsilon_0 m}}\sqrt{N_e} = \frac{1{,}602 \cdot 10^{-19} As}{2\pi}\sqrt{\frac{1}{8{,}854 \cdot 10^{-12} \frac{As}{Vm} \cdot 9{,}109 \cdot 10^{-31}\ kg}}\sqrt{N_e}$$

$$\Rightarrow f_p = 8{,}98\, \frac{m^{3/2}}{s}\sqrt{N_e} = 8{,}98\ Hz\sqrt{\frac{N_e}{m^{-3}}} \Rightarrow f_p = 8{,}98\ kHz\sqrt{\frac{N_e}{cm^{-3}}}$$

b) Einsetzen der Werte liefert für die interstellare Materie

$$f_p = 8{,}98\ kHz\sqrt{\frac{0{,}03\ cm^{-3}}{cm^{-3}}} = 1{,}56\ kHz$$

Analog für die Ionosphäre

$$f_p = 8{,}98\ kHz\sqrt{\frac{10^5\ cm^{-3}}{cm^{-3}}} = 2{,}84\ GHz$$

c) Wegen $n \geq 0$ folgt $1 - \left(\frac{\omega_p}{\omega}\right)^2 \geq 0 \Rightarrow \left(\frac{\omega_p}{\omega}\right)^2 \leq 1 \Rightarrow \omega \geq \omega_p$. Somit ist Eigenschaft des Abschneidens gezeigt.

d) Wegen $\lambda = 2{,}0\ m \Rightarrow f = 1{,}5 \cdot 10^8\ Hz = 1{,}5 \cdot 10^5\ kHz$ folgt

$$v = cn = c\sqrt{1 - \left(\frac{f_p}{f}\right)^2} = c\sqrt{1 - \left(\frac{1{,}56\ kHz}{1{,}5 \cdot 10^5\ kHz}\right)^2} \approx c$$

Elektromagnetische Signale dieser Wellenlänge werden nicht verzögert.

e) Die Laufzeit ist $t = \frac{r}{v} = \frac{r}{cn}$. Damit folgt

$$\Delta t = t_2 - t_1 = \frac{r}{c}\left\{\left[1 - \left(\frac{f_p}{f_2}\right)^2\right]^{-1/2} - \left[1 - \left(\frac{f_p}{f_1}\right)^2\right]^{-1/2}\right\}$$

Für $f_p \ll f_1, f_2$ lassen sich die Wurzeln vereinfachen

$$\Delta t = t_2 - t_1 = \frac{r}{c}\left[\left(1 + \frac{1}{2}\left(\frac{f_p}{f_2}\right)^2\right) - \left(1 + \frac{1}{2}\left(\frac{f_p}{f_1}\right)^2\right)\right] = \frac{r}{2c}f_p^2\left[\frac{1}{f_2^2} - \frac{1}{f_1^2}\right]$$

Einsetzen der Plasmafrequenz ergibt die Laufzeitdifferenz

$$\Delta t = \underbrace{rN_e}_{DM} \frac{e^2}{8\pi^2 c\varepsilon_0 m}\left[\frac{1}{f_2^2} - \frac{1}{f_1^2}\right]$$

Das Produkt aus Abstand und Elektronendichte heißt das Dispersionsmaß DM. Ist die Elektronendichte nicht konstant, so muss integriert werden

$$DM = \int_0^r N_e \, dr$$

Da sich das Dispersionsmaß messen lässt, kann bei bekannter Elektronendichte die Entfernung, z. B. eines Pulsars, berechnet werden. Da die Pulsare in der Nähe der galaktischen Ebene befinden, sind die Elektronendichten in vielen Richtungen bekannt.

f) Für die Entfernung des Crab-Nebels folgt

$$DM = rN_e \Rightarrow r = \frac{DM}{N_e} = \frac{1{,}70 \cdot 10^{24} \frac{1}{m^2}}{2{,}86 \cdot 10^4 \frac{1}{m^3}} = 5{,}19 \cdot 10^{19} m = 1{,}9 \, kpc$$

g) Die Totalreflexion erfolgt, wenn keine Brechung erfolgt; d. h. wenn der Brechungsindex Null wird. Nullsetzen liefert

$$n = \sqrt{1 - \left(\frac{f_p}{f}\right)^2} = 0 \Rightarrow \frac{f_p}{f} = 1 \Rightarrow f = \frac{1}{2\pi}\sqrt{\frac{N_e e^2}{\varepsilon_0 m}} \Rightarrow N_e = 4\pi^2 f^2 \frac{\varepsilon_0 m}{e^2}$$

h) Wegen $\lambda = 30 \, m \Rightarrow f = 10^6 \, Hz$ ergibt sich für die Ionosphäre

$$N_e = 4\pi^2 (10^7\,Hz)^2 \frac{8{,}854 \cdot 10^{-12}\,\frac{As}{Vm} \cdot 9{,}109 \cdot 10^{-31}\,kg}{(1{,}602 \cdot 10^{-19}\,As)^2} = 1{,}2 \cdot 10^{12}\,\frac{1}{m^3}$$

Bemerkung: Da hier die Bezeichnung n für den Brechungsindex vorkommt, wurde die Elektronendichte nicht n_e, sondern mit N_e bezeichnet.

Aufgabe 179: Inverser Betazerfall

Bei einem Supernovaausbruch reagieren die Antineutrinos mit den verbleibenden Protonen nach der Reaktion (inverser β-Zerfall) $\bar{\nu}_e + p \to n + e^+$.
a) Erklären Sie, warum der Prozess $\nu_e + p \to n + e^+$ nicht stattfindet.
b) Bestimmen Sie die Mindestenergie des Antineutrinos!
c) Ermitteln Sie die Protonendichte n_p von Wasser
d) Welche mittlere freie Weglänge ℓ haben Antineutrinos in Wasser, wenn der Wirkungsquerschnitt mit Protonen $\sigma = 10^{-43}\,cm^2$ beträgt?

Lösung 179:

a) Da beim inversen β-Zerfall die Leptonenzahl erhalten bleibt, ist die Reaktion nicht möglich. Die Elektron-Leptonenzahl $L_e = 1$ des Neutrino ist ungleich der Leptonenzahl des Positrons $L_e = -1$.

b) Der Vergleich der Ruhemassen liefert die Energie

$$W = (m_n + m_e - m_p)c^2 = (939{,}565 + 0{,}511 - 938{,}272)\,MeV = 1{,}80\,MeV$$

c) Die Moleküldichte von Wasser ist

$$n_{H_2O} = \frac{\rho_{H_2O}}{m_{H_2O}} = \frac{1\,g\,cm^{-3}}{18 \cdot 1{,}661 \cdot 10^{-24}\,g} = 3{,}34 \cdot 10^{22}\,cm^{-3}$$

Da jedes Wassermolekül 10 Protonen enthält, ist die Protonendichte $n_p = 3{,}34 \cdot 10^{23}\,cm^{-3}$

d) Die mittlere freie Weglänge der Antineutrinos in Wasser ist damit

$$\ell = \frac{1}{n_p \sigma} = \frac{1}{3{,}34 \cdot 10^{23}\,cm^{-3} \cdot 10^{-43}\,cm^2} = 3{,}0 \cdot 10^{19}\,cm = 9{,}7\,pc$$

Die mittlere freie Weglänge in Wasser beträgt 10 pc.

Aufgabe 180: Planck-Skala

Kann es ein Teilchen geben, dessen Compton-Wellenlänge $\lambda = \frac{\hbar}{mc}$ von der Größenordnung seines Schwarzschild-Radius ist?

a) Die Planck-Masse m_{pl} erhält man durch Gleichsetzen des halben Schwarzschild-Radius mit der Compton-Wellenlänge.
b) Bestimmen Sie die Planck-Energie E_{pl} nach Einstein
c) Ermitteln Sie die Planck-Zeit t_{pl} aus der Unschärferelation $E_{pl} \cdot t = \hbar$
d) Bestimmen sie die Planck-Länge ℓ_{pl} als Lichtweg während der Planck-Zeit!
e) Wie könnte man die Planck-Dichte definieren?
f) Bestimmen Sie die potenzielle Energie zweier (punktförmiger) Planck-Massen im Abstand einer Planck-Länge!

Lösung 180:

a) Der Ansatz liefert

$$\lambda = \frac{\hbar}{mc} = \frac{1}{2} R_S \Rightarrow \frac{\hbar}{mc} = \frac{Gm}{c^2} \Rightarrow m^2 = \frac{\hbar c}{G} \Rightarrow m_{pl} = \sqrt{\frac{\hbar c}{G}} = 2{,}18 \cdot 10^{-8} \, kg$$

Hierbei wurde die Schreibweise $\frac{h}{2\pi} = \hbar$ (sprich *h-quer*) gesetzt. Die Planck-Masse ist die kleinstmögliche Masse eines Schwarzen Lochs.

b) Der Planck-Energie ist damit

$$E_{pl} = m_{pl} c^2 = \sqrt{\frac{\hbar c^5}{G}} = 2{,}18 \cdot 10^{-8} \, kg (2{,}998 \cdot 10^8 m)^2 = 1{,}96 \cdot 10^9 \, J = 1{,}22 \cdot 10^{19} \, GeV$$

Die Planck-Energie liefert die Größenordnung der Energie nach dem Urknall zur Planck-Zeit.

c) Es folgt

$$E_{pl} \cdot t = \hbar \Rightarrow t_{pl} = \frac{\hbar}{E_{pl}} = \sqrt{\frac{G\hbar}{c^5}} = 5{,}39 \cdot 10^{-44} \, s$$

Die Gesetze der Quantenphysik und Relativitätstheorie gelten erst ab der Planck-Zeit.

d) Analog folgt die Planck-Länge

$$\ell_{pl} = c \, t_{pl} = \sqrt{\frac{G\hbar}{c^3}} = 1{,}62 \cdot 10^{-35} \, m$$

Die Planck-Länge ist wieder die Compton-Wellenlänge der Planck-Masse

$$\ell_{pl} = \frac{\hbar}{m_{pl}c} = \frac{\hbar}{c}\sqrt{\frac{G}{\hbar c}} = \sqrt{\frac{G\hbar}{c^3}}$$

Die Planck-Länge liefert eine grundlegende Schranke für die Relativitätstheorie. Es ist z. B. nicht möglich durch relativistische Längenkontraktion die Planck-Länge zu unterschreiten. Für jede Metrik gilt

$$ds^2 = \left(\frac{\ell_{pl}}{2\pi}\right)^2$$

Die Planck-Zeit und -Länge liefern daher die grundlegende Quantisierung von Raum und Zeit. Bemerkenswert ist, dass alle Planck-Größen Kombinationen der fundamentalen Konstanten $\{G, \hbar, c\}$ sind.

e) Die Planck-Dichte ist definiert durch

$$\rho_{pl} = \frac{m_{pl}}{\ell_{pl}^3} = \sqrt{\frac{\hbar c}{G}}\left(\sqrt{\frac{G\hbar}{c^3}}\right)^{-3} = \sqrt{\frac{c^{10}}{G^4 \hbar^2}} = \sqrt{\frac{c^5}{G^2 \hbar}} = 5{,}74 \cdot 10^{75} \frac{kg}{m^3}$$

Die Planck-Dichte liefert die Größenordnung der Dichte nach dem Urknall zur Planck-Zeit.

f) Es gilt

$$|E_{pot}| = G\frac{m_{pl}^2}{\ell_{pl}} = G\frac{\frac{\hbar c}{G}}{\sqrt{\frac{G\hbar}{c^3}}} = \hbar c\sqrt{\frac{c^3}{G\hbar}} = \sqrt{\frac{\hbar c^5}{G}} = E_{pl}$$

Es ergibt sich genau die Planck-Energie!
Bemerkung: Neben der Newtonschen Gravitationskonstanten G wird in der String-Theorie auch die Einsteinsche Gravitationskonstante κ verwendet.

$$\kappa = \frac{8\pi G}{c^2} = \frac{8\pi \cdot 6{,}673 \cdot 10^{-11} \frac{m^3}{kg \cdot s^2}}{\left(2{,}998 \cdot 10^8 \frac{m}{s}\right)^2} = 1{,}8660 \cdot 10^{-26} \frac{m}{kg}$$

Mit dieser Konstanten κ lässt sich ebenfalls eine Planck-Skala erstellen. Beispiele für eine Einheit der Länge, Masse und Energie sind

$$\ell = \sqrt{\frac{\kappa \hbar}{c}} = 8{,}1018 \cdot 10^{-35}\, m$$

$$m = \sqrt{\frac{\hbar}{\kappa c}} = 4{,}3418 \cdot 10^{-9}\, kg$$

$$E = mc^2 = \sqrt{\frac{\hbar c^3}{\kappa}} = 3{,}9022 \cdot 10^{8}\, J = 2{,}4355 \cdot 10^{18}\, GeV$$

Kapitel 11 Relativität

Aufgabe 181: Gravitationsrotverschiebung

Ein Photon erfährt in einem Gravitationsfeld eines Sterns eine Frequenzverschiebung.
a) Leiten Sie eine Formel für die relative Frequenzverschiebung im Gravitationsfeld her
b) Bestimmen Sie die Rotschiebung des Licht am Sonnenrand!
c) Einstein gab 1916 für die Gravitationsrotverschiebung folgende Formel an:

$$z_{grav} + 1 = \frac{1}{\sqrt{1 - \frac{R_s}{R}}}$$

Zeigen Sie, dass a) eine Näherung davon ist.

Lösung 181:

a) Ein Photon hat in großer Entfernung die Energie $E_1 = hf = \frac{hc}{\lambda_0}$. Bei Annäherung an einen Stern der Masse M gewinnt das Photon potenzielle Energie unter Änderung seiner Wellenlänge

$$E_2 = \frac{hc}{\lambda_1} + \frac{GmM}{R}$$

In der Newtonschen Mechanik wird dem Photon infolge seiner Energie eine Masse zugeschrieben

$$mc^2 = E = \frac{hc}{\lambda} \Rightarrow m = \frac{h}{\lambda c} \Rightarrow E_2 = \frac{hc}{\lambda_1} + \frac{GM}{R}\frac{h}{\lambda_1 c}$$

Der Energiesatz fordert $E_1 = E_2$ oder

$$\frac{hc}{\lambda_0} = \frac{hc}{\lambda_1} + \frac{GM}{R}\frac{h}{\lambda_0 c} \Rightarrow hc\left(\frac{1}{\lambda_0} - \frac{1}{\lambda_1}\right) = \frac{GM}{R}\frac{h}{\lambda_1 c}$$

Umformen liefert

$$\frac{1}{\lambda_0} - \frac{1}{\lambda_1} = \frac{GM}{R}\frac{1}{\lambda_1 c^2} \Rightarrow \frac{\lambda_1 - \lambda_0}{\lambda_0 \lambda_1} = \frac{GM}{R\lambda_1 c^2} \Rightarrow z_{grav} = \frac{\Delta\lambda}{\lambda_0} = \frac{GM}{Rc^2} = \frac{R_s}{2R}$$

Die relative Frequenzverschiebung z ist bestimmt durch das Verhältnis Schwarzschild-Radius zum doppelten Abstand.

b) Am Sonnenrand gilt

$$z_{grav} = \frac{R_{S\odot}}{2R_\odot} = \frac{2{,}96\,km}{2\cdot 6{,}96\cdot 10^5\,km} = 2{,}1\cdot 10^{-6}$$

c) Mit der Näherung $(1 \pm x)^\alpha \approx 1 \pm \alpha x$ für $x \ll 1$ folgt

$$z_{grav} + 1 = \frac{1}{\sqrt{1-\frac{R_s}{R}}} = \left(1-\frac{R_s}{R}\right)^{-\frac{1}{2}} \approx \left(1+\frac{R_s}{2R}\right) \Rightarrow z_{grav} = \frac{R_s}{2R}$$

Man erhält die Näherung von a).
Bemerkung: Die Herleitung in a) mit Newtonscher Mechanik ist unbefriedigend, da Photonen, relativistisch gesehen, keine Ruhemasse haben.

Aufgabe 182: Myonen

Myonen werden in großer Höhe als Reaktionen der Höhenstrahlung erzeugt. Sie bewegen sich mit der Geschwindigkeit $v = 0{,}995c$. Im Ruhesystem beträgt ihre Lebensdauer $\tau = 2{,}2\,\mu s$. Sie zerfallen nach dem Gesetz

$$N(t) = N_0 e^{-t/\tau}$$

Bestimmen Sie in den Anteil der in $2{,}0\,km$ Höhe erzeugten Myonen, die den Erdboden erreichen
a) in nicht-relativischer Rechnung
b) im Bezugsystem der Erde
c) im Bezugsystem der Myonen!

Lösung 182:

a) Zum Erreichen des Bodens wird folgende Zeit benötigt

$$t = \frac{x}{v} = \frac{2{,}0\,km}{2{,}98 \cdot 10^5\,\frac{km}{s}} = 6{,}7\,\mu s$$

Der Anteil der nicht zerfallenen Teilchen ist damit

$$\frac{N(t)}{N_0} = \exp\left(-\frac{6{,}7\,\mu s}{2{,}2\,\mu s}\right) = 0{,}048 = 4{,}8\,\%$$

b) Die Zeitdilation im Bezugsystem der Erde bewirkt

$$\tau' = \frac{\tau}{\sqrt{1-\beta^2}} = \frac{2{,}2\,\mu s}{\sqrt{1-0{,}995^2}} = 22\,\mu s$$

Die 10-fach verlängerte Lebensdauer liefert

$$\frac{N(t)}{N_0} = \exp\left(-\frac{6{,}7\,\mu s}{22\,\mu s}\right) = 0{,}737 = 74\,\%$$

c) Im mitbewegten System verkürzt sich die Höhe zu

$$x' = x\sqrt{1-\beta^2} = 2{,}0\,km \cdot 0{,}010 = 0{,}2\,km$$

Der Boden wird erreicht in

$$t = \frac{x}{v} = \frac{0{,}20\,km}{2{,}98 \cdot 10^5\,\frac{km}{s}} = 0{,}67\,\mu s$$

Der Anteil der nicht zerfallenen Teilchen ist damit

$$\frac{N(t)}{N_0} = \exp\left(-\frac{0{,}67\,\mu s}{2{,}2\,\mu s}\right) = 0{,}737 = 74\,\%$$

Die Ergebnisse von b) und c) müssen natürlich übereinstimmen.

Aufgabe 183: Proton

Als Teil der Höhenstrahlung wird in großer Höhe ein Proton der Energie 5 GeV registriert.
a) Leiten Sie den relativistischen Energie-Impulssatz her: $E^2 = E_0^2 + p^2c^2$
b) Welche Formel folgt daraus für den (relativistischen) Impuls?
c) Bestimmen Sie das Vielfache der Ruhemasse und die Geschwindigkeit des Protons!
d) Welchen Bahnradius durchläuft das Proton, wenn senkrecht es in ein (homogenes) Magnetfeld der Flussdichte 50 mT gelangt?

Lösung 183:

a) Quadrieren von $E = mc^2$ ergibt mit $\beta = \frac{v}{c}$

$$E^2 = m^2c^4 = \left(\frac{m_0}{\sqrt{1-\beta^2}}\right)^2 c^4 = m_0^2\left(\frac{1}{1-\beta^2}\right)c^2(c^2)$$

Addition innerhalb der Klammer liefert

$$\Rightarrow E^2 = m_0^2\left(\frac{1}{1-\beta^2}\right)c^2(c^2 - v^2 + v^2) = m_0^2\left(\frac{1}{1-\beta^2}\right)c^2[c^2(1-\beta^2 + \beta^2)]$$

Ausmultiplizieren der eckigen Klammer zeigt

$$\Rightarrow E^2 = m_0^2 \left(\frac{1}{1-\beta^2}\right) c^2 [c^2(1-\beta^2) + c^2\beta^2)] = m_0^2 c^4 + \frac{m_0^2}{1-\beta^2} v^2 c^2 = E_0^2 + \underbrace{\left(\frac{m_0 v}{\sqrt{1-\beta^2}}\right)^2}_{\text{Impuls}} c^2$$

$$\Rightarrow E^2 = E_0^2 + p^2 c^2$$

Da die Ruheenergie E_0^2 unabhängig von der Bewegung ist, bleibt $E^2 + p^2 c^2$ erhalten in allen (Inertial-)Bezugssystemen.

b) Auflösen nach dem Impuls ergibt

$$p^2 c^2 = E^2 - E_0^2 \Rightarrow p = \frac{1}{c}\sqrt{E^2 - E_0^2}$$

c) Die kinetischen Energie des Teilchens ergibt sich aus der Differenz der Gesamtenergie E und der Ruheenergie E_0

$$E_k = E - E_0 = 5\ GeV - 938{,}3\ MeV = 4{,}062\ GeV$$

Das Massenverhältnis $\frac{m}{m_0}$ berechnet sich aus

$$\frac{m}{m_0} = \frac{mc^2}{m_0 c^2} = \frac{E}{E_0} = \frac{5\ GeV}{938{,}3\ MeV} = 5{,}33 \Rightarrow \frac{m_0}{m} = 0{,}188$$

Die dynamische Masse ist das 5,33-fache der Ruhemasse. Die relativistische Massenformel lässt sich umformen in

$$m = \frac{m_0}{\sqrt{1-\beta^2}} \Rightarrow \frac{m_0}{m} = \sqrt{1-\beta^2} \Rightarrow \beta = \sqrt{1 - \left(\frac{m_0}{m}\right)^2} = \sqrt{1 - 0{,}188^2} = 0{,}982$$

Das Proton hat 98,2% der Lichtgeschwindigkeit.

d) Radialkraft ist hier die Lorentz-Kraft:

$$eBv = m\frac{v^2}{r} \Rightarrow eB = m\frac{v}{r}$$

Zu beachten ist, dass sowohl Masse wie Geschwindigkeit relativistisch gerechnet werden müssen. Zur Umformung wird der Impuls aus b) verwendet:

$$reB = mv = p = \frac{1}{c}\sqrt{E^2 - E_0^2} \Rightarrow r = \frac{1}{ceB}\sqrt{E^2 - E_0^2}$$

Einsetzen der Werte liefert

$$r = \frac{1}{ceB}\sqrt{25 - 0{,}8804}\ GeV = \frac{4{,}91\ GeV}{ceB} = \frac{4{,}91 \cdot 10^9\ V}{3 \cdot 10^8 \frac{m}{s} \cdot 50 \cdot 10^{-3} T} = 330\ m$$

Der Kreisbahnradius beträgt 330 m.

Aufgabe 184: Lichtablenkung

a) Leiten Sie eine Formel ab, die den Ablenkwinkel des Lichts beim Passieren eines Sterns angibt. Nehmen Sie vereinfachend an, die Kraftwirkung erfolge nur innerhalb des Sterndurchmessers!
b) Welcher Ablenkwinkel ergibt sich für einen Lichtstrahl am Sonnenrand?

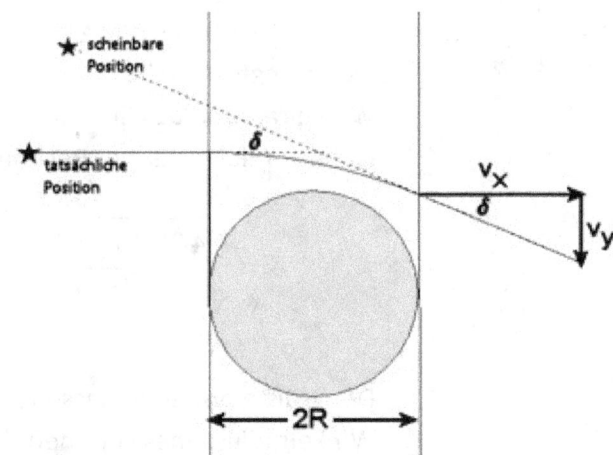

Abbildung 69: Lichtablenkung am Sonnenrand

Lösung 184:

Die Geschwindigkeit in x-Richtung beträgt $v_x = c$; der zurückgelegte Weg ist der Durchmesser $x = 2R$; die benötigte Zeit

$$t = \frac{2R}{v_x} = \frac{2R}{c}$$

Die Geschwindigkeit in y-Richtung ist

$$v_y = gt = \frac{GM}{R^2} t = \frac{GM}{R^2} \frac{2R}{c} = \frac{2GM}{Rc}$$

Der Tangens des Ablenkwinkels folgt zu

$$\tan \delta = \frac{v_y}{v_x} = \frac{2GM}{Rc^2} \Rightarrow \delta = \frac{2GM}{Rc^2}$$

Hier wurde die Näherung $\tan \delta \approx \delta$ für kleine Winkel verwendet. Die relativistische Rechnung liefert wegen der Raumkrümmung noch einen Faktor 2.

$$\delta = \frac{4GM}{Rc^2}$$

b) Einsetzen der Sonnenwerte

$$\delta = \frac{4GM_\odot}{R_\odot c^2} = \frac{4 \cdot 6{,}6725 \cdot 10^{-11} \frac{m^3}{kgs^2} \cdot 1{,}99 \cdot 10^{30} kg}{6{,}96 \cdot 10^8 m \cdot \left(3{,}00 \cdot 10^8 \frac{m}{s}\right)^2} = 8{,}49 \cdot 10^{-6}$$

Umrechnen des Bogenmaß ins Winkelmaß liefert $\delta = (4{,}84 \cdot 10^{-4})° = 1{,}75''$.

Bemerkung: Obwohl die Herleitung mit Newtonscher Mechanik die Hälfte des Winkels liefert, ist die Methode unbefriedigend, da die Raumkrümmung nicht erfasst wird.

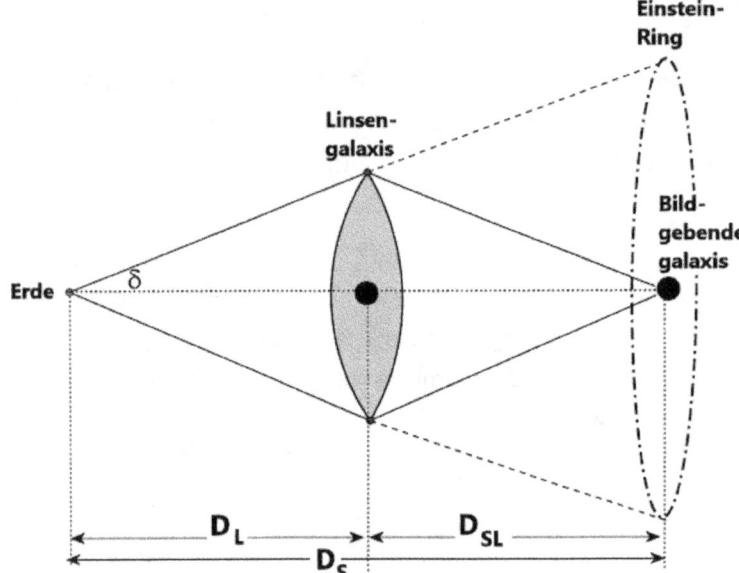

Abbildung 70: Zur Geometrie eines Einstein-Rings

Aufgabe 185: Gravitationslinse

Geht das Licht einer entfernten Hintergrundgalaxie an einem als Gravitationslinse wirkenden Galaxienhaufen vorbei, so erscheint das Bild der Hintergrundgalaxie vollständig oder teilweise ringförmig. Der Winkelradius δ des Einstein-Rings ist nach relativistischer Rechnung

$$\delta = \sqrt{\frac{4GM}{c^2} \frac{D_{SL}}{D_L D_S}}$$

Der größte bisher gemessene Winkelradius eines Linseneffekts im Galaxienhaufen Abell 2218 beträgt $\delta = 1'$. Dieser Galaxienhaufen zeigt die Rotverschiebung $z = 0{,}17$.

a) Bestimmen Sie die Entfernung von Abell 2218.
b) Schätzen Sie die Masse von Abell 2218 ab! Nehmen Sie an, dass dieser Haufen in der Mitte zwischen Erde und Hintergrundgalaxie liegt.

Lösung 185:

a) Die Entfernung ergibt sich im flachen Universum ohne kosmologische Konstante zu

$$D_L = \frac{2c}{H}\left[1 - \frac{1}{\sqrt{1+z}}\right] = \frac{2 \cdot 3 \cdot 10^5 \frac{km}{s}}{72 \frac{km/s}{Mpc}}\left[1 - \frac{1}{\sqrt{1{,}17}}\right] = 629\ Mpc$$

b) Die Entfernung zur Hintergrundgalaxie ist damit $D_S = 2D_L = 1{,}26\ Gpc$. Umformen ergibt

$$M = \frac{\delta^2 c^2 D_S}{4G} = \frac{(2{,}981 \cdot 10^{-4})^2 \left(3 \cdot 10^8 \frac{m}{s}\right)^2 \cdot 1{,}26 \cdot 3{,}086 \cdot 10^{23} m}{4 \cdot 6{,}673 \cdot 10^{-11} \frac{m^3}{kgs^2}} = 1{,}2 \cdot 10^{45} kg$$

$$\Rightarrow M = 5{,}9 \cdot 10^{14}\, M_\odot$$

Der Galaxienhaufen Abell 2218 ist einer der massereichsten Haufen im Abell-Verzeichnis.

Aufgabe 186: Periheldrehung

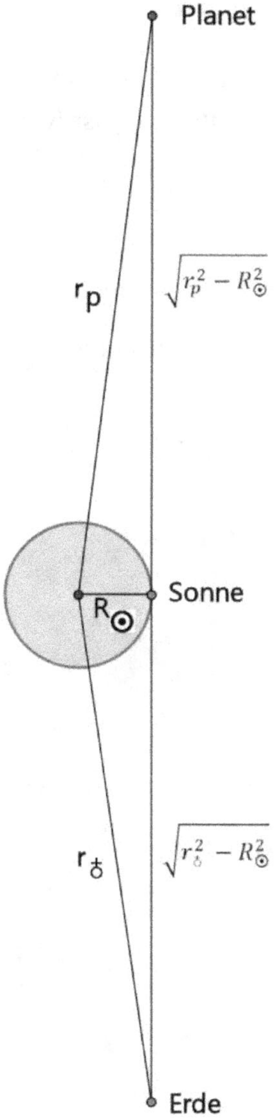

Die Periheldrehung eines Himmelskörpers beim Umlauf um einen Zentralkörper beträgt nach der Allgemeinen Relativitätstheorie (ART)

$$\Delta\varphi = \frac{6\pi\, GM}{c^2 r_{min}(1+\varepsilon)}$$

a) Bestimmen Sie den Perihelabstand des Planeten Merkur, wenn gegeben ist $a_☿ = 5{,}791 \cdot 10^{10}\, m$ und $\varepsilon = 0{,}2056$.
b) Ermitteln Sie die Periheldrehung des Merkurs bei einem Umlauf!
c) Berechnen Sie die Periheldrehung des Merkurs in einem Jahrhundert ($T_☿ = 87{,}97\, d$) und vergleichen Sie das Ergebnis mit dem experimentellen Wert $(\Delta\varphi)_{100} = (43{,}11 \pm 0{,}45)'' \frac{1}{100\, a}$.

Lösung 186:

a) Der Perihelabstand des Merkur ist

$$r_p = a(1-\varepsilon) = 5{,}791 \cdot 10^{10}\, m \cdot (1 - 0{,}2056) = 4{,}600 \cdot 10^{10}\, m$$

b) Einsetzen der Werte liefert

$$\Delta\varphi = \frac{6\pi \cdot 6{,}673 \cdot 10^{-11} \frac{m^3}{kgs^2} \cdot 1{,}989 \cdot 10^{30} kg}{\left(2{,}998 \cdot 10^8 \frac{m}{s}\right)^2 4{,}600 \cdot 10^{10}\, m(1 + 0{,}2056)} = 5{,}019 \cdot 10^{-7}\, rad$$

c) Die Anzahl der Merkur-Umläufe in einem Jahrhundert ist

$$N = \frac{100\, a}{87{,}97\, d} = \frac{36524\, d}{87{,}97\, d} = 415{,}17 \Rightarrow N = 415 \frac{1}{100\, a}$$

d) Die Periheldrehung in einem Jahrhundert

Abbildung 71 Weg des Radarstrahls am Sonnenrand

Arbeitsbuch Astrophysik

ist damit

$$(\Delta\varphi)_{100} = 415 \cdot 5{,}019 \cdot 10^{-7}\, rad = 2{,}083 \cdot 10^{-4}\, \frac{rad}{100\, a}$$

Umrechnung ins Winkelmaß ergibt

$$\Rightarrow (\Delta\varphi)_{100} = (1{,}193 \cdot 10^{-2})° = 42{,}96''\, \frac{1}{100\, a}$$

Das Ergebnis liegt genau in den Schranken des experimentellen Ergebnis.

Aufgabe 187: Laufzeitänderung

Das Radarecho eines Planeten erfährt eine Zeitverzögerung, wenn das Radarsignal am Sonnenrand vorbeigeht (Shapiro-Effekt). Die Laufzeit T nach klassischer Rechnung für Hin- und Rückweg ist (vgl. Bild)

$$T = \frac{2}{c}\left[\sqrt{r_p^2 - R_\odot^2} + \sqrt{r_\oplus^2 - R_\odot^2}\right]$$

Nach relativistischer Rechnung erhält die Laufzeit einen zusätzlichen Term, der die Krümmung berücksichtigt.

a) Die Laufzeitdifferenz zur klassischen Rechnung ergibt sich durch Integration des Weges

$$\Delta T = \frac{4GM_\odot}{c^3}\int_{-r_\oplus}^{r_p}\frac{dr}{\sqrt{r^2 - R_\odot^2}}$$

Leiten Sie daraus folgende Näherung her

$$\Delta T = \frac{4GM_\odot}{c^3}\ln\left(\frac{4r_\oplus r_p}{R_\odot^2}\right)$$

Bestimmen Sie damit die Laufzeitdifferenz eines Radarechos am Planeten Venus
b) Welchen "Umweg" um die Sonne macht das Radarsignal infolge der Raumkrümmung?
c) Bestimmen Sie die Laufzeit des Radarechos nach klassischer Rechnung.

Lösung 187:

a) Mit Hilfe des Integrals $\int \frac{dx}{\sqrt{x^2-a^2}} = \ln\left[2(\sqrt{x^2-a^2}+x)\right]$ ergibt sich

$$\Delta T = \frac{4GM_\odot}{c^3}\ln\left(\frac{\sqrt{r_p^2 - R_\odot^2} + r_p}{\sqrt{r_\oplus^2 - R_\odot^2} - r_\oplus}\right)$$

Für $r_p, r_⊕ \gg R_⊙$ lassen sich die Wurzeln vereinfachen

$$\Delta T = \frac{4GM_⊙}{c^3} \ln\left(\frac{r_p}{r_⊕} \frac{\sqrt{1-\left(\frac{R_⊙}{r_p}\right)^2}+1}{\sqrt{1-\left(\frac{R_⊙}{r_⊕}\right)^2}-1}\right) \approx \frac{4GM_⊙}{c^3} \ln\left(\frac{r_p}{r_⊕} \frac{1-\frac{1}{2}\left(\frac{R_⊙}{r_p}\right)^2+1}{1-\frac{1}{2}\left(\frac{R_⊙}{r_⊕}\right)^2-1}\right)$$

$$\Rightarrow \Delta T = \frac{4GM_⊙}{c^3} \ln\left(r_p \frac{2-\frac{1}{2}\left(\frac{R_⊙}{r_p}\right)^2}{\frac{1}{2}\frac{R_⊙^2}{r_⊕}}\right) \approx \frac{4GM_⊙}{c^3} \ln\left(\frac{2r_p}{\frac{1}{2}\frac{R_⊙^2}{r_⊕}}\right) = \frac{4GM_⊙}{c^3} \ln\left(\frac{4r_⊕ r_p}{R_⊙^2}\right)$$

Einsetzen der Perihelabstände von Erde und Venus ergibt

$$\Delta T = \frac{4 \cdot 6{,}673 \cdot 10^{-11} \frac{m^3}{kg s^2} \cdot 1{,}989 \cdot 10^{30} kg}{\left(2{,}998 \cdot 10^8 \frac{m}{s}\right)^3} \ln\left(\frac{4 \cdot 1{,}074 \cdot 10^8 km \cdot 1{,}471 \cdot 10^8 km}{(6{,}96 \cdot 10^5 km)^2}\right)$$

$$\Rightarrow \Delta t = 2{,}32 \cdot 10^{-4}\, s = 230\, \mu s$$

Bei den Experimenten mit Radarechos an Planeten von I. Shapiro von 1964 konnte das Ergebnis experimentell mit 10% Genauigkeit bestätigt werden. Eine Genauigkeit von 1‰ erhielt man bei den Radarlaufzeiten zu den Voyagersonden, gestartet 1977. Wesentlich verbessert wurde die Genauigkeit bei der Messung der Radarlaufzeit zur Saturnsonde Cassini 2003; hier konnte die relativistische Rechnung mit einer Genauigkeit von $2 \cdot 10^{-5}$ verifiziert werden.

b) Dieser Zeitverzögerung entspricht die Strecke in einer Richtung

$$\Delta x = \frac{1}{2} c\, \Delta t = \frac{1}{2} \cdot 2{,}998 \cdot 10^5 \frac{km}{s} \cdot 2{,}52 \cdot 10^{-4}\, s = 37{,}7\, km$$

c) Mit den mittleren Abständen von Erde und Venus folgt

$$T = \frac{2}{c}\left[\sqrt{(1{,}4960 \cdot 10^{11}\, m)^2 - (6{,}956 \cdot 10^8\, m)^2} + \sqrt{(1{,}0821 \cdot 10^{11}\, m)^2 - (6{,}956 \cdot 10^8\, m)^2}\right]$$

$$\Rightarrow T = \frac{2}{2{,}998 \cdot 10^8 \frac{m}{s}} \cdot 2{,}578 \cdot 10^{11} m = 1720\, s = 28{,}7\, min$$

Aufgabe 188: Tscherenkow-Strahlung

Ein Elektron bewegt sich in einem flüssigem Medium Benzol mit der Brechzahl ($n = 1{,}50$). Wie groß muss seine Geschwindigkeit mindestens sein, damit Tscherenkow-Strahlung auftritt.

Lösung 188:

Die kinetische Energie ist die Differenz aus Gesamtenergie und Ruheenergie:

$$\Rightarrow E_k = E - E_o = mc^2 - m_0 c^2 = \frac{m_0}{\sqrt{1-\beta^2}} c^2 - m_0 c^2 = m_0 c^2 \left[\frac{1}{\sqrt{1-\beta^2}} - 1\right]$$

Der Tscherenkow-Effekt tritt auf, wenn die Teilchengeschwindigkeit in dem Medium größer ist als die Lichtgeschwindigkeit; d. h. wenn gilt: $v \geq \frac{c}{n} \Rightarrow \beta = \frac{v}{c} \geq \frac{1}{n}$. Im Grenzfall folgt $\beta = \frac{1}{n}$. Einsetzen der Ruheenergie $511\ keV$ liefert

$$\Rightarrow E_k = m_0 c^2 \left[\frac{1}{\sqrt{1-\left(\frac{1}{n}\right)^2}} - 1\right] = m_0 c^2 \left[\frac{n}{\sqrt{n^2-1}} - 1\right] = 511\ keV \left[\frac{1{,}5}{\sqrt{(1{,}5)^2 - 1}} - 1\right] = 686\ keV$$

Die Mindestenergie des Elektrons muss $686\ keV$ betragen. Auflösen nach β ergibt

$$E_k = E_0 \left[\frac{1}{\sqrt{1-\beta^2}} - 1\right] \Rightarrow \sqrt{1-\beta^2} = \frac{1}{\frac{E_k}{E_0} + 1} \Rightarrow \beta = \left[1 - \left(\frac{1}{\frac{E_k}{E_0} + 1}\right)^2\right]^{\frac{1}{2}} = 0{,}904$$

Das Elektron hat (mindestens) 90% der Lichtgeschwindigkeit.

Aufgabe 189: Tscherenkow-Effekt

Die Bedeutung des Tscherenkow-Effekts in der Astrophysik besteht darin, dass er als Nachweis für die schwer nachweisbaren Neutrinos dient. Im Kamiokande-Experiment werden Neutrinos durch ihre äußerst seltenen Wechselwirkung mit Sekundärteilchen (Elektronen, Myonen) nachgewiesen. Der Nachweis geschieht durch hochempfindliche Photomultiplier, die die Tscherenkow-Photonen registrieren, die bei der Wechselwirkung in Wasser entstehen.
a) Bestimmen Sie Winkel zwischen der Teilchen- und Photonenbahn! Welche Mindestgeschwindigkeit folgt daraus?
b) Welcher Mindestenergie entspricht dies?
c) Welcher maximale Winkel ergibt sich beim Medium Aerogel ($n = 1{,}015$)
d) Kann ein $3{,}5\ GeV$-Proton im Medium c) eine Tscherenkow-Strahlung erzeugen?

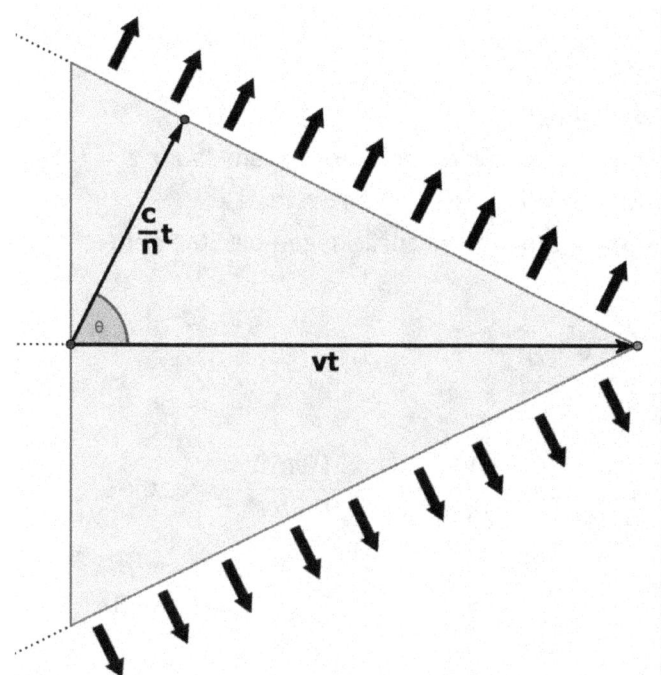

Lösung 189:

a) Das Teilchen legt in der Zeit t den Weg vt zurück; dagegen das Photon den Weg $\frac{c}{n}t$. Nach Bild 57 gilt für den Zwischenwinkel

$$\cos\theta = \frac{\frac{c}{n}t}{vt} = \frac{c}{vn} = \frac{1}{\beta n}$$

Da der Cosinus eines Winkels nicht größer als Eins werden kann, folgt

$$\beta_{grenz} \geq \frac{1}{n}$$

b) Es gilt für die Energie

Abbildung 72: Der Strahlungskegel beim Tscherenkow-Effekt

$$E = \frac{1}{\sqrt{1-\beta_{grenz}^2}}m_0 c^2 = \frac{1}{\sqrt{1-\left(\frac{1}{n}\right)^2}}m_0 c^2 = \frac{n}{\sqrt{n^2-1}}m_0 c^2$$

c) Der Winkel wird maximal für $\beta = 1$

$$\Rightarrow \cos\theta = \frac{1}{n} \Rightarrow \theta = \arccos\frac{1}{1{,}015} = 9{,}86°$$

d) Für Aerogel ist die Mindestenergie

$$E = \frac{1{,}015}{\sqrt{1{,}015-1}}m_0 c^2 = 5{,}84\, m_0 c^2 \Rightarrow \frac{E}{E_0} = 5{,}84$$

Für ein Proton der gegebenen Energie (Ruheenergie $E_0 = 0{,}938\ GeV$) folgt

$$\frac{3{,}5\,GeV}{0{,}938\,GeV} = 3{,}73 < 5{,}84$$

Das Proton kann keinen Tscherenkow-Effekt auslösen.

Aufgabe 190: Lebensdauer Neutron

Ein Neutron der Höhenstrahlung hat den Impuls $\frac{10\,GeV}{c}$.

a) Bestimmen Sie die Geschwindigkeit des Neutrons!
b) In einem ruhenden Bezugsystem hat ein freies Neutron die mittlere Lebensdauer $\tau = 887{,}4\,s$. Ermitteln Sie die Halbwertszeit des Neutrons in einem mitbewegten System!
c) Welche Strecke kann das Neutron im mitbewegten System zurücklegen bis 50% der Neutronen zerfallen sind?

Lösung 190:

a) Für den relativistischen Impuls gilt

$$p = \frac{m_0 v}{\sqrt{1-\beta^2}} = \frac{10\,GeV}{c} \Rightarrow \frac{\beta}{\sqrt{1-\beta^2}} = \frac{10\,GeV}{m_0 c^2} = \frac{10\,GeV}{0{,}9396\,GeV} = 10{,}64$$

$$\Rightarrow \beta^2 = 113{,}3\,(1-\beta^2) \Rightarrow \beta^2 = \frac{113{,}3}{114{,}3} \Rightarrow \beta = 0{,}9955 \Rightarrow v = 0{,}9955\,c$$

Das Neutron hat 99,55% der Lichtgeschwindigkeit.

b) Die Zeit, in der genau 50% der Neutronen zerfallen sind, ist die Halbwertszeit $T_{1/2}$. Im Ruhesystem gilt dafür

$$T_{1/2} = \tau \cdot \ln 2 = 887{,}4\,s \cdot \ln 2 = 615{,}1\,s$$

Im mitbewegten System folgt

$$T'_{1/2} = \frac{T_{1/2}}{\sqrt{1-\beta^2}} = \frac{615{,}1\,s}{\sqrt{1-0{,}9955^2}} = 6491\,s = 1{,}8\,h$$

c) Im mitbewegten System kann in einer Halbwertszeit folgende Strecke zurückgelegt werden

$$d = T'_{1/2} \cdot v = 6491\,s \cdot 0{,}9955 \cdot 2{,}998 \cdot 10^8\,\frac{m}{s} = 1{,}94 \cdot 10^{12}\,m \approx 13\,AE$$

50% der Neutronen zerfallen auf der Strecke von 13 AE (mehr als Sonne-Saturn-Entfernung).

Aufgabe 191: Mikrolinseneffekt

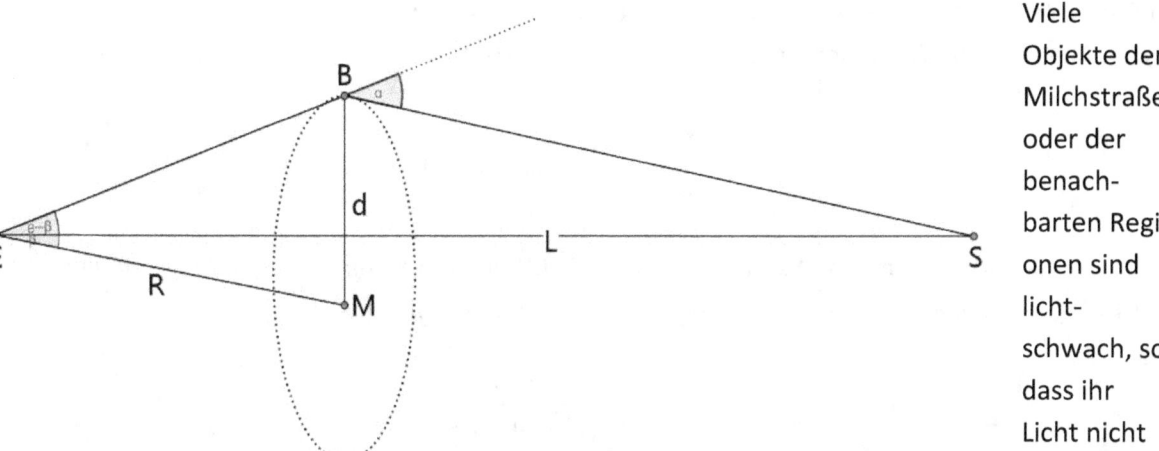

Abbildung 73: Zur Herleitung des Mikrolinseneffekts

Viele Objekte der Milchstraße oder der benachbarten Regionen sind lichtschwach, so dass ihr Licht nicht auf der Erde gesehen werden kann. Gerät ein solches *massives kompaktes Halo-Objekt* (abgekürzt: MACHO) zufällig in die Sichtlinie eines Hintergrundsterns(S), so kann es es zu einem (geringen) Gravitationslinseneffekt kommen. Das Licht dieses Sterns wird dabei fokussiert und erfährt scheinbar einen zeitweisen Helligkeitsanstieg. Das Bild des Sterns wird u.a. im Punkt B sichtbar. Dieser Vorgang wird Mikrolinseneffekt (englisch *micro lensing*) genannt, der Macho M wirkt hier als Linse (entdeckt von B.Paczynski 1986).

a) Für astronomische Entfernungen ist BS näherungsweise parallel zu ES (Erde E). Für den Ablenkwinkel α gilt nach der Relativitätstheorie

$$\alpha = \frac{4GM}{c^2 d} = \frac{2R_S}{d}$$

Begründen Sie, dass gilt:

$$\theta - \beta = \alpha$$

b) Zeigen Sie: Im Dreieck EMB gilt: $d = R\theta$
c) Stellen Sie ein quadratische Gleichung für θ auf und lösen Sie diese.
d) Welcher Grenzwert ergibt sich für $\beta \to 0$ (Macho kommt auf die Sichtlinie)
e) Der Abstand des Bildes B von der Linse M stellt den Einsteinradius R_E dar. Zeigen Sie, dass für kleine β gilt: $R_E = \sqrt{2R_S R}$
f) Bestimmen Sie den Einstein-Radius, den der Mikrolinseneffekt eines Braunen Zwergs der Masse $\frac{1}{10} M_\odot$ erzeugt, der im Abstand $R = 25 \, kpc$ das Licht eines Sterns der Großen Magellanschen Wolke (LMC) fokussiert.
g) Wie lange dauert das Aufleuchten, wenn der Zwerg in f) die Tangentialgeschwindigkeit $v = 200 \frac{km}{s}$ hat?

h) Ermitteln Sie den Winkeldurchmesser des Einstein-Rings von f)

i) Den Abstand von M zur Sichtlinie kann durch die Funktion

$$u(t) = \sqrt{u_{min} + \left(\frac{vt}{R_E}\right)^2}$$

Dabei ist u_{min} der minimale Abstand von M zur Sichtlinie und v seine Tangentialgeschwindigkeit. Der Helligkeitsanstieg beim Mikrolinseneffekt wird bestimmt mittels

$$m = \frac{u^2 + 2R_E^2}{u\sqrt{u^2 + 4R_E^2}}$$

Misst man $u(t)$ in Vielfachen von R_E, so ergibt sich $m = \frac{u^2+2}{u\sqrt{u^2+4}}$. Skizzieren Sie diese Funktion!

j) Wie kann die Helligkeitsänderung beim Mikrolinseneffekt unterschieden werden vom Aufleuchten eines veränderlichen Sterns?

Lösung 191:

a) Für parallele Strecken sind die Winkel $\alpha \cong \theta - \beta$ gleich. Somit folgt

$$\theta - \beta = \alpha = \frac{2R_S}{d}$$

b) Das Dreieck EMB ist für kleine Winkel β nahezu rechtwinklig und es gilt

$$\tan\theta = \frac{d}{R} \Rightarrow \theta = \frac{d}{R} \Rightarrow d = \theta R.$$

c) Einsetzen von b) in a) ergibt die quadratische Gleichung

$$\theta - \beta = \frac{2R_S}{d} = \frac{2R_S}{\theta R} \Rightarrow \theta^2 - \beta\theta - \frac{2R_S}{R} = 0$$

d) Lösen der quadratischen Gleichung zeigt nach Grenzübergang

$$\theta = \frac{\beta}{2} \pm \sqrt{\frac{\beta^2}{4} + \frac{2R_S}{R}} \underset{\beta \to 0}{\Longrightarrow} \theta = \sqrt{\frac{2R_S}{R}}$$

e) Nach b) gilt im Grenzwert $R_E = d = \theta R = \sqrt{2R_S R}$

f) Da die Sonne den Schwarzschild-Radius $2{,}96\ km$ hat, gilt $R_S = 0{,}30\ km$. Damit folgt

$$R_E = \sqrt{2R_S R} = \sqrt{2 \cdot 0{,}3 \; km \cdot 25 \cdot 3{,}086 \cdot 10^{16} km} = 6{,}80 \cdot 10^8 km = 4{,}55 \; AE$$

g) Wählt man als Wegstrecke der Annäherung den Einsteinradius, so gilt

$$t = \frac{R_E}{v} = \frac{6{,}80 \cdot 10^8 km}{200 \; km/s} = 3{,}4 \cdot 10^6 s = 39 \; d$$

h) Der Winkeldurchmesser des Einstein-Radius ergibt sich der Definition der Parsec zu

$$2\theta = \frac{2 \cdot 4{,}55}{AE} \frac{pc}{25000} = (3{,}6 \cdot 10^{-4})''$$

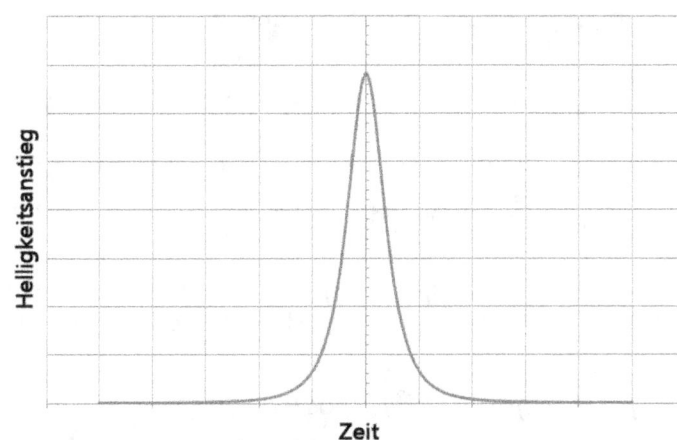

Abbildung 74: Helligkeitsanstieg beim Microlensing

Dieser Winkel ist kleiner als eine Millibogensekunde und ist nicht auflösbar! Nur der Linseneffekt von Galaxien kann (momentan beim Stand der Meßtechnik) messbare Winkel erzeugen. Daher kommt der Name Mikrolinseneffekt.

i) Man erhält eine streng symmetrische Kurve in der nebenstehenden Form. Setzt man den Mikrolinseneffekt auch auf der Suche nach Exoplaneten ein, so machen sich diese durch einen Zacken auf der Helligkeitskurve bemerkbar.

j) Der Mikrolinseneffekt ist symmetrisch und achromatisch; d. h. alle U,V,B-Helligkeiten werden in gleicher Weise verändert, während variable Sterne ihr Spektrum (ungleichförmig) ändern.

Aufgabe 192: Compton-Effekt

Die vom Sonnenkern ausgehenden Photonen erfahren eine Wechselwirkung mit den vorhandenen Elektronen.

a) Nennen Sie drei Wechselwirkungen der Photonen mit Elektronen!
b) Leiten Sie die Formel für die Wellenlängenänderung $\Delta\lambda$ beim Compton-Effekt her

$$\Delta\lambda = \frac{h}{m_0 c}(1 - \cos\theta)$$

c) Für welchen Streuwinkel θ ist die Wellenlängenänderung maximal?

d) Ein Photon der Energie $E = 59{,}5\ keV$ stößt auf ein ruhendes quasifreies Elektron, der Streuwinkel beträgt $\theta = 90°$. Bestimmen Sie den Energieverlust des Photons und die Geschwindigkeit des gestreuten Elektrons!

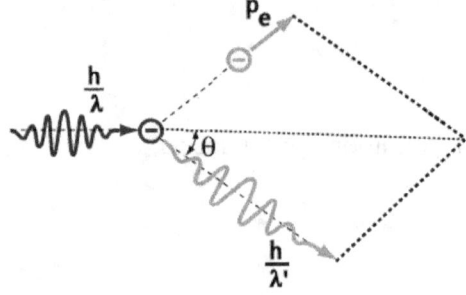

Abbildung 75: Compton-Effekt

Lösung 192:

a) Die bei der Sonnentemperatur möglichen Wechselwirkungen sind der (Kern-)Fotoeffekt, die Paarerzeugung und der Compton-Effekt.

b) Es gilt der (relativistische) Energiesatz, wobei p_e der Impuls des gestreuten Elektrons ist

$$hf + m_0 c^2 = hf' + \sqrt{p_e^2 c^2 + m_0^2 c^4} \quad (1)$$

Der Cosinussatz liefert auf den Impulssatz $\frac{h}{\lambda} = p_e + \frac{h}{\lambda'}$ angewendet (vgl. Bild)

$$p_e^2 = \left(\frac{h}{\lambda}\right)^2 + \left(\frac{h}{\lambda'}\right)^2 - 2\frac{h}{\lambda}\frac{h}{\lambda'}\cos\theta \Rightarrow p_e^2 c^2 = \left(\frac{hc}{\lambda}\right)^2 + \left(\frac{hc}{\lambda'}\right)^2 - 2\frac{h}{\lambda}\frac{h}{\lambda'}c^2\cos\theta$$

$$\Rightarrow p_e^2 c^2 = (hf)^2 + (hf')^2 - 2h^2 ff' \cos\theta$$

Quadrieren des Energiesatzes (1) ergibt

$$p_e^2 c^2 + m_0^2 c^4 = h^2 (f-f')^2 + m_0^2 c^4 + 2h(f-f')m_0 c^2$$

$$\Rightarrow p_e^2 c^2 = h^2 (f^2 + f'^2 - 2ff') + 2h(f-f')m_0 c^2$$

Gleichsetzen der beiden letzten Gleichungen zeigt

$$(hf)^2 + (hf')^2 - 2h^2 ff' \cdot \cos\theta = h^2(f^2 + f'^2 - 2ff') + 2h(f-f')m_0 c^2$$

Vereinfachen ergibt

$$-2h^2 ff' \cdot \cos\theta = -2h^2 ff' + 2h(f-f')m_0 c^2 \Rightarrow 2h^2 ff'[1-\cos\theta] = 2h(f-f')m_0 c^2$$

$$\Rightarrow hff'[1-\cos\theta] = (f-f')m_0 c^2 \Rightarrow \frac{f-f'}{ff'} = \frac{h}{m_0 c^2}[1-\cos\theta]$$

Dies lässt sich schreiben als

$$\frac{c}{f'} - \frac{c}{f} = \frac{h}{m_0 c}[1 - \cos\theta] \Rightarrow \lambda' - \lambda = \Delta\lambda = \frac{h}{m_0 c}[1 - \cos\theta]$$

Der Bruch $\frac{h}{m_0 c}$ stellt die sog. Compton-Wellenlänge λ_c des Elektrons dar. Es gilt

$$\lambda_c = \frac{h}{m_0 c} = \frac{hc}{m_0 c^2} = \frac{1{,}2399 \cdot 10^{-6} eVm}{0{,}511 \, MeV} = 2{,}426 \cdot 10^{-12} m = 2{,}43 \, pm$$

c) Die Wellenlängenänderung wird maximal, wenn der Faktor $[1 - \cos\theta]$ maximal ist; also wenn gilt $\cos\theta = -1 \Rightarrow \theta = 180°$ (Rückwärtsstreuung). Es folgt dann $\Delta\lambda = 2\lambda_c$.

d) Einsetzen liefert

$$\Delta\lambda = \lambda_c[1 - \cos 90°] = \lambda_c$$

Die Energie E' des gestreuten Photons ist

$$E' = \frac{hc}{\lambda'} = \frac{hc}{\lambda + \Delta\lambda} = \frac{hc}{\lambda + \lambda_c} = \frac{hc}{\frac{hc}{E} + \frac{hc}{E_0}} = \frac{E \cdot E_0}{E_0 + E} = \frac{59{,}5 \, keV \cdot 511 \, keV}{511 \, keV + 59{,}5 \, keV}$$

$$\Rightarrow E' = 53{,}3 \, keV \Rightarrow \Delta E = E - E' = 59{,}5 \, keV - 53{,}3 \, keV = 6{,}2 \, keV$$

Der Energieverlust ΔE des Photons ist der Gewinn an kinetischer Energie E_k des Elektrons.

$$E_k = mc^2 - m_0 c^2 = m_0 c^2 \left[\frac{1}{\sqrt{1-\beta^2}} - 1\right] \Rightarrow \sqrt{1-\beta^2} = \frac{1}{1 + \frac{E_k}{m_0 c^2}}$$

$$\Rightarrow \beta = \sqrt{1 - \left(1 + \frac{1}{\frac{E_k}{m_0 c^2}}\right)^2} = \sqrt{1 - \left(1 + \frac{1}{\frac{6{,}2 \, keV}{511 \, keV}}\right)^2} = 0{,}154 \Rightarrow v = 0{,}154c$$

Das Elektron hat 15,4% der Lichtgeschwindigkeit.

Aufgabe 193: Annihilation

Ein Positron der Höhenstrahlung mit $\beta = 0{,}96$ trifft auf ein Elektron mit vernachlässigbarer Geschwindigkeit. Die Kollision erzeugt ein Photonenpaar: $e^+ + e^- \rightarrow 2\gamma$.
a) Ermitteln Sie die kinetische und Gesamtenergie des Positrons!
b) Bestimmen Sie die Gesamtenergie vor dem Stoß!
c) Welchen Impuls trägt ein Photon davon?

Lösung 193:

a) Die kinetische Energie des Positron ist

$$E_k = mc^2 - m_0c^2 = m_0c^2\left[\frac{1}{\sqrt{1-\beta^2}} - 1\right]$$

$$\Rightarrow E_k = 511\ keV\left[\frac{1}{\sqrt{1-0{,}96^2}} - 1\right] = 1{,}31\ MeV$$

Die Gesamtenergie des Positrons ist entsprechend

$$E = E_k + E_0 = 1{,}31\ MeV + 0{,}511\ MeV = 1{,}82\ MeV$$

b) Die Gesamtenergie vor dem Stoß ist gleich der Positron-Energie vermehrt um die Ruheenergie des Elektrons

$$E_{ges} = 1{,}82\ MeV + 0{,}511\ MeV = 2{,}33\ MeV$$

c) Wegen der Energieerhaltung ist die Energie der Photonen gleich E_{ges}. Da die Photonen keine Ruhmasse haben und ihre Impulse entgegengesetzt gleich sind, gilt:

$$p_\gamma = \frac{E_{ges}}{2c} = \frac{1{,}16\ MeV}{c}$$

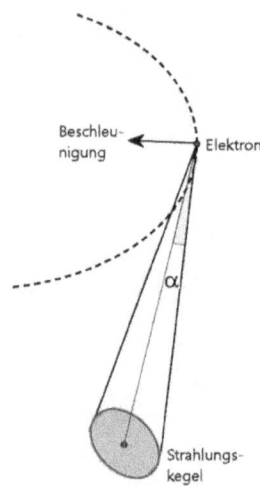

Abbildung 76: Strahlungskegel der Synchrotron-Strahlung

Aufgabe 194: Synchrotronstrahlung

Die wichtigste nicht-thermische Strahlung, die aus dem All empfangen wird, ist die 1947 entdeckte Synchrotronstrahlung. Sie entsteht, wenn relativistische Elektronen in einem Magnetfeld in einer spiraligen Bahn geführt werden und dabei Strahlung abgeben. Infolge der relativistischen Geometrie wird die Strahlung nicht senkrecht zur Bewegungsrichtung, sondern bevorzugt in Bewegungsrichtung v_x abgestrahlt. Senkrecht dazu ist die Komponente v_y mit $c^2 = v_x^2 + v_y^2$. Der Öffnungswinkel α des entstehenden Strahlungskegels ergibt sich aus:

$$\cos\alpha = \frac{v_x}{c} \Rightarrow (\sin\alpha)^2 = 1 - (\cos\alpha)^2 = 1 - \left(\frac{v_x}{c}\right)^2$$

$$\Rightarrow \sin\alpha = \sqrt{1 - \left(\frac{v}{c}\right)^2} = \sqrt{1 - \beta^2}\ \text{für}\ v_x \approx v$$

Der Leuchtkegel erscheint genau in Bewegungsrichtung in der Zeit aufzublinken, die das Licht schneller ist vom Punkt A nach B als das Elektron.

a) Zeigen Sie, dass gilt: $\sin \alpha = \frac{E_0}{E}$

b) Bestimmen Sie die Laufzeiten des Lichts bzw. des Elektrons von A nach B für kleine Winkel

c) Der Kehrwert der Laufzeitdifferenz ist die beobachtbare Frequenz f_{syn}. Bestimmen Sie diese Frequenz!

d) Die Synchrotronelektronen des Crab-Nebels haben (neben anderen) die Energie $E = 10^{11} eV$; das Magnetfeld wird auf $B = 5 \cdot 10^{-8} T$ geschätzt. Bestimmen sie die angegebenen Größen und den Bahnradius!

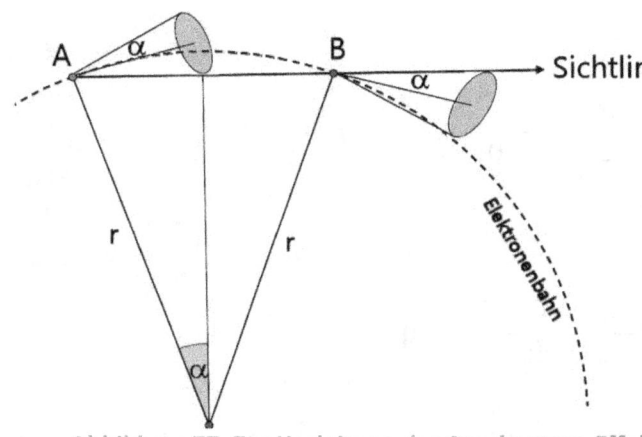

Abbildung 77: Zur Herleitung des Synchrotron-Effekts

Lösung 194:

a) Aus der relativistischen Massenformel folgt

$$m = \frac{m_0}{\sqrt{1-\beta^2}} \Rightarrow \frac{m_0}{m} = \sqrt{1-\beta^2}$$

$$\Rightarrow \sin \alpha = \frac{m_0}{m} = \frac{m_0 c^2}{mc^2} = \frac{E_0}{E}$$

b) Laufzeit des Lichts ist $t_1 = \frac{2r \sin \alpha}{c}$. Die Laufzeit des Elektrons ist $t_2 = \frac{2\alpha r}{v} = \frac{2\alpha r}{v} \approx \frac{2\alpha r}{c}$. Die Laufzeitdifferenz beträgt damit

$$\Delta t = t_2 - t_1 = \frac{2\alpha r}{c} - \frac{2r \sin \alpha}{c} = \frac{2r}{c}(\alpha - \sin \alpha) = \frac{2r}{c}\left[\alpha - \left(\alpha - \frac{\alpha^3}{6} + \cdots\right)\right] = \frac{r}{3c}\alpha^3 = \frac{r}{3c}\left(\frac{E_0}{E}\right)^3$$

Beim letzten Schritt wurde die Näherung für kleine Winkel $\alpha \sim \sin \alpha$ und die Taylor-Entwicklung der Sinusfunktion verwendet.

c) Die gesuchte Frequenz ergibt sich zu

$$f_{syn} = \frac{1}{\Delta t} = \frac{3c}{r}\left(\frac{E}{E_0}\right)^3$$

Weitere damit zusammenhängende Frequenzen sind: Die Frequenz $f_{max} = 0{,}44 f_{syn}$ ist die des Strahlungsmaximums; die Frequenz $f_c = 3 f_{syn}$ ist die kritische Frequenz, bei der das Spektrum steil abfällt.

d) Es gilt

$$\sin\alpha = \frac{E_0}{E} = \frac{0{,}511 \cdot 10^6 eV}{10^{11} eV} = 5{,}11 \cdot 10^{-6} \Rightarrow \alpha = (2{,}9 \cdot 10^{-4})° = 1{,}1''$$

Der Öffnungswinkel des Leuchtkegels (vor Ort) ist 2,2''. Der Bahnradius berechnet sich relativistisch zu

$$r = \frac{1}{ecB}\sqrt{E^2 - E_0^2} = \frac{\sqrt{10^{22} - 2{,}6 \cdot 10^{11}} \, eV}{e \cdot 3{,}0 \cdot 10^8 \frac{m}{s} \cdot 5 \cdot 10^{-8} T} = \frac{10^{11} \, V}{15 \frac{V}{m}} = 6{,}7 \cdot 10^9 m$$

Die "Leuchtzeit" beträgt

$$\Delta t = \frac{r}{3c}\left(\frac{E_0}{E}\right)^3 = \frac{6{,}7 \cdot 10^9 m}{3 \cdot 3{,}0 \cdot 10^8 \frac{m}{s}}\left(\frac{0{,}511 \cdot 10^6 eV}{10^{11} eV}\right)^3 = 10^{-15} \, s$$

Die Umlaufzeit beträgt

$$T = \frac{2\pi r}{c} = \frac{2\pi \cdot 6{,}7 \cdot 10^9 m}{3{,}0 \cdot 10^8 \frac{m}{s}} = 140 \, s$$

Der Leuchtkegel hat die Periode 140s und stahlt dann jeweils eine Femtosekunde. Die Wellenlänge des Strahlungsmaximums lässt sich über die Frequenz ermitteln

$$f_{max} = \frac{0{,}44}{\Delta t} = \frac{0{,}44}{10^{-15} s} = 4{,}4 \cdot 10^{14} Hz \Rightarrow \lambda_{max} = \frac{c}{f_{max}} = \frac{3{,}0 \cdot 10^8 \frac{m}{s}}{4{,}4 \cdot 10^{14} Hz} = 682 \, nm$$

Das Strahlungsmaximum ist hier im sichtbaren Bereich. Im Verlauf der Herleitung wurde $v \approx c$ gesetzt; dies soll nun Rechnung bestätigt werden. Es gilt

$$\beta = \sqrt{1 - \left(\frac{E_0}{E}\right)^2} = \sqrt{1 - \left(\frac{0{,}511 \cdot 10^6 eV}{10^{11} eV}\right)^2} \approx 1$$

Aufgabe 195: Doppler-Effekt

a) Ein Polizist stoppt einen PKW nach dem Passieren einer roten Ampel ($\lambda_{rot} = 725 \, nm$). Er habe das Rotlicht infolge seiner Geschwindigkeit grün ($\lambda_{gruen} = 575 \, nm$) gesehen, sagt der PKW-Fahrer. Was macht der (schlaue) Polizist?

b) Ein Radargerät der Polizei operiert bei der Frequenz $f = 5{,}0 \, GHz$. Welche Geschwindigkeit hat ein Fahrzeug, wenn das Radargerät den Dopplereffekt $\Delta f = 1{,}1 \, kHz$ zeigt.

c) Der Quasar SDSS 1030+0524 zeigt die $Ly\alpha$-Linie bei $885 \, nm$ (vgl. Bild). Bestimmen Sie die Rotverschiebung und Entfernung des Quasars! Verwenden Sie dabei die Entfernungsfunktion

Kapitel 11 Relativität 265

$$r_E = \frac{2c}{H_0}\left[1 - \frac{1}{\sqrt{z+1}}\right]$$

Lösung 195:

a) Die Blauverschiebung ist hier

$$z = \frac{\Delta\lambda}{\lambda} = \frac{575\,nm - 725\,nm}{725\,nm} = -0{,}207$$

Das negative Vorzeichen liefert eine Annäherung. Die relativistische Rechnung ergibt

$$z = \sqrt{\frac{1-\beta}{1+\beta}} - 1 \Rightarrow \beta = \frac{1-(z+1)^2}{1+(z+1)^2} = \frac{1-0{,}793^2}{1+0{,}793^2} = 0{,}228$$

Der Polizist schreibt eine Verwarnung wegen erheblicher Geschwindigkeitsüberschreitung (22,8% der Lichtgeschwindigkeit).

b) Es gilt

$$\frac{v}{c} = \frac{\Delta f}{f} = \frac{1{,}1 \cdot 10^3\,Hz}{5 \cdot 10^9\,Hz} = 2{,}2 \cdot 10^{-7}$$

$$\Rightarrow v = 2{,}2 \cdot 10^{-7} \cdot 3 \cdot 10^8\,\frac{m}{s} = 66\,\frac{m}{s} = 240\,\frac{km}{h}$$

c) Die $Ly\alpha$-Linie im Ruhesystem berechnen wir mit der Rydberg-Formel

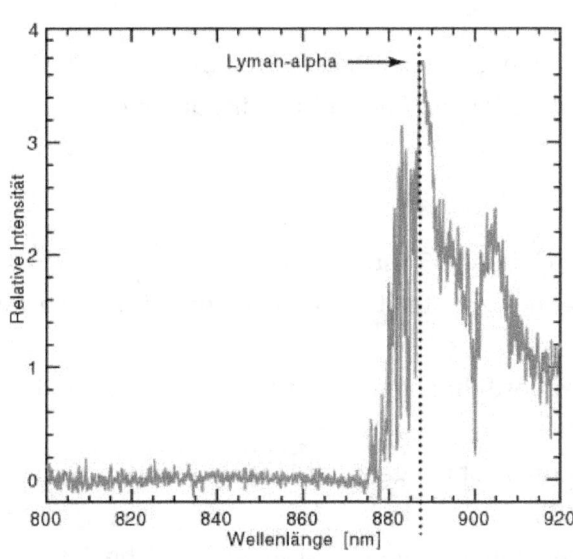

Abbildung 78: Rotverschiebung der Lyman-Alpha-Linie

$$\frac{1}{\lambda} = R_H\left[\frac{1}{1^2} - \frac{1}{2^2}\right] = \frac{3}{4}R_H \Rightarrow \lambda_0 = \frac{4}{3R_H} = \frac{4}{3 \cdot 1{,}0968 \cdot 10^7\,m^{-1}} = 121{,}6\,nm$$

Die Rotverschiebung ist damit

$$z = \frac{\Delta\lambda}{\lambda_0} = \frac{885\,nm - 121{,}6\,nm}{121{,}6\,nm} = 6{,}28$$

Würde man diese Rotverschiebung als Doppler-Effekt interpretieren, so erhielte man, relativistisch gerechnet, die (unglaubliche) Fluchtgeschwindigkeit

$$z = \sqrt{\frac{1+\beta}{1-\beta}} - 1 \Rightarrow \beta = \frac{(z+1)^2 - 1}{(z+1)^2 + 1} = \frac{7{,}28^2 - 1}{7{,}28^2 + 1} = 0{,}983$$

In einem flachen Universum mit verschwindender kosmologischer Konstante ergibt das Eigendistanz

$$r_E = \frac{2c}{H_0}\left[1 - \frac{1}{\sqrt{z+1}}\right] = \frac{2 \cdot 3 \cdot 10^5 \frac{km}{s}}{71 \frac{km/s}{Mpc}}\left[1 - \frac{1}{\sqrt{6{,}28+1}}\right] = 5{,}3 \; Gpc$$

Die Grafik der Rotverschiebung im Anhang liefert in einem flachen Universum mit nicht-verschwindender kosmologischer Konstante $4{,}4 \; Gpc$.

Bemerkung: Alle Rotverschiebungen im Universum entstehen in der Regel durch Gravitation bzw. Raumexpansion. Sie sind nicht, wie in populärwissenschaftlichen Büchern erklärt, durch den Dopplereffekt der Fluchtgeschwindigkeit zu erklären.

Aufgabe 196: Global Positioning System

Das Global Positioning System (GPS) benutzt zwischen 24 und 36 Satelliten in der Höhe $h = 20200 \; km$ über dem Erdboden. Von der Beschleunigung der Satelliten und von der Erddrehung wird abgesehen.
a) Bestimmen Sie die Zeitverschiebung einer Satellitenborduhr gegenüber einer (ruhenden) Bodenuhr aufgrund der Speziellen Relativitätstheorie (SRT)!
b) Bestimmen Sie die Zeitverschiebung einer Satellitenborduhr gegenüber einer (ruhenden) Bodenuhr aufgrund der Allgemeinen Relativitätstheorie (ART)!
c) Welcher Zeitverschiebungseffekt ergibt sich insgesamt im Lauf von 24 Stunden? Welche Ortsungenauigkeit resultiert daraus?

Lösung 196:

a) Nach der Lorentz-Transformation gilt für die bewegte Uhr die Zeit $\tau = \frac{t}{\sqrt{1-\beta^2}}$ gegenüber der Zeit t der ruhenden Uhr. Die Geschwindigkeit des Satelliten ergibt sich aus der Kreisbahnbedingung

$$v = \sqrt{\frac{GM_\oplus}{R_\oplus + h}} \Rightarrow \beta^2 = \left(\frac{v}{c}\right)^2 = \frac{GM_\oplus}{c^2(R_\oplus + h)}$$

Da $\beta \ll 1$ lässt sich der Ausdruck für τ vereinfachen

$$\tau = \left(1 - \frac{GM_{\oplus}}{c^2(R_{\oplus}+h)}\right)^{-1/2} t \approx \left(1 + \frac{GM_{\oplus}}{2c^2(R_{\oplus}+h)}\right) t = t + \frac{GM_{\oplus}}{2c^2(R_{\oplus}+h)} t$$

Über 24 h gerechnet ergibt sich die Zeitdifferenz

$$\Delta t = \tau - t = \frac{GM_{\oplus}}{2c^2(R_{\oplus}+h)} 24\mathrm{h} = \frac{6{,}673 \cdot 10^{-11} \frac{m^3}{kgs^2} \cdot 5{,}974 \cdot 10^{24} kg}{2\left(2{,}998 \cdot 10^8 \frac{m}{s}\right)^2 (6{,}371 + 20{,}2) \cdot 10^6 m} 24 \cdot 3600\,\mathrm{s}$$

$$\Rightarrow \Delta t = 7{,}21 \cdot 10^{-6} s = 7{,}2\,\mu s$$

Das positive Vorzeichen ergibt den Effekt der SRT an; nämlich dass die (bewegte) Borduhr langsamer geht als die (ruhende) Uhr am Boden.

b) Nach der ART gilt für die Zeit t der entfernten Uhr im Vergleich zur Uhr im Gravitationsfeld (Zeit τ).

$$t = \tau \left[1 - \frac{2GM}{c^2 r}\right]^{1/2} \Rightarrow \tau(r) = t \left[1 - \frac{2GM}{c^2 r}\right]^{-1/2}$$

Einsetzen der Abstände $R_{\oplus}$ bzw. $(R_{\oplus} + h)$ liefert den Quotienten

$$\Rightarrow \frac{\tau(R_{\oplus}+h)}{\tau(R_{\oplus})} = \left[\frac{1 - \frac{2GM}{c^2(R_{\oplus}+h)}}{1 - \frac{2GM}{c^2 R_{\oplus}}}\right]^{-1/2}$$

Mit den Substitutionen $\frac{2GM}{c^2(R_{\oplus}+h)} = x$ bzw. $\frac{2GM}{c^2 R_{\oplus}} = y$ lässt sich die rechte Seite der Gleichung vereinfachen

$$\left(\frac{1-x}{1-y}\right)^{-1/2} = (1-x)^{-1/2}(1-y)^{1/2} \approx \left(1 + \frac{x}{2}\right)\left(1 - \frac{y}{2}\right) \approx 1 + \frac{x}{2} - \frac{y}{2}$$

Damit gilt

$$\frac{\tau(R_{\oplus}+h)}{\tau(R_{\oplus})} = 1 + \frac{GM_{\oplus}}{c^2(R_{\oplus}+h)} - \frac{GM_{\oplus}}{c^2 R_{\oplus}} = 1 + \frac{GM_{\oplus} R_{\oplus} - GM_{\oplus}(R_{\oplus}+h)}{c^2 R_{\oplus}(R_{\oplus}+h)} = 1 - \frac{GM_{\oplus} h}{c^2 R_{\oplus}(R_{\oplus}+h)}$$

Umformen ergibt die Zeitdifferenz

$$\tau(R_{\oplus}+h) = \tau(R_{\oplus}) - \frac{GM_{\oplus} h}{c^2 R_{\oplus}(R_{\oplus}+h)} \tau(R_{\oplus})$$

$$\Rightarrow \Delta t = \tau(R_\oplus + h) - \tau(R_\oplus) = -\frac{GM_\oplus h}{c^2 R_\oplus (R_\oplus + h)} \tau(R_\oplus)$$

Einsetzen der Werte liefert die über 24 h auflaufende Zeitdifferenz

$$\Rightarrow \Delta t = -\frac{6{,}673 \cdot 10^{-11} \frac{m^3}{kgs^2} \cdot 5{,}974 \cdot 10^{24} kg \cdot 2{,}02 \cdot 10^7 m}{\left(2{,}998 \cdot 10^8 \frac{m}{s}\right)^2 \cdot 6{,}371 \cdot 10^6 m \cdot (6{,}371 + 20{,}2) \cdot 10^6 m} \cdot 24 \cdot 3600 s$$

$$\Rightarrow \Delta t = -4{,}57 \cdot 10^{-5} s = -45{,}7\ \mu s$$

Das negative Vorzeichen ergibt den Effekt der ART an; nämlich dass die Borduhr schneller geht als die Uhr am Boden (stärkeres Gravitationsfeld).

c) Der Nettoeffekt in 24 h ist $\Delta t = 7{,}2\ \mu s - 45{,}7\ \mu s = -38{,}5\ \mu s$. Dies liefert eine Ortsungenauigkeit von $\Delta s = c|\Delta t| = 2{,}998 \cdot 10^8 \frac{m}{s} \cdot 3{,}85 \cdot 10^{-5} s = 11{,}54 \cdot 10^3 m = 11{,}5\ km$.

Aufgabe 197: Gravitationswellen 1

Die Strahlungsleistung, die zwei Massen bei Rotation um ihren Schwerpunkt in Form von Gravitationswellen abgeben, ist nach der ART gegeben durch

$$P = -\frac{32G}{5c^5} \left(\frac{M_1 M_2}{M_1 + M_2}\right)^2 r^4 \omega^6$$

a) Eliminieren Sie die Kreisfrequenz mit Hilfe des Keplerschen Gesetzes!
b) Vereinfachen Sie den Term für den Fall $M_2 \ll M_1$ durch Einführen der Schwarzschild-Radien!
c) Ermitteln Sie die Strahlungsleistung des Systems Sonne-Erde!
d) Bestimmen Sie die Strahlungsleistung eines Systems, bestehend aus einem Roten Riese bzw. Weißen Zwerg, wenn folgende Schwarzschildradien gegeben sind $R_{S,RR} = 30\ km$ und $R_{S,WZ} = 4{,}0\ km$.

Lösung 197:

a) Nach dem dritten Keplerschen Gesetz gilt:

$$\frac{T^2}{r^3} = \frac{4\pi^2}{G(M_1 + M_2)} \Rightarrow \omega^2 = \left(\frac{2\pi}{T}\right)^2 = \frac{G(M_1 + M_2)}{r^3} \Rightarrow \omega^6 = \frac{G^3(M_1 + M_2)^3}{r^9}$$

Einsetzen ergibt

$$P = -\frac{32G}{5c^5} \left(\frac{M_1 M_2}{M_1 + M_2}\right)^2 r^4 \frac{G^3(M_1 + M_2)^3}{r^9} = -\frac{32G^4}{5c^5} (M_1 M_2)^2 (M_1 + M_2) \frac{1}{r^5}$$

b) Im Fall $M_2 \ll M_1$ folgt

$$M_1^2 M_2^2 (M_1 + M_2) = M_1^3 M_2^2 \left(1 + \frac{M_2}{M_1}\right) \approx M_1^3 M_2^2$$

$$\Rightarrow P = -\frac{32 G^4}{5 c^5} M_1^3 M_2^2 \frac{1}{r^5} = -\frac{32 G^4}{5 c^5} \left(\frac{M_1}{r}\right)^3 \left(\frac{M_2}{r}\right)^2 = -\frac{c^5}{5G} \left(\frac{GM_1}{rc^2}\right)^3 \left(\frac{GM_2}{rc^2}\right)^2$$

Mit Hilfe des Schwarzschild-Radius $R_S = \frac{GM}{c^2}$ lässt sich schreiben

$$\Rightarrow P = -\frac{c^5}{5G} \left(\frac{R_{S1}}{r}\right)^3 \left(\frac{R_{S2}}{r}\right)^2$$

c) Mit den Schwarzschild-Radien von Sonne und Erde $R_{S\odot} = 3{,}0 \; km$ bzw. $R_{S\oplus} = 0{,}9 \; cm$

$$|P| = \frac{c^5}{5G} \left(\frac{3{,}0 \cdot 10^3 m}{1{,}5 \cdot 10^{11} m}\right)^3 \left(\frac{0{,}009 \; m}{1{,}5 \cdot 10^{11} m}\right)^2 = 196 \; W$$

d) Mit den Schwarzschildradien $R_{S,RR} = 30 \; km$ und $R_{S,WZ} = 4{,}0 \; km$ folgt

$$|P| = -\frac{c^5}{5G} \left(\frac{3 \cdot 10^4 m}{1{,}5 \cdot 10^{11} m}\right)^3 \left(\frac{4 \cdot 10^3 m}{1{,}5 \cdot 10^{11} m}\right)^2 = 4{,}1 \cdot 10^{16} \; W$$

Die Strahlungsleistung von d) ist erheblich größer als beim Sonne-Erde-System.

Aufgabe 198: Gravitationswellen 2

Das LIGO (*Laser Interferometric Gravity-Wave Observatory*) wird gebaut, um Gravitationswellen von Doppelsystem von Schwarzen Löchern zu registrieren. Betrachtet wird ein Doppelsystem von zwei schwarzen Löchern der Masse $6 M_\odot$ im Abstand von 10 Schwarzschild-Radien.
a) Bestimmen Sie den Schwarzschild-Radius eines Schwarzen Lochs der Masse $6 M_\odot$
b) Wegen der enormen Strahlungsleistung kollabiert das Doppelsystem sehr schnell. Ermitteln Sie die Kollapszeit nach Kepler.
c) Welche Frequenz bzw. Länge der Gravitationswellen ist zu erwarten?

Lösung 198:

a) Der Schwarzschild-Radius für $M = 6 M_\odot$ ergibt sich aus

$$R_S = \frac{2GM}{c^2} = 2{,}96 \; km \cdot \frac{M}{M_\odot} = 17{,}8 \; km$$

b) Der Abstand beträgt $a = 10 R_S = 178\,km = 1{,}19 \cdot 10^{-6}\,AE$. Die Gesamtmasse ist $M_1 + M_2 = 12\,M_\odot$. Schreibt man das dritte Keplersche Gesetz in Einheiten des Sonnensystems, so gilt für die Kollapszeit

$$T = 1a \cdot \sqrt{\left(\frac{a}{AE}\right)^3 \cdot \frac{M_\odot}{M_1 + M_2}} = 365{,}24 \cdot 24 \cdot 3600\,s \sqrt{(1{,}19 \cdot 10^{-6})^3 \cdot \frac{1}{12}} = 0{,}0118\,s$$

Das System kollabiert bereits nach 12 Millisekunden.

c) Die Frequenz der abgestrahlten Gravitationswelle ist $f = \frac{\omega}{\pi}$. Es folgt

$$f = \frac{2}{T} = \frac{2}{0{,}0118\,s} = 169\,Hz$$

Die Wellengleichung liefert die Wellenlänge

$$c = \lambda f \Rightarrow \lambda = \frac{c}{f} = \frac{3 \cdot 10^8\,\frac{m}{s}}{169\,Hz} = 1770\,km$$

Die Wellenlänge liegt im Radiobereich.
Bemerkung: Hier wird die Tatsache verwendet, dass sich Gravitationswellen mit Lichtgeschwindigkeit ausbreiten; sie sind aber keine elektromagnetischen Wellen.

Aufgabe 199: Doppelter Einstein-Ring
Nebenstehendes Foto (Quelle NASA/ESA/UCLA 2008) zeigt in der Mitte die Galaxie SDSS J0946+1006 mit zwei Hintergrundgalaxien, für die SDSS J0946 als zweifache Gravitationslinse dient. Die Galaxis rechts unterhalb der Mitte ist die uns nähere Hintergrundgalaxie mit einer Rotverschiebung von 0,222. Die Linsengalaxis hat die Rotverschiebung 0,609. Ermitteln Sie damit die Masse der Gravitationslinse!
(*Hinweis*: Die beiden Rotverschiebungen entsprechen mit den aktuellen kosmologischen Konstanten den Eigendistanzen 0,890 Gpc bzw. 2,23 Gpc)

Lösung 199:
Nach relativistischer Rechnung gilt für den Winkelradius des Einstein-Rings

$$\delta = \sqrt{\frac{4GM}{c^2} \frac{D_{SL}}{D_L D_S}}$$

Dabei ist M bzw. D_L die Masse bzw. der Abstand der Linsengalaxie; entsprechend D_S der Abstand der Hintergrundgalaxie und D_{SL} der Abstand der beiden. Auflösen nach der gesuchten Linsenmasse ergibt

$$M = \frac{c^2 \delta^2}{4G} \frac{D_L D_S}{D_{SL}}$$

Der Winkelradius lässt sich aus dem Foto mit Hilfe des angegebenen Maßstabs abschätzen zu $\delta = 1{,}5\,''$. Umrechnen ins Bogenmaß liefert $\delta = 7{,}27 \cdot 10^{-6}$. Einsetzen der Werte liefert

Bild 79: Doppel-Einstein-Ring

$$M = \frac{\left(3{,}00 \cdot 10^8 \frac{m}{s}\right)^2 (7{,}27 \cdot 10^{-6})^2}{4 \cdot 6{,}673 \cdot 10^{-11} \frac{m^3}{kg s^2}} \frac{0{,}809\,Gpc \cdot 0{,}222\,Gpc}{(0{,}809 - 0{,}222)Gpc} = 1{,}78 \cdot 10^{16} \frac{kg}{m} \cdot 0{,}306\,Gpc$$

Umrechnen der Parallaxensekunden zeigt

$$\Rightarrow M = 1{,}78 \cdot 10^{16} \frac{kg}{m} \cdot 9{,}44 \cdot 10^{24} m = 1{,}68 \cdot 10^{41} kg = 8{,}5 \cdot 10^{10}\,M_\odot$$

Die Masse der SDSS J0946+1006 beträgt 85 Mrd. Sonnenmassen.
Bemerkung: Hier wurde die Entfernung D_{SL} zwischen Linsen- und Hintergrundgalaxie als Differenz $D_S - D_L$ berechnet; dies ist wegen der verschiedenen Raumkrümmung nur eine Näherung.

Aufgabe 200: Relativistische Rakete

Beim Anwenden des Impulssatzes auf die relativistische Rakete muss zwischen dem Geschwindigkeitszuwachs du im Eigensystem der Rakete und dem Zuwachs dv im Ruhesystem des Startpunkts unterschieden werden.
a) Bestimmen Sie die Geschwindigkeit $v + dv$ mit Hilfe des Additionstheorems der relativistischen Geschwindigkeiten
b) Integrieren Sie den Impulssatz $-u \cdot dm = m \cdot du$ und bestimmen Sie damit die Endgeschwindigkeit der Rakete. Die Startmasse der Rakete sei m_0, die Leermasse m_1, u die Ausströmgeschwindigkeit des Treibstoffs.
Hinweis: Verwenden Sie das Integral

Arbeitsbuch Astrophysik

$$\int \frac{dx}{a^2 - x^2} = \frac{1}{2a} \ln \left| \frac{a+x}{a-x} \right|$$

c) Welche Endgeschwindigkeit ergibt sich für 90% Treibstoffanteil und $u = \frac{c}{100}$?

Lösung 200:

a) Mit dem Additionstheorem der relativistischen Geschwindigkeiten folgt

$$v + dv = \frac{v + du}{1 + \frac{v \cdot du}{c^2}} = (v + du)\left(1 + \frac{v \cdot du}{c^2}\right)^{-1} \approx (v + du)\left(1 - \frac{v \cdot du}{c^2}\right)$$

Vereinfachen und Vernachlässigen der Differenziale 2.Ordnung ergibt

$$\Rightarrow v + dv = v + du - \left(\frac{v}{c}\right)^2 du \Rightarrow dv = du\left[1 - \left(\frac{v}{c}\right)^2\right]$$

b) Einsetzen in den Impulssatz liefert

$$-u \cdot dm = m \cdot du = \frac{m\, dv}{1 - \left(\frac{v}{c}\right)^2}$$

Umformung ergibt

$$u \int_{m_0}^{m_1} \frac{dm}{m} = -\int_0^v \frac{dv}{1 - \left(\frac{v}{c}\right)^2} = -c^2 \int_0^v \frac{dv}{c^2 - v^2}$$

Mit dem angegebenen Integral folgt

$$\Rightarrow u \log \frac{m_1}{m_0} = -\frac{c^2}{2c} \log \frac{c+v}{c-v} = \frac{c}{2} \log \frac{1 - \frac{v}{c}}{1 + \frac{v}{c}}$$

Umordnen und Delogarithmieren zeigt

$$\log \frac{1 - \frac{v}{c}}{1 + \frac{v}{c}} = \frac{2u}{c} \log \frac{m_1}{m_0} = \log\left[\left(\frac{m_1}{m_0}\right)^{\frac{2u}{c}}\right] \Rightarrow \frac{1 - \frac{v}{c}}{1 + \frac{v}{c}} = \left(\frac{m_1}{m_0}\right)^{\frac{2u}{c}}$$

Durch Auflösen nach $\frac{v}{c}$ folgt

Aufgabe 201: Zwillingsparadoxon

$$\left(1-\frac{v}{c}\right) = \left(1+\frac{v}{c}\right)\left(\frac{m_1}{m_0}\right)^{\frac{2u}{c}} \Rightarrow \frac{v}{c} = \frac{1-\left(\frac{m_1}{m_0}\right)^{2u/c}}{1+\left(\frac{m_1}{m_0}\right)^{2u/c}}$$

Dies ist die relativistische Erweiterung der bekannten Raketenformel von K. Ziolkowski.

c) Einsetzen der Werte liefert

$$\frac{v}{c} = \beta = \frac{1-0{,}1^{0{,}02}}{1+0{,}1^{0{,}02}} = 0{,}023$$

Die Rakete erreicht 2,3% der Lichtgeschwindigkeit.

Aufgabe 201: Zwillingsparadoxon

Von zwei gleich alten Zwillingen A bzw. B fliegt A von der Erde (O) mit $\beta_1 = \frac{4}{5}$ zu einem entfernten Stern P, während B auf der Erde verbleibt. Sofort nach der Landung auf S, fliegt A zurück nach Q mit $\beta_2 = -\frac{4}{5}$.

Wir haben es hier mit drei Inertialsystemen zu tun. System I(x,t) ist das System, in dem Zwilling B ruht. System II(x',t') ist das System, in dem der Hinflug $O \rightarrow P$ stattfindet und das sich relativ zu I mit β_1 be-wegt. Beim Rückflug P nach Q bewegt sich B in einem System III(x'',t''), das sich relativ zu I mit β_2 bewegt.

a) Nach der Borduhr vergehen beim Abflug $t'(OP) = 15\,a$; ebenfalls beim Rückflug $t'(PQ) = 15\,a$. Welches Alter aus der Sicht von B hat der auf der Erde verbliebene Zwilling A?
b) Welches Alter hat A bei der Landung aus der Sicht von B?
c) Welche der beiden Sichtweisen ist die angemessene?
d) Bestimmen Sie nach dem Additionstheorem die Summe der Geschwindigkeiten β_1, β_2.
e) B sendet jedes Jahr am gemeinsamen Geburtstag ein Lichtsignal zu A. Bestimmen Sie mit Hilfe des Doppler-Formel die Anzahl der Lichtsignale, die B während seiner Reise sieht.

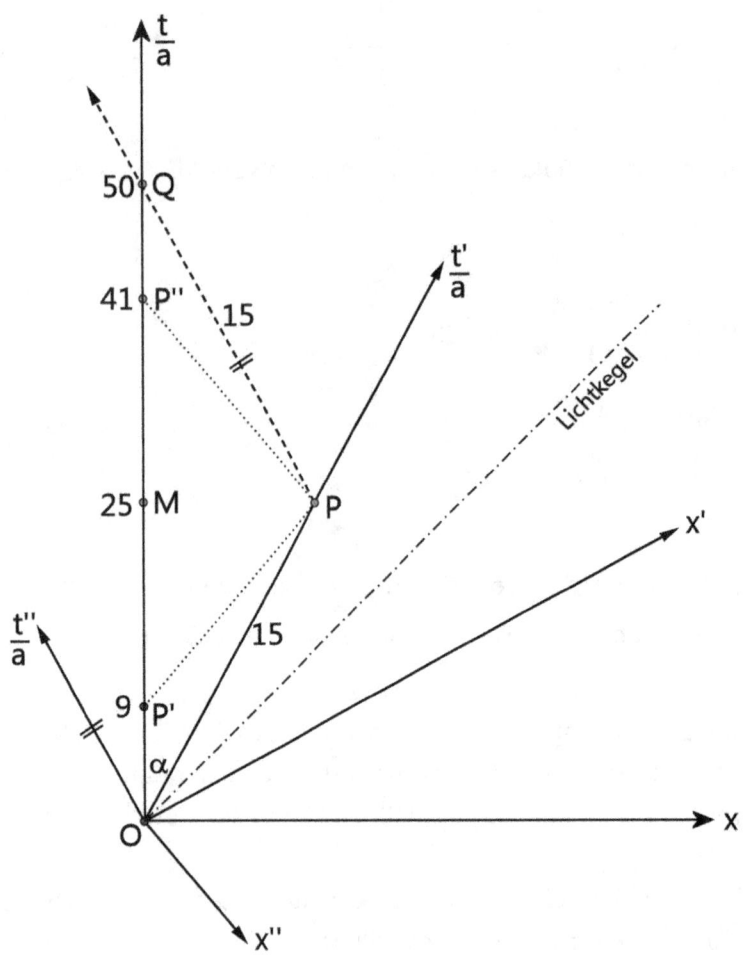

Bild 80: Bezugssysteme beim Zwillingsparadoxon

Lösung 201:

a) Infolge der Zeitdilation gilt mit

$\gamma = (1 - \beta^2)^{-1/2} = \left(1 - \frac{16}{25}\right)^{-1/2} = \frac{5}{3}$

$t(OP) + t(PQ) = \gamma t'(OP) + \gamma t''(PQ)$
$= \frac{5}{3}(15a + 15a)$
$= 50\,a$

Der auf der Erde verbliebene Zwilling A ist nach Ansicht von B 50 Jahre gealtert.

b) Nach dem Relativitätsprinzip hat sich auch A gegenüber B bewegt. Somit gilt aus der Sicht von A

$t(OP) + t(PQ) = \frac{1}{\gamma}t'(OP) + \frac{1}{\gamma}t''(PQ) = \frac{3}{5}(15a + 15a) = 18\,a$

Es gilt also $t(OP') = t(P''Q) = 9a$. Aus der Sicht von A ist B um 18 Jahre gealtert.

c) Da A im System I geruht hat, ist die Zeit kontinuierlich vergangen, somit ist A aus der Sicht von B um 50 Jahre gealtert. Im Gegensatz dazu hat B das Bezugssystem gewechselt. Beim Übergang von II nach III, hat es einen Zeitsprung von P' nach P'' gegeben: $t(P'P'') = 41a - 9a = 32\,a$. Dies erklärt die fehlende Jahre zwischen dem Alterszuwachs 18 und 50 Jahre. Die zur Relativgeschwindigkeit gehörende Symmetrie ist hier aufgehoben.

d) Nach dem relativistischen Additionstheorem gilt

$\beta_{12} = \frac{\beta_1 - \beta_2}{1 - \beta_1 \beta_2} = \frac{\frac{4}{5} - \left(-\frac{4}{5}\right)}{1 - \frac{4}{5} \cdot \left(-\frac{4}{5}\right)} = \frac{\frac{8}{5}}{1 - \frac{16}{25}} = \frac{40}{41} \Rightarrow \gamma_{12} = (1 - \beta_{12}^2)^{-1/2} = \frac{41}{9}$

Dies erklärt den Sprung von 9 auf 41 Jahre beim Übergang $P' \to P''$.

e) Die Frequenz $f_A = 1\frac{1}{a}$ der jährlichen Lichtsignale von A wird im System von B beim Hinflug zu

$$\frac{f_B}{f_A} = \sqrt{\frac{1-\beta}{1+\beta}} = \sqrt{\frac{1-\frac{4}{5}}{1+\frac{4}{5}}} = \sqrt{\frac{\frac{1}{5}}{\frac{9}{5}}} \Rightarrow f_B = \frac{1}{3}\frac{1}{a}$$

Von den 15 Lichtsignalen sieht B also nur 5. Für den Rückflug gilt umgekehrt

$$\frac{f_B}{f_A} = \sqrt{\frac{1-\left(-\frac{4}{5}\right)}{1+\left(-\frac{4}{5}\right)}} = \sqrt{\frac{\frac{9}{5}}{\frac{1}{5}}} \Rightarrow f_B = 3\,\frac{1}{a}$$

Hier sieht B von den 15 Lichtsignalen sieht B also 45; insgesamt also 50. Damit wird die Sichtweise von B bestätigt.

Bemerkung: Der Winkel α im Minkowski-Diagramm zwischen den (t, t')-Achsen ist gegeben durch $\tan \alpha = \beta$; hier also $\alpha = \arctan 0{,}8 = 38{,}66°$.

Aufgabe 202: Relativistischer freier Fall

In der Newtonschen Mechanik gilt beim freien Fall im (homogenen) Gravitationsfeld für die Fallgeschwindigkeit v aus der Höhe h (mit verschwindender Anfangsgeschwindigkeit) die Beziehung

$$v = \sqrt{2gh}$$

a) Leiten Sie die relativistische Form dieser Beziehung her!
b) Zeigen Sie, dass die relativistische Form für $\frac{2gh}{c^2} \ll 1$ in die Newtonsche Form übergeht.

Lösung 202:

a) Für die Änderung der Energie dE folgt bei Höhenänderung dh

$$dE = mg \cdot dh = c^2 \cdot dm$$

Als Anfangsbedingung wird festgelegt, m_0 ist die Masse in der Höhe $h = 0$. Trennung der Variablen liefert damit

$$\frac{dm}{m} = \frac{g}{c^2} dh \Rightarrow \int_{m_0}^{m} \frac{dm}{m} = \frac{g}{c^2} \int_0^h dh$$

Die Integration ergibt

$$[\ln m]_{m_0}^{m} = \frac{gh}{c^2} \Rightarrow \ln\left(\frac{m}{m_0}\right) = \frac{gh}{c^2} \Rightarrow m = m_0 \exp\left(\frac{gh}{c^2}\right)$$

Der Massenzuwachs Δm beim freien Fall beträgt somit

$$\Delta m = m - m_0 = m_0 \exp\left(\frac{gh}{c^2}\right) - m_0 = m_0 \left[\exp\left(\frac{gh}{c^2}\right) - 1\right]$$

Die relativistische Massenformel lautet mit $\beta = \frac{v}{c}$

$$m = \frac{m_0}{\sqrt{1-\beta^2}} \Rightarrow \Delta m = m - m_0 = m_0 \left[\frac{1}{\sqrt{1-\beta^2}} - 1\right]$$

Gleichsetzen liefert

$$e^{\frac{gh}{c^2}} - 1 = \frac{1}{\sqrt{1-\beta^2}} - 1 \Rightarrow \sqrt{1-\beta^2} = e^{-\frac{gh}{c^2}}$$

Quadrieren und Auflösen nach der Geschwindigkeit zeigt

$$\beta = \sqrt{1 - e^{-\frac{2gh}{c^2}}} \Rightarrow v = c\sqrt{1 - e^{-\frac{2gh}{c^2}}}$$

b) Für den Fall $\frac{2gh}{c^2} \ll 1$ gilt mit der Näherung $e^x \approx 1 + x \Rightarrow e^{-\frac{2gh}{c^2}} \approx 1 - \frac{2gh}{c^2}$. Damit folgt

$$v = c\sqrt{1 - \left(1 - \frac{2gh}{c^2}\right)} = c\sqrt{\frac{2gh}{c^2}} = \sqrt{2gh}$$

Damit ist das Newtonsche Ergebnis als Spezialfall gezeigt.

Kapitel 12 Kosmologie

> ητοι μεν πρωτιστα χαοσ γενετ
> Hesiod, Theogonie ("Früher als alles entstand das Chaos")
>
> Als Einstein mit seiner Frau Elsa 1930 den Mount Wilson besichtigte, erklärte man Elsa, dass an diesem Teleskop die Expansion des Weltalls nachgewiesen wurde. Sie sagte: So etwas macht mein Mann auf der Rückseite eines alten Briefumschlags!

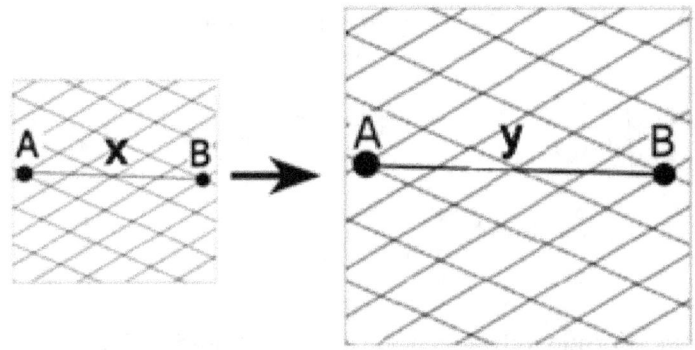

Abbildung 81: Anwachsen des Abstands AB bei Expansion

Aufgabe 203: Hubble-Gesetz

Leiten Sie das Hubble-Gesetz unter der Voraussetzung einer gleichförmigen Expansion des Weltalls her!

Lösung 203:

Bei einer gleichförmigen Expansion ist das Verhältnis des Abstands zweier Galaxien A,B konstant, wobei x fest vorgegeben ist.

$$R = \frac{y}{x} \Rightarrow y(t) = R(t)x$$

Die Funktion $R(t)$ heißt der Skalenfaktor des Universums. Die Geschwindigkeit der Änderung ergibt sich durch Differenzieren nach der Zeit

$$v(t) = \frac{d}{dt}(y) = \frac{d}{dt}(Rx) = \dot{R}(t)x = \frac{\dot{R}(t)}{R(t)}xR(t) = \underbrace{\frac{\dot{R}(t)}{R(t)}}_{H(t)} y(t) = H(t)y(t)$$

Setzt man für die Jetztzeit $t = t_0$, so folgt das Hubble-Gesetz in der bekannten Form mit $z = \frac{v}{c}$

$$v = H_0 r \quad bzw. \quad cz = H_0 r$$

Die letzte Formel gilt nur für kleine Expansionsrotverschiebungen z, da die Raumkrümmung vernachlässigt wird. Das Verhältnis $\frac{\dot{R}(t)}{R(t)} = H(t)$ heißt der Hubble-Parameter, der jetzige Wert H_0 die Hubble-Konstante.

Aufgabe 204: Friedmann-Gleichung

a) Leiten Sie für eine Galaxie am Rande des Universum die Friedmann-Gleichung her

$$\left(\frac{\dot{R}}{R}\right)^2 = \frac{8\pi}{3}G\rho - \frac{kc^2}{R^2}$$

b) Berechnen Sie für $k = 0$ den Wert der die sog. kritische Dichte des Universum. Verwenden Sie den Wert $H_0 = 2{,}30 \cdot 10^{-18} \frac{1}{s}$.

c) Interpretieren Sie den Wert $k = 0$.

d) Die Frei-Fall-Zeit eines astronomischen Objekts ist (bis auf Konstanten) gegeben durch

$$\tau_{FF} = \sqrt{\frac{3}{8\pi G\rho}}$$

Welche Zeit ergibt sich, wenn man die kritische Dichte einsetzt?

Lösung 204:

a) Für eine Galaxie der Masse m am Rand des kugelförmigen Universums (Masse M, Radius R) ist die potenzielle Energie

$$E_{pot} = -G\frac{Mm}{R} = -G\frac{m}{R}\frac{4}{3}\pi\rho R^3 = -\frac{4\pi}{3}GR^2\rho$$

Mit der kinetischen Energie $E_{kin} = \frac{1}{2}m\dot{R}^2$ ergibt sich die Gesamtenergie

$$E = \frac{1}{2}m\dot{R}^2 - \frac{4\pi}{3}GmR^2\rho = \frac{1}{2}mR^2\left(\frac{\dot{R}^2}{R^2} - \frac{8\pi}{3}G\rho\right) = \frac{1}{2}mR^2\left(H_0^2 - \frac{8\pi}{3}G\rho\right)$$

Dabei wurde $\frac{\dot{R}}{R} = H$ dem Hubble-Parameter gleichgesetzt. Dividiert man den Term $(-2E)$ durch die Masse, so erhält man auf der rechten Seite der Gleichung eine Konstante k, die Aufschluss über die Geometrie des Universums gibt H_0^2

$$k = -\frac{2E}{mc^2} = \frac{R^2}{c^2}\left(\frac{8\pi}{3}G\rho - H_0^2\right)$$

Auflösen nach H^2 ergibt die gesuchte Gleichung

$$\frac{kc^2}{R^2} = \frac{8\pi}{3}G\rho - H_0^2 \Rightarrow H_0^2 = \frac{8\pi}{3}G\rho - \frac{kc^2}{R^2}$$

b) Für $k = 0$ verschwindet die runde Klammer und es ergibt sich die kritische Dichte

$$\frac{8\pi}{3} G\rho - H_0^2 = 0 \Rightarrow \rho_{krit} = \frac{3H_0^2}{8\pi G}$$

Mit dem angegebenen Wert der Hubble-Konstanten folgt

$$\rho_{krit} = \frac{3H_0^2}{8\pi G} = \frac{3(2{,}30 \cdot 10^{-18} \, s^{-1})^2}{8\pi \cdot 6{,}673 \cdot 10^{-11} \frac{m^3}{kg s^2}} = 9{,}5 \cdot 10^{-27} \frac{kg}{m^3}$$

c) Für $k = 0$ ist die Gesamtenergie konstant gleich Null. Diesen Fall deutet man als "flaches" Universum. Für $k > 0$ überwiegt die kinetische Energie, was zu einer Expansion eines "offenen" Universums führt. Analog führt $k < 0$ zum Überwiegen der potenziellen Energie, so dass es irgendwann zu einer Kontraktion des "geschlossenen" Universums kommt.

d) Einsetzen liefert

$$\tau_{FF} = \sqrt{\frac{3}{8\pi G} \frac{8\pi G}{3H_0^2}} = \frac{1}{H_0}$$

Es ergibt sich die sog. Hubble-Zeit, die etwa das Alter des Universums angibt.

Aufgabe 205: Raumexpansion
Ein würfelförmiges Volumen (Kantenlänge a) nimmt Teil an der Hubble-Expansion.
a) Bestimmen Sie die zeitliche Änderung des Volumens!
b) Welche zeitliche Änderung der Dichte folgt daraus?
c) Wie viele Wasserstoffatome pro Jahr müssen in einem Kubikmeter erzeugt werden, damit die kritische Dichte erhalten bleibt? Verwenden Sie die Werte $H_0 = 71 \frac{km/s}{Mpc}$ und $\rho_{krit} = \frac{3H_0^2}{8\pi G}$.

Lösung 205:
a) Die Kantenlänge a wächst bei der Expansion in der Zeit Δt um $aH_0 \Delta t$. Die Volumenänderung wird damit

$$\Delta V = (a + aH_0 \Delta t)^3 - a^3 = a^3(1 + H_0 \Delta t)^3 - a^3 \approx a^3(1 + 3H_0 \Delta t) - a^3$$

$$\Rightarrow \Delta V = a^3(1 + 3H_0 \Delta t - 1) = 3 a^3 H_0 \Delta t = 3VH_0 \Delta t$$

Die zeitliche Änderung des Volumens ist daher $\frac{dV}{dt} = 3VH_0$.

b) Aus der Definition folgt

$$\rho = \frac{m}{V} \Rightarrow \frac{d\rho}{dV} = -\frac{m}{V^2}$$

Die zeitliche Änderung der Dichte ist daher unter Anwendung der Kettenregel

$$\frac{d\rho}{dt} = \frac{d\rho}{dV}\frac{dV}{dt} = -\frac{m}{V^2} \cdot 3VH_0 = -\frac{3m}{V}H_0 = -3\rho H_0$$

c) Die kritische Dichte beträgt

$$\rho_{krit} = \frac{3H_0^2}{8\pi G} = \frac{3\left(2{,}301 \cdot 10^{-18}\frac{1}{s}\right)^2}{8\pi \cdot 6{,}673 \cdot 10^{-11}\frac{m^3}{kgs^2}} = 9{,}5 \cdot 10^{-27}\frac{kg}{m^3}$$

Einsetzen der Zahlenwerte liefert

$$\left|\frac{d\rho}{dt}\right| = 3 \cdot 9{,}47 \cdot 10^{-27}\frac{kg}{m^3} \cdot 2{,}301 \cdot 10^{-18}\frac{1}{s} = 6{,}54 \cdot 10^{-44}\frac{kg}{m^3 s}$$

Skalieren auf Wasserstoffmassen und Jahr liefert

$$\Rightarrow \left|\frac{d\rho}{dt}\right| = 3{,}91 \cdot 10^{-17}\, m_H \frac{1}{m^3 s} = 1{,}23 \cdot 10^{-9}\, m_H \frac{1}{m^3 a}$$

Pro Kubikmeter muss also erzeugt werden:

$$1{,}23 \cdot 10^{-9}\, m_H \frac{1}{a} = 1 m_H \frac{1}{8{,}1 \cdot 10^8 a}$$

Das bedeutet: Pro Kubikmeter müsste alle 810 Mill. Jahre ein einziges Wasserstoffatom erzeugt werden.

Aufgabe 206: Kritische Dichte

Für einen Körper am Rand des Universums (Radius R, Masse M) soll die Fluchtgeschwindigkeit gleich der Geschwindigkeit nach dem Hubble-Gesetz sein ($H_0 = 71\frac{km/s}{Mpc}$).

a) Bestimmen Sie daraus die kritische Dichte des Universums!
b) Wie groß ist der Radius des Universums, wenn man den Kehrwert der Hubble-Konstante H_0 als Alter des Universums auffasst?
c) Welche Masse des Universums ergibt sich dann aus der kritischen Dichte?

Lösung 206:

a) Gleichsetzen der Geschwindigkeiten $v_F = \sqrt{\frac{2GM}{R}}$ bzw. $v = H_0 R$ ergibt

$$\frac{2GM}{R} = H_0^2 R^2 \Rightarrow M = \frac{H_0^2 R^3}{2G}$$

Einsetzen eines kugelförmigen Volumens ergibt die Dichte

$$M = \frac{4}{3}\pi\rho R^3 = \frac{H_0^2 R^3}{2G} \Rightarrow \rho = \frac{3}{8}\frac{H_0^2}{\pi G}$$

Einsetzen des Werts $H_0 = 2{,}26 \cdot 10^{-18}\,\frac{1}{s}$ liefert

$$\rho_{krit} = \frac{3}{8}\frac{H_0^2}{\pi G} = 9{,}5 \cdot 10^{-27}\,\frac{kg}{m^3}$$

Die kritische Dichte ist damit $9{,}5 \cdot 10^{-27}\,\frac{kg}{m^3}$.

b) Das angenommene Weltalter ist dann

$$T = \frac{1}{H_0} = 4{,}34 \cdot 10^{17}\,s = 1{,}37 \cdot 10^{10}\,a$$

Der Radius der sichtbaren Welt ist damit

$$R = cT = 1{,}37 \cdot 10^{10}\,Lj = 1{,}29 \cdot 10^{26}\,m$$

Das Weltalter ist damit 13,7 Mrd. Jahre; der Weltradius entsprechend 13,7 Mrd. Lichtjahre oder 4,2 Gpc.

c) Die kritische Masse ist damit

$$M = \frac{4}{3}\pi\rho R^3 = \frac{4}{3}\pi \cdot 9{,}5 \cdot 10^{-27}\,\frac{kg}{m^3} \cdot (1{,}291 \cdot 10^{26}\,m)^3 = 8{,}6 \cdot 10^{52}\,kg = 4{,}3 \cdot 10^{22}\,M_\odot$$

Diese Masse kann veranschaulicht werden als Gesamtmasse von 10^{11} Galaxien zu je 10^{11} Sonnenmassen.

Aufgabe 207: Friedmann-Gleichung

a) Lösen Sie die Friedmann-Gleichung (ohne kosmologische Konstante) in einem materiedominierten, flachen Universum

$$\left(\frac{\dot{R}}{R}\right)^2 = \frac{8\pi}{3}G\rho - \frac{kc^2}{R^2}$$

b) Bestimmen Sie die Zeitabhängigkeit der Materiedichte $\rho(t)$
c) Bestimmen Sie die Zeitabhängigkeit des Hubble-Parameters $H(t)$ in diesem Modell
d) Welches Alter des Universums ergibt sich in diesem Modell?

Lösung 207:

a) Erweitern der Friedmann-Gleichung mit R^2 liefert mit $k = 0$

$$\dot{R}^2 = \frac{8\pi}{3}G\rho R^2$$

Da die Dichte indirekt proportional zum Volumen ist, folgt

$$\rho \sim R^{-3} \Rightarrow \rho = \rho_0 \left(\frac{R_0}{R}\right)^3$$

Einsetzen zeigt

$$\dot{R}^2 = \frac{8\pi}{3}G\rho R^2 = \frac{8\pi}{3}G\rho_0 \left(\frac{R_0}{R}\right)^3 R^2 = \frac{8\pi}{3}G\rho_0 R_0^3 \frac{1}{R}$$

Mit dem Exponentialansatz $R = R_0 t^\alpha \Rightarrow \dot{R} = R_0 \alpha t^{\alpha-1}$ folgt durch Koeffizientenvergleich

$$R_0^2 \alpha^2 t^{2\alpha-2} = \frac{8\pi}{3}G\rho_0 R_0^3 \frac{1}{R_0}t^{-\alpha} \Rightarrow t^{2\alpha-2} = t^{-\alpha} \Rightarrow \alpha = \frac{2}{3}$$

Für den Skalenfaktor gilt daher im flachen Universum $R(t) = R_0 \left(\frac{t}{t_0}\right)^{2/3}$.

b) Für die Entwicklung der Materiedichte folgt

$$\rho = \rho_0 \left(\frac{R_0}{R}\right)^3 = \rho_0 \left(\frac{R_0}{R_0 t^{2/3}}\right)^3 = \rho_0 t^{-2/3}$$

c) Für die Zeitabhängigkeit des Hubble-Parameters folgt

$$H(t) = \frac{\dot{R}(t)}{R(t)} = \frac{\frac{2}{3}R_0 t^{-1/3}}{R_0 t^{2/3}} = \frac{2}{3t}$$

Wegen $\lim H(t) \to 0$ für $t \to \infty$ kommt die Expansion des Universum irgendwann zum Stillstand.

d) Kennzeichnet man die jetzt geltenden Werte mit dem Index 0, so folgt

$$H_0 = \frac{2}{3t_0} \Rightarrow t_0 = \frac{2}{3}H_0^{-1} = \frac{2}{3}(2{,}30 \cdot 10^{-18}s)^{-1} = 2{,}9 \cdot 10^{17}s = 9{,}2 \cdot 10^9 a$$

Das Alter des Universums in diesem Modell beträgt 9,2 Mrd. Jahre. Einige Kugelsternhaufen und Meteoriten sind jedoch sicher älter als 9,2 Mrd. Jahre.

Aufgabe 208: Friedmann 2
a) Zeigen Sie, dass gilt $R \sim T^{-1}$
b) Lösen Sie die Friedmann-Gleichung (ohne kosmologische Konstante) in einem strahlungsdominierten, flachen Universum

$$\left(\frac{\dot{R}}{R}\right)^2 = \frac{8\pi}{3} G \rho_r - \frac{kc^2}{R^2}$$

c) Bestimmen Sie die Zeitabhängigkeit der Strahlungsdichte $\rho_r(t)$
d) Bestimmen Sie die Zeitabhängigkeit des Hubble-Parameters $H(t)$ in diesem Modell

Lösung 208:
a) Die Gültigkeit des Wienschen Verschiebungsgesetzes vorausgesetzt, gilt: $\lambda_{max} T = const$
$\Rightarrow \lambda_{max} \sim T^{-1}$. Da die Wellenlänge λ_{max} wie jede andere Länge mit dem Skalenfaktor skaliert, gilt: $R \sim T^{-1}$.

b) Erweitern der Friedmann-Gleichung mit R^2 liefert mit $k = 0$

$$\dot{R}^2 = \frac{8\pi}{3} G \rho_r R^2$$

Für die Energiedichte $\epsilon = aT^4$ gilt nach a)

$$\epsilon = c^2 \rho_r \sim T^4 \sim R^{-4} \Rightarrow \rho_r = \rho_{r,0} \left(\frac{R_0}{R}\right)^4$$

Einsetzen zeigt

$$\dot{R}^2 = \frac{8\pi}{3} G \epsilon R^2 = \frac{8\pi}{3} G \rho_r \left(\frac{R_0}{R}\right)^4 R^2 = \frac{8\pi}{3} G \rho_r R_0^4 \frac{1}{R^2}$$

Mit dem Exponentialansatz $R = R_0 t^\alpha \Rightarrow \dot{R} = R_0 \alpha t^{\alpha-1}$ folgt durch Koeffizientenvergleich

$$R_0^2 \alpha^2 t^{2\alpha-2} = \frac{8\pi}{3} G\rho_r R_0^4 \frac{1}{R_0^2} t^{-2\alpha} \Rightarrow t^{2\alpha-2} = t^{-2\alpha} \Rightarrow \alpha = \frac{1}{2}$$

Für den Skalenfaktor gilt hier $R(t) = R_0 \left(\frac{t}{t_0}\right)^{1/2}$.

b) Für die Entwicklung der Energiedichte folgt

$$\epsilon_r(t) = \epsilon_r \left(\frac{R_0}{R}\right)^4 = \epsilon_r \left(\frac{R_0}{R_0 t^{1/2}}\right)^4 = \epsilon_r \left(\frac{t}{t_0}\right)^{-2}$$

c) Für die Zeitabhängigkeit des Hubble-Parameters folgt

$$H(t) = \frac{\dot{R}(t)}{R(t)} = \frac{\frac{1}{2} R_0 t^{-1/2}}{R_0 t^{1/2}} = \frac{1}{2t}$$

Aufgabe 209: Friedmann-Lemaître

Erweitert man die Friedmann-Gleichung um die Strahlungsdichte ρ_r und um die Strahlungsdichte des Vakuums $\rho_\Lambda = \frac{\Lambda c^2}{8\pi G}$, so erhält man die Friedmann-Lemaître (FL)-Gleichung

$$H^2 = \frac{8\pi}{3} G(\rho_m + \rho_r + \rho_\Lambda) - \frac{kc^2}{R^2}$$

a) Führen Sie für das Verhältnis der Dichtewerte zur kritischen Dichte die Dichteparameter Ω_m, Ω_r bzw. Ω_Λ ein und zeigen Sie, dass für $\Omega = \Omega_m + \Omega_r + \Omega_\Lambda$ die FL-Gleichung folgende Form annimmt:

$$\Omega - 1 = \frac{kc^2}{\dot{R}^2}$$

b) Was folgt aus dem Wert von Ω für den Krümmungsparameter?

Lösung 209:

a) Erweitern mit dem Faktor $\frac{3}{8\pi G}$ liefert

$$\frac{3H^2}{8\pi G} = (\rho_m + \rho_r + \rho_\Lambda) - \frac{3}{8\pi G} \frac{kc^2}{R^2}$$

Der links stehende Term stellt genau die kritische Dichte ρ_{krit} dar

$$\rho_{krit} = (\rho_m + \rho_r + \rho_\Lambda) - \underbrace{\frac{3H^2}{8\pi G}}_{\rho_{krit}} \frac{kc^2}{R^2 H^2}$$

Division durch ρ_c liefert mit dem Dichteparameter Ω

$$1 = \left(\frac{\rho_m + \rho_r + \rho_\Lambda}{\rho_{krit}}\right) - \frac{kc^2}{R^2 H^2} \Rightarrow 1 = (\Omega_m + \Omega_r + \Omega_\Lambda) - \frac{kc^2}{R^2 H^2} \Rightarrow \Omega - 1 = \frac{kc^2}{\dot{R}^2}$$

b) Für $\Omega = 1$ folgt $k = 0$, also ein flaches Universum. Für ein offenes Universum folgt

$$k = -1 \Rightarrow \Omega < 1 \Rightarrow \dot{R} = \frac{c}{\sqrt{1 - \Omega}}$$

Analog ergibt sich für ein geschlossenes Universum

$$k = 1 \Rightarrow \Omega > 1 \Rightarrow \dot{R} = \frac{c}{\sqrt{\Omega - 1}}$$

Aufgabe 210: Bremsparameter

Für die Expansion des Universums ist auch die zeitliche Änderung der Expansionsgeschwindigkeit $\ddot{R}$ von Interesse. Dazu definiert man den Bremsparameter q wie folgt

$$q = -\frac{\ddot{R} R}{\dot{R}^2}$$

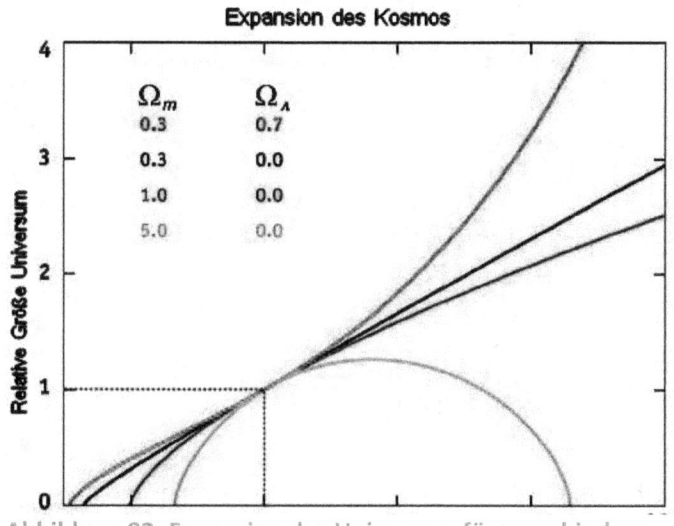

Abbildung 82: Expansion des Universum für verschiedene Modelle

a) Leiten Sie aus der Friedmann-Gleichung folgende Formel her:

$$\ddot{R} = -\frac{4\pi G R}{3}(\rho_m - 2\rho_\Lambda)$$

b) Begründen Sie damit die Beziehung

$$q_0 = \frac{1}{2}\Omega_m - \Omega_\Lambda$$

c) Welcher Wert von q_0 ergibt sich für die momentan favorisierten Werte $\Omega_m = 0{,}27$ bzw. $\Omega_\Lambda = 0{,}73$.

d) Bestimmen Sie den Wert der Rotverschiebung zu dem Zeitpunkt, an dem die Beschleunigung oder Bremsung begann.

Lösung 210:

a) Erweitern der Friedmann-Lemaître-Gleichung mit R^2 ergibt

$$\left(\frac{\dot{R}}{R}\right)^2 = \frac{8\pi G}{3}(\rho_m + \rho_\Lambda) - \frac{kc^2}{R^2} \Rightarrow \dot{R}^2 = \frac{8\pi G}{3}(R^2\rho_m + R^2\rho_\Lambda) - kc^2$$

Wegen $\underbrace{\rho_m R^3}_{const} = C$ folgt

$$\frac{d}{dt}(\rho_m R^2) = \frac{d}{dt}\left(\frac{C}{R}\right) = -\frac{C\dot{R}}{R^2} = -\rho_m R\dot{R}$$

Differenzieren nach der Zeit liefert

$$2\dot{R}\ddot{R} = -\frac{8\pi G}{3}(R\dot{R}\rho_m - 2R\dot{R}\rho_\Lambda) = -\frac{8\pi G}{3}R\dot{R}(\rho_m - 2\rho_\Lambda) \qquad (1)$$

Vereinfachen zeigt die gesuchte Form

$$\ddot{R} = -\frac{4\pi GR}{3}(\rho_m - 2\rho_\Lambda)$$

b) Erweitern von (1) mit $\left(-\frac{R}{2\dot{R}^3}\right)$ liefert

$$-\underbrace{\frac{R\ddot{R}}{\dot{R}^2}}_{q_0} = \frac{8\pi G}{3}\underbrace{\frac{R^2}{\dot{R}^2}}_{H_0^{-2}}\left(\frac{1}{2}\rho_m - \rho_\Lambda\right) \Rightarrow q_0 = \frac{8\pi G}{\underbrace{3H_0^2}_{\rho_{krit}^{-1}}}\left(\frac{1}{2}\rho_m - \rho_\Lambda\right)$$

Da hier die aktuellen Dichteparameter benützt werden, ergibt sich

$$\Rightarrow q_0 = \frac{1}{2}\frac{\rho_m}{\rho_{krit}} - \frac{\rho_\Lambda}{\rho_{krit}} \Rightarrow q_0 = \frac{1}{2}\Omega_m - \Omega_\Lambda$$

c) Einsetzen der Werte zeigt

$$q_0 = \frac{1}{2}\Omega_m - \Omega_\Lambda = \frac{0{,}27}{2} - 0{,}73 = -0{,}60$$

Ein negativer Wert des Bremsparameters $q_0 < 0$ gibt an, dass das Universum momentan eine Beschleunigung erfährt.

d) Umrechnen auf die Vergangenheit liefert mit $\rho_m \sim R^{-3}, R \sim (1+z)^{-1}$

$$q(z) = \frac{1}{2}\Omega_m(1+z)^3 - \Omega_\Lambda$$

Nullsetzen der Beschleunigung ergibt

$$q(z) = 0 \Rightarrow \frac{1}{2}\Omega_m(1+z)^3 = \Omega_\Lambda \Rightarrow (1+z)^3 = \frac{2\Omega_\Lambda}{\Omega_m} \Rightarrow z = \sqrt[3]{\frac{2\Omega_\Lambda}{\Omega_m}} - 1$$

Einsetzen der Parameter liefert

$$z = \sqrt[3]{\frac{2 \cdot 0{,}73}{0{,}27}} - 1 = z = 0{,}76$$

Das Weltalter bei der Rotverschiebung $z = 0{,}76$ betrug etwa 7,1 Mrd. Jahre (siehe Grafik im Anhang). Somit setzte die Beschleunigung vor 6,6 Mrd. Jahren ein.

Aufgabe 211: Rotverschiebung

Betrachtet wird ein materiedominiertes, flaches Universum.
a) Leiten Sie einen Zusammenhang zwischen der Expansionsrotverschiebung z und dem Skalenfaktor R her!
b) Bestimmen Sie damit die Entfernung r einer Galaxie der Rotverschiebung z.
c) Welchen Laufweg l hat dabei das Licht zurückgelegt?
d) Ermitteln Sie die sog. Rückblickzeit, das ist die Zeit, die das Licht bis zur Erde benötigt

Lösung 211:

a) Die Rotverschiebung ist definiert als $z = \frac{\Delta\lambda}{\lambda_e} = \frac{\lambda_0 - \lambda_e}{\lambda_e} = \frac{\lambda_0}{\lambda_e} - 1 \Rightarrow z + 1 = \frac{\lambda_0}{\lambda_e}$. Dabei ist λ_0 die beobachtete (*observed*), λ_e die emittierte Wellenlänge. Da die Wellenlängen, wie alle Längen mit dem Skalenfaktor skalieren, folgt

$$z + 1 = \frac{\lambda_0}{\lambda_e} = \frac{R(t_0)}{R(t_e)}$$

Im materiedominierten, flachen Universum gilt damit

$$z + 1 = \frac{R(t_0)}{R(t_e)} = \left(\frac{t_0}{t_e}\right)^{2/3}$$

Dabei ist t_0 die Jetztzeit, t_e die Emissionszeit; also die Zeit, zu der das Licht emittiert wurde.

b) Für ein Wegelement $ds = R dr$ des Lichts im flachen Universum gilt

$$\frac{dr}{dt} = \frac{ds}{R\,dt} = \frac{c}{R} = \frac{c}{R_0}\frac{R_0}{R} = \frac{c}{R_0}\left(\frac{t_0}{t}\right)^{2/3}$$

Es folgt mit $r_e = r(t_e)$ bzw. $r_0 = r(t_0)$

$$r = \int_{r_e}^{r_0} dr = \frac{c}{R_0} \int_{t_e}^{t_0} \left(\frac{t_0}{\tau}\right)^{2/3} d\tau = \frac{c t_0^{2/3}}{R_0} \int_{t_e}^{t_0} \tau^{-2/3} d\tau = \frac{3 c t_0^{2/3}}{R_0} [\tau^{1/3}]_{t_e}^{t_0}$$

$$\Rightarrow r = r_0 - r_e = \frac{3 c t_0^{2/3}}{R_0} [t_0^{1/3} - t_e^{1/3}] = \frac{3 c t_0}{R_0} \left[1 - \left(\frac{t_e}{t_0}\right)^{1/3}\right]$$

Nach a) gilt

$$\left(\frac{t_0}{t_e}\right)^{2/3} = z + 1 \Rightarrow \left(\frac{t_e}{t_0}\right)^{1/3} = \frac{1}{\sqrt{z+1}}$$

Das Integral liefert mit $t_0 = \frac{2}{3H_0}$ die gesuchte Entfernung

$$\Rightarrow r_E = \frac{3 c t_0}{R_0} \left[1 - \left(\frac{t_e}{t_0}\right)^{1/3}\right] = \frac{2c}{H_0} \left[1 - \frac{1}{\sqrt{z+1}}\right]$$

Um diese Entfernungsmessungen von anderen zu unterscheiden, wird sie Eigendistanz genannt.

c) Die Lichtlaufzeit, auch Rückblickzeit genannt, ist gegeben durch $(t_0 - t_e)$. Der Lichtlaufweg ist damit nach b)

$$l = c(t_0 - t_e) = \frac{c}{t_0}\left(1 - \frac{t_e}{t_0}\right) = \frac{c}{t_0}\left[1 - \frac{1}{(z+1)^{3/2}}\right] = \frac{2c}{3H_0}\left[1 - \frac{1}{(z+1)^{3/2}}\right]$$

d) Die Rückblickzeit (englisch *looking back time*) $(t_0 - t_e)$ ist nach c)

$$(t_0 - t_e) = \frac{l}{c} = \frac{2}{3H_0}\left[1 - \frac{1}{(z+1)^{3/2}}\right]$$

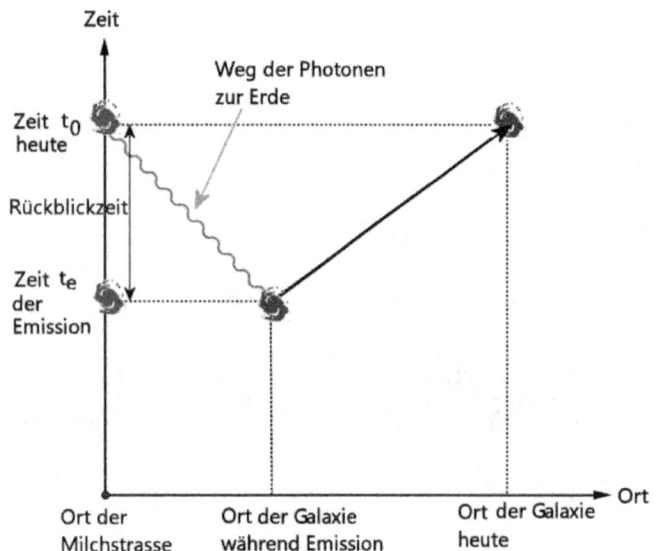

Abbildung 83: Veranschaulichung der Rückblickzeit

Aufgabe 212: Fortsetzung

Berechnen Sie für die Rotverschiebung $z = 3$ alle Parameter von Aufgabe 185. Rechnen Sie im Modell des materiedominierten, flachen Universums $(\Omega_m = 1)$ ohne kosmologische Konstante!

Lösung 212:
Für $z = 3$ folgt für die Jetztzeit t_0, also die Zeit nach dem Urknall mit $H_0 = 2{,}3 \cdot 10^{-18} \frac{1}{s}$

$$t_0 = \frac{2}{3H_0} = \frac{2}{3 \cdot 2{,}3 \cdot 10^{-18} \frac{1}{s}} = 2{,}9 \cdot 10^{17} s = 9{,}2 \cdot 10^9 a$$

Die Zeit zur Rotverschiebung $z = 3$ ergibt sich aus

$$\frac{t_e}{t_0} = \frac{1}{(z+1)^{3/2}} \Rightarrow t_e = \frac{t_0}{(z+1)^{3/2}} = \frac{9{,}2 \cdot 10^9 a}{4^{3/2}} = 1{,}2 \cdot 10^9 a$$

Die Rückblickzeit ist damit $(t_0 - t_e) = (9{,}19 - 1{,}15) \cdot 10^9 a = 8{,}04 \cdot 10^9 a$. Der Lichtlaufweg beträgt

$$l = c(t_0 - t_e) = 3 \cdot 10^5 \frac{km}{s} \cdot 8{,}0 \cdot 10^9 \cdot 365{,}24 \cdot 24 \cdot 3600\, s = 7{,}6 \cdot 10^{22} km = 2{,}5\, Gpc$$

Die Entfernung beträgt

$$r = \frac{2c}{H_0}\left[1 - \frac{1}{\sqrt{z+1}}\right] = \frac{2 \cdot 3 \cdot 10^5 \frac{km}{s}}{71 \frac{km/s}{Mpc}}\left[1 - \frac{1}{\sqrt{4}}\right] = 4{,}3\, Gpc$$

Aufgabe 213: Horizontentfernung
Die Horizontentfernung oder der Radius des sichtbaren Universum ist gegeben durch

$$r_H = R(t) \int_0^t \frac{c}{R(\tau)} d\tau$$

Bestimmen Sie die Horizontentfernung im materiedominierten, flachen Universum!

Lösung 213:
Nach Aufgabe 181 gilt $R \sim t^{2/3} \Rightarrow R(t) = \alpha t^{2/3}$. Damit folgt die Horizontdistanz zu

$$r_H(t) = R(t) \int_0^t \frac{c}{R(\tau)} d\tau = \alpha t^{\frac{2}{3}} \int_0^t \frac{c}{\alpha \tau^{\frac{2}{3}}} d\tau = ct^{\frac{2}{3}} \int_0^t \tau^{-\frac{2}{3}} d\tau = ct^{\frac{2}{3}} \left[3\tau^{\frac{1}{3}}\right]_0^t = 3ct$$

Für den heutigen Wert folgt mit $t_0 = \frac{2}{3H_0}$

$$r_H(t_0) = 3ct_0 = \frac{2c}{H_0} = \frac{2 \cdot 3 \cdot 10^5 \frac{km}{s}}{71 \frac{km/s}{Mpc}} = 8{,}5 \, Gpc$$

Der Horizontradius kann auf andere Rotverschiebungen umgerechnet werden mittels $t^{3/2} \sim (1+z)$

$$r_H(z) = \frac{2c}{H_0} \frac{1}{(z+1)^{3/2}}$$

Für $z = 0$ erhält man wieder den heutigen Horizontradius. Da das Universum expandiert, können uns Photonen aus immer entfernteren Teilen des Universums erreichen; die entsprechende Grenze ist durch den Horizontradius gegeben.

Bemerkung: Die Horizontentfernung im flachen Universum bei Berücksichtigung der kosmologischen Konstante ist

$$r_H(t) = \left(\frac{\Omega_m}{\Omega_\Lambda}\right)^{1/3} \left[\sinh\left(\frac{3}{2} H_0 t \sqrt{\Omega_\Lambda}\right)\right]^{2/3} \int_0^t \frac{c}{\left(\frac{\Omega_m}{\Omega_\Lambda}\right)^{1/3} \left[\sinh\left(\frac{3}{2} H_0 t \sqrt{\Omega_\Lambda}\right)\right]^{2/3}} dt$$

Die Behandlung einer solchen Funktion übersteigt den Rahmen des Buchs. Für das jetzige Alter des Universums $t_0 = 13{,}7 \cdot 10^9 \, a$ folgt für den Horizontradius $r_H(t_0) = 14{,}6 \, Gpc$. Ferner existiert der Grenzwert für $t \to \infty$ $\lim r_H(t) = 19{,}3 \, Gpc$. Trotz der Expansion des Alls wird man nie weiter sehen können als $19{,}3 \, Gpc$.

Aufgabe 214: Leuchtkraftentfernung
Da im Universum die Euklidsche Geometrie nicht mehr gilt, stimmen die Entfernungsmessungen mittels Rotschiebung, Winkeldurchmesser und Leuchtkraft nicht mehr überein. Jede dieser Methode liefert ein eigenes Ergebnis.
a) Bestimmen Sie allgemein die Leuchtkraftentfernung r_L einer Galaxie der Rotverschiebung z, indem Sie die Raumexpansion und Zeitdilatation berücksichtigen.
b) Wie kann damit die Gleichung des Entfernungsmoduls verallgemeinert werden?

Lösung 214:
a) Der Strahlungsfluss einer Leuchtquelle ist definiert durch

$$F = \frac{L}{4\pi r^2} \Rightarrow r_L^2 = \frac{L}{4\pi F}$$

Da die Leuchtkraft definiert ist durch die abgestrahlte Energie pro Zeit, muss die Änderung der Energie durch Wellenlängenänderung der Photonen und die veränderte Photonenzahl (infolge der Zeitdilatation) berücksichtigt werden. Somit gilt

$$F = \frac{L}{4\pi r_E^2 (1+z)^2} \Rightarrow r_L = r_E(1+z)$$

b) Das für kleine Rotverschiebungen geltende Entfernungsmodul wird erweitert zu

$$m - M = 5 \log \frac{r}{10\,pc} \Rightarrow m - M = 5 \log \frac{r_L}{10\,pc}$$

Aufgabe 215: Winkelentfernung

a) Bestimmen Sie allgemein die Entfernung r_A einer Galaxie, die aufgrund einer Winkelmessung erfolgt.
b) Zeigen Sie, dass der Winkeldurchmesser für $z = \frac{5}{4}$ minimal wird!

Lösung 215:

a) Ist D der Durchmesser des Galaxie und θ ihr Winkeldurchmesser, so gilt

$$r_A = \frac{D}{\theta} \Rightarrow D = r_A \theta$$

Da aber der Durchmesser D mit dem Skalenfaktor skaliert, gilt

$$D(1+z) = r_E \theta \Rightarrow r_A = \frac{r_E}{1+z}$$

Diese Formel zeigt einen überraschenden Effekt. Blickt man in die Vergangenheit, so wird die Winkelentfernung kleiner für größer werdende Rotverschiebung! Insbesondere folgt, dass der von der Galaxie eingenommene Raumwinkel größer wird.

b) Setzt man die Eigenentfernung r_E aus Aufgabe 181 ein, so folgt für den Winkeldurchmesser

$$\theta = \frac{D(1+z)}{r_E} = \frac{D(1+z)}{3ct_0 \left[1 - \frac{1}{\sqrt{1+z}}\right]} = \frac{D(1+z)}{3ct_0 \left[\frac{\sqrt{1+z}-1}{\sqrt{1+z}}\right]} = \frac{D(1+z)^{3/2}}{3ct_0 [\sqrt{1+z}-1]}$$

Differenzieren nach z liefert

$$\frac{d\theta}{dz} = \frac{D}{3ct_0} \left[\frac{3\sqrt{1+z}}{2(\sqrt{1+z}-1)} - \frac{1+z}{2(\sqrt{1+z}-1)^2}\right] = \frac{D}{3ct_0} \frac{2z - 3\sqrt{1+z}+2}{2[\sqrt{1+z}-1]^2}$$

Der Extremwert wird bestimmt durch Nullsetzen des Zählers

$$2z + 2 = 3\sqrt{1+z} \Rightarrow 4z^2 + 8z + 4 = 9 + 9z \Rightarrow 4z^2 - z - 5 = 0$$

Lösung der quadratischen Gleichung ist

$$z = \frac{1 \pm \sqrt{1+80}}{8} = \frac{1 \pm 9}{8} = \begin{cases} \frac{5}{4} \\ -1 \end{cases}$$

Skizzieren der obenstehenden Parabel zeigt, dass $z = \frac{5}{4}$ eine Minimumsstelle ist.

Aufgabe 216: Kosmologische Konstante

Während im Modell der massendominierten Universums nur die Massendichte ρ_m zu berücksichtigen ist, muss im allgemeinen Fall auch die Strahlungsdichte ρ_r einbezogen werden. Da die Quantenmechanik herausgefunden hat, dass auch das Vakuum voller Fluktuationen (ähnlich wie die Nullpunktsenergie eines harmonischen Oszillators) ist, berücksichtigt man dies durch die Einführung einer Vakuumenergiedichte ϵ_Λ bzw. Vakuumstrahlungsdichte ρ_Λ

$$\epsilon_\Lambda = \frac{\Lambda c^4}{8\pi G} = c^2 \rho_\Lambda \Rightarrow \rho_\Lambda = \frac{\Lambda c^2}{8\pi G}$$

Die im Zähler auftretende Konstante ist die berühmte Einsteinsche kosmologische Konstante Λ, definiert durch

$$\Lambda = \frac{8\pi G}{c^4} \epsilon_\Lambda = \frac{8\pi G}{3c^2} \rho_\Lambda$$

Damit erhält man die FL-Gleichung in der Form

$$\left(\frac{\dot{R}}{R}\right)^2 + \frac{kc^2}{R^2} = \frac{8\pi G}{3}(\rho_m + \rho_\Lambda) \Rightarrow H^2 = \frac{8\pi}{3} G\rho - \frac{kc^2}{R^2} + \frac{1}{3}\Lambda c^2$$

a) Bestimmen für ein flaches Universum ($k = 0$) die kritische Dichte ρ_{krit}
b) Geben Sie unter Verwendung von H_0 eine obere Schranke für die kosmologische Konstante Λ an!
c) Bestimmen Sie aus dem Energiesatz die potenzielle Energie mit dem Λ-Term
d) Ermitteln Sie aus c) das Kraftgesetz und geben Sie die zum Kräftegleichgewicht gehörende Entfernung R an
e) Berechnen Sie den Gleichgewichtsabstand R mit Hilfe der Schranke von Λ für eine typische Galaxie der Masse $M = 10^{11} M_\odot$.

Lösung 216:

a) Für $k = 0$ erhält man durch Auflösen nach ρ die kritische Dichte mit der kosmologischen Konstanten

$$\rho_{krit} = \frac{3H^2 - \Lambda c^2}{8\pi G}$$

b) Da die kritische Dichte nicht negativ sein kann, folgt

$$\rho_{krit} \geq 0 \Rightarrow 3H^2 - \Lambda c^2 \geq 0 \Rightarrow \Lambda \leq \frac{3H^2}{c^2}$$

Mit dem Wert dem jetzigen Wert $H_0 = 2{,}30 \cdot 10^{-18} \frac{1}{s}$ erhält man die obere Schranke

$$\Lambda \leq \frac{3H_0^2}{c^2} = 3\left(\frac{2{,}30 \cdot 10^{-18} \frac{1}{s}}{2{,}998 \cdot 10^8 \frac{m}{s}}\right)^2 = 1{,}8 \cdot 10^{-52}\, m^{-2}$$

c) Erweitern der FL-Gleichung mit R^2 liefert

$$\left(\frac{\dot{R}}{R}\right)^2 = \frac{8\pi G}{3}(\rho_m + \rho_\Lambda) - \frac{kc^2}{R^2} \Rightarrow \dot{R}^2 = \frac{8\pi G}{3}(\rho_m + \rho_\Lambda)R^2 - kc^2$$

Einsetzen der Dichten und erweitern mit $\frac{1}{2}m$ ergibt den Energiesatz

$$\dot{R}^2 = \frac{8\pi G}{3}\left(\frac{3M}{4\pi R^3} + \frac{\Lambda c^2}{8\pi G}\right)R^2 - kc^2 \Rightarrow \underbrace{\frac{1}{2}m\dot{R}^2}_{E_{kin}} - \underbrace{\left(\frac{mMG}{R} + \frac{1}{6}\Lambda mc^2 R^2\right)}_{E_{pot}} = -\frac{1}{2}mkc^2$$

d) Das Kraftgesetz ergibt sich als räumliche Ableitung der Energie

$$F = \frac{d}{dR}(E_{pot}) = -\frac{GmM}{R^2} + \frac{1}{3}\Lambda mc^2 R$$

Der erste Kraftterm liefert genau das Newtonsche Gravitationsgesetz, entsprechend der zweite die Kraft ($\sim R$), die durch die Vakuumenergiedichte erzeugt wird. Da beide Kräfte entgegengesetztes Vorzeichen haben, wirkt die Vakuumkraft der Gravitation entgegen. Im Kräftegleichgewicht gilt

$$F = 0 \Rightarrow \frac{GmM}{R^2} = \frac{1}{3}\Lambda mc^2 R \Rightarrow R = \sqrt[3]{\frac{3GM}{\Lambda c^2}}$$

e) Einsetzen der Werte liefert

$$R = \sqrt[3]{\frac{3 \cdot 6{,}67 \cdot 10^{-11} \frac{m^3}{kgs^2} \cdot 10^{11} \cdot 2 \cdot 10^{30} kg}{1{,}8 \cdot 10^{-52} m^{-2} \cdot \left(3 \cdot 10^8 \frac{m}{s}\right)^2}} = 1{,}4 \cdot 10^{22} m = 0{,}44\, Mpc$$

Erst in großen astronomischen Entfernungen ($> 0{,}44\, Mpc$) überwiegt die Vakuumkraft die Gravitation und sorgt für die künftige Expansion der Universums.

Bemerkung: Es gibt keine physikalische Größe, bei der die Mess- und Theoriewerte so weit auseinanderklaffen, wie bei der kosmologischen Konstanten. Für den Beitrag zur Energiedichte des Vakuums liefert die Quantenmechanik aufgrund der Fluktuation von virtuellen Teilchen/ Antiteilchen in Analogie zur Nullpunktsenergie den Anteil

$$\epsilon_\Lambda = \frac{E^4}{16\pi^2 \hbar^3 c^3}$$

Summiert man über alle Energien, so divergiert die Summe. Man schränkt die Energie daher auf die Obergrenze der Planck-Energie E_{Pl} ein. Für diese Grenze erhält man

$$\epsilon_\Lambda = \frac{E_{Pl}^4}{16\pi^2 \hbar^3 c^3} = \frac{(1{,}96 \cdot 10^9\, J)^4}{16\pi^2 (3{,}16 \cdot 10^{-26}\, Jm)^3} = 3 \cdot 10^{121} \frac{J}{m^3}$$

Dies liefert den quantenmechanischen Theoriewert der Konstanten

$$\Lambda = \frac{8\pi G}{c^4} \epsilon_\Lambda = \frac{8\pi \cdot 6{,}67 \cdot 10^{-11} \frac{m^3}{kgs^2}}{\left(3{,}0 \cdot 10^8 \frac{m}{s}\right)^4} \cdot 2{,}96 \cdot 10^{121} \frac{J}{m^3} = 6 \cdot 10^{78}\, m^{-2}$$

Verglichen mit dem Wert $1{,}8 \cdot 10^{-52}\, m^{-2}$ aus b) ergibt sich die unglaubliche Diskrepanz von der Größenordnung 10^{130}. Dies zeigt, dass es noch keine korrekte Theorie der Quantengravitation gibt!

Aufgabe 217: Hubble-Alter

a) Bestimmen Sie das Hubble-Alter $t_0 = \frac{1}{H_0}$

b) Das Alter des Universums kann (in Abhängigkeit des kosmologischen Modells) berechnet werden mit Hilfe des Integrals

Kapitel 12 Kosmologie

$$t_0 = \frac{1}{H_0} \int_0^{x=1} \frac{dx}{\sqrt{\Omega_m \frac{1}{x} + \Omega_r \frac{1}{x^2} + \Omega_\Lambda x^2 + (1 - \Omega_0)}}$$

Verwenden Sie dabei das Integral

$$\int \frac{x}{\sqrt{ax + bx^4}} dx = \frac{2}{3\sqrt{b}} \ln\left[2\sqrt{b}\sqrt{a+bx^3} + 2bx^{3/2}\right]$$

Lösung 217:

a) Einsetzen liefert

$$\frac{1}{H_0} = \frac{1\,Mpc}{71 \frac{km}{s}} = \frac{10^6 \cdot 3{,}086 \cdot 10^{13}\,km}{71 \frac{km}{s}} = 4{,}35 \cdot 10^{17}\,s = 1{,}38 \cdot 10^{10}\,a$$

Das Hubble-Alter beträgt 13,8 Mrd. Jahre.

b) Die aktuellen Dichteparameter sind die aus den WMAP-Messungen gewonnenen Werten

$$\Omega_m = 0{,}27;\ \Omega_r = 8{,}4 \cdot 10^{-5};\ \Omega_\Lambda = 0{,}73;\ \Omega_0 = 1{,}02$$

Das WMAP –Projekt (*Wilkinson Microwave Anisotropy Probe*) war ein NASA –Explorer-Experiment, das 2008 aus der Messung der Hintergrundstrahlung ermöglichte, wichtige Parameter des Universums experimentell zu bestimmen.

Dabei enthält Ω_m auch die "Dunkle Materie"; für die baryonische Materie allein gilt $\Omega_b = 0{,}044$. Die Vakuumdichte beinhaltet insbesondere die Wirkung der "Dunklen Energie". Der Vergleich der gegebenen Werte zeigt, dass der Dichteparameter der Strahlung Ω_r im Nenner vernachlässigt werden kann (entsprechend einem materiedominierten Universum). Vereinfachen mittels $\Omega_0 \approx 1{,}0$ ergibt

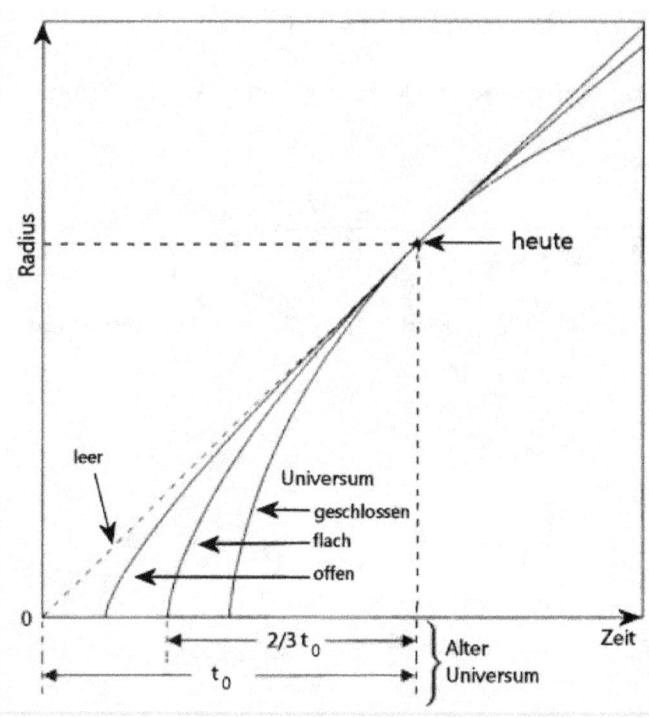

Abbildung 84: Alter des Universums bei verschiedenen Modellen

$$t = \frac{1}{H_0} \int_0^{x=1} \frac{dx}{\sqrt{\Omega_m \frac{1}{x} + \Omega_\Lambda x^2}} = \frac{1}{H_0} \int_0^1 \frac{x\,dx}{\sqrt{\Omega_m x + \Omega_\Lambda x^4}}$$

Mit dem gegebenen Integral folgt

$$t_0 = \frac{1}{H_0} \frac{2}{3\sqrt{\Omega_\Lambda}} \left[\ln\left(2\sqrt{\Omega_\Lambda}\sqrt{\Omega_m + \Omega_\Lambda x^3} + 2\Omega_\Lambda x^{3/2}\right) \right]_0^1$$

$$\Rightarrow t_0 = \frac{2}{3H_0\sqrt{\Omega_\Lambda}} \left[\ln(2\sqrt{\Omega_\Lambda}\sqrt{\Omega_m + \Omega_\Lambda} + 2\Omega_\Lambda) - \ln(2\sqrt{\Omega_m \Omega_\Lambda}) \right]$$

Einsetzen der Dichtewerte liefert

$$t_0 = \frac{2}{3H_0\sqrt{0{,}73}} \left[\ln(2\sqrt{0{,}73} + 2 \cdot 0{,}73) - \ln(2\sqrt{0{,}73 \cdot 0{,}27}) \right]$$

$$\Rightarrow t_0 = \frac{2}{2{,}5632\,H_0} [1{,}1534 + 0{,}1189] = \frac{0{,}9927}{H_0} = 1{,}377 \cdot 10^{10}\,a$$

Das Alter des Universums beträgt bei den gegebenen Dichtewerten 13,8 Mrd. Jahre.

Bemerkung: Das angegebene Integral mit allen Dichteparametern kann nur numerisch berechnet werden. Mit den gegebenen Werten folgt

$$t = \frac{1}{H_0} \int_0^{x=1} \frac{x\,dx}{\sqrt{0{,}27x + 8{,}4 \cdot 10^{-5} + 0{,}73x^4 - 0{,}02x^2}} = \frac{1{,}0037}{H_0} = 1{,}38 \cdot 10^{10}\,a$$

Da Ergebnis übertrifft leicht den heute akzeptierten Wert 13,7 Mrd. Jahre; dies ist ein Hinweis auf ein beschleunigtes Universum.

Aufgabe 218: Hubble-Relation

Zeigen Sie, dass für den Hubble-Parameter gilt:

$$H = H_0\sqrt{\Omega_m(1+z)^3 + \Omega_r(1+z)^4 + \Omega_\Lambda + \Omega_k(1+z)^2}$$

Dabei ist Ω_K ein der Krümmung zugeschriebener Dichteparameter $\Omega_k = -\frac{kc^2}{R(t_0)^2 H_0^2}$.

Lösung 218:

Für die FL-Gleichung folgt

$$H^2 = \frac{8\pi G}{3}(\rho_m + \rho_r + \rho_\Lambda) - \frac{kc^2}{R^2} = H_0^2 \underbrace{\frac{8\pi G}{3H_0^2}}_{\frac{1}{\rho_{krit}}}(\rho_m + \rho_r + \rho_\Lambda) - \frac{kc^2}{R^2}$$

Einbeziehen der kritischen Dichte in die runde Klammer liefert

$$H^2 = H_0^2\left[\Omega_m(t) + \Omega_r(t) + \Omega_\Lambda(t)\right] - H_0^2 \frac{kc^2}{R^2 H_0^2} = H_0^2\left[\Omega_m(t) + \Omega_r(t) + \Omega_\Lambda(t) + \Omega_k(t)\right]$$

Umrechnen der Dichteparameter auf die jetzigen Werte geschieht mithilfe folgender Beziehungen

$$\rho_m \sim R^{-3};\ \rho_r \sim T^4;\ \Omega_k \sim R^{-2}\ \text{bzw.}\ R \sim (1+z)^{-1}; T \sim (1+z)$$

Es ergibt sich

$$H^2 = H_0^2\left[\Omega_m(1+z)^3 + \Omega_r(1+z)^4 + \Omega_\Lambda + \Omega_k(1+z)^2\right]$$

$$\Rightarrow H = H_0\sqrt{\Omega_m(1+z)^3 + \Omega_r(1+z)^4 + \Omega_\Lambda + \Omega_k(1+z)^2}$$

Der Parameter der Vakuumdichte Ω_Λ wird als zeitlich konstant betrachtet.

Aufgabe 219: Alter des Universums

a) Leiten Sie mithilfe folgender Beziehung eine Integraldarstellung für das Alter des Universums her

$$H = H_0\sqrt{\Omega_m(1+z)^3 + \Omega_r(1+z)^4 + \Omega_\Lambda + \Omega_k(1+z)^2}$$

b) Berechnen Sie das Alter des Universums für ein flaches Universum ($\Omega_k = 0$). Dabei soll die Strahlungsdichte ($\Omega_r \approx 0$) vernachlässigt werden! Verwenden Sie dabei das Integral

$$\int_0^\infty \frac{dx}{(1+x)\sqrt{\Omega(1+x)^3 + (1-\Omega)}} = \frac{1}{3\sqrt{1-\Omega}}\ln\frac{1+\sqrt{1-\Omega}}{1-\sqrt{1-\Omega}}$$

Lösung 219:

a) Wir ermitteln zuerst die Differenziale. Es folgt mit $R(t) = \underbrace{R(t_0)}_{1}(1+z)^{-1}$ und der Kettenregel

$$H = \frac{\dot R}{R} = \frac{1}{R}\frac{dR}{dt} = \frac{1}{R}\frac{dR}{dz}\frac{dz}{dt} = -\frac{1}{R}\frac{1}{(1+z)^2}\frac{dz}{dt} = -\frac{1}{1+z}\frac{dz}{dt}$$

Trennung der Variablen ergibt

$$dt = -\frac{dz}{H(1+z)} \Rightarrow \int_{t_0}^{t} dt = -\int_{0}^{z} \frac{dz}{H(1+z)} \Rightarrow \int_{t}^{t_0} dt = \int_{0}^{z} \frac{dz}{H(1+z)}$$

Einsetzen der gegebenen Formel ergibt die gesuchte Integraldarstellung

$$t_0 - t = \frac{1}{H_0} \int_0^z \frac{dz}{(1+z)\sqrt{\Omega_m(1+z)^3 + \Omega_r(1+z)^4 + \Omega_\Lambda + \Omega_k(1+z)^2}}$$

Dieses Integral ist nur numerisch lösbar.

b) Zur Berechnung des Weltalters muss auf den Urknall zurückgerechnet werden mittels $t \to 0$ bzw. $z \to \infty$. Damit ergibt sich

$$t_0 = \frac{1}{H_0} \int_0^\infty \frac{dz}{(1+z)\sqrt{\Omega_m(1+z)^3 + \Omega_r(1+z)^4 + \Omega_\Lambda + \Omega_k(1+z)^2}}$$

Mit den Näherungen $\Omega_k = 0$ bzw. $\Omega_r \approx 0$ folgt

$$t_0 = \frac{1}{H_0} \int_0^\infty \frac{dz}{(1+z)\sqrt{\Omega(1+z)^3 + (1-\Omega)}}$$

Dabei wurde $\Omega = \Omega_m$ bzw. $1 - \Omega = \Omega_\Lambda$ gesetzt. Mit dem gegebenen bestimmten Integral ergibt sich

$$t_0 = \frac{1}{H_0} \frac{1}{3\sqrt{1-\Omega}} \ln \frac{1+\sqrt{1-\Omega}}{1-\sqrt{1-\Omega}}$$

Einsetzen der aktuellen Dichteparametern $\Omega_m = 0{,}27$; $\Omega_\Lambda = 0{,}73$ liefert das Weltalter

$$t_0 = \frac{0{,}9927}{H_0} = 1{,}37 \cdot 10^{10} a$$

Das Alter des Universums in dem gegebenen Modell beträgt 13,7 Mrd. Jahre.

Aufgabe 220: Hintergrundstrahlung

Betrachtet wird die spektrale Strahlungsenergiedichte nach Planck in der Frequenzdarstellung

$$B_f df = \frac{8\pi h}{c^3} \frac{f^3}{e^{hf/kT} - 1} df$$

a) Bestimmen Sie die Anzahldichte n_γ der Photonen der Hintergrundstrahlung. Verwenden Sie dabei das Integral

$$\int_0^\infty \frac{x^2}{e^x - 1} dx = 2\zeta(3) = 2{,}404114$$

Das Symbol $\zeta(x)$ kennzeichnet hier die berühmte Riemannsche Zetafunktion.

b) Ermitteln Sie die Energiedichte ϵ_γ der Hintergrundstrahlung. Verwenden Sie dabei das Integral

$$\int_0^\infty \frac{x^3}{e^x - 1} dx = \frac{\pi^4}{15}$$

Leiten Sie damit die Formel für die Energiedichte und den Strahlungsdruck von Photonen her!

$$\epsilon_\gamma = aT^4$$

c) Berechnen Sie daraus die mittlere Energie $\bar{E}$ eines Photons eines Schwarzen Strahlers

$$\bar{E} = \frac{\epsilon_\gamma}{n_\gamma}$$

Lösung 220:

Division durch die Photonenenergie hf liefert die Photonendichte im Intervall $[f, f + df]$ je Volumeneinheit

$$n_\gamma df = \frac{8\pi}{c^3} \frac{f^2}{e^{hf/kT} - 1} df$$

Integration mit alle Frequenzen ergibt damit

$$n_\gamma = \int_0^\infty \frac{8\pi}{c^3} \frac{f^2}{e^{hf/kT} - 1} df$$

Mit der Substitution $x = \frac{hf}{kT}$ folgt $dx = \frac{h}{kT} df \Rightarrow df = \frac{kT}{h} dx$

$$n_\gamma = \frac{8\pi}{c^3} \left(\frac{kT}{h}\right)^3 \int_0^\infty \frac{x^2}{e^x - 1} dx = 16\pi \left(\frac{kT}{hc}\right)^3 \cdot \zeta(3)$$

Mit der Temperatur der Hintergrundstrahlung $T = 2{,}725\ K$ folgt

$$n_\gamma = 16\pi \left(\frac{1{,}3807 \cdot 10^{-23} \frac{J}{K} \cdot 2{,}725\ K}{1{,}9864 \cdot 10^{-25} Jm}\right)^3 1{,}20206 = 4{,}106 \cdot 10^8 \frac{1}{m^3} = 411 \frac{1}{cm^3}$$

Die Anzahldichte der Hintergrundstrahlung beträgt 411 Photonen pro Kubikzentimeter.

b) Zur Berechnung der Energiedichte muss die spektrale Strahlungsenergiedichte $B_f df$ über alle Frequenzen integriert werden

$$\epsilon_\gamma = \int_0^\infty \frac{8\pi h}{c^3} \frac{f^3}{e^{hf/kT}-1} df$$

Mit der oben gegebenen Substitution folgt

$$\epsilon_\gamma = \frac{8\pi h}{c^3}\left(\frac{kT}{h}\right)^4 \int_0^\infty \frac{x^3}{e^x-1} dx = \frac{8\pi h}{c^3}\left(\frac{kT}{h}\right)^4 \cdot \frac{\pi^4}{15} = \underbrace{\frac{8\pi^5 k^4}{15 h^3 c^3}}_{a} T^4 = aT^4$$

Die allgemeine Strahlungskonstante hat damit den Wert

$$a = \frac{8\pi^5 k^4}{15 h^3 c^3} = \frac{8\pi^5 \left(1{,}3807\cdot 10^{-23}\frac{J}{K}\right)^4}{15(1{,}9864\cdot 10^{-25} Jm)^3} = 7{,}566\cdot 10^{-16}\frac{J}{m^3 K^4}$$

Diese Strahlungskonstante darf nicht mit der Konstante σ von Stefan-Boltzmann verwechselt werden. Es gilt hier $\sigma = \frac{c}{4}a$. Einsetzen der Werte liefert

$$\epsilon_\gamma = 7{,}566\cdot 10^{-16}\frac{J}{m^3 K^4}(2{,}725\,K)^4 = 4{,}17\cdot 10^{-14}\frac{J}{m^3}$$

Die Energiedichte der Hintergrundstrahlung beträgt $4{,}2\cdot 10^{-14}\frac{J}{m^3}$. Der Strahlungsdruck ist damit

$$p_\gamma = \frac{1}{3}\epsilon_\gamma = \frac{1}{3}aT^4 = 1{,}39\cdot 10^{-14}\,Pa$$

c) Division der Strahlungsdichte durch die Anzahldichte liefert die gesuchte mittlere Photonenenergie. Mit den oben gegebenen Ergebnissen folgt

$$\overline{E_\gamma} = \frac{\epsilon_\gamma}{n_\gamma} = \frac{8\pi^5 k^4 T^4}{15 h^3 c^3}\cdot \frac{h^3 c^3}{16\pi k^3 T^3 \cdot \zeta(3)} = \frac{\pi^4}{30\zeta(3)} kT = 2{,}701\,kT$$

Die mittlere Energie eines Photons beträgt $2{,}701\,kT$.

Aufgabe 221: Hohlraumstrahlung
a) Bestimmen Sie die Anzahldichte n_γ der Photonen in einem Hohlraum.
b) Ermitteln Sie die zugehörige Energiedichte ϵ_γ!
c) Welche Photonenzahl ergibt sich damit in einem Backrohr vom Volumen $V = 0{,}50\,m^3$ und der

Temperatur $T = 250°C$.
Hinweis: Verwenden Sie die Formeln aus der vorhergehenden Aufgabe.

Lösung 221:
a) Die gesuchte Photonendichte ergibt sich nach der vorhergehenden Aufgabe zu

$$n_\gamma = \int_0^\infty \frac{8\pi}{c^3} \frac{f^2}{e^{hf/kT} - 1} df = 16\pi \left(\frac{kT}{hc}\right)^3 \cdot \zeta(3)$$

b) Für die Energiedichte gilt
$$\epsilon_\gamma = aT^4$$

c) Nach Aufgabe 86 folgt ebenfalls für die mittlere Energie der Photonen

$$\overline{E_\gamma} = \frac{\epsilon_\gamma}{n_\gamma} = \frac{\pi^4}{30\zeta(3)} kT = 2{,}70117 \, kT$$

Die gesuchte Anzahl N von Photonen ergibt sich damit aus

$$N = n_\gamma V = \frac{\epsilon_\gamma}{\overline{E_\gamma}} V = \frac{aT^4}{2{,}701 \, kT} V = \frac{aT^3}{2{,}701 \, k} V$$

Einsetzen der gegebenen Werte zeigt

$$N = \frac{7{,}5657 \cdot 10^{-16} \frac{J}{m^3 K^4} (523 \, K)^3}{2{,}701 \cdot 1{,}3807 \cdot 10^{-23} \frac{J}{K}} \, 0{,}50 \, m^3 = 1{,}45 \cdot 10^{15}$$

Die Photonenzahl im Backrohr beträgt $1{,}5 \cdot 10^{15}$.

Aufgabe 222: Deuteriumbildung
Einer der wesentlichen Schritte bei der Urknall-Elementebildung (Nukleosynthese) war die Bildung von Deuterium(^2H)-Kernen mit der Reaktion $p + n \rightarrow D + \gamma$. Infolge der starken Wechselwirkung banden sich die Neutronen an einen Deuteriumkern; sie unterlagen damit nicht mehr der schwachen Wechselwirkung und damit dem β-Zerfall.
Die Bindungsenergie des Deuteriums beträgt $E_D = 2{,}225 \, MeV$. Bestimmen Sie die Temperatur, bei die mittlere Photonenenergie genau der Bindungsenergie entspricht.

Lösung 222:
Gleichsetzen der Energien ergibt

$$2{,}70\,kT = E_D \Rightarrow T = \frac{1}{2{,}7k} E_D = \frac{2{,}225 \cdot 10^6\,eV}{2{,}7 \cdot 8{,}617 \cdot 10^{-5}\frac{eV}{K}} = 9{,}6 \cdot 10^9\,K$$

Bei Temperaturen unter 9,6 Mrd. Grad war kein Zerlegen des Deuteriumatoms durch energiereiche Photonen (Photodisintegration) mehr möglich. Die zugehörige Zeit (im strahlungsdominierten Universum) nach dem Urknall ist

$$\frac{t}{1s} = \left(\frac{1{,}5 \cdot 10^{10} K}{T}\right)^2 \Rightarrow t = 2s$$

Bemerkung: In der Literatur wird oft die thermische Energie über die Formel kT berechnet; die so erhaltenen Werte können um den Faktor 3 von den hier berechneten abweichen.

Aufgabe 223: Friedmann-Lemaître 2

Die FL-Gleichung für die strahlungsdominierte Ära lautet

$$\left(\frac{\dot{T}}{T}\right)^2 = \frac{8\pi G}{3c^2} aT^4$$

a) Bestimmen Sie die Zeitabhängigkeit der Temperatur $T(t)$!
b) Bestimmen Sie damit die Zeit der Nukleosynthese, wenn mit Hilfe von Reaktionsraten die Temperatur bei Deuteriumbildung auf $T = 10^9\,K$ bestimmt werden kann.

Lösung 223:

a) Aus der Friedmann-Lemaître-Gleichung (FL) folgt

$$\dot{T}^2 = \frac{8\pi G}{3c^2} aT^6 \Rightarrow \frac{dT}{dt} = T^3 \sqrt{\frac{8\pi Ga}{3c^2}} \Rightarrow \frac{dT}{T^3} = \sqrt{\frac{8\pi Ga}{3c^2}}\,dt$$

Integration liefert

$$\int_0^T \frac{dT}{T^3} = \int_t^0 \sqrt{\frac{8\pi Ga}{3c^2}}\,dt \Rightarrow \frac{1}{2} T^{-2} = \sqrt{\frac{8\pi Ga}{3c^2}}\,t \Rightarrow T = \sqrt[4]{\frac{3c^2}{32\pi Ga}}\,t^{-1/2}$$

b) Die vierte Wurzel hat den Wert

$$\sqrt[4]{\frac{3c^2}{32\pi Ga}} = \sqrt[4]{\frac{3(3 \cdot 10^8 m)^2}{32\pi \cdot 6{,}7 \cdot 10^{-11}\frac{m^3}{kg\,s^2} \cdot 7{,}6 \cdot 10^{-16}\frac{J}{m^3 K^4}}} = 1{,}5 \cdot 10^{10} K$$

Die Skalierung liefert die wichtige Temperatur-Zeit-Gleichung

$$T = 1{,}5 \cdot 10^{10} K \cdot \left(\frac{1s}{t}\right)^{1/2} \Rightarrow \frac{t}{1s} = \left(\frac{1{,}5 \cdot 10^{10} K}{T}\right)^2$$

Einsetzen der Nukleosynthesezeit zeigt

$$\frac{t}{1s} = \left(\frac{1{,}5 \cdot 10^{10} K}{1 \cdot 10^9 K}\right)^2 \Rightarrow t = 220\ s \approx 3{,}8\ min$$

Ca. drei Minuten nach dem Urknall sind die ionisierten Elemente H, He und Li entstanden. Das Helium entstand aus Deuterium in den Reaktionen

$$\begin{array}{c} D + D \rightarrow {}^3H + p \\ {}^3H + D \rightarrow {}^4He + n \end{array} bzw. \begin{array}{c} D + D \rightarrow {}^3He + n \\ {}^3He + D \rightarrow {}^4He + p \end{array}$$

Das hier auftretende Tritium (^3H) zerfällt nach 12 Jahren durch einen β^--Zerfall. Alle Atome schwerer als Lithium (in der Astronomie *Metalle* genannt) fusionieren erst in den Sternen. Massive Sterne mit mehr als 10-facher Sonnenmasse weisen ähnliche Temperaturen auf.

Aufgabe 224: Ende der Annihilation

Bei genügend hoher Temperatur befand sich die Paarerzeugung bzw. –Vernichtung (Annihilation) von Leptonen im thermischen Gleichgewicht

$$e^- + e^+ \leftrightarrow \gamma + \gamma$$

Bestimmen Sie die Temperatur und die Zeit, bei der die mittlere Photonenenergie nicht mehr zur Paarerzeugung ausreicht.

Lösung 224:

Da die Ruhemasse von Elektron bzw. Positron je 0,511 MeV beträgt, darf die mittlere Photonenenergie höchstens $2m_e c^2$ betragen

$$2{,}7\ kT = 2m_e c^2 \Rightarrow T = \frac{2m_e c^2}{2{,}7 k} = \frac{2 \cdot 0{,}511 \cdot 10^6\ eV}{2{,}7 \cdot 8{,}617 \cdot 10^{-5} \frac{eV}{K}} = 4{,}4 \cdot 10^9\ K$$

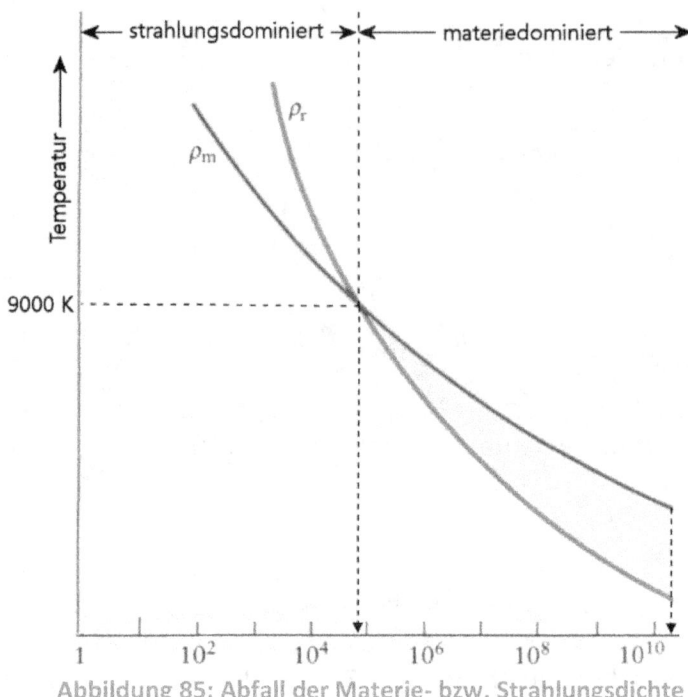

Abbildung 85: Abfall der Materie- bzw. Strahlungsdichte

Einsetzen in die skalierte Temperatur-Zeit-Gleichung (Aufgabe 187) liefert dafür die Zeit

$$\frac{t}{1s} = \left(\frac{1{,}5 \cdot 10^{10} K}{4{,}4 \cdot 10^9 K}\right)^2 \Rightarrow t = 12\ s$$

Damit sind nach 12 Sekunden alle Leptonen entstanden, da bei der angegebenen Temperatur keine weiteren Leptonen mehr entstehen können. Die Leptonen unterliegen aber weiterhin der Wechselwirkung mit Photonen und Neutrinos.

Aufgabe 225: Entkopplung von Strahlung/Materie

Da die Strahlungsdichte $\rho_r \sim R^{-4}$ stärker abfällt als die Materiedichte $\rho_m \sim R^{-3}$, wird letztere irgendwann überwiegen. Bestimmen Sie den Zeitpunkt t_{eq} und die Rotverschiebung z_{eq} bei der Gleichheit der Dichten.

Lösung 225:

Gesucht ist der Zeitpunkt $\rho_r(t_{eq}) = \rho_m(t_{eq})$. Umrechnen der Dichten auf die Jetztzeit ergibt

$$\rho_r(t_{eq}) = \rho_r(t_0)(1+z)^4 = \Omega_r \rho_c (1+z)^4$$

Analog folgt

$$\rho_m(t_{eq}) = \rho_m(t_0)(1+z)^3 = \Omega_m \rho_c (1+z)^3$$

Gleichsetzen und Einsetzen der Werte liefert

$$\Omega_r \rho_c (1+z)^4 = \Omega_m \rho_c (1+z)^3$$

$$\Rightarrow \frac{\Omega_m}{\Omega_r} = (1+z_{eq}) \Rightarrow 1+z_{eq} = \frac{0{,}27}{8{,}4 \cdot 10^{-5}} \Rightarrow z_{eq} = 3200$$

Die zugehörige Temperatur beträgt

$$T = T_0(1 + z_{eq}) = 2{,}725 \, K \cdot 3200 = 8700 \, K$$

Einsetzen in die skalierte Temperatur-Zeit-Gleichung liefert dafür die Zeit

$$\frac{t}{1s} = \left(\frac{1{,}5 \cdot 10^{10} K}{8700 \, K}\right)^2 \Rightarrow t_{dec} = 3 \cdot 10^{12} \, s = 10^5 \, a$$

Die Entkopplung (englisch *decoupling*) von Strahlung und Materie erfolgte etwa 100 Tsd. Jahre nach dem Urknall. Im materiedominierten Universum gab es keine Wechselwirkung mit Materie mehr, wie es nach der Nukleosynthese der Fall war. Die Strahlung wirkt nur noch im Hintergrund.

Aufgabe 226: Rekombination

Bei hohen Temperaturen waren die Prozesse Ionisation und Rekombination von Wasserstoffkernen mit Elektronen im thermischen Gleichgewicht: $p + e^- \leftrightarrow {}^1_1H + \gamma$. Als mit der Abkühlung die mittlere Photonenenergie zur Ionisation ($E_{ion} = 13{,}6 \, eV$) des Wasserstoffs nicht mehr ausreichte, konnten die Elektronen mit den H-Kernen rekombinieren.
Ermitteln Sie die Temperatur und die Zeit, bei der keine Ionisation mehr möglich war!

Lösung 226:

Im Fall der Energiegleichheit folgt

$$2{,}70 kT = E_{ion} \Rightarrow T = \frac{E_{ion}}{2{,}7k} = \frac{13{,}6 \, eV}{2{,}7 \cdot 8{,}617 \cdot 10^{-5} \frac{eV}{K}} = 5800 \, K$$

Einsetzen in die skalierte Temperatur-Zeit-Gleichung (Aufgabe 193) liefert dafür die Zeit

$$\frac{t}{1s} = \left(\frac{1{,}5 \cdot 10^{10} K}{5800 \, K}\right)^2 \Rightarrow t = 6{,}7 \cdot 10^{12} \, s = 2 \cdot 10^5 \, a$$

Bemerkung: Da in dieser Phase auf ein Nukleon 10^9 Photonen kommen, so findet sich auch bei $T = 4500 \, K$ noch Photonen ausreichender Energie. Damit ergibt sich die Zeit

$$\frac{t}{1s} = \left(\frac{1{,}5 \cdot 10^{10} K}{4500 \, K}\right)^2 \Rightarrow t = 10^{13} \, s = 3{,}5 \cdot 10^5 \, a$$

350 Tsd Jahre nach dem Urknall existierten die stabilen Atome H, He, Li in elektrisch neutraler Form; damit war also spätere Aufbau der Materie möglich. Das genaue Verhältnis von Baryonen- zu Photonenzahl betrug $\eta = \frac{n_b}{n_\gamma} = 6 \cdot 10^{-10}$.
Der Begriff Rekombination ist eigentlich irreführend, man müsste eigentlich von Kombination sprechen. Der Begriff ist jedoch als Fachterminus in der Literatur geläufig.

Aufgabe 227: Abkopplung der Neutrinos

Bei der Temperatur $T = 10^{10}\ K$ befanden sich folgende Neutrino-Reaktionen nicht mehr im thermischen Gleichgewicht

$$n \leftrightarrow p + e^+ + \bar{\nu}_e$$
$$n + \nu_e \leftrightarrow p + e^+$$
$$n + e^+ \leftrightarrow p + \bar{\nu}_e$$

a) Bestimmen Sie die die mittlere Photonenenergie und die Zeit dieser Neutrino-Abkopplung.

b) Welche mittlere Neutrinomasse $\overline{m_\nu}$ (gemittelt über die 3 Neutrinoarten) ergibt sich aus der Annahme, dass nur die Neutrinos die nicht-baryonische Materie darstellen. Verwenden Sie die Werte $\Omega_m = 0{,}27$, $\Omega_b = 0{,}044$ und $\rho_{krit} = \frac{3H_0^2}{8\pi G} = 9{,}47 \cdot 10^{-27}\ \frac{kg}{m^3}$.

Lösung 227:

a) Es gilt nach Angabe

$$\overline{E_\gamma} = 2{,}70\ kT = 2{,}7 \cdot 8{,}617 \cdot 10^{-5}\ \frac{eV}{K} \cdot 10^{10} K = 2{,}3\ MeV$$

Einsetzen in die skalierte Temperatur-Zeit-Gleichung (Aufgabe 193) liefert dafür die Zeit

$$\frac{t}{1s} = \left(\frac{1{,}5 \cdot 10^{10} K}{10^{10}\ K}\right)^2 \Rightarrow t = 2\ s$$

Damit sind nach 2 Sekunden alle Neutrinos von der Materie entkoppelt. Sie bilden, ähnlich wie das Photonengas, einen Strahlungshintergrund, dessen Temperatur mit der Expansion abnimmt. Wegen der Bosonen-Statistik gelten folgende Beziehungen zum Photonenhintergrund: Die Anzahldichte bzw. Temperatur der Neutrinos ist

$$n_\nu = \frac{3}{11} n_\gamma = 115\ cm^{-3}\ \therefore\ T_\nu = \left(\frac{4}{11}\right)^{1/3} T_\gamma = 1{,}96\ K$$

Die Anzahldichte ist aus Symmetriegründen für alle drei Neutrinoarten gleich. Für die Strahlungsdichte aller Neutrinoarten folgt

$$\rho_\nu = \frac{21}{8}\left(\frac{4}{11}\right)^{4/3} \rho_r = 0{,}681 \rho_r$$

Die Messung des Neutrino-Hintergrunds ist gegenwärtig außerhalb der technischen Möglichkeiten.

b) Wegen der 3 Neutrinoarten, ist die Gesamt-Neutrinodichte $3n_\nu = 345\ cm^{-3}$. Damit gilt

$$\rho_\nu = 3n_\nu \overline{m_\nu}$$

Mit den gegebenen Dichteparametern folgt

$$\frac{\rho_\nu}{\rho_{krit}} = \Omega_\nu = \Omega_m - \Omega_b \Rightarrow \overline{m_\nu} = (\Omega_m - \Omega_b)\frac{\rho_{krit}}{3n_\nu} = (0{,}27 - 0{,}044)\frac{9{,}47 \cdot 10^{-27}\frac{kg}{m^3}}{3{,}45 \cdot 10^8 \; m^{-3}}$$

$$\Rightarrow \overline{m_\nu} = 6{,}2 \cdot 10^{-36} kg \Rightarrow \overline{m_\nu}c^2 = 6{,}2 \cdot 10^{-36} kg (3{,}0 \cdot 10^8 \; ms^{-1})^2 = 1{,}9 \cdot 10^{-19} J = 1{,}2 \; eV$$

Im Fall, dass die Neutrinos die nicht-baryonische Materie darstellen, beträgt die mittlere Neutrino-Ruhemasse höchstens $1{,}2 \; eV$.

Aufgabe 228: Krümmung
Wie man die Geometrie auf einer Fläche bestimmt!

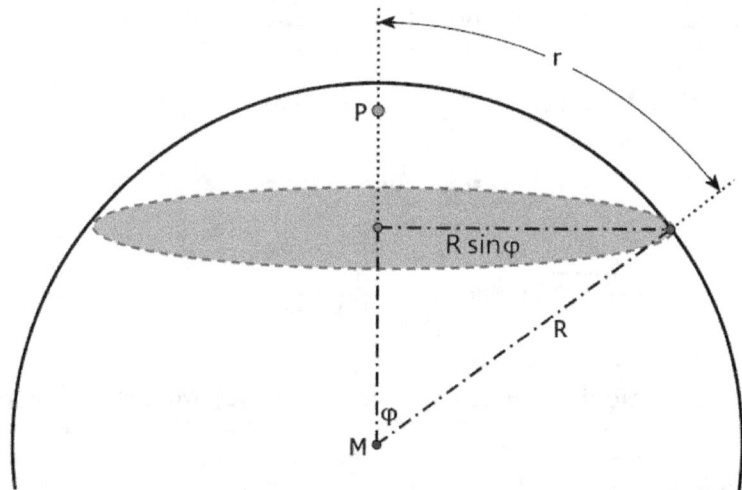

Abbildung 86: Zur Definition der Krümmung

Ausgehend von einem Punkt P der Fläche werden mit Hilfe eines Maßbands alle Punkte der Fläche markiert, die vom Punkt P den Abstand r haben. Messung des Umfangs U der zugehörigen Kurve liefert eine Aussage über die zugrunde liegende Geometrie. Auf einer Kugel vom Radius R misst man den Umfang (vgl. Bild 86)

$$U = 2\pi R \sin \varphi = 2\pi R \sin \frac{r}{R}$$

Letzte Umformung gilt, da r der Bogen zum Mittelpunktswinkel φ ist. Ergibt sich für U der Euklidsche Wert U_{euklid}, so ist die Fläche eine Euklidsche Ebene. Die Differenz $|U_{euklid} - U|$ ist daher ein Maß für die Abweichung von der Ebene; d.h. für die Krümmung der Fläche. Man definiert daher folgendes Krümmungsmaß K

$$K = \frac{3}{\pi} \lim_{r \to 0} \frac{2\pi r - U}{r^3}$$

Zeigen Sie, dass sich im Fall einer Kugel (vom Radius R) die Gaußsche Krümmung $K = \frac{1}{R^2}$ ergibt!

Lösung 228:
Einsetzen des Umfangs ergibt mit der Taylor-Entwicklung der Sinusfunktion die Krümmung

$$K = 6\lim_{r\to 0}\frac{1}{r^3}\left(r - \frac{U}{2\pi}\right) = 6\lim_{r\to 0}\frac{1}{r^3}\left[r - R\sin\frac{r}{R}\right] = 6\lim_{r\to 0}\frac{1}{r^3}\left[r - R\left(\frac{r}{R} - \frac{1}{6}\frac{r^3}{R^3} + \cdots\right)\right]$$

Vereinfachen zeigt

$$K = 6\lim_{r\to 0}\frac{1}{r^3}\left[r - \left(r - \frac{1}{6}\frac{r^3}{R^2} + \cdots\right)\right] = 6\lim_{r\to 0}\frac{1}{r^3}\frac{1}{6}\frac{r^3}{R^2} = \frac{1}{R^2}$$

Die unendliche große Kugel ist wieder flach wegen $K = \lim_{R\to 0}\frac{1}{R^2} = 0$.

Aufgabe 229: Rekord-Rotverschiebung

Im Oktober 2010 wurde eine neue Rekord-Rotverschiebung publiziert. Die Galaxie UDFy-38135539 war im Mai durch Messungen der Hubble Wide Field Camera 3 als Kandidat einer großen Rotverschiebung entdeckt worden. Im nahen IR [1,1μm; 1,4 μm] wurde die $Ly\alpha$-Linie der Galaxie mit Hilfe des SINFONI Spektrographen des ESO Very Large Teleskops durch eine Belichtungszeit von 14,8 h gefunden.

a) Bestimmen Sie die Rotverschiebung z der Galaxie, wenn die $Ly\alpha$-Linie bei $\lambda_1 = 1161{,}56\ nm$ gefunden wurde!

b) Bestimmen Sie das Alter des Universums bei dieser Rotverschiebung mittels

$$t_e = \frac{2}{3H_0\sqrt{\Omega_\Lambda}}\ln\left(x + \sqrt{x^2 + 1}\right);\ x = \sqrt{\frac{\Omega_\Lambda}{\Omega_m(1+z)^3}}$$

Vergleichen Sie diese Zeit mit dem Beginn der Reionisation des Universums bei 400 Mio. Jahre nach dem Urknall.

c) Ermitteln Sie die Rückblickzeit für die Jetztzeit $t_0 = 13{,}67 \cdot 10^9\ a$.

d) Finden Sie die Eigendistanz der Galaxie mithilfe der Rotverschiebungsgrafik im Anhang!

Lösung 229:

a) Die Laborwellenlänge der $Ly\alpha$-Linie beträgt $\lambda_0 = 112{,}567\ nm$. Die Rotverschiebung ergibt sich damit zu

$$\frac{\lambda_1}{\lambda_0} = 1 + z \Rightarrow z = \frac{\lambda_1}{\lambda_0} - 1 = \frac{1161{,}56\ nm}{112{,}567\ nm} - 1 = 8{,}5549$$

Die Rotverschiebung beträgt 8,555.

b) Nach Angabe folgt

$$x = \sqrt{\frac{\Omega_\Lambda}{\Omega_m(1+z)^3}} = \sqrt{\frac{0{,}73}{0{,}27(1+8{,}555)^3}} = 0{,}05567$$

Das Alter des Universums bei dieser Rotverschiebung ist

$$t_e = \frac{2}{3H_0\sqrt{0{,}73}} \ln\left(0{,}05567 + \sqrt{0{,}05567^2 + 1}\right) = \frac{0{,}0434}{H_0} = 5{,}94 \cdot 10^8 \, a$$

Das Alter des Universums war 590 Mio. Jahre. Die 400 Mio. Jahre nach dem Urknall begonnene Reionisation des Wasserstoff war im Gange. Man hat also eine der damals leuchtstarken Galaxien entdeckt, die für die Reionisation der interstellaren Materie verantwortlich sind.

c) Die Rückblickzeit ist $t_e - t_0 = (13{,}67 - 0{,}594) \cdot 10^9 \, a = 13{,}0 \cdot 10^9 \, a$. Man blickt also um 13 Mrd. Jahre zurück.

d) Aus der Grafik der Distanz-Rotverschiebung im Anhang liest man die Eigendistanz $9 \, Gpc$ ab. Der genaue Wert $9{,}3 \, Gpc$ folgt durch numerische Integration.

Aufgabe 230: Quark-Confinement

Der seit dem Urknall herrschende Quark-Gluonen-Plasmazustand wurde beendet, als die thermische Energie nicht mehr ausreichte neue Quark-Antiquark-Paare zu erzeugen. Es kam dann zur Bildung der Hadronen durch den Zusammenschluss aller Quarks. Hadronen bestehen aus Mesonen und Baryonen. Mesonen entstanden durch die Verbindung von Quark-Antiquark-Paaren; ein Beispiel ist das Pion (Pi-Meson) $\pi^+ = (u\bar{d})$. Baryonen wurden gebildet durch die Vereinigung von drei Quarks bzw. Antiquarks. Beispiele sind hier die leichtesten Baryonen, nämlich die Nukleonen Proton $p = (uud)$ bzw. Neutron $n = (udd)$.

a) Bestimmen Sie die Temperatur, bei der die Bildung des leichtesten aller Mesonen, dem $\pi^\pm$Meson der Masse $m_\pi = 139{,}57 \, MeV/c^2$ gerade noch möglich war.
b) Für Baryonen gilt im Standardmodell ein Erhaltungssatz. Erklären Sie damit, warum das Neutron, nicht jedoch das Proton zerfallen kann!
c) Zeichnen Sie das Feynman-Diagramm zum β^--Zerfall $n \to p + e^- + \bar{\nu}_e$ als Beispiel eines Baryonenzerfalls.
d) Geben Sie das Feynman-Diagramm zum Pionenzerfall $\pi^+ \to \mu^+ + \nu_\mu$ als Beispiel eines Mesonenzerfalls.
Bemerkung: In der Fachliteratur heißt der Einschluss von Quarks in einem Teilchen *confinement* (englisch *to confine = einsperren*). Dies bedeutet, dass kein freies Quark entstehen kann. Auch ein sehr großer Energieaufwand kann Quarks nicht voneinander trennen. Ist die Energie groß genug, so wird ein entsprechendes, neues Quark-Antiquark-Paar erzeugt.

Lösung 230:

a) Die mittlere Photonenenergie muss gerade der Massenenergie des Pions entsprechen

$$2{,}70 kT = m_\pi c^2 \Rightarrow T = \frac{m_\pi c^2}{2{,}70 k} = \frac{1{,}396 \cdot 10^8 \, eV}{2{,}70 \cdot 8{,}617 \cdot 10^{-5} \frac{eV}{K}} = 6 \cdot 10^{11} \, K$$

Für schwere Mesonen sind Temperaturen von $10^{13} \, K$ notwendig. Einsetzen in die skalierte Temperatur-Zeit-Gleichung (Aufgabe 193) liefert dafür die Zeit

$$\frac{t}{1s} = \left(\frac{1{,}5 \cdot 10^{10} K}{10^{13} \, K}\right)^2 \Rightarrow t = 2 \cdot 10^{-6} \, s$$

Damit war die Hadronen-Ära beendet. Weiteres Absinken der Temperatur führte zur Leptonen-Ära.

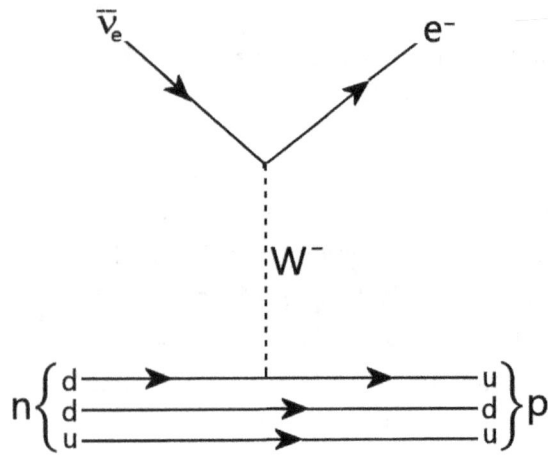

Abbildung 87: Feynman-Diagramm zum Betazerfall

b) Wegen der Baryonenerhaltungszahl kann ein Baryon nur wieder in ein solches zerfallen. Dies gilt für den Zerfall des Neutron in das etwas leichtere Proton. Das Proton kann als leichtestes Baryon nicht zerfallen.

c) Ein d-Quark (Ladung $-\frac{1}{3}$) des Neutrons muss sich umwandeln in ein u-Quark (Ladung $\frac{2}{3}$); die Ladungsänderung beträgt $\Delta Q = \frac{2}{3} + \frac{1}{3} = 1$. Wegen der Ladungserhaltung wird die Ladung -1 vom Wechselwirkungsteilchen W^- übernommen und an ein Elektron übergeben. Da das Elektron die Elektron-Leptonenzahl $L_e = 1$ hat, muss noch ein Antiteilchen mit der Leptonenzahl $L_e = -1$ und der Ladung Null erzeugt werden, also hier das Anti-Elektron-Neutrino.

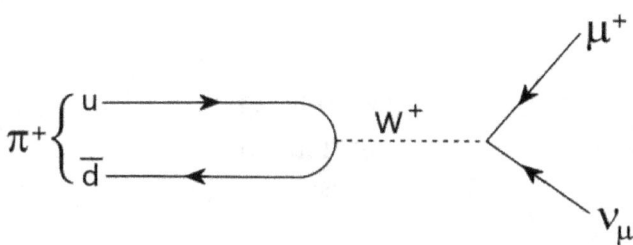

Abbildung 88: Feynman-Diagramm zum Pionenzerfall

d) Das $\bar{d}$-Quark hat als Antiteilchen des d-Quarks die Ladung $\frac{1}{3}$. Das Pion $\pi^+ = (u\bar{d})$ hat somit die Ladung $Q = \frac{2}{3} + \frac{1}{3} = 1$. Diese Ladung wird vom W^+-Teilchen übernommen und an das μ^+-Myon übertragen. Das μ^+-Myon hat als Antiteilchen von μ^- die Myon-Leptonenzahl $L_\mu = -1$. Es muss daher zur Erhaltung der Leptonenzahl noch ein Teilchen mit der Leptonenzahl $L_\mu = 1$ und der Ladung Null erzeugt werden, also hier das Myon-Neutrino.

Stichwortverzeichnis

100 W-Glühbirne 21, 133
A0-Stern 140
Abell 2218 250
Aberration 63
Aberrationskonstante
  jährlich 64
  täglich 64
Abkühlung, Stern 22
Abkühlzeit 213
Ablenkwinkel 84, 257
  Swing-By 86
Abschneidefrequenz 238
absolute Helligkeit
  mittlere 180
Absorption 195
Absorption, visuell 153
Additionstheorem
  Geschwindigkeiten 271
  relativistisches 272
Adiabatenexponent 110
Adiabatengesetz 83
Aerogel 254
AGB-Stern 154
AGN 206, *Siehe* Aktiver Galaxienkern
Akkretionsmasse 206
Akkretionsrate 153
Akkretionsscheibe 201
aktiver Galaxienkern 208
aktiver Kern 206
Albedo 87
Albedo Mond 97
Alfvén-Gschwindigkeit 118
Alkali-Gruppe 235
Allgemeine Relativitätstheorie 251
Alter des Pulsars 216
Alter des Universums 294, 297
Alter des Universums 282
Alternativlösung 107
AM Hercules Typ 173
Ampelfarbe 264
Andromeda-Nebel 196, 207
angeregtes Atom 229
Anlagerung, Helium 157
Annihilation 303
Anzahldichte 148, 299
Aphel 71
Apogäum 32, 71
Apophis 49
Apsiden 33
  geschwindigkeit 70
Apsidenabstand 31
Arbeit 34
ART *Siehe* Allgemeine Relativitätstheorie
Asteroid 45
Asteroiden 71
Asteroidengürtel 68, 95
Atmosphäre
  isotherme 82
Auflösungsvermögen 25, 127
Bahndrehimpuls 35, 85
Bahngeschwindigkeit 49
  relativ 189
Bahnradius
  relativistisch 264
Balmer-Serie 229, 231
Bandbreite 132
Barnards Stern 163
Barometerformel 82
Baryonen 310
Baryonenzahl 305
Baryonenzerfall 309
baryonische Materie 295
Basislinie 25

Stichwortverzeichnis

Bedeckungsphase 189
Bedeckungsveränderliche 186
beleuchteter Anteil 73
Beleuchtungsminima 187
Beleuchtungsstärke 74, 133
Beleuchtungstechnik 132
Bennett G. 61
Benzol 254
Beryllium 122
Bestrahlungsstärke 132
Beta-Zerfall 301
Beugung
   nach Rayleigh 21
Bildgröße 20
Binärpulsar 222
Bindungsenergie
   Deuterium 301
Blauverschiebung 265
Bodenuhr 266
Bogensekunde 17
bolometrische Korrektur 128
Boltzmann-Verteilung 228
Bradley J. 63
Brechungseffekt
   Atmosphäre 61

Brechungsindex 61, 238
   Plasmawellen 240
Brechungsmedium 254
Brechzahl 254
Breitengrad, Rom 52
Bremsparameter 285
Brennphase 37
Brennpunkt 42
Brennweite 20
Candela 133
Captain Cook 94
Cass A 131
Castor 145
Cepheide 196
Cepheiden-Formel 180, 196
Čerenkow *Siehe* Tscherenkow
Chandrasekhar-Grenze 158, 176
Chromosphäre 118
COBE 129
Compton-Effekt 259
Compton-Wellenlänge 241, 261
Confinement 309
Coriolis-Kraft 26
Cosinussatz 65, 260
Crabnebel 263

Crab-Pulsar 239
de-Broglie-Wellenlänge 114
Delta Tauri 165
Delta-Cepheide 168, 180
Deuterium 301, 302
Deuteriumbildung 302
Dichteparameter 284
Dichteparameter, aktuelle 295
Differenz der Helligkeiten 19
Differenzial, totales 171
differenzielle Rotation 116
Dispersionsmaß 240
Doppelsternsystem 145, 160, 174, 186, 187
   spektroskopisches 177
Doppelsystem 269
Dopplereffekt 172
Doppler-Effekt 180, 266
Doppler-Radar 102
Doppler-Verbreiterung 135
Doublett 235
Drehimpulssatz 48

Drehmoment 56
Drei-Körper-Problem 77
Druck
 hydrostatisch 82
Druckgleichgewicht 147, 148
Druckverbreiterung 135
Dunkle Energie 295
Dunkle Materie 203, 295
dynamische Masse 248
Eddington 146
Eddington-Beziehung 147
Eddington-Leuchtkraft 156, 198, 201
Eigenbewegung 163
Eigenbewegung, Gleichung 164
Eigendistanz 266, 308
Eigendrehimpuls 35
Eigenfarbe 153
Eigengravitation 158
Eigenrotation
 Venus 103
Einstein-Radius 257
Einstein-Ring 250, 258, 270
Eis 68

Elektron 254
Elektronenabstand 114
Elektronendichte 114, 238
Elektroneneinfang 125
Energie
 innere 89
Energiedichte 118, 129, 284, 299
Energiesatz 70
Entfernungsmessung 153
 am Horizont 62
Entkopplung 305
Entstehung der Nukleonen 304
Erdbahnhalbachse 17
Erdbeschleunigung 91
Erddichte 38, 221
Erde 87
Erde-Mond-System 40
Erdkern 38
Erdkollision 49
Erdmantel 38
Erdnähe 115
Erdrotation
 Verlangsamung 35
Erdsatellit 34
Ereignishorizont 220

Erwartungswert
 Neutrinos 125
Europa 67
Exoplanet 90, 103
Expansion 285
Expansionsrotverschiebung 277
Extremwertbedingung 209
Exzentrizität 32
Fall auf Sonne 114
Farbexzess 152, 195
Farbhelligkeit 204
Farbindex 139, 195
Farbtemperatur 139
Feynman-Diagramm 309
FL *Siehe* Friedmann-Lemaître
Flächensatz 32
Fluchtgeschwindigkeit 198, 202, 266
Flutberge 40
Fraunhofer 234
Freifallzeit 161, 171
Frei-Fall-Zeit 278
Frequenz
 kritische 263
Friedmann-Gleichung 278, 281
Friedmann-Lemaître 285

Friedmann-Lemaître-Gleichung 284, 292
Fusion 124
Fusionsenergie 124
Fusionsmaterie 157
Fusionsprozess 157
Galileische Monde 67
GALLEX-Experiment 125
Gamma UMa 139
Gamma-Burst 217
Gas, degeneriert 114
Gasdruck 146
Gasscheibe 201
Gaußsche Krümmung 307
gebundene Rotation 173
geostationärer Satellit 58
Geradengleichung 160
Gesamtdrehimpuls 35
Gesamtenergie 45
Gesamtleuchtkraft 188
Geschwindigkeit, scheinbare 208
Geschwindigkeitsdispersion 127
Geschwindigkeitszuwachs

Swing-By 84
Gezeiten 31, 41
Gezeitenarbeit 31
Gezeitenkraft 41, 69
Gezeitenkräfte 31
Gezeitenreibung 34
Gleichgewicht
    thermisches 303
Gleichgewichtstemperatur 87
    eines Planeten 87
    Erde 88
Gleichheit der Dichten 304
Gliese 581 90
Glühbirne 18
Gnomon 52
GPS 266
Gravitationsbeschleunigung 91
Gravitationsdruck 148
Gravitationsenergie 111, 174, 217
Gravitationsfeld 245, 267
Gravitationsgesetz 148
Gravitationsinstabilität 161
Gravitationskollaps 224
Gravitationslinse 250, 270

Gravitationslinseneffekt 257
Gravitationswelle 268, 269
Gravitationswellen 222
Großer Attraktor 198
größte Helligkeit 73
Grundschwingung 110
Gruppengeschwindigkeit 238
habitabel 92
Hadronen 309
Halbwertsbreite 230
Halley E. 94
Hare M.O. 58
Hauptminimum 177, 188
Hauptreihenstern 156
Hauptspiegel 25
Hawking-Formel 213
HD 209458 103
Heisenberg-Unschärferelation 230
heliographischer Breitengrad 116
Helium 303
Heliumkern 122
Helium-Lyman-Übergänge 232

Helium-Massenanteil 210
Helligkeit eines Planeten 96
Helligkeit Vollmond 96
Helligkeit, bolometrische 176
Helligkeit, maximale 184, 190
Helligkeitsabnahme 184
Helligkeitsdifferenz 17
Helligkeitsempfindlichkeit 132
Helligkeitsmaximum 183
Helligkeits-Perioden-Relation 180
Hertzsprung-Russell-Diagramm 159
HII-Region 130
Hill-Sphäre 77
Hintergrundgalaxie 250, 271
Hintergrundstrahlung 129, 198, 298
Hipparcos 166
Höhenstrahlung 246, 247
Hohmann-Bahn 81, 107
Horizontalparallaxe 27
Horizontalrefraktion 62
HST 191, *Siehe* Hubble Space Telescope, *Hubble Space Telescope*
Hub der Erdkruste 41
Hubble Space Telescope 198
Hubble-Alter 294
Hubble-Expansion 279
Hubble-Parameter 277, 282, 284
Hubble-Wert 202
Hülle eines Sterns 154
Hulse & Taylor 222
hydrostatische Grundgleichung 148
Hyperbel-Bahn 45
ideales Gasgesetz 146
Impaktparameter 48
Impuls 37
Impulssatz 37, 260, 271
Inklinationswinkel 160
Interferometrie 25
interstellare Materie 238
inverser Betazerfall 173
inverser Beta-Zerfall 125
inverser ß-Zerfall 241
Ionisationsstufe 232
ionisierte Elemente 303
Ionosphäre 238
Iota Cancri 186
Jahreszeiten 28
Jeans-Dichte 152
Jeans-Kriterium 150
Jeans-Länge 148
Jeans-Masse 148, 151
Jeans-Radius 151
Jeans-Temperatur 152
Jet 208
Jupiter 71, 89
Jupiterradius 86
Kegelschnittgleichung 85
Kelvin-Helmholtz-Zeitskala 113
Kepler-Gesetz 73, 175, 178
Keplersches Gesetz 30
Kern der Sonne 117
Kerndichte 211

Kernfusion 109
Kernradius 211
Kerze 133, 135
Kirkwood-Lücken 68
Kleinmeteorit 60
Kollapszeit 225, 269
Kollisionsenergie 217
Komet 80
Komet Lulin 66
Kometenkern 68
Kometenschweif 80
Konjunktion 66
Konjunktion, untere 65
Konvektionszone 117
Körper, menschlicher 20
Kosinussatz 73
kosmologische Konstante 292
   quantenmechanisch 294
Kräftegleichgewicht 143
Kraterradius 49, 50
kritische Dichte 278, 279, 280, 284, 293
   .Schwarzes Loch 225
Krümmung
   Dichteparamter 296

Krümmungsmaß 307
Krümmungsparameter 284
Kugelschicht 148
Kugelsternhaufen 197
Lacaille de N. 54
Ladungsmenge 120
Lagrange-Punkte 77
Lalande J. 54
Laplace 221
Laserstrahl 21
Laufzeitdifferenz 192, 238, 240
Lebensdauer 246
   Pulsar 224
   Schwarzes Loch 213
Lebensdauer, Sonne 109
Leuchtelektron 235
Leuchtfleck 21
Leuchtkegel 264
Leuchtkraft 197
Leuchtkraft, Pulsar 216
Leuchtkraft-Obergrenze 156
Leuchtkraftradius 91, 145, 176, 181, 190
leuchtturmartig 215
Lichtablenkung 249

Lichtgeschwindigkeit
   Messung 58
Lichtkurve, Maximum 177
Lichtstärke 133
Lichtstrom 133, 135
LIGO 269
Linseneffekt 250
Linsenfomel 20
Lithium 232
Lokale Gruppe 198, 202
   Stabilität 207
Lorentz-Faktor 209
Lorentz-Kraft 248
Lorentz-Transformation 266
Lumen 132
Lux 133
Lyman alpha 308
Lyman Alpha 264
Lyman-Serie 228
Lyman-Spektrallinien 228
M16 195
MACHO 257
Magnetfeld 118, 120, 211, 247
magnetischer Fluss 212
Mars 96
Marsflug 80
Masse Universum 280
Masse, molare 110

Masse-Leuchtkraft-Relation 145, 156
Masse-Leuchtkraft-Verhältnis 205, 206
Massenakkretion 114, 199
Massendichte 292
Massendurchsatz 37
Massen-Obergrenze 156
Massenträgheitsmoment 215
Massenverlust 154
Massen-Verlustrate 115
Masse-Radius-Relation 217
Materiedichte 282, 304
materiedominiert 281
maximale Geschwindigkeit 48
maximale Strahlungsenergie 198
maximaler Winkel 254
Merkur 251
Merkurbahn 68
Merkur-Umlauf 251
Mesonen 309
Meteor 48
Meteorit 44, 49

Mikrolinseneffekt 257
Mikrowellenherd 58
Milchstraße 193, 203, 218
Mindestenergie 254
Mindest-Geschwindigkeit 46
minimale Entfernung 75
Mira 190
Mittelwert 196, 229
mittlere Dauer 117
mittlere freie Weglänge 117, 241
   Herleitung 122
mittlere Lebensdauer 229
mittlere Photonenenergie 300, 301
Molekulargewicht 109, 213
Mond 20, 21, 44
Mondabstand 31
Mondabstand, Änderung 31
Mondentfernung 54
   minimale 55
Mondentfernung, finale 34
Mondfähre 19, 37

Mondparallaxe 27
monochromatisch 133
Myon 246
Näherungsformel Kernradius 211
Näherungswert, Absorption 195
Natrium-Linie 234
Nebenminimum 188
Neptun 87
Nettoeffekt 268
neutraler Punkt 46
Neutrino-Abkopplung 306
Neutrino-Fluss 124, 125
Neutrino-Hintergrund 306
Neutrino-Laufzeit 177
Neutrino-Nachweis 254
Neutrino-Rate 124
Neutrinos
   Anzahldichte 306
   Ruhemasse 307
   Strahlungsdichte 306
   Temperatur 306
Neutrisation 173
Neutronenstern 173, 211, 217
NGC 2639 204
NGC 4151 201

Stichwortverzeichnis

Nova 172
Novaausbruch 173
Novahülle 172
Nukleonendichte 122
Nukleonenzahl 122
Nukleosynthese 302
Nuklidmasse 109
numerische Integration 296
Oortsche Wolke 26
Oppenheimer-Volkoff-Masse 225
optische Dicke 195
Paarerzeugung 303
Paarvernichtung 303
Parabelbahn 67
Parabelnäherung 42
Parallaxe, jährlich 153
Parallaxe, jährliche 163, 174
Parallaxensekunde 17, 172
Parallaxenwinkel 54
Periastron 218
Perigäum 32, 42
Perihelabstand 251, 253
Periheldrehung 251
Perioden-Dichte-Relation 170
Perizentrum 44

Phase 76
Phasenwinkel 73
Photodisintegration 302
Photon
   mittlere Energie 299
Photonendichte 298
Photonenenergie
   mittlere 301, 305
Photonenfluss 138
Photonenhintergrund 306
Pionenzerfall 309
Planck-Dichte 242
Planck-Energie 242
Planck-Gesetz 139
Planck-Länge 242
Planck-Masse 242
Plancksches Gesetz 137, 298
Planck-Zeit 242
Planet
   jovianisch 92
   terrestisch 92
Plasmafrequenz 238
Plasmawellen 118
Plutonium 236
Positron 261
Postnova 172, 184
potenzielle Energie 22
pp-Ketten 122
Präzessionskegel 56

Projektion 208
Proton 254
Proton, relativistisch 247
Protonendichte 115, 241
Protostern 153, 158
Pulsare 215
Quasar 264
Quasistellares Objekt 199
Radarecho 252
Radarsignal 65
radiale Masse 149
radiale Verteilung 149
Radialgeschwindigkeit 163
Radienverhältnis 190
Radionuklidbatterie 236
Radioquelle 131
Radioteleskop Effelsberg 132
Radiowellen 239
Radius R_{25} 204
Radius Universum 280
Radius, mittlerer 190
Radiusänderung 111, 168
   periodische 180
Radius-Leuchtkraft-Relation 156

Radius-Masse-Relation 175
Rakete
  relativistisch 271
Raketenformel
  relativistische 273
Rand Universum 280
Raumgeschwindigkeit 163
Raumsonde 84
Raumstation 26
Raumwinkel 134
Rawlins D. 57
Rayleigh 25
Rayleigh-Jeans-Näherung 132, 137
Refraktion 61
Regulus 152
Re-Ionisation 308
Rekombination 305
Relativgeschwindigkeit 49
Resonanzen Jupiterbahn 68
retrograd 76
Rho Gem 139
Ringnebel M57 17
Roche-Grenze 68, 78, 173, 220
Rotation
  retrograde 103
Rotation, gebundene 32, 35

Rotationsdauer, synodisch 76
Rotationsenergie 215
Rotationsgeschwindigkeit 201, 204
  Äquator 116
Rotationssymmetrie 115
Rotschiebung 198
Rotverschiebung 265, 270, 308
Rotverschiebungsalter 308
Rückblickzeit 308
Rückwärtsstreuung 261
Ruhemasse 248, 303
Ruhenergie 255
Ruhesystem 246
Rydberg-Formel 136, 228, 232, 265
Rydberg-Konstante 234
Rydberg-Korrekturen 234
Sagittarius A 218
Satellit 32, 42
Satelliten, Lagrange-Punkte 79
Satellitenborduhr 266
Saturnsonde 253
Schallgeschwindigkeit 110

Schattenstab 52
Scheibengas 206
scheinbare Helligkeit
  maximale 172
Schmelzwärme 141
Schrägbild 191
Schubkraft 37
schwache WW 301
Schwarzes Loch 199, 213, 220
  Milchstraße 219
Schwarzkörper-Spektrum 130
Schwarzschild-Radius 217, 226
Schweiflänge 141
Schwerpunktsatz 72, 175, 188
Schwerpunktssatz 207
Schwingung, 5 Min. 110
SDSS 1030+0524 264
SDSS J0946+1006 270
Sehschwelle, Auge 135
Seyfert-Galaxie 201
Shapiro-Experiment 253
Shoemaker-Näherung 49
sichtbarer Bereich 230

Stichwortverzeichnis

Sichtbarkeitsdauer 42
Sichtweite 62
Signallaufzeit 66
Sinussatz 55
Sirius 174
Sirius B 175
Skalenfaktor 277
SN 1987A 173, 176, 191
SN1054 184
SNU 125
Solarkonstante 87, 88, 133, 141
Sonne 108, 111, 114, 115, 138
Sonne-Erde-System 77
Sonne-Jupiter-System 72
Sonnenabstand
   minimaler 164
Sonnenaktivität 118
Sonnenaufgang 76
Sonnenfinsternis 67
Sonnenflares 118
Sonnenflecken 120
Sonnenneutrinos 122
Sonnenwind 115
Spektrallinien
   Verbreiterung 135
Spektraltyp A0 136
Spiralgalaxie 204

SR *Siehe* Spezielle Relativitätstheorie
stabile Lage 79
Stabilitätsverlust 198
Stabilitätszone 78
Standardabweichung 196
Standardentfernung 17
Standardmodell 309
Startfenster 81
Staub
   interplanetarer 143
Stefan-Boltzmann-Gesetz 18, 20, 88, 91, 157, 159, 182, 187, 206, 212
Stellarstatistik 166
Sternhaufen 195
Sternhülle 157
Sternpaar,
   physisches 186
Stoßparameter 84
Strahlungsdichte 304
strahlungsdominiert 283, 302
Strahlungsdruck 80, 131, 143, 146, 299
Strahlungsfluss 128, 129
Strahlungsgleichgewicht 87

Strahlungskonstante 300
Strahlungsleistung 132, 158, 215, 222, 268
Strahlungsmaximum 22, 173, 264
Strahlungsstrom
   fotometrischer 132
Strahlungstemperatur 132
Strahlungszone 117
Streuwinkel 260
Strom 120
Sturz in die Sonne 107
Summenformel
   für Helligkeiten 145
supermassiv 200
Supernova 173, 183
Swing-by 86
Synchrotronstrahlung 262
synodische
   Umlaufzeit 75
System Erde-Asteroid 45
Tag&Nacht-Zyklus 31
Tageslänge 31, 34
   finale 36
Tag-Nacht-Zyklus 76

Tangentialgeschwindigkeit 164
Teilchenmasse, mittlere 110
Teilchenzahl 213
Teilchenzahl Sonne 111
Temperaturänderung
   relative 22
Temperaturformel 92
Temperaturgradient
   adiabatisch 82
thermische Energie 111, 114, 173, 212
Thomson-Streuquerschnitt 198
Totalreflektion 239
Trägheitsmoment 34, 38, 55, 211
Transit
   eines
      Exoplaneten 103
   Venus 93
Treibstoffgas 37
Tritium 303
Trojaner 71
Tscherenkow-Effekt 254
Tscherenkow-Strahlung 254
Tully-Fisher-Relation 204

UBV-System 139
UDFy-38135539 308
Überdeckung 160, 179
Überlichtgeschwindigkeit 208
Umklappen des Spins 237
Umrechnung Lumen-Watt 134
Universum
   geschlossen 285
   offen 285
untere Konjunktion 73
Uranus 76
Urknall-Nukleosynthese 301
V1500 Cyg 172
V496 Cgy 172
Vakuumdichte 295
Vakuumenergiedichte 292
Vakuumkraft 293
Venus 65, 73, 76, 102
   Atmosphäre 82
Venusjahr 76
Venustag 76
Venus-Transit 93
Vesta 96
Virgo-Superhaufen 202

Virialsatz 70, 158, 202, 207
Vis-Viva-Satz 30, 33, 85
   Herleitung 70
Vitruvius 52
Vollmond 133
Volumenänderung 279
Voyagersonde 253
Wasserstoffbrennen 153
Wasserstoffwolke 148, 237
Wechselwirkung 254, 259, 260, 304
Weißer Zwerg 157, 173, 176, 212
Wellenlängen
   UVB-SYstem 139
Wellenlängenänderung 259
Wiensche Näherung 137, 139
Wiensches Verschiebungsgesetz 22, 92, 129, 131, 283
Winkeldurchmesser 17
Wirkungsgrad 133
WMAP –Projekt 295
WMAP-Messungen 295

Stichwortverzeichnis

Zeit der Nukleosynthese 303
Zeitskala
   Kelvin-Helmholtz 113, 212
Zeitverschiebung 266
Zenitdistanz 54
Zentraldichte
   Sonne 150
Zentralkörper 68
Zentralstern 90, 130
Zentraltemperatur 110, 114
Zerfallsenergie 122
Zerfallsgesetz 246
Zeta Gem 180
Ziolkowski K. 273
Zustände, angeregte 229
Zweikörper-System 71
Zwergstern 91

Literaturverzeichnis

[01] **Börner G.**: *The Early Universe*, 3.Auflage, Springer 1993

[02] **Carroll B.W., Ostlie D.A.**: *An Introduction to Modern Astrophysics*, Addison-Wesley 1996

[03] **Cheng T-P.**: *Relativity, Gravitation and Cosmology*, Oxford University 2008

[04] **Choudhuri A.R.**: *Astrophysics for Physicists*, Cambridge University 2010

[05] **Grupen C.**: *Astroteilchenphysik*, Vieweg 2000

[06] **Klapdor-Kleingrothaus H.V., Zuber K.**: *Teilchenastrophysik*, Teubner 1997

[07] **Jones M.H., Lambourne R.J.(Ed)**: *An Introduction to Galaxies and Cosmology*, Cambridge University 2004

[08] **Hanslmeier A.**, *Einführung in Astronomie und Astrophysik*, 2.Auflage, Spektrum-Verlag 2007

[09] **Karttunen H., Kröger P, Oja H., Poutanen M.**: *Fundamental Astronomy*, 4.Auflage, Springer 2003

[10] **Kolb E.W., Turner M.S.**: *The Early Universe*, Addison-Wesley 1994

[11] **Kutner M.L.**: *Astronomy, A Physical Perspective*, 2. korr. Auflage, Cambridge University 2007

[12] **Lambourne R.J.**: *Relativity, Gravitation and Cosmology*, Cambridge University 2010

[13] **Liddle A.**: *Einführung in die moderne Kosmologie*, Wiley 2009

[14] **Perkins D.**: *Particle Physics*, Oxford University 2006

[15] **Schmitz N.**: *Neutrinophysik*, Teubner 1997

[16] **Schneider P.**: *Extragalaktische Astronomie und Kosmologie*, Springer 2008

[17] **Sexl R.U., Urbantke H.K.**: *Gravitation und Kosmologie*, BI Wissenschaftsverlag 1975

[18] **Treichel M.**:*Teilchenphysik und Kosmologie*, Springer 2000

[19] **Weigert A., Wendker H.J., Wisotzki L.**: *Astronomie und Astrophysik*,5.Auflage, Wiley 2009

[20] **Zimmermann O.**: *Astronomische Übungsaufgaben*, Bibliographisches Institut 1966

Anhang A: Distanzbestimmung und Alter des Universums

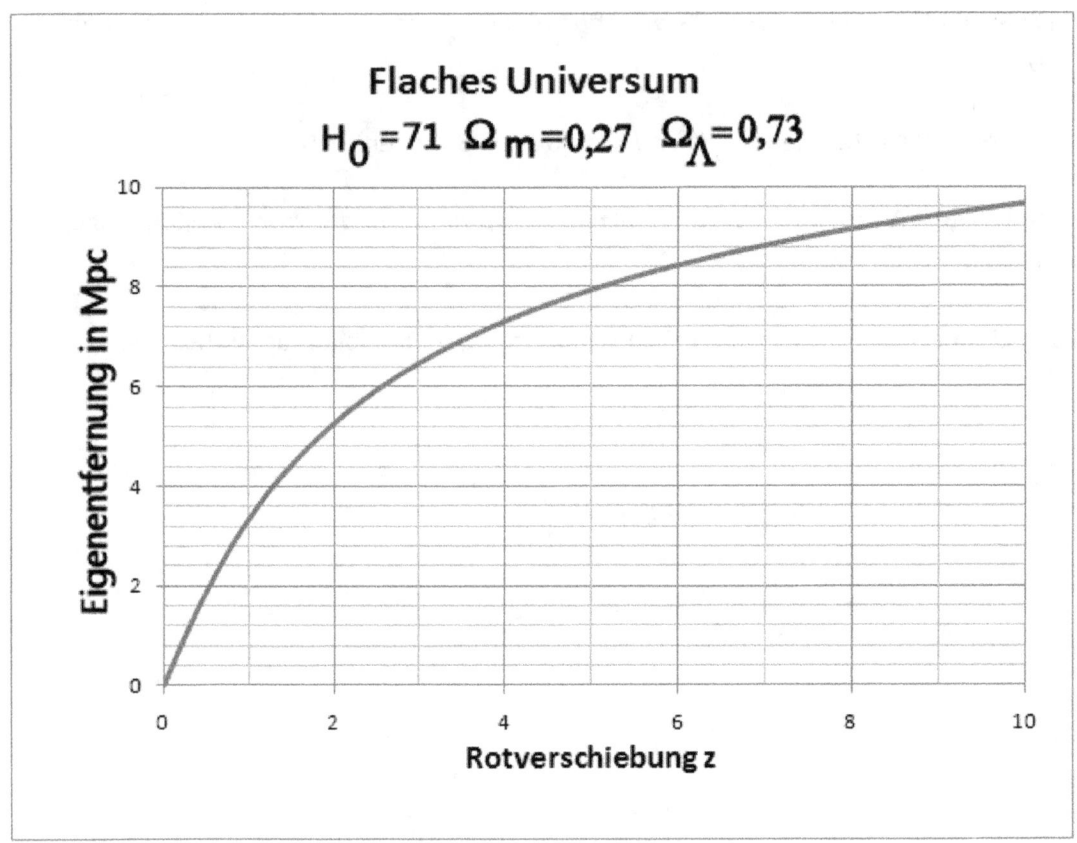

Bild 89 bzw. 90 : Eigenentfernung und Alter des Universums als Funktion der Rotverschiebung

Anhang A: Distanzbestimmung und Alter des Universums

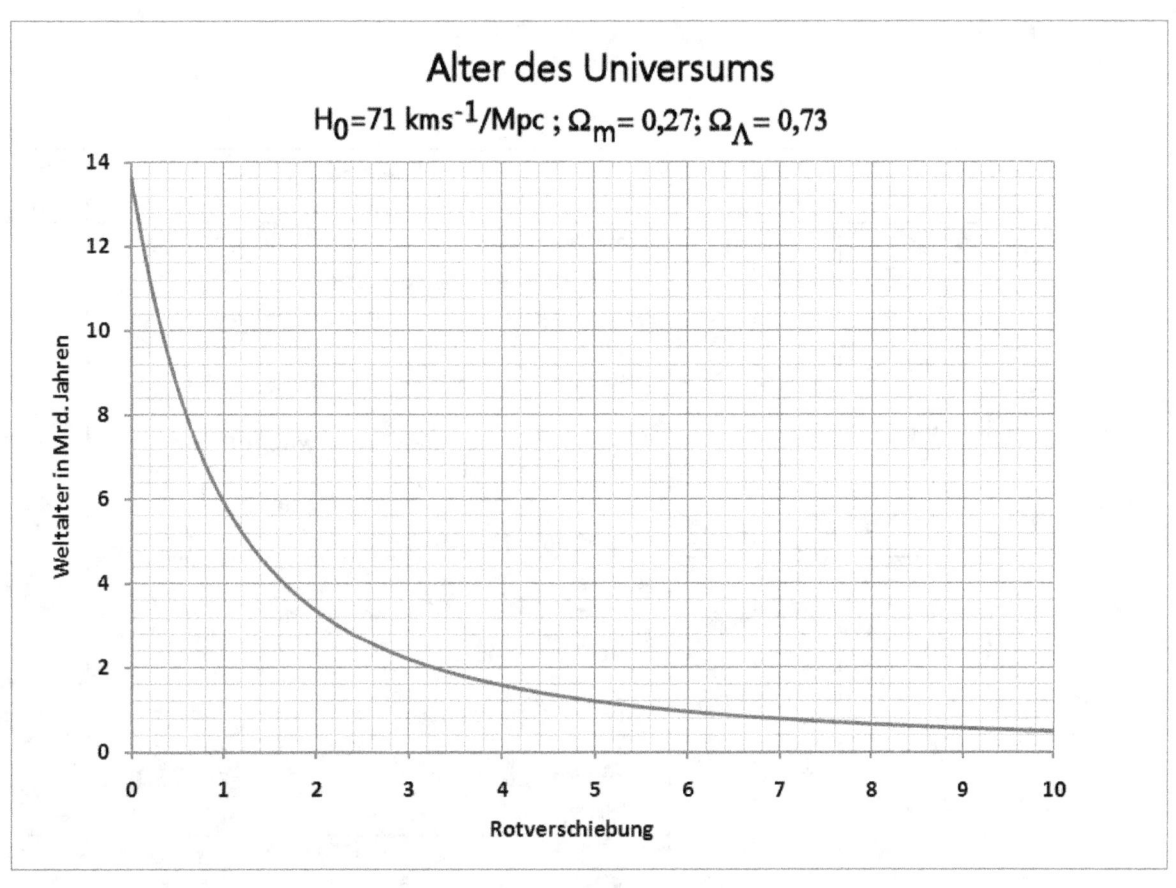

Anhang B: Entwicklungsgeschichte des Kosmos

Zeit	Ära		Urknall	Temperatur
10^{-43} s	strahlungsdominiert	Hadronenära	Plasma hochrelativistischer Teilchen (Quarks $q, \bar{q}$, Leptonen, Eichbosonen $W^{\pm}, Z^0$) GUT (Grand UnificationTheory)	10^{32} K
$10^{-35} - 10^{-33}$ s			Inflation	10^{26} K
10^{-12} s			Abkopplung der elektroschwachen WW	10^{15} K
10^{-6} s			Quark-Hadron-Übergang (Quark-Confinement), Entstehung der Nukleonen	10^{13} K
10^{-2} s		Leptonenära	Schwache WW der Teilchen ($\mu^{\pm}, e^{\pm}, \nu_e, \overline{\nu_e}, \nu_\mu, \overline{\nu_\mu}, \nu_\tau, \overline{\nu_\tau}, n, p, \gamma$) im thermischen Gleichgewicht	10^{11} K
10^{-1} s			Abkopplung der Neutrinos	10^{10} K
10 s			Symmetriebrechung (Antimaterie zerfällt) Ende Paarerzeugung $e^{\pm}$	$5 \cdot 10^9$ K
		Photonenära	Photonen und Nukleonen im thermischen Gleichgewicht ($\nu_e, \overline{\nu_e}, n, p, \gamma$)	$3 \cdot 10^9$ K
180 s			Urknall-Nukleosynthese ($H^+, D^+, {}^3He^{++}, {}^4He^{++}, Li^{+++}$)	10^9 K
10^{11} s			Energiedichte der Strahlung kleiner Energiedichte der Materie	10^5 K
10^5 a	materiedominiert	Baryonenära	Abkopplung der Photonen Rekombination ($H, D, {}^3He, {}^4He, Li$)	$4 \cdot 10^3$ K
10^9 a $3 \cdot 10^9$ a 10^{10} a			Bildung der Galaxien Bildung der Sterne Entstehung der Planeten	10^2 K
$1{,}4 \cdot 10^{10}$ a			heute	$T_\gamma = 3$ K

Anhang C: Sternparameter

Hauptreihe						
Spektralklasse	T[10³ K]	log(L/L☉)	log(M/M☉)	log(R/R☉)	(B-V)₀	(U-B)₀
O5	44,5	5,99	1,78	--	-0,33	-1,19
B0	30,0	4,72	1,24	0,87	-0,30	-1,08
B5	15,4	2,92	0,77	0,59	-0,17	-0,58
A0	9,52	1,73	0,46	0,38	-0,02	-0,02
A5	8,20	1,15	0,30	0,23	0,15	0,10
F0	7,20	0,81	0,20	0,18	0,30	0,03
F5	6,44	0,50	0,15	0,11	0,44	-0,02
G0	6,03	0,18	0,02	0,04	0,58	0,06
G5	5,77	-0,10	-0,04	-0,04	0,68	0,20
K0	5,25	-0,38	-0,10	-0,07	0,81	0,45
K5	4,35	-0,82	-0,17	-0,14	1,15	1,08
M0	3,85	-1,11	-0,29	-0,22	1,40	1,22
M5	3,24	-1,96	-0,68	-0,57	1,64	1,24

Absolute Helligkeiten (M_V)			
Spektralklasse	Hauptreihe V	Riesen III	Überriesen Iab
O5	-5,7	-6,3	-6,5
B0	-4,0	-5,1	-6,4
B5	-1,2	-2,2	-6,2
A0	0,7	0,0	-6,3
A5	2,0	0,7	-6,6
F0	2,7	1,5	-6,6
F5	3,5	1,6	-6,6
G0	4,4	1,0	-6,4
G5	5,1	0,9	-6,2
K0	5,9	0,7	-6,0
K5	7,4	-0,2	-5,8
M0	8,8	-0,4	-5,6
M5	12,3	-0,3	-5,6

Anhang D: Kosmologische Parameter

Kosmologische Parameter	
H_0	$\left(71^{+4}_{-3}\right) km/s \cdot Mpc^{-1}$
Ω_m	$0,27 \pm 0,04$
Ω_r	$(4,8 \pm 0,04) \cdot 10^{-5}$
Ω_b	$0,044 \pm 0,004$
Ω_Λ	$0,73 \pm 0,04$
Ω_ν	$0,015$
Ω_{tot}	$1,02 \pm 0,02$
T_{CMB}	$(2,725 \pm 0,002)\, K$
t_0	$(13,7 \pm 0,02) \cdot 10^9\, a$
z_{eq}	3233^{+194}_{-210}
z_{dec}	1089 ± 1
n_γ	$(410,4 \pm 0,5)\, cm^{-3}$

Anhang D: Kosmologische Parameter